Dieter Wecker
Prozessorentwurf

Weitere empfehlenswerte Titel

Lehrbuch Digitaltechnik, 3. Auflage
Jürgen Reichardt, 2013
ISBN 978-3-486-72765-4, e-ISBN 978-3-486-75387-5

Entwurf von digitalen Schaltungen und Systemen mit HDLs und FPGAs, 3. Auflage
Frank Kesel, Ruben Bartholomä, 2013
ISBN 978-3-486-73181-1, e-ISBN 978-3-486-74715-7

Analoge Schaltungstechniken der Elektronik
Wilfried Tenten, 2012
ISBN 978-3-486-70682-6, e-ISBN 978-3-486-85418-3

VHDL Syntese, 6. Auflage
Jürgen Reichardt, Bernd Schwarz
ISBN 978-3-486-71677-1, e-ISBN 978-3-486-71678-8

Modellierung von digitalen Systemen mit SystemC
Frank Kesel, 2012
ISBN 978-3-486-70581-2, e-ISBN 978-3-486-71895-9

Dieter Wecker

Prozessorentwurf

Von der Planung bis zum Prototyp

2. Auflage

DE GRUYTER
OLDENBOURG

Autor
Prof. Dr. Dieter Wecker
82008 Unterhaching
dweck@online.de

ISBN 978-3-11-040296-4
e-ISBN (PDF) 978-3-11-040305-3
e-ISBN (ePUB) 978-3-11-040309-1

Library of Congress Cataloging-in-Publication Data
A CIP catalog record for this book has been applied for at the Library of Congress.

Bibliografische Information der Deutschen Nationalbibliothek
Die Deutsche Nationalbibliothek verzeichnet diese Publikation in der Deutschen Nationalbibliografie; detaillierte bibliografische Daten sind im Internet über http://dnb.dnb.de abrufbar.

Einbandabbildung: svedoliver/iStock/Thinkstock
Druck und Bindung: CPI books GmbH, Leck
♾ Gedruckt auf säurefreiem Papier
Printed in Germany

MIX
Papier aus verantwortungsvollen Quellen
FSC® C003147
www.fsc.org

www.degruyter.com

Vorwort

Im Mittelpunkt dieses Buches steht der Entwurf von Mikroprozessoren mit Hilfe von CAD- (Computer Aided Design)-Entwicklungssoftware. Die Prozessormodelle werden mit der Hardware-Beschreibungssprache VHDL erstellt und getestet.
Die 2. Auflage dieses Buches wurde erweitert und aktualisiert. Als Erweiterung wurde das Pipeline-Prinzip für die Befehlsverarbeitung von Prozessoren hinzugenommen, das ausführlich behandelt wird. Nach diesem Prinzip wird dann ein 16-Bit-Mikroprozessor entworfen.
Folgende Themen werden behandelt:

- Systematische Einführung in die Grundlagen des Prozessorentwurfs
- Entwurf eines 12-Bit-Mikroprozessor-Systems
- Realisierung des Mikroprozessor-Systems als VHDL-Modell
- Erweiterung der 12-Bit-Version zu einer 16-Bit-Version
- Behandlung der Komponenten eines Mikroprozessor-Systems als VHDL-Modelle
- Erweiterung des 16-Bit-Mikroprozessors nach dem Pipeline-Prinzip

Die in diesem Buch realisierten Entwürfe wurden mit den Entwurfssystemen ISE Design Suite sowie Vivado der Firma Xilinx erstellt. Die Prozessor-Entwürfe können mit der CAD-Entwicklungs-Software bearbeitet und getestet werden. Die geeignete Software ist als Webpack im Internet kostenlos erhältlich (siehe Anhang). Alle behandelten VHDL-Modelle wurden an die aktuelle Entwicklungssoftware angepasst und getestet. Für den VHDL-Entwurf ist es wichtig, sich mit dem VHDL-Code vertraut zu machen. Daher wird für alle erstellten Modelle der Source-Code mitgeliefert.
Mit Hilfe der CAD-Entwicklungssoftware ist der Anwender in der Lage, eigene Mikroprozessoren zu entwickeln und für bestimmte Anwendungen anzupassen. Man spricht in diesem Fall auch von anwenderspezifischen Prozessoren (ASPs). Durch den Einsatz von komplexen programmierbaren Bausteinen kann der Entwickler dann seine eigenen Prototypen entwickeln.

Dieter Wecker

Inhaltsverzeichnis

1 Grundlagen

1.1 Einleitung

Im Folgenden sollen die Grundlagen für den Entwurf von komplexen digitalen Systemen behandelt werden. Für die Entwurfsmethoden können dabei zunächst allgemeine digitale Systeme betrachtet werden. Bei der Planung für bestimmte Systeme müssen jedoch Bedingungen erfüllt werden, die z. B. in einer Anforderungsliste festgelegt werden. Durch die immer kürzer werdenden Entwicklungszeiten und die Entwicklungskosten werden Bedingungen an einen Entwurf geknüpft, die im Folgenden zusammengefasst sind:

- kurze Entwicklungszeiten
- unproblematische Änderung des Designs
- Wiederverwendbarkeit (Design Reuse)
- Einsatz von IP-Cores
- Frühzeitige Fehlererkennung
- Entwurf eigener Prototypen (Verwendung programmierbarer Logik)

Um diese Bedingungen zu erfüllen, werden leistungsfähige Entwicklungswerkzeuge benötigt, die auch unter dem Begriff EDA (Electronic Design Automation) zusammengefasst werden. Eine wichtige Hilfe für die Beschreibung von Designs sind Hardware-Beschreibungssprachen. Hier haben sich VHDL und Verilog als Standard weltweit durchgesetzt. Diese Beschreibungssprachen können jedoch nicht als alleinige bzw. ideale Beschreibungsmittel betrachtet werden. Für komplexe digitale Systeme werden deshalb zunehmend auch Hochsprachen eingesetzt, die komplexe Designs in einem hohen Abstraktionsniveau beschreiben. Hier werden nur als Beispiele SystemC und UML (Unified Modeling Language) genannt [1, 2].
Durch den Einsatz von leistungsfähiger CAD-Entwicklungssoftware und programmierbaren Logikbausteinen können die zuvor genannten Bedingungen für den Entwurf eines komplexen digitalen Systems inzwischen nahezu erfüllt werden. Die Entwicklungssoftware wird sowohl für die Modellierung als auch für die Realisierung eingesetzt. Simulations- und Syntheseschritte werden dabei während des gesamten Entwurfs verwendet. Die Synthesewerkzeuge setzen die Hardwarebeschreibung in Schaltpläne und Netzlisten um. Letztere werden für die Implementierung der Schaltungen in die Ziel-Hardware benötigt. Diese Ziel-Hardware kann beispielsweise ein FPGA (Field Programmable Gate Array) sein. Für den FPGA-Entwurf bietet der jeweilige Hersteller entsprechende Entwicklungswerkzeuge an, die meist kostengünstiger als herstellerfremde Werkzeuge sind und zusammen mit den Bausteinen vertrieben werden. Allerdings zeichnen sich herstellerfremde Werkzeuge oft durch größere Kompatibilität mit unterschiedlichen Bausteinen aus.

Logikbausteine, deren physikalische Eigenschaften festgelegt sind, die aber von den Entwicklern an ihre jeweiligen Bedürfnisse angepasst werden können, nennt man auch „Programmierbare Logik“. Im Wesentlichen unterscheidet man diesbezüglich drei verschiedene Bausteintypen:

1. PLDs (Programmable Logic Device)
2. CPLDs (Complex PLD)
3. FPGAs

Die vorherrschende Grundstruktur bei PLDs ist eine zweistufige UND/ODER-Matrix, die durch Rückführung und Flip-Flops ergänzt wird. Es gibt viele verschiedene PLD-Typen, die bekanntesten sind wohl die PALs (Programmable Array Logic) bzw. PLAs. PALs sind eine Weiterentwicklung von PROMs (Programmable Read Only Memory) und lassen sich genau wie diese nur einmal programmieren. Durch einen kurzen Spannungsimpuls wird an den gewünschten Knotenpunkten die Verbindung unterbrochen. Allerdings lassen sich PALs nur über das UND-Array programmieren, da sie, im Gegensatz zu PROMs, eine feste ODER- und eine variable UND-Matrix haben. Bei PLAs schließlich sind beide Matrizen programmierbar [4].
Die CPLDs sind eine Weiterführung der PLDs. Hier werden mehrere PLD-Blöcke durch eine Schaltmatrix miteinander verbunden. FPGAs bestehen aus vielen kleinen Funktionsblöcken, in denen jeweils eine logische Funktion realisiert ist. Diese Blöcke können über ein Netzwerk von Verbindungen miteinander verknüpft werden. Neben logischen Funktionen stehen auch Register und Flip-Flops auf dem Chip zur Verfügung. Man unterscheidet rekonfigurierbare und nicht rekonfigurierbare FPGA-Typen. Bei ersteren werden wiederbeschreibbare Speichertechnologien verwendet, in denen die Konfiguration des FPGAs gespeichert wird. Bei nicht rekonfigurierbaren Typen werden sog. „Antifuses“ verwendet. Hier kann nur einmal eine Konfiguration vorgenommen werden, da sie direkt in den Baustein geschrieben wird.
Die als ASICs (Application Specific Integrated Circuit) bezeichneten Bausteine gehören zu den maskenprogrammierbaren Typen. Sie werden für ein anwendungsspezifisches Problem entworfen und optimiert. Die Vorteile sind eine optimale Ausnutzung der Chipfläche, hohe Taktraten und geringe Stückkosten. Die Nachteile sind lange Entwicklungszeiten, hohe Entwicklungskosten und geringe Flexibilität bei Designänderungen. Außerdem sind intensive Tests zur Fehlerfrüherkennung nötig, was zusätzliche Kosten verursacht.
Während die ASICs sich in höheren Stückzahlen lohnen, ermöglichen CPLDs und FPGAs den unmittelbaren und kostengünstigen Entwurf von Prototypen. Diese sofortige Testbarkeit der Bausteine ist bei den ASICs nicht annähernd gegeben, da der erstellte Systementwurf erst an den Halbleiterhersteller übermittelt werden muss, der dann die Endfertigung vornimmt. Ein FPGA kann eine Vielzahl von Anwendungen ausführen. Fertige Komponenten, sog. IP-Cores (Intellectual Property), die in das ei-

gene Design integriert werden können, erleichtern dem Entwickler die Arbeit, da er nicht mehr jede einzelne Funktion seiner Schaltung selbst entwickeln muss. Heutige FPGAs erreichen außerdem ASIC-ähnliche Rechenleistungen und können für hochkomplexe Anwendungen eingesetzt werden. Im Folgenden werden Entwurfsmethoden für digitale Systeme behandelt. Diese Methoden sind zunächst unabhängig von der Ziel-Hardware. Für die Realisierung der hier erstellten Entwürfe liegt der Schwerpunkt bei der programmierbaren Logik und der Verwendung von FPGAs [4].

1.2 Entwurfsmethoden für digitale Systeme

Der Entwurf eines komplexen digitalen Systems könnte im Idealfall wie in der Darstellung in Abb. 1.1 verlaufen. Es werden Systemspezifikationen vorgegeben mit den Eigenschaften, die das System haben soll. Mit entsprechenden Entwicklungstools entsteht daraus ein Modell, das das digitale System beschreibt. Das Modell kann z. B. mit einer Hardware-Beschreibungssprache oder mit einer anderen geeigneten Hochsprache beschrieben werden. Die Schaltungssynthese bis zum Layout wird dann durch geeignete Entwicklungstools vorgenommen.

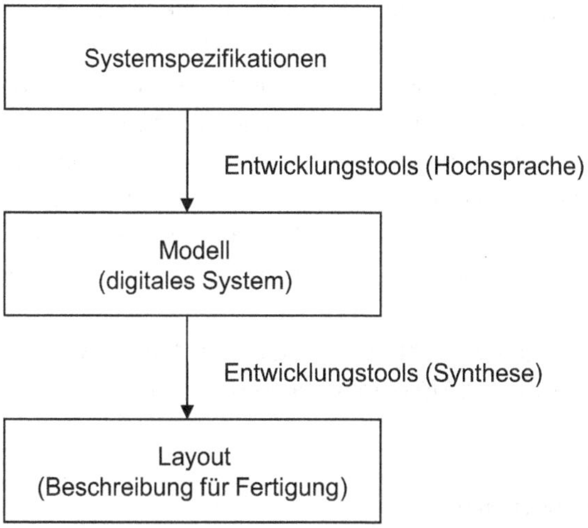

Abb. 1.1: Entwurf eines digitalen Systems

Auch die Auswahl der Ziel-Hardware muss dabei in den Prozess mit aufgenommen werden. Dieser Entwurfsablauf ist leider nur für einfache digitale Systeme möglich. Für komplexe Systeme muss nach heutigem Stand der Technik eine Aufteilung in Teilaufgaben vorgenommen werden. Ziel ist es jedoch, dem idealen Entwurfsablauf möglichst nahe zu kommen und den Entwicklungstools viel der standardisierten Vorgänge zu überlassen. Das führt zwangsläufig in die Richtung von formalen Entwurfsmethoden, d. h. weg von intuitiven Ansätzen. Weit verbreitete Entwurfsmethoden sind die beiden groben Ansätze:

- „Top-down-Entwurf"
- „Bottom-up-Entwurf"

Im ersten Fall geht man von der obersten Hierarchieebene aus und versucht den Prozess auf dieser Ebene zu beschreiben, ohne auf die Eigenschaften der unteren Hierarchieebenen einzugehen. Man interessiert sich dabei nur für die Parameter und Eigenschaften, die auf dieser Ebene nach außen „sichtbar" sind. Die hierarchische Struktur wird dabei immer weiter in Teilfunktionen zerlegt, bis das ganze System nur noch aus Basiskomponenten besteht. Wichtig ist bei dieser Entwurfsmethode, dass sich die einzelnen Komponenten in den Hierarchieebenen als Black Boxes beschreiben lassen, d. h. die Komponenten werden nur durch ihre Ein- und Ausgänge und durch ihre Funktion beschrieben.

Beim „Bottom-up-Entwurf" geht man in der entgegengesetzten Richtung vor. Man geht oft von Basiselementen aus oder von logischen Gattern und entwickelt daraus immer komplexere Komponenten. Der Vorteil dieser Entwurfsmethode ist, dass in der Praxis oft schon fertige Komponenten existieren, die in dem Entwurf direkt verwendet werden können. Das grösste Problem ist es nach wie vor, den gesamten Entwurf in Teilaufgaben zu zerlegen. Sind diese Teilaufgaben definiert, kann man nach festen Regeln vorgehen: speicherndes Verhalten kann durch Register realisiert werden, Daten- und Funktionsselektion kann mit Datenselektoren (Multiplexer) realisiert werden. Beliebige Funktionen können durch logische Gatter dargestellt werden. Diese Entwurfsstrategie ist eine Mischung aus viel Erfahrung, der Anwendung von Entwurfsregeln und Intuition. Man vermisst eine Orientierung für den gesamten Entwurfsablauf und formale Ansätze.

Aus diesen Betrachtungen geht hervor, dass für den Entwurf von komplexen digitalen Systemen folgende Punkte eine wichtige Rolle spielen:

- Modellierung
- Strukturierung
- Beschreibungsmittel
- Verifikation
- Synthese

Diese Punkte sind in einer Graphik in Abb. 1.2 dargestellt. Das Modell soll das zu realisierende System in abstrakter Form beschreiben.

Für komplexe Systeme muss das Modell folgende Eigenschaften besitzen:

- Hierarchieebenen
- Strukturierung der Ebenen

Die Hierarchieebenen, die auch als Entwurfsebenen bezeichnet werden, sollen den Entwurf in den unterschiedlichen Abstraktionsformen beschreiben, von der Ebene der Systemspezifikation bis hinunter zur Layout-Ebene. Auf den Hierarchieebenen muss eine Aufteilung vorgenommen werden, um entweder das Verhalten, die Strukturierung oder die physikalische Realisierung auf einer Ebene zu beschreiben. Für die Modellierung eines Entwurfs werden geeignete Beschreibungsmittel aufgrund der unterschiedlichen Abstraktionsniveaus benötigt.

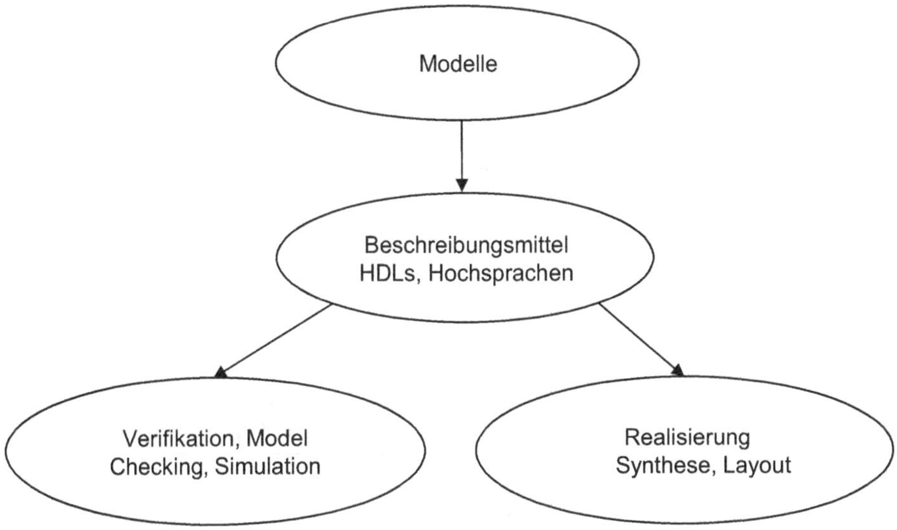

Abb. 1.2: Entwicklungsmethodik

Einige wichtige Beschreibungssprachen sind in Abb. 1.3 zusammengestellt. Die Abstraktion nimmt dabei von unten nach oben zu. Auf der untersten Ebene ist ein Netzlistenformat zugeordnet (EDIF: Electronic Design Interchange Format). Diese Ebene stellt die Logikebene dar, auf der die Verknüpfungen der logischen Gatter beschrieben werden. Es folgen die Hardware-Beschreibungssprachen Verilog und VHDL. Mit Verilog lassen sich digitale Schaltungen auf dem Niveau der Logikebene beschreiben und das logische Verhalten simulieren. Verilog ist seit 1995 als Standard IEEE 1364 eingeführt. Der Sprachumfang in VHDL ist grösser als in Verilog, es existieren in VHDL z. B. mehr Datentypen für die Beschreibung komplexer Systeme. Für einen Einstieg in Verilog siehe z. B. [5].

Die als SystemC bezeichnete Beschreibungssprache versteht sich nicht als zusätzliche Programmiersprache neben VHDL und Verilog, sondern ergänzt die Programmiersprache C und C++ um eine Klassenbibliothek. Dadurch können komplexe digitale Systeme effektiver spezifiziert und beschrieben werden. Durch den höheren Abstraktionsgrad steigt besonders die Simulationsgeschwindigkeit des Systems. Mit der Systemkomplexität steigt auch rapide die Simulationszeit. Mit den sog. C-Modellen lassen sich Systemspezifikationen effektiver simulieren und verifizieren als z. B. mit Hardware-Beschreibungssprachen wie VHDL oder Verilog [6, 3]. Mit UML (Unified Modeling Language) kann ein digitales System in sehr abstrakter Form beschrieben werden. UML stellt eine Software-Entwicklungsmethode dar. Der Entwicklungsprozess wird durch strukturierte Programmierung geprägt. Seit Anfang 2005 ist die Sprache standardisiert zu UML 2.0. UML kann als Beschreibungsmittel auf Systemebene eingesetzt werden.

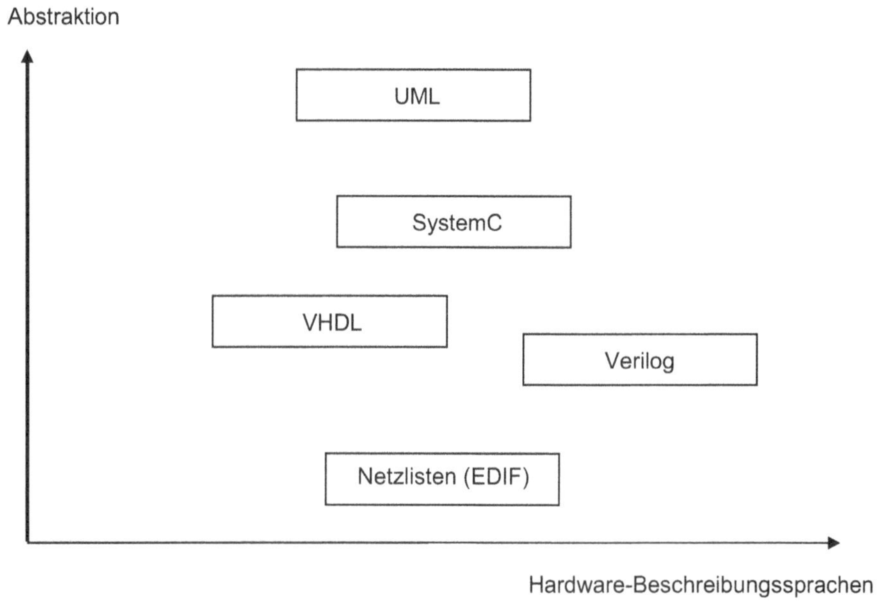

Abb. 1.3: Beschreibungsmittel der Modellierung

Es wird auch zunehmend für die Beschreibung und Verifizierung für SoC-(System on Chip) Entwürfe eingesetzt. Mit UML wird versucht, den Entwurfsprozess durch formale Ansätze zu beschreiben und zu strukturieren [7, 1].
Eine Hilfe für die Hardware-Modellierung bietet ein Modell nach Gajski-Walker-Kuhn, das als Y-Diagramm bezeichnet wird. Der gesamte Entwurf kann dabei auf verschiedenen Modellierungsebenen dargestellt werden. Das Modell ist in Abb. 1.4 abgebildet. Es zeigt die drei Sichtweisen, die auch als Domänen bezeichnet werden: Verhalten, Struktur und Geometrie. Der Entwurfsprozess wird als Achsen-Modell dargestellt. Das Modell soll das zu realisierende System in abstrakter Form beschreiben. Entlang der Achsen erfolgt von außen nach innen eine Entwurfsverfeinerung in Rich-

tung Implementierung. Von innen nach außen erfolgt dagegen eine Abstraktion des Systemverhaltens.

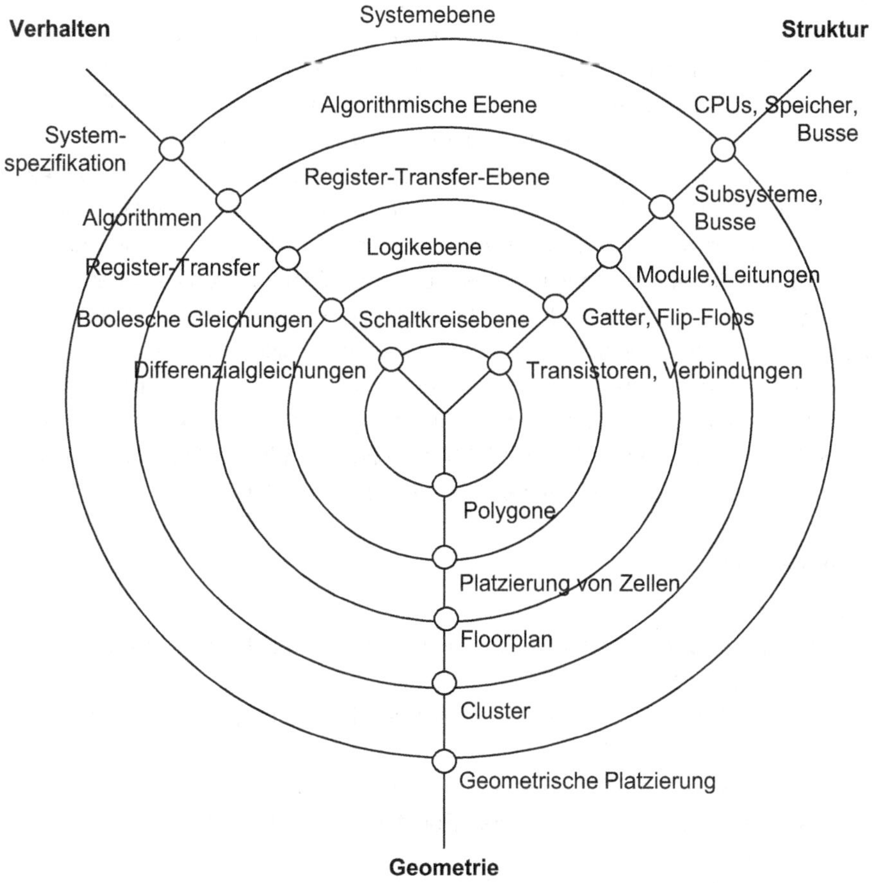

Abb. 1.4: Y-Diagramm nach Gajski-Walker-Kuhn

Das Modell bietet eine gute Orientierung für den Entwurfsprozess. Der Entwurf wird dabei auf Hierarchieebenen verteilt, von der obersten Systemebene bis hinunter zur Schaltkreis-Ebene. Das Modell bietet jedoch keine Unterstützung für eine geeignete Strukturierung der Komponenten auf den Modellierungsebenen. Hierzu muss der Entwickler selber eine sinnvolle Strukturierung finden für die verwendeten Algorithmen.

1.2.1 Entwurfsablauf mit Hilfe des Y-Diagramms

Für den Entwurf eines komplexen digitalen Systems existiert i. a. eine Anforderungsliste mit Forderungen, die in den Entwurf eingebaut werden müssen. Hier sind es die Spezifikationen für die Modellierungsebenen, d. h. Definitionen und Zuordnungen zu den Ebenen. Wird die Darstellung des Y-Diagramms für den Entwurfsablauf des angekündigten Mikroprozessor-Systems angewendet, so müssen die einzelnen Modellierungsebenen weiter spezifiziert werden. Wie schon angekündigt müssen dazu sinnvolle Aufteilungen auf den einzelnen Modellierungsebenen gemacht werden, die für den Entwurf spezifisch sind. Das Ziel ist der Entwurf eines Mikroprozessor-Systems mit einem applikationsspezifischen Prozessor. Wenn die Modellierungsebenen spezifiziert sind, kann der Entwurfsablauf im Y-Diagramm zugeordnet werden. Es werden dabei vier Modellierungsebenen durchlaufen, von der obersten Ebene, der Systemebene, bis hinunter zur Logikebene. Für den FPGA-Entwurf wird die unterste Ebene in dem Modell, die Schaltkreis-Ebene, nicht mehr modelliert, da im FPGA bereits vorgefertigte Gatter-Strukturen existieren. Im Folgenden werden die Spezifikationen für die Modellierungsebenen festgelegt. Sie gelten für das 12-Bit-Grundmodell. In Kap. 7 wird der 16-Bit-Mikroprozessor mit Befehlspipelining behandelt.. Dazu müssen die Spezifikationen neu festgelegt werden.

Verhaltensdomäne

Systemebene

- die CPU (Central Processing Unit) arbeitet nach dem Prinzip: Single Instruction Single Data (SISD)
- es existiert nur ein Speicher für Daten und Programme mit einem geeigneten Bussystem
- es soll eine CPU als Grundmodell entworfen werden
- das Grundmodell soll in folgenden Punkten erweitert werden:
    - Befehlssatz
    - Datenformat
    - Taktfrequenz
    - Adressierung
- für die erweiterte CPU sollen RISC-Strukturen angestrebt werden
- die Realisierung des Mikroprozessor-Systems soll mit programmierbarer Logik (FPGA) erfolgen
- das System soll externe Daten einlesen und ausgeben können
- das Befehlsformat sowie Daten und Adressen sollen ein einheitliches Format haben
- das Mikroprozessor-System soll leicht geändert werden können, um es an bestimmte Bedingungen anzupassen.

Damit sind die wichtigsten Kriterien für den Entwurf auf Systemebene festgelegt. Die SISD-Rechnerstruktur bedeutet, dass es sich um die klassische „Von-Neumann-Architektur" handelt. Ein applikationsspezifischer Prozessor deutet an, dass der Prozessor leicht an veränderte Bedingungen angepasst werden kann. Für die erweiterte CPU sollen RISC-Strukturen angestrebt werden (RISC: Reduced Instruction Set Computer). Das System soll so entworfen werden, dass es mit programmierbarer Logik realisiert werden kann [7].

Algorithmische Ebene

Hier handelt es sich um die Spezifikationen für die Algorithmen, die in den Subsystemen ablaufen. Es werden zunächst allgemeine Bedingungen für die Grundversion des Mikroprozessor-Systems aufgelistet, die im Folgenden spezifiziert werden:

- Verarbeitung positiver und negativer ganzer Zahlen
- Daten-, Adress- und Befehlsformat sollen gleiche Größe haben
- Ein- und Ausgabeprotokoll (asynchron)
- Befehlssatz (arithmetische und logische Befehle)
- Befehlsphasen (ca. 5 CPU-Takte pro Befehl)
- Adressierung (direkte und indirekte Adressierung)

Der Typ des Ein- und Ausgabeprotokolls, d. h. der zeitliche Ablauf der Ein- und Ausgabe, soll asynchron und nicht vom CPU-Takt abhängig sein. Der Befehlssatz soll einfache arithmetische und logische Befehle enthalten. Die Subtraktion sowie negative Zahlen sollen mit Hilfe des Zweier-Komplements dargestellt werden. Für die Befehlsphasen soll eine mittlere Anzahl von 5 pro Befehl angestrebt werden.

Register-Transfer-Ebene

Die folgenden Punkte werden durch die Modellierung auf der RT-Ebene beschrieben:

- Funktionstabelle für Akkumulator-Einheit
- Reihenfolge der Operationen
- Zeitabhängigkeiten zwischen den Komponenten
- Taktschema der Register
- Mikrooperationen

Die Maschinenbefehle werden bei der Abarbeitung weiter in Mikrooperationen aufgeteilt, die in der richtigen Reihenfolge ablaufen müssen. Die Reihenfolge wird durch den Befehlsablauf bestimmt und muss für die einzelnen Befehle noch definiert werden. Die einzelnen Teilergebnisse, die in den Registern zwischengespeichert werden, müssen zum jeweils richtigen Zeitpunkt anliegen. Der Datentransfer zwischen den Komponenten wird über Daten- und Adress-Busse gesteuert.

Logikebene
Die Verhaltenssicht beschreibt auf dieser Ebene ein System von Boole´schen Gleichungen. Beobachtbare Werte sind „Bits“ in einer mehrwertigen Logik. Es besteht gegenüber der RT-Ebene nur noch ein Netz von Gattern mit den zugehörigen Verbindungen. Auf dieser Ebene existieren Informationen über das exakte Zeitverhalten der Gatter.

Strukturdomäne

Systemebene
Aufgrund der Anforderungen wird eine Strukturierung in die folgenden Komponenten vorgenommen:
- CPU
- Speicher
- Bussystem

Für die Komponenten müssen noch die Systemparameter definiert werden, wobei die Grundversion des Mikroprozessor-Systems zugrunde gelegt wird:
- CPU und Speicher werden mit Daten- und Adressbussen verbunden
- es existieren Ein- und Ausgaberegister für die externe Ein- und Ausgabe
- der Arbeitsspeicher wird als statischer RAM-Speicher realisiert, der Daten und Programme enthält

Die Aufteilung in die angegebenen Komponenten eines Prozessorsystems wird häufig durchgeführt, da sie der klassischen Rechnerstruktur der „Von-Neumann-Architektur“ entspricht. Die Strukturierung ist unabhängig von der Ziel-Hardware. Erst bei der Realisierung im Synthese-Prozess muss man sich für die Ziel-Hardware entscheiden. Dann wird auch die Entscheidung getroffen, wie die einzelnen Komponenten zu realisieren sind.

Algorithmische Ebene
Der Aufteilung der Subsysteme kommt eine besondere Bedeutung zu, da diese Strukturierung in den gesamten Entwurf eingeht mit folgenden Komponenten:
- Operationswerk (OPW)
- Steuerwerk (STW)
- Ein- und Ausgabe-Einheit
- Bussystem

Die Zuordnung der Algorithmen zu den strukturierten Komponenten erfolgt auf der Algorithmischen Ebene. Die Subsysteme ergeben gemeinsam ein komplexes digitales System. Derartige Systeme werden oft in einen Datenpfad und einen Kontrollpfad aufgeteilt. Der Datenpfad entspricht dem Operationswerk und der Kontrollpfad dem Steuerwerk. Diese Strukturierung wird für den gesamten Mikroprozessorentwurf beibehalten, d. h. für den Entwurf des Grundmodells und die erweiterten Modelle. Auf die Vorteile dieser Strukturierung wird später noch ausführlich eingegangen.

Register-Transfer-Ebene

Die angegebenen Komponenten werden auf der Register-Transfer-Ebene modelliert und sind in ein Taktschema eingebunden.

- Akkumulator-Einheit
- Multiplexer
- Register
- Leitungen und Busse

Die Akkumulator-Einheit wird aus der ALU (Arithmetisch-Logische-Unit) und aus mindestens einem zentralen Ergebnisregister aufgebaut. Der Datentransfer zwischen den Komponenten wird mit Hilfe von Multiplexern, Demultiplexern und Tri-State-Treibern gesteuert.

Logikebene

Die Gatter und Flip-Flops werden auf der Logikebene dargestellt. Sie stellen eine Verfeinerung der Komponenten auf der RT-Ebene dar. Für den FPGA-Entwurf ist die Logikebene die unterste Modellierungsebene, die Basis-Elemente auf dieser Ebene (logische Gatter) stellen die kleinste Entwurfseinheit dar.

Geometriedomäne

Systemebene

Auf dieser Ebene wird eine Flächenplanung durchgeführt. Hier interessieren nur geometrische Eigenschaften für die Platzierung des geplanten Designs.

Algorithmische Ebene

Die geometrische Planung ist auf dieser Ebene immer noch abstrakt. Hier können z. B. Planungen über Blockzellen und Cluster-Bildung gemacht werden.

Register-Transfer-Ebene

Auf dieser Ebene wird die endgültige Hardwarestruktur sichtbar. Hier werden auch Software-Tools eingesetzt, die mit Hilfe des sog. Floorplannings Makrozellen und bereits vorgefertigte Module platzieren können.

Logikebene

Auf dieser Modellierungsebene wird das Platzieren und Verdrahten der logischen Zellen vorgenommen. Als kleinste Entwurfseinheit wird hier z. B. ein NAND-Gatter verwendet.

Die Modellierung auf dieser Ebene wird vom „Place-and-Route"-Tool gesteuert und läuft in der Regel automatisch ab. Für eine Optimierung müssen jedoch geeignete Parameter gesetzt werden.

Entwurfsverläufe im Y-Diagramm

Im Folgenden sollen mögliche Entwurfsstile im Y-Diagramm betrachtet werden. Abb. 1.5 zeigt das vereinfachte Y-Diagramm mit Beispielen für Synthese- und Analyseschritte. Syntheseschritte sind mit durchgezogenen Pfeilen markiert, Analyseschritte mit Strich-Punkt markierten Pfeilen. Dabei sollen zwei Grenzfälle betrachtet werden: die reine Verhaltensbeschreibung und die reine Strukturbeschreibung. Im ersten Fall wird das Mikroprozessor-System in Form von Verhaltensbeschreibungen von der Systemebene bis hinunter zur Logikebene modelliert.

Der weitere Entwurfsverlauf bis zum fertigen Layout ist nur über den physikalischen Entwurf der Struktur-Synthese, die auch als Layout-Synthese bezeichnet wird, möglich. Der Verlauf der Struktur-Synthese ist dabei abhängig von der Ziel-Hardware, vom Synthese-Tool und von den Optimierungsparametern im Synthese-Tool. Dabei handelt es sich ausschließlich um Syntheseschritte.

Der Entwurfsverlauf von der Verhaltensdomäne direkt zur Geometriedomäne ist nicht möglich. Bei einer reinen Verhaltensbeschreibung wird somit dem Synthese-Tool die Durchführung der Strukturierung überlassen. Es kann jedoch Einfluss auf das Syntheseergebnis durch Optimierungsparameter genommen werden.

Der Entwurf einer reinen Verhaltensbeschreibung ist vergleichbar mit der Programmierung in einer üblichen Hochsprache, was i. a. als Vorteil angesehen werden kann, besonders für Software-orientierte Entwickler.

Vorteile der Verhaltensbeschreibung:

- Synthese-Tool übernimmt die Strukturierung
- Entwicklungssoftware ist Schwerpunkt des Entwurfs
- Entwickler kann Software-orientiert arbeiten

Nachteile der Verhaltensbeschreibung:

- erschwerte Fehlersuche
- Änderungen sind umständlich
- komplexe Designs werden sehr unübersichtlich

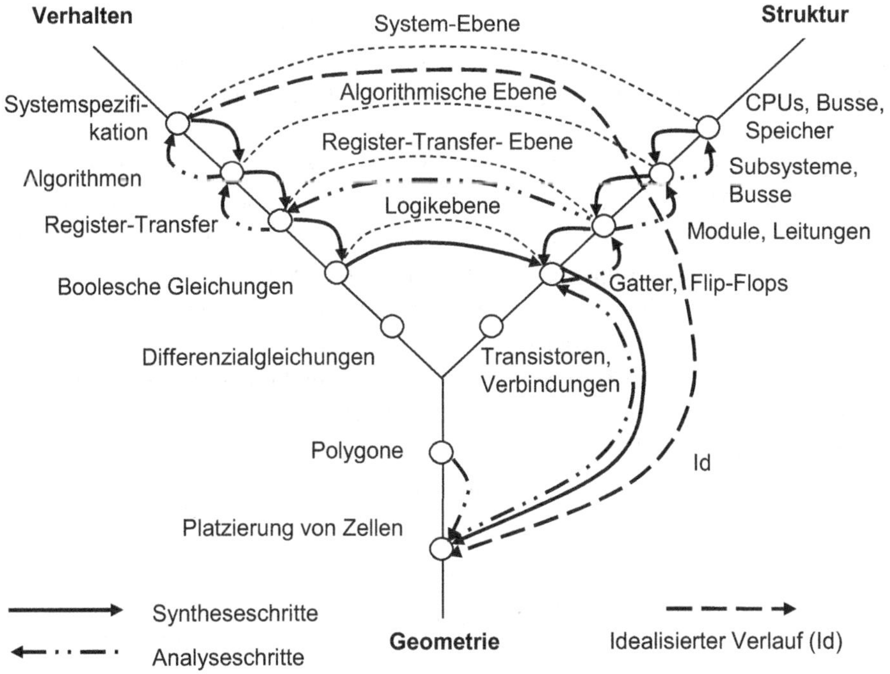

Abb.1.5: Beispiele für Synthese- und Analyse-Schritte

Der zweite Fall ist die reine strukturelle Beschreibung in der Strukturdomäne. Ausgehend von der Systemebene kann dabei das digitale System in Form von Komponenten und deren Verbindungen beschrieben werden. Die Komponenten sind dabei auf den einzelnen Hierarchieebenen nicht durch eine Hardware-Beschreibungssprache oder durch Tabellen bzw. Funktionen, sondern aus logischen Gattern aufgebaut. In dem vorliegenden Beispiel verläuft die Synthese bis zur Logikebene und anschließend mit Hilfe der Layout-Synthese zur Platzierung der Basiszellen. Der Vorteil ist, dass durch die Strukturierung der Komponenten das Design sehr übersichtlich ist und Änderungen leicht durchgeführt werden können. Der Nachteil dieser Methode ist, dass die Komponenten von komplexen Systemen nicht mehr beherrschbar sind, da die Beschreibungen graphisch aufgebaut sind.
In den vorliegenden Beispielen sind die Abstraktionsebenen bis zur Logikebene dargestellt. Für den FPGA-Entwurf kann man diese Logikebene als unterste Ebene ansehen, da die Schaltkreisebene bereits vorstrukturiert ist.
In das Diagramm in Abb. 1.5 sind ebenfalls Beispiele für Analyseschritte eingezeichnet. Ein Analyseschritt stellt eine Abstraktion bzw. Extraktion dar und kann als Verifikation eines Syntheseschrittes angesehen werden. Die idealisierte Verwirklichung

eines Entwurfs wäre ein vollautomatischer Verlauf von der Systembeschreibung auf einer hohen Entwurfsebene (Spezifikation) bis zum fertigen Layout. Im Y-Diagramm ist dieser idealisierte Verlauf durch den Kurvenverlauf Id dargestellt. Nach heutigem Stand der Technik ist dieser Verlauf für komplexe Systeme nicht realisierbar.

Aus den betrachteten Entwurfsstilen geht hervor, dass es für den Entwurf sinnvoll ist, Verhaltens- und Strukturbeschreibungen zu kombinieren. Für den Entwurf des Mikroprozessor-Systems sind bereits die Spezifikationen für die Modellierungsebenen definiert worden. Zusammengefasst ergeben sich folgende Bedingungen:

- Spezifikation für das Mikroprozessor-System auf Systemebene festgelegt
- Algorithmen für das Mikroprozessor-System festgelegt
- Strukturierung in die Komponenten OPW, STW und E/A-Einheiten festgelegt
- Algorithmen den Subsystemen noch zuordnen
- Strukturierung der Komponenten für die RT-Ebene noch festlegen
- Synthese für das Layout noch festlegen

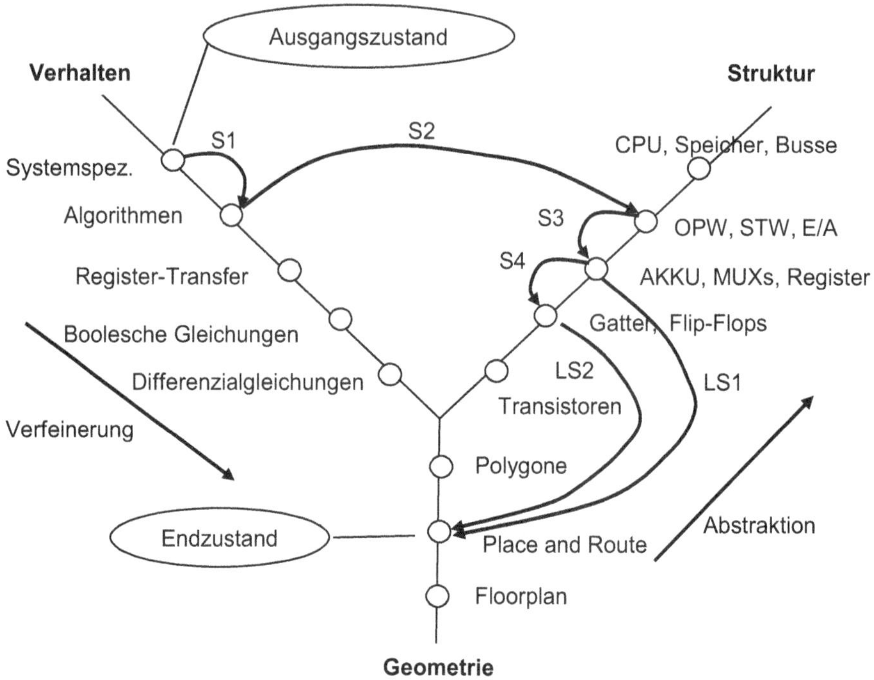

Abb. 1.6: Vereinfachter Entwurfsverlauf (Syntheseschritte)

Die vorgegebenen Bedingungen sollen den Entwurfsablauf im Y-Diagramm kennzeichnen. Der Bereich zwischen der Verhaltens- und Strukturdomäne kann für den funktionalen Entwurf genutzt werden. Entsprechendes gilt für den Bereich zwischen Struktur- und Geometriedomäne für den physikalischen Entwurf. Beschränkt man sich zunächst nur auf Syntheseschritte, so kann eine Entwurfsrichtung vorgegeben werden, die im Y-Diagramm gekennzeichnet werden kann.

Abb. 1.6 zeigt die Darstellung im vereinfachten Y-Diagramm. Die numerierten Pfeile sollen die Reihenfolge der Entwurfsschritte verdeutlichen. Ausgangspunkt ist die Systemspezifikation in der Verhaltensdomäne. Es folgt eine Verfeinerung, in der die Algorithmen definiert werden (Pfeil S1). Der nächste Schritt ist eine Struktursynthese der Subsysteme (Pfeil S2). Es folgt eine weitere Verfeinerung der Subsysteme in die Komponenten (Akku, Multiplexer, Register) auf der RT-Ebene (Pfeil S3). In den folgenden Schritten wird die Layout-Synthese durchgeführt.

Es kann sowohl die Richtung von der RT-Ebene bis zum „Place-and-Route“ (Pfeil LS1) als auch die Richtung von der RT-Ebene bis zur Logikebene (Pfeil S4) und von hier bis zum „Place-and-Route“ durchlaufen werden (Pfeil LS2).

Die Syntheseschritte von der RT- oder der Logikebene laufen überwiegend automatisch ab und werden von den Synthese-Tools gesteuert.

Die Richtungen können auch durch Optimierungsparameter und die Auswahl der Ziel-Hardware (FPGA, ASIC) beeinflusst werden. Für einen FPGA-Entwurf wird der Endzustand für das Design in der Regel der Entwurfszustand „Place-and-Route“ in der Geometriedomäne sein. Der gesamte Entwurf muss als dynamischer Prozess von Synthese- und Analyseschritten angesehen werden. Bis zum fehlerfreien Layout werden somit die Entwurfsschritte im funktionalen Bereich zwischen Verhaltens- und Strukturdomäne als auch im Bereich des physikalischen Entwurfs als Synthese-, Analyse- und Simulationsschritte ständig wiederholt. Dabei können alle vier Modellierungsebenen in beliebiger Folge durchlaufen werden.

Der Vorteil für die Verwendung des Y-Diagramm ist es, dass der momentane Entwurfsverlauf sichtbar gemacht werden kann und eine gute Orientierung für den gesamten Entwurfsablauf geboten wird. Hier können auch die Entwurfsmethoden „Top-down“ und „Bottom-up“ eingeordnet werden. Der „Top-down-Entwurf“ entspricht dabei in dem Y-Diagramm einem Verlauf von der Systemebene bis hinunter zur Logikebene, wobei die Abstraktionsebenen durchlaufen werden.

Der „Bottom-up-Entwurf“ verläuft entsprechend in umgekehrter Richtung. Beim Schaltungsentwurf wird auch häufig der Entwurfsstil „Meet-in-the-Middle“ angewendet. Hier werden im Prinzip die Entwurfsstile „Top-down“ und „Bottom-up“ kombiniert. Die Mitte kann z. B. die RT-Ebene sein, wo sich die beiden Entwurfsstile treffen. Der Vorteil ist dabei, dass bereits vorhandene und getestete Komponenten für einen neuen Entwurf verwendet werden können.

Beim „Bottom-up-Entwurf“ kann man zwar auf einfache Gatter zurückgreifen, bis zur geforderten Spezifikation müssen jedoch noch alle Modellierungsebenen durchlaufen werden, was eine Vorhersage über die Funktionsfähigkeit eines Designs schwierig macht. Der gesamte Entwurf wird auf allen Modellierungsebenen bis hinunter zur Logikebene durch die Hardware-Beschreibungssprache VHDL unterstützt. Dadurch ist es möglich, für sehr einfache Komponenten auf Gatterebene oder für komplexe Komponenten Simulationsmodelle zu erstellen und in einem frühen Entwurfsstadium zu testen. Das Testen in einem frühen Entwurfsstadium ist besonders wichtig, da das Auftreten von Fehlern im fortschreitenden Designverlauf mit erheblichen Kosten verbunden ist. In Kap. 10 wird auf dieses Problem näher eingegangen.

1.2.2 Definition der Schnittstellen für die Subsysteme

Komplexe digitale Systeme lassen sich in der Regel in die folgenden Subsysteme aufteilen:

- Ein- und Ausgabe-Einheiten
- Operationswerk
- Steuerwerk

In Abb. 1.7 ist das Blockdiagramm mit den Schnittstellen für die Subsysteme dargestellt. Sie können auch als Komponenten des digitalen Systems betrachtet werden. Den Komponenten müssen noch Algorithmen zugeordnet werden, was in der Darstellung nur angedeutet ist. Die Zuordnung der Algorithmen zu den Subsystemen findet im Y-Diagramm auf der Algorithmischen Ebene statt und stellt eine Struktur-Synthese dar.

Die Spezifikation der Schnittstellen für die Komponenten wird durch eine externe und interne Schnittstelle definiert. Die externe Schnittstelle ist für das Ein- und Ausgabeprotokoll zuständig, die interne Schnittstelle für die Kommunikation zwischen Operationswerk und Steuerwerk. Der Datenaustausch zwischen den Komponenten wird mit Hilfe von Daten- und Steuerleitungen realisiert.

Interne Schnittstelle:
S: Statusvektor
A: Ansteuervektor

Externe Schnittstelle:
X: Eingangsvektor
Y: Ausgangsvektor

Das digitale System hat die interne Schnittstelle (S, A) für den Datenaustausch zwischen dem Operationswerk und dem Steuerwerk sowie die externe Schnittstelle (X, Y) für den Datenaustausch über die Ein- und Ausgabeeinheit.

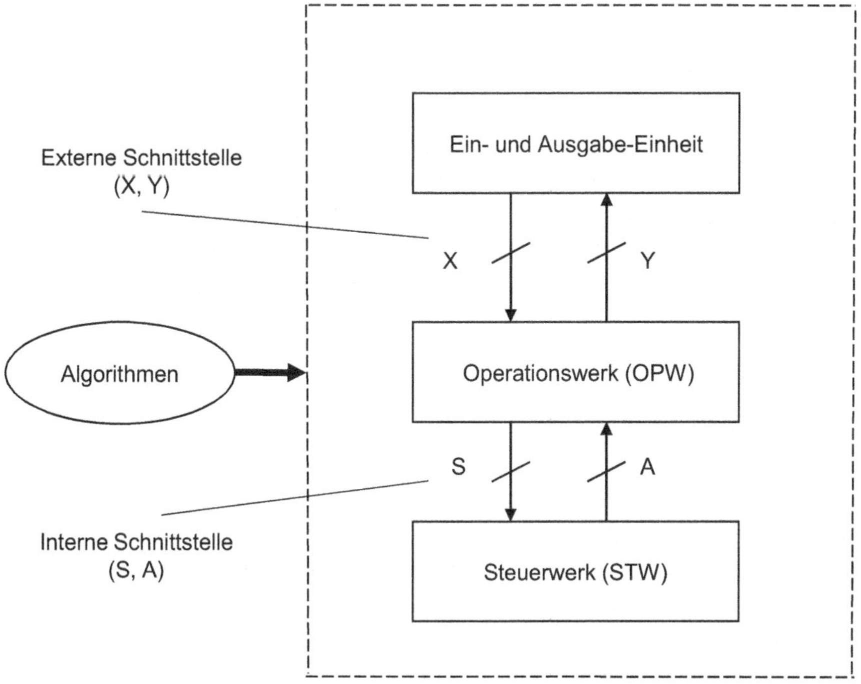

Abb. 1.7: Schnittstellen der Subsysteme

Das Steuerwerk ist für den Programmablauf bzw. den Steuerungsalgorithmus zuständig, wobei das Operationswerk die Steuerinformation über den Ansteuervektor A bekommt. Das Operationswerk führt die einzelnen Operationen aus und meldet dem Steuerwerk den jeweiligen Status über den Statusvektor S. Das digitale System wird extern mit Daten versorgt, die mit Hilfe einer Eingabeeinheit oder einer Speichereinheit über den Eingangsvektor X eingelesen werden. Über den Ausgangsvektor Y gibt das System die Ergebnisse nach außen ab. Die Umgebung kommuniziert also über die externe Schnittstelle (X, Y) mit dem digitalen System. Sowohl das Steuerwerk als auch das Operationswerk werden für derartige Systeme immer als getaktete Automaten aufgebaut. Diese Strukturierung des digitalen Systems hat folgende Vorteile:

- Änderungen und Erweiterungen können leichter durchgeführt werden.
- Das Steuerwerk kann formal nach einem Automatenmodell erstellt werden.
- Durch die Aufgabenteilung können Fehler leichter lokalisiert werden.

1.3 Prozessormodelle

Im folgenden Abschnitt sollen die Grundlagen von Prozessormodellen und Architekturen behandelt werden. Es werden zunächst klassische Modelle mit einer sequenziellen Befehlsbearbeitung vorgestellt. Für Prozessor-Architekturen, die nach dem Pipeline-Prinzip arbeiten, wird auf Kap. 7 verwiesen. Die Central Processing Unit, abgekürzt CPU, wird auch Zentraleinheit oder Prozessor genannt und ist für Rechen- und Steueroperationen zuständig. Ausgangspunkt der Prozessoren ist der so genannte Universalrechner nach „Von Neumann“ (Burk, Goldstein, v. Neumann). Dieses Rechnermodell besteht aus folgenden Komponenten (siehe Abb. 1.8):

- E/A-Einheit
- Operationswerk (Rechenwerk)
- Speicher
- Steuerwerk (Leitwerk)
- Verbindungsleitungen

Die Ein- und Ausgabeeinheit wird für die Kommunikation mit der Außenwelt benötigt, d. h. die Kommunikation zwischen Mensch und Maschine. Über sie werden aktuelle Parameter, wie z. B. die Startadresse von Programmen, eingelesen bzw. ausgegeben. Das Operationswerk wird auch als Rechenwerk bezeichnet und führt arithmetische und logische Operationen durch.

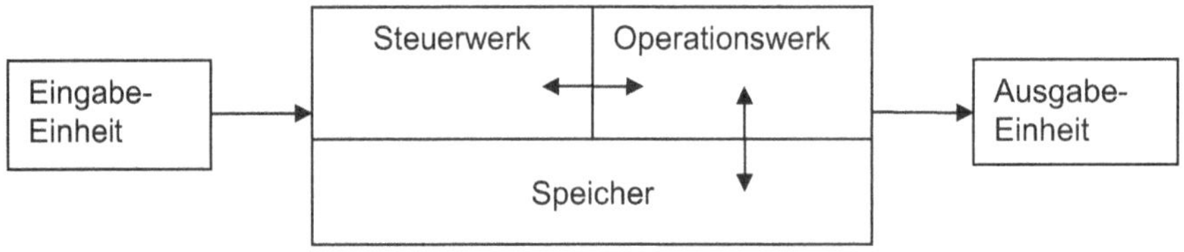

Abb. 1.8: Rechnermodell nach „Von Neumann“

Der Speicher, auch als Haupt- oder Arbeitsspeicher bezeichnet, ist der gemeinsame Speicher für das jeweilige Ablaufprogramm und die benötigten Daten. Er enthält die notwendigen Informationen für die Steuerung des Prozessors. Für jede Aufgabenstellung wird dazu ein geeignetes Programm in den Speicher geladen. Das Steuerwerk wird auch als Leitwerk bezeichnet und ist für die Programmablaufsteuerung zuständig. Das Steuerwerk liefert die Steuersignale für das gesamte Mikroprozessor-System, d. h. für das Operationswerk und externe Ein- und Ausgabeeinheiten. Die Verbindungsleitungen verbinden die einzelnen Komponenten, wobei man zwischen unidirektionalen (Transfer in einer Richtung) und bidirektionalen (Transfer in beide

Richtungen) Verbindungen unterscheidet. Dieses Modell wird Universalrechner genannt, weil es für beliebige Berechnungen programmiert werden kann. Heutige Computersysteme haben im Wesentlichen noch immer diesen Aufbau, wobei Erweiterungen der „Von-Neumann-Struktur" vorgenommen wurden, um Engpässe im Datentransfer zu beseitigen.

Die Verbindungsleitungen zwischen den einzelnen Komponenten werden i. a. zu Bussystemen zusammengefasst, wobei man zwischen Daten-, Adress- und Steuerbus unterscheidet (siehe Abb. 1.9). Über den Adressbus adressiert der Prozessor Speicherplätze des Hauptspeichers und der Ein- und Ausgabeeinheiten, auf die zugegriffen werden soll (unidirektionale Verbindung). Der Datenbus wird für die Übertragung von Daten vom oder zum Speicher oder der Ein- und Ausgabeeinheit verwendet (bidirektionale Verbindung). Steuersignale für den Programmablauf werden über den Steuerbus gesendet.

Für die Abarbeitung eines Befehls sind mehrere Schritte notwendig. Zuerst adressiert der Prozessor den Adressbus und liest ein Bitmuster, das den Befehl repräsentiert, über den Datenbus ein. Dann werden das Bitmuster entschlüsselt und alle erforderlichen Teiloperationen (wie z. B. Daten aus dem Speicher holen, arithmetische Operationen oder Zwischenspeichern von Daten in internen Registern) ausgeführt.

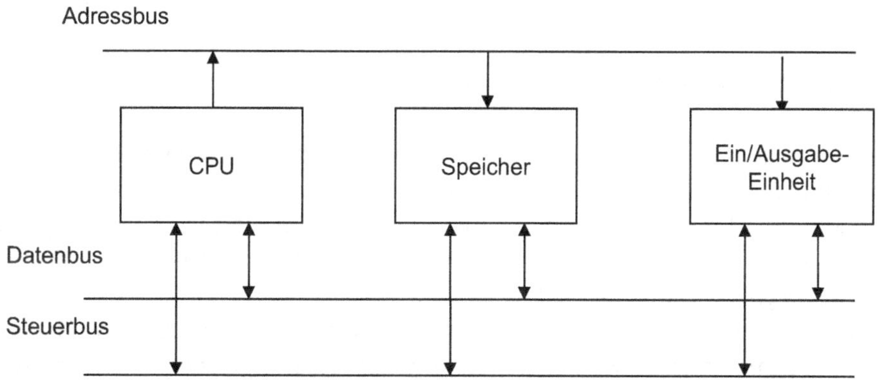

Abb. 1.9: Struktur des „Von-Neumann-Rechners"

Dieser Ablauf der Befehlsbearbeitung muss streng sequenziell ablaufen. Programm-Code und Daten werden aus dem gleichen Speicher über den Datenbus transportiert. Alle Inhalte von Speicherzellen sind als Daten, Befehle oder Adressen interpretierbar. Der jeweilige Speicherinhalt wird dabei dem gerade durchgeführten Befehlszyklus zugeordnet.

Der Nachteil der „Von-Neumann-Architektur" ist der Engpass auf dem Datenbus, denn dort werden sowohl Befehle als auch Daten vom und zum Arbeitsspeicher nacheinander transportiert. Man bezeichnet diesen Engpass auch als „Von-Neumann-Flaschenhals“. Um dies zu vermeiden, wurden andere Modelle, unter anderen die Harvard-Architektur, entwickelt. Dort verwendet man getrennte Bussysteme für Programm- und Datenspeicher, die parallel zueinander arbeiten können.

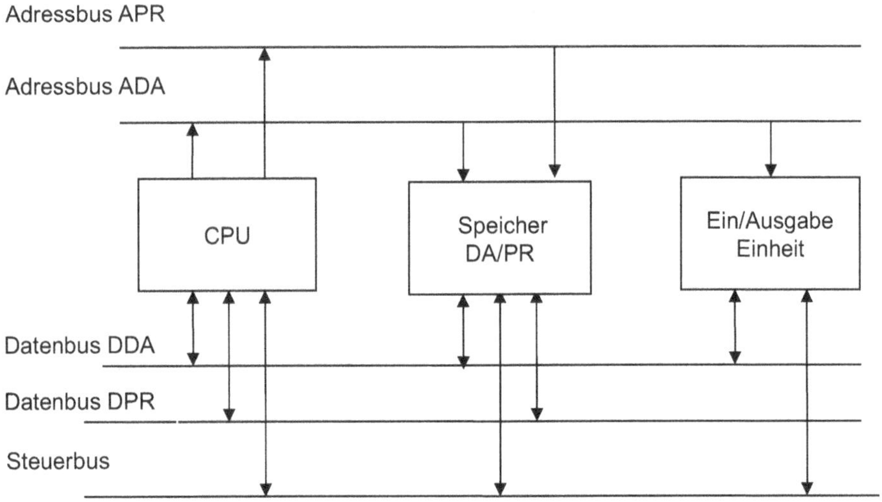

Abb. 1.10: Rechnermodell mit Harvard-Struktur

Abb. 1.10 zeigt das Prinzip der Harvard-Struktur. Es existieren getrennte Speicher für Programme und Daten. Der Programmspeicher (PR) wird über den Adressbus APR adressiert und ist mit dem Datenbus DPR verbunden. Der Datenspeicher (DA) wird über den Adressbus ADA adressiert und ist mit dem Datenbus DDA verbunden. Sie haben einen gemeinsamen Steuerbus.

Die getrennte Adressierung ist z. B. eine notwendige Voraussetzung für das Pipelining, damit Programmcode und „reine“ Daten zeitlich getrennt verarbeitet werden können.

Klassifikation der Prozessorarchitekturen

Prozessoren können nach Flynn [8] unterschiedlichen Klassen zugeordnet werden. Dabei wird unterschieden in der Anzahl der gleichzeitig zu verarbeiteten Daten und Befehle. Folgende Klassen werden unterschieden:

- SISD: Single Instruction - Single Data
- SIMD: Single Instruction - Multiple Data
- MISD: Multiple Instruction - Single Data
- MIMD: Multiple Instruction - Multiple Data

SISD:
Bei diesen Rechnern wird ein Datum (Datenwort) von einem Befehl bearbeitet. Dies ist die klassische „Von-Neumann-Architektur".

SIMD:
Diese Rechner verarbeiten mehrere Datenworte mit einem Befehl. In diese Kategorie fallen die sog. Feld- oder Vektorrechner (Array-Prozessor). Beim Feldrechner werden gleiche Operationen gleichzeitig auf mehreren Datenströmen ausgeführt. Unterschiedliche Operationen werden nacheinander ausgeführt. Der Feldrechner besteht aus mehreren Rechenwerken, die unter der Kontrolle eines gemeinsamen Steuerwerks mehrere Datenströme gleichzeitig bearbeiten. Zum Austausch der Daten sind die Rechenwerke durch ein Bussystem miteinander verbunden. Die wichtigsten Anwendungsgebiete der Feldrechner sind die Bild- und Matrizenverarbeitung.

MISD:
Nach diesem Prinzip soll ein Datum parallel von mehreren Befehlen verarbeitet werden. Für diese Klasse lassen sich z. Z. keine Beispiele angeben.

MIMD:
In dieser Klasse werden unterschiedliche Daten von unterschiedlichen Befehlen gleichzeitig verarbeitet. Es ist der Bereich für Parallelrechner-Architekturen und Multiprozessor-Systeme. Um diese Parallelität zu nutzen, benötigt man Rechnerarchitekturen, in denen mehrere Rechner zur Verfügung stehen. Je nach Rechnerarchitektur unterscheidet man zwischen Multiprozessor-Systemen und verteilten Rechner-Systemen.
Die Klasseneinteilung nach Flynn ist zwar sehr verbreitet, jedoch auch umstritten, da sie auf Rechnerstrukturen und Verarbeitungsprinzipien nicht eingeht. Sie kann daher nur als grobe Klasseneinteilung angesehen werden. Neben der Klasseneinteilung nach Flynn existieren noch weitere Klassifizierungen, z. B. die nach Händler, die Rechnerarchitekturen mit berücksichtigt.
Weiterhin unterscheidet man zwischen zwei Befehlsarchitekturen [8, 9]:

- RISC: Reduced Instruction Set Computer
- CISC: Complex Instruction Set Computer

RISC-Rechner haben einen eingeschränkten Befehlsvorrat und eine spezielle Architektur, die in Verbindung mit einem leistungsfähigen Compiler hohe interne Verarbeitungsgeschwindigkeiten erreichen. Der Instruktionssatz eines RISC-Prozessors beschränkt sich auf einfache Befehle, die möglichst während eines Prozessortaktes ausgeführt werden. Bei der RISC-Struktur wird eine Befehlsverarbeitung von CPI = 1 angestrebt (CPI: Clocks per Instruction). Das RISC-Konzept setzt außerdem auf eine leistungsfähige Load-/Store-Architektur. Unterstützt wird die Load-/Store-Architektur

durch Cache-Speicher. Ein Cache-Speicher ist in der Regel zwischen der CPU und dem Arbeitsspeicher angeordnet. Die Zugriffszeit auf diese Zwischenspeicher ist mindestens um den Faktor 10 kürzer als auf den Arbeitsspeicher. Daten und Befehle können im Cache zwischengespeichert werden. Die zugrunde liegende Idee ist dabei die „90:10-Regel“: bei rund 90 % aller Zugriffe werden nur ca. 10 % der Daten benötigt, mit denen ein Programm arbeitet.
RISC-Rechner besitzen in der Regel einen großen Registerblock. Viele Befehle werden daher als Register-Register-Operationen innerhalb der CPU ausgeführt.
Als Faustregel gilt, dass die RISC-Programme ca. 30 % länger sind als die CISC-Programme, aber ihr Befehlsvorrat nur ca. 30 % des Befehlsvorrates eines CISC-Rechners beträgt.
Ein Grund für die Verwendung der CISC-Architektur ist auch die Kompatibilität zu vorhandener Software. Beim CISC-Konzept wird der Prozessor mit mächtigen Befehlen ausgestattet, die als Mikrocode-Routinen ablaufen. Sie erfordern meistens viele Prozessortakte für die Befehlsausführung. Mächtige Befehle erfordern i. a. weniger Opcode, so dass sich die Anzahl der Speicherzugriffe während des Programmablaufs reduziert. Die komplexen Befehle können aber oft nicht genutzt werden, so dass sie z. T. nur „mitlaufen“ und keinen optimalen Opcode darstellen. Aus Untersuchungen geht hervor, dass während 80 % der Programmausführung nur ca. 20 % des Befehlsvorrates genutzt werden. Im Folgenden sind noch einmal die Eigenschaften von RISC- und CISC-Strukturen aufgelistet:

Die RISC-Architektur:

- Kleiner Befehlssatz (ca. 40 Befehle)
- Einfache Befehlsstrukturen
- Leicht decodierbares Befehlsformat
- Große Registerbänke (32–1000) und Zwischenspeicher (Caches)
- Leistungsfähiges Load-Store-Konzept
- Ausführungszeit der meisten Befehle liegt zwischen 1–2 Taktzyklen
- Durch große Registerbänke Zugriffe auf den Arbeitsspeicher begrenzt
- Leistungsfähiges Pipelining
- Programm ca. 30–50 % länger als bei CISC

Die CISC-Architektur:

- Befehlssatz von weit mehr als 100 Befehlen
- Komplexe Befehlsstrukturen
- Hoher Zeitaufwand bei Befehlsdecodierung
- Adressierungsarten sind z. T. sehr aufwendig
- Große Unterschiede in den Ausführungszeiten der Befehle

- Komplexe Befehle sorgen bei häufig benötigten Operationen für kürzere Programmlänge und weniger Speicherzugriffe
- Phasenpipelining ist schwer zu implementieren

Bei modernen Prozessor-Architekturen versucht man die Vorteile von RISC- und CISC-Strukturen zu kombinieren und kommt so zu Mischformen.

1.4 Einführung in VHDL

Die Abkürzung VHDL steht für Very High Speed Integrated Circuit Hardware Description Language. Es ist eine Hochsprache zur Beschreibung von Hardware, die im Auftrag der US-Regierung Anfang der 80er Jahre entwickelt und 1987 als IEEE 1076-87 (IEEE steht für Institute of Electrical and Electronics Engineers) standardisiert wurde. 1993 wurde eine leicht überarbeitete Version als IEEE 1076-93 genormt. Um nicht nur digitale Schaltungen beschreiben zu können, wurde schließlich eine Erweiterung vorgenommen, die VHDL-AMS (Analog Mixed Signal) genannt wird. Mit ihr ist es möglich, sowohl analoge als auch analog-digitale Schaltungen zu beschreiben [10].

Im Folgenden werden kurz die wichtigsten Eigenschaften der VHDL-Modellierung erläutert, die für den digitalen Schaltungsentwurf verwendet werden sollen. Es wird nur soweit auf die Hardware-Beschreibungssprache VHDL eingegangen, wie es für das Verständnis der VHDL-Modellierung notwendig ist, die in diesem Buch verwendet wird. Für weitere Informationen in VHDL wird auf die Literatur verwiesen [11, 6].

1.4.1 Grundstrukturen von VHDL

Ein VHDL-Entwurf besteht mindestens aus den Teilen
- Schnittstellenbeschreibung (**entity**)
- Funktionsbeschreibung (**architecture**)

Eine **entity** vermag eine gesamte Schaltung oder auch nur einen Teil davon repräsentieren und kann in hierarchisch angeordnete Blöcke untergliedert werden. In der **entity** werden Ein- und Ausgänge (Ports) deklariert und deren Datentypen und Signalflussrichtungen festgelegt. Die **architecture** beschreibt die Funktion der **entity**.
Der allgemeine Aufbau einer VHDL-Datei ist nachstehend dargestellt.

```
------ Verwendung von Bibliotheken  (Header) -------
library lib_name;
use lib_name.package_name.all;
-------------------- Entity-Anweisung ---------------------
entity  entity_name is
```

[**generic** (Deklaration von Parametern);]
port (Deklaration der Ein- und Ausgänge);
[Entitydeklaration;]
end [entity] [entity_name];
---------------- Architecture-Anweisung ---------------------
architecture architecture_name **of** entity_name **is**
[Architekturdeklaration;]
begin
{VHDL-Anweisung;}
end [architecture] [architecture_name];

Die fett gedruckten Bezeichnungen im Text sollen die reservierten Worte in VHDL kennzeichnen.

Tab. 1.1: Ein- und Ausgangsmodi für Ports [12]

Modus	Datenfluss	Verwendung
in	Von außen in die entity.	Externer Treiber steuert den Eingang.
out	Aus der entity nach außen.	Treiber innerhalb der entity. Rückkopplung vom Ausgang auf innere Eingänge ist nicht erlaubt.
buffer	Aus der entity nach außen.	Treiber innerhalb der entity. Rückkopplung vom Ausgang auf innere Eingänge ist erlaubt.
inout	Bidirektional, von außen in die entity und umgekehrt.	Signaltreiber können innerhalb oder außerhalb angeordnet sein. Rückkopplung auf innere Eingänge ist erlaubt.

Eine Beschreibung der einzelnen Portmodi befindet sich in Tab. 1.1. Eine VHDL-Datei beginnt immer mit der Deklaration des Headers. Der Header in VHDL ist vergleichbar mit einer #include-Anweisung in der Programmiersprache C. Im Header können einzelne oder alle Komponenten aus verschiedenen Bibliotheken eingebunden werden. Eine Bibliotheks-Anweisung wird in der folgenden Form angegeben:

library ieee;
use ieee.std_logic_1164.**all**;

Hier wird die Bibliothek ieee gewählt mit der Anweisung, dass alle Komponenten daraus verwendet werden sollen (**.all**). Die **entity** ist mit der Funktionsdeklaration in der Programmiersprache C vergleichbar. Mit ihrer Hilfe werden die Schnittstellen, d. h. die Ein- und Ausgänge mit Namen und Typ eines Designs definiert. Signale, die in-

nerhalb einer **entity** deklariert wurden, sind sowohl außerhalb für die Verbindung zu anderen Blöcken als auch innerhalb der Schaltungsbeschreibung sichtbar.
Innerhalb der **port**-Anweisung existieren nur Signale, die nicht explizit als Signale deklariert werden müssen. Mit der **generic**-Deklaration ist es möglich, der **entity** Werte von außen zu übergeben. Damit kann man ein Modell konfigurierbar gestalten.
Bei der Modellierung mit VHDL werden grob zwei Beschreibungsformen unterschieden:

- Verhaltensbeschreibung (Behavioral Code)
- Strukturbeschreibung (Structural Code)

Man spricht auch von der Behavioral- und der Structural-Methode. Dabei kann auch eine Kombination beider verwendet werden. Die Verhaltensbeschreibung ist vergleichbar mit der Programmierung in einer Hochsprache. Die Strukturbeschreibung teilt das VHDL-Modell in einzelne Komponenten auf und ist hierarchisch aufgebaut. Diese Beschreibungsformen sind für die VHDL-Modellierung von entscheidender Bedeutung und werden noch ausführlich behandelt.
In der **architecture**-Deklaration werden Datentypen, Unterprogramme und Komponenten deklariert. Anweisungen folgen nach dem reservierten Wort **begin**. In VHDL unterscheidet man zwischen

- nebenläufigen Anweisungen (Concurrent Statements) und
- sequenziellen Anweisungen (Sequential Statements)

Nebenläufige Anweisungen werden quasi parallel ausgeführt. Auf die speziellen Eigenschaften wird im weiteren Verlauf noch näher eingegangen. Sequenzielle Anweisungen werden in der Reihenfolge der Anweisungen abgearbeitet, so wie es in Hochsprachen üblich ist.
In der **architecture** werden allgemein nur nebenläufige Anweisungen ausgeführt. Sequenzielle Anweisungen können nur in Prozessen, Funktionen oder Prozeduren verwendet werden.
Die folgenden nebenläufigen Anweisungen werden häufig angewendet und werden in der architecture ausgeführt:

- **when - else**
- **with - select - when**

Die wichtigste Anweisung für die Verhaltensbeschreibung ist die **process**-Anweisung. Für sie gibt es zwei grundsätzliche Formen:

- Process mit „sensitivity list"
- Process ohne „sensitivity list"

```
--------- mit „sensitivity list“ (Eingangssignale in der Klammer) ---------
List:    process (a1, a2)
..........;
begin
Sequential Statements
end process;

-------- ohne „sensitivity list“  (ohne Klammerausdruck) ------------------
Nolist:  process
..........;
begin
Sequential Statements
wait on a1, a2;
end process;
------------------
```

Die beiden obigen **process**-Anweisungen sind im ersten Fall mit und im zweiten Fall ohne „sensitivity list“. Im zweiten Fall wird stattdessen eine **wait**-Anweisung verwendet. Die beiden Beschreibungsformen sind äquivalent. Die Anweisungen in einem Prozess laufen sequenziell ab. Die Prozesse untereinander laufen parallel ab. Aktiviert wird ein Prozess durch die Änderung eines Signals in der „sensitivity list“ oder über eine **wait-**Anweisung. Sequenzielle Anweisungen wie

- **if - then - else**
- **case - when**
- **for - loop**
- **while - loop**

können nur innerhalb von Prozessen verwendet werden. Eine **process**-Anweisung muss entweder eine „sensitivity list“ haben oder eine **wait**-Anweisung, ansonsten entspricht die **process**- Anweisung einer Endlosschleife.
Mit Hilfe der Strukturbeschreibung kann ein komplexes System aus einfachen Komponenten aufgebaut werden, die entweder aus der eigenen VHDL-Beschreibung stammen oder einer Bibliothek entnommen werden. Jedes VHDL-Modell mit **entity** und **architecture** wird über die Komponenten-Deklaration zu einem universell einsetzbaren Baustein (**component**) für andere Designeinheiten. Solch eine Komponente kann mit ihrer **entity** und **architecture** in einem **package** deklariert und bei Bedarf mit der **use**-Anweisung in ein Modell eingebunden werden. Außerdem ist es möglich, die Komponente innerhalb einer **architecture** zu deklarieren, wobei die **entity**-Deklaration dann in der gleichen Datei vorliegen muss. Die Syntax für die Komponenten-Deklaration ist wie folgt:

```
---------------- Component Declaration ---------------
component comp_name
[generic (generic_list);]
port (port_list);
end component [comp_name];
```

Die Komponenten-Instanziierung stellt die Verbindung einer Komponente zu ihrer Umwelt her, dabei werden die lokalen Ports den aktuellen Signalen zugeordnet. Nicht angeschlossene lokale Ports dürfen frei bleiben, d. h. sie werden mit dem Schlüsselwort **open** belegt. Die Zuordnung der aktuellen Signale zu den lokalen Ports kann entweder durch die Position erfolgen (Assignment by Position) oder durch direkte Bezeichnungen (Assignment by Name). Die Instanziierung der Komponenten erfolgt in der folgenden Form:

```
-------------------- Component Instances -------------
inst_label: comp_name
[generic map (.......)]              -- Übergabe aktueller Parametern
port  map (.......);                 -- Übergabe aktueller Ports
```

Für die Realisierung von gleichartigen Strukturen in einem Design wie z. B. Schieberegister oder Speicher kann die **generate**-Anweisung verwendet werden. Sie bietet folgende Vorteile:

- kompakte Beschreibung in VHDL von gleichartigen Strukturen
- variable Auswahl von Instanziierungen

Mit Hilfe der **generate**-Anweisung lassen sich parametergesteuerte Instanziierungen mit einer variablen Anzahl von Komponenten realisieren. Zusätzlich ist es möglich, Bedingungen für eine Instanziierung mit einfließen zu lassen, was einer variablen Gestaltung von Komponenten entgegenkommt. Die Syntax für eine **generate**-Anweisung hat folgende Formen:

```
---------------------- mit Bedingung ------------------------
gen_label: if condition generate
....................;                -- Nebenläufige Anweisungen
end  generate;
------------------ mit Laufvariable ---------------------------
gen_label: for var_name in  low_value to high_value generate
....................;                -- Nebenläufige Anweisungen
end  generate;
```

In der ersten Anweisung muss eine Bedingung erfüllt sein, damit die **generate**-Anweisung ausgeführt wird.
In der zweiten Anweisung wird ein Bereich für die Laufvariable var_name angegeben.

```
---------------- geschachtelte Anweisungen ------------------
gen_label1: for var_name in low_value to high_value generate
        gen_label2: if condition generate
        ....................;                        -- Nebenläufige Anweisungen
        end generate gen_label2;
end generate gen_label1;
```

Die Anweisungen können auch geschachtelt werden. Die Laufvariable var_name wird automatisch deklariert und ist nur innerhalb der Anweisung gültig.
Das Bibliothekskonzept von VHDL erlaubt die Einbindung herstellerspezifischer Bibliotheken, die Wiederverwendung bestehender (Teil-)Entwürfe sowie den Zugriff auf gemeinsame Datenbestände durch Arbeitsgruppen. In Bibliotheken werden compilierte Designeinheiten aufbewahrt, die frei von Syntax- und Semantikfehlern sind. Es wird zwischen der Working-Library work und der Resource-Library unterschieden. Die Arbeitsbibliothek work wird automatisch bei jedem Entwurf verwendet und compilierte Einheiten dort abgelegt. Die Resource-Library, die schon einen Vorrat an compilierten Designeinheiten bereithält, muss mit dem Befehl eingebunden werden:

library lib_name;
(z. B. **library** ieee;)

Um Konstanten, Typen, Komponenten oder Unterprogramme mehreren Designeinheiten zur Verfügung zu stellen, können sie in sogenannten Packages deklariert werden. Diese wiederum werden in Bibliotheken abgelegt und können mit dem Befehl:

use lib_name.package_name.**item**;

eingebunden werden. Will man ein komplettes **package** einbinden, verwendet man anstatt eines einzelnen Elements (.**item**) die Anweisung .**all**. In VHDL gibt es vordefinierte Packages, die häufig verwendete Datentypen, Unterprogramme, Operatoren und Komponenten enthalten. In Tab. 1.2 sind einige Beispiele für Packages und ihre Anwendung aufgelistet.
Packages können auch vom Benutzer erstellt werden. Im Folgenden ist der Aufbau einer **package**-Datei dargestellt.

Tab. 1.2: Vordefinierte Packages [12]

Package	**Anwendung**
std_logic_1164	In diesem Package werden die Datentypen für die mehrwertige Logik definiert.
bit_arith	Dies Package definiert mathematische Operationen für den Datentyp bit.
std_arith	Dies Package definiert mathematische Operationen für den Datentyp std_logic.

------------------------ Package-Datei -------------------------
package my_package **is**
Deklarationsliste
end my_package;
package body my_package **is**
Deklarationsliste
end my_package;

In einer solchen Datei gibt es die **package**-Deklaration und den **package body**, in dem zum Beispiel Unterprogramme implementiert sind. Innerhalb des **package** befinden sich die Deklarationen für die einzelnen Items (Konstanten, Datentypen, Komponenten und Unterprogramme). Die **package**-Dateien können dann in folgender Form in VHDL-Programme eingebunden werden:

library lib_name;
use lib_name.package_name.**all**;
use work.my_package.**all**;

Die ersten beiden Anweisungen können z. B. für eine Bibliothek lib_name sein. Die dritte Anweisung gibt an, dass das **package** my_package zusätzlich mit allen Komponenten verwendet werden soll. Work ist dabei die default-Bibliothek des Benutzers. Wenn nichts anderes angegeben wird, ist work die Bibliothek, mit der der VHDL-Compiler und der Simulator arbeiten.

Datentypen

In VHDL muss allen Daten, d. h. Variablen, Signalen und Konstanten ein festgelegter Datentyp zugeordnet werden. Beim Compilieren wird jeweils die Konsistenz der Datentypen überprüft. Die im Folgenden vorgestellten Datentypen sind im **package** standard (Bibliothek std) bereits enthalten. Das **package** standard ist vordefiniert und braucht in der VHDL-Datei nicht extra angegeben zu werden.

Der Datentyp std_logic für das neunwertige Logikwertsystem ist im **package** std_logic_1164 in der Bibliothek ieee enthalten.

Die Datentypen können grob eingeteilt werden in

- einfache Datentypen
- komplexe Datentypen

Zum ersten Fall gehören folgende Typen:
bit
boolean
integer
real
Physikalische Typen
character
Aufzählungstypen
std_logic

Die einzelnen Datentypen sollen hier nur kurz erläutert werden. Der Datentyp bit kennt nur die logischen Werte '0' und '1'. Der Datentyp boolean ist ebenfalls zweiwertig mit den Werten false und true. Der integer Datentyp hat einen Zahlenbereich von mindestens $-2^{31} - 1$ bis $+2^{31} - 1$. Die default-Zahlendarstellung ist dezimal. Zum Integer Datentyp sind oft Untertypen definiert, die den Zahlenbereich einschränken können. Die Syntax dafür lautet:

------------------------------ Untertypen --------------------------------
subtype sub_name **is** integer **range** range_low **to** range_high;

Subtypen sind Untertypen von bereits deklarierten Datentypen. Unter Verwendung des Attributes high sind in VHDL folgende Untertypen vordefiniert:

-------------------- vordefinierte Untertypen --------------------------
subtype natural **is** integer **range** 0 **to** integer'high
subtype positive **is** integer **range** 1 **to** integer'high

Der real Datentyp, auch als floating point Datentyp bezeichnet, hat einen Zahlenbereich von mindestens $-1.0(e^{38})$ bis $+1.0(e^{38})$. Die default-Zahlendarstellung ist dezimal.

Physikalische Datentypen bestehen aus einem Zahlenwert und einer Maßeinheit. In dem **package** standard sind als **type** time folgende Maßeinheiten vordefiniert:

```
-------------------- vordefinierte Maßeinheiten -----------------------
                   fs, ps, ns, µs, ms, sec, min, hr
```

Die Maßeinheiten sind dabei: Femto-, Piko-, Nano-, Mikro-, Millisekunden, Sekunden, Minuten, Stunden.
Für die Zahlenwerte sind auch reelle Zahlen zugelassen, die Zahlen müssen dabei den Basiseinheiten im Maßsystem angepasst werden.

Der character Datentyp entspricht dem Standard ASCII Zeichensatz. Die Zeichen werden dabei in Hochkommas eingeschlossen: '0' bis '9', 'a' bis 'z', 'A' bis 'Z'. Es ist zu beachten, dass die Zeichen „case sensitive" sind.

Für den Aufzählungstyp können vom Benutzer beliebige Aufzählungstypen definiert werden. Die Syntax hierfür lautet:

```
--------------------------- Aufzählungstypen ---------------------------
type enum_name is (e_1 {, e_n});
```

Dabei sind e_1 bis e_n eine endliche Anzahl von Elementen. Im **package** standard sind bereits Aufzählungstypen vordefiniert wie z. B. die Datentypen character, bit und boolean:

```
------------------- vordefinierte Aufzählungstypen ------------------
type bit is ('0', '1');
type boolean is (false, true);
type character is ('0',....,'9', 'a',.....,'z', 'A',.......,'Z');
```

Der Datentyp std_logic im **package** std_logic_1164 enthält ein neunwertiges Logikwertsystem, das für die Synthese und Simulation von digitalen Schaltungen besser geeignet ist als der Datentyp bit. Bei Verwendung dieses Datentyps muss das **package** in der folgenden Form angegeben werden:

```
------------------------ Package std_logic_1164 --------------------------
                        library ieee;
                        use ieee.std_logic_1164.all;
```

Dadurch kann das Design an die jeweilige Ziel-Hardware angepasst werden. Den Signalen können für das Design unterschiedliche Treiberstärken wie „schwach" und „stark" oder Signalzustände wie „nicht initialisiert" zugewiesen werden. Die Ausgänge von Komponenten können z. B. über einen Bus verbunden werden.

Für den Fall, dass mehr als ein Signalausgang aktiv ist, entsteht ein Buskonflikt. Dieses Problem kann mit einer Auflösefunktion gelöst werden. Die Auflösefunktion „resolved" ist ebenfalls im **package** std_logic_1164 enthalten [12]. In Tab. 1.3 ist die Bedeutung und Verwendung der Werte des neunwertigen Logikwertsystems beschrieben.

Tab. 1.3: Std_Logic_1164-Datentypen [12]

Wert	Bedeutung	Verwendung
'U'	„nicht initialisiert"	Nicht initialisiertes Signal im Simulator.
'X'	„stark unbestimmt"	Simulator erkennt mehr als einen aktiven Signaltreiber (Buskonflikt).
'0'	„starke logische" '0'	Entspricht '0' eines bit-Signals.
'1'	„starke logische" '1'	Entspricht '1' eines bit-Signals.
'Z'	„hochohmig" 'Z'	Tri-State Zustand
'W'	„schwach unbestimmt"	Simulator erkennt Buskonflikt zwischen 'L' und 'H'.
'L'	„schwache logische" '0'	Ausgang mit Pull-down-Widerstand (Open Source)
'H'	„schwache logische" '1'	Ausgang mit Pull-up-Widerstand (Open Drain)
'-'	Don't-care-Wert	Logikzustand bedeutungslos; kann für Minimierung verwendet werden.

Die wichtigsten komplexen Datentypen in VHDL sind die folgenden Typen:

- **array**
- **record**
- **file**

Der **array**-Datentyp, der auch als Feldtyp bezeichnet wird, stellt hier den wichtigsten Datentyp dar. Es wird dabei zwischen ein- und mehrdimensionalen Arrays unterschieden. Eindimensionale Arrays werden auch als Vektoren bezeichnet, mehrdimensionale Arrays stellen eine Matrix dar. Hier sollen nur eindimensionale Arrays betrachtet werden. Ein **array**-Datentyp kann auch vom Benutzer definiert werden. Die Syntax dafür lautet:

--------------------------- Array Datentyp ------------------------------
type array_name **is array** (index_typ) **of** element_typ;

Der element_typ kann z. B. der Datentyp character, bit, integer oder std_logic sein. Für index_typ wird der Typ der Bereichsangabe festgelegt: integer Bereich, Aufzählungstyp oder variable Bereichsangabe. Die am häufigsten angewendeten **array-**Datentypen sind:

------------------- vordefinierte Array-Datentypen -------------------

- bit_vector
- string
- std_logic_vector

Die beiden ersten **array** Typen sind bereits im **package** standard, der dritte Datentyp im **package** std_logic_1164 vordefiniert:

------------------------ vordefinierte Array-Typen ---------------------

type bit_vector **is array** (natural **range** <>) **of** bit;
type string **is array** (positiv **range** <>) **of** character;
type std_logic_vector **is array** (natural **range** <>) **of** std_logic;

Die Bezeichnung **range** <> bedeutet dabei die unbeschränkte Länge des Vektors im Rahmen des möglichen index_typs.
Die Vektortypen string, bit_vector und std_logic_vector können für einen Indexbereich in der folgenden Form angegeben werden:

--------------------- Indexbereich für Vektortypen -------------------

signal sig_name: **type** (lower **to** upper); oder
signal sig_name: **type** (upper **downto** lower);

Die Reihenfolge des angegebenen Indexbereiches ist dabei zu beachten. Das zeigt das folgende Beispiel:

variable v1: bit_vector (0 **to** 3);
variable v2: bit_vector (3 **downto** 0);

v1: = "0101"; → v1(0) = '0', v1(1) = '1', v1(2) = '0', v1(3) = '1'
v2: = "0101"; → v2(0) = '1', v2(1) = '0', v2(2) = '1', v2(3) = '0'

Im **record-**Datentyp können Elemente verschiedener Datentypen zusammengefasst werden. Die Syntax für diesen Datentyp lautet:

```
-------------------------- Record Datentyp ------------------------------
type record_name is record
        element_1_name:  element_1_type;
        ......................;
        element_n_name:  element_n_type;
end record;
```

Der Datentyp **file** ist im **package** textio in der Bibliothek std definiert. Mit dem Datentyp ist der Zugriff auf Textdateien möglich. Es können z. B. für eine Simulation Testvektoren aus einer Input-Datei eingelesen werden. Die Simulationsergebnisse können dann in einer Output-Datei gespeichert werden.
Bei Verwendung des **package** textio ist die folgende Anweisung notwendig:

```
-------------------------------- Package Textio --------------------------------
                                  use std.textio.all;
```

Im Folgenden sind einige Beispiele für den Gebrauch von komplexen Datentypen zusammengestellt:

```
----------------------
variable string_var:  string (0  to  6);
        string_var: = "Konrad";
-----------------------
signal vector_1: bit_vector (7  downto  0);
        vector_1  <=  "00001111";
----------------------
signal vector_2: std_logic_vector (0  to  3);
        vector_2  <=  "ZZZZ";
----------------------
constant const_name: string: = "Messwerte und Daten";
----------------------
subtype sub_vec is bit_vector (0  to  3);
signal vec1, vec2: sub_vec;
        vec1  <=  "0001";
----------------------
type a_name is array (0  to  3) of bit;
variable v1, v2, v3: a_name;
        v1: =  "1100";
----------------------
type color is (red, green, blue, yellow);
type value4 is ('0', '1', 'U', 'Z');
```

```
signal sig1: value4;
signal spot: color;
       sig1 <= 'Z';
       spot <= red;
--------------------------
type value4 is ('X', '0', '1', 'Z');
type vector_4 is array ( 0 to 3) of value4;
signal v1, v2: vector_4;
       v1 <= "XX00";
---------------------------
```

Objekte und Deklarationen
Daten in VHDL werden über sog. Objekte verwaltet. Jedes Objekt gehört dabei einer bestimmten Objektklasse an und benötigt einen definierten Datentyp. Vor der Verwendung in einem VHDL-Modell muss jedes Objekt in der folgenden Form deklariert werden:

- Objektname (Identifier)
- Objektklasse
- Datentyp
- Angabe eines default-Wertes (bei Konstanten)

Als Objektname kann ein beliebiger Name vergeben werden. Dabei gelten folgende Bedingungen:

- das erste Zeichen muss ein Buchstabe sein
- keine Unterscheidung zwischen Groß- und Kleinbuchstaben
- es darf kein Schlüsselwort sein

Es können folgende Objektklassen verwendet werden:

- Konstanten
- Variablen
- Signale

Konstanten sind Objekte, für die ein Wert nur einmal zugewiesen werden kann. Die Syntax für die Deklaration lautet:

```
------------------------- Konstanten-Deklaration ----------------------
constant const_name : type := value;
```

Die Wertzuweisung ist hier obligatorisch. Der Typ von value muss dem Typ der Konstanten entsprechen. Für **type** muss ein Datentyp angegeben werden. Die Deklaration von Konstanten kann in VHDL an folgenden Stellen vorgenommen werden:

- **entity**
- **architecture**
- **package**
- **process**
- **function**
- **procedure**

Variablen sind Objekte, deren aktueller Wert gelesen und neu zugewiesen werden kann. Für die Deklaration der Variablen gilt das gleiche wie zuvor bei den Konstanten. Variablen sind lokale Objekte und können nicht Informationen zwischen **process-**, **function-** oder **procedure**-Anweisungen austauschen. Die Syntax für die Variablendeklaration lautet:

------------------------ Variablendeklaration ---------------------------
variable var_name: **type** [:= def_value];

Für **type** ist wieder der Datentyp anzugeben. Als Option kann für def_value ein Wert für die Initialisierung zugewiesen werden. Ansonsten wird der jeweilige default-Wert bei der Simulation verwendet. Der default-Wert ist derjenige Wert, der am weitesten links steht in dem Wertebereich des verwendeten Datentyps. Beim Datentyp boolean ist das z. B. der Wert „false“.
In VHDL_93 ist die Deklaration um eine **shared**-Variable erweitert worden. Bei Verwendung der **shared**-Variablen muss die Anweisung in der folgenden Form erfolgen:

----------------------- Shared-Variablen --------------------------------
shared variable var_name: **type** [:= def_value];

Wird diese Anweisung verwendet, so darf sie in allen Deklarationsteilen mit Ausnahme von **process**-, **function**- und **procedure**-Deklarationsteilen verwendet werden.

Mit der Objektklasse der Signale ist es möglich geworden, die Hardware als VHDL-Modell zu beschreiben. Der Unterschied zu den Variablen besteht darin, dass Signale ein zeitliches Verhalten haben. Bei Signalen wird der zeitliche Verlauf gespeichert, so dass es möglich ist, sich auf Signalzustände vor oder nach einem aktuellen Zeitpunkt zu beziehen. In VHDL stellen Signale die einzige Möglichkeit dar, die Komponenten struktureller Beschreibungen miteinander zu verbinden. Die Kommunikation zwischen den einzelnen Prozessen wird mit Hilfe von Signalen realisiert. Die Syntax für die Signaldeklaration lautet:

------------------------ Signaldeclaration ----------------------------
signal sig_name: **type** [:= def_value];

Die Deklaration von Signalen kann an folgenden Stellen in VHDL vorgenommen werden:

- **entity**
- **architecture**
- **package**

In der **entity**-Deklaration können Signale deklariert werden, die jeweils in einem **entity**-Bereich global sind. In der **architecture**-Deklaration können Signale deklariert werden, die nur innerhalb der **architecture** global sind. Sie werden auch als interne Signale bezeichnet. In der **package**-Deklaration werden die Signale in der gleichen Form wie in der **architecture**-Deklaration behandelt, sie haben aber durch die Eigenschaften des **package** globalen Charakter in der Form, dass sie in verschiedenen **entity**-Einheiten benutzt werden können. Als Option kann für def_value ein Wert für die Initialisierung zugewiesen werden.

Zuweisungen an Variable und Signale
Für die Variablenzuweisung lautet die Syntax:

----------------- Variablenzuweisung (Variable Assignment) -------------------------------
var_name := expression;

Der Typ von expression muss dabei dem Typ der Variablen entsprechen. Die Zuweisung erfolgt sofort wie in Programmiersprachen üblich.

Die Syntax für die einfachste Signalzuweisung hat folgende Form:

------------------ Signalzuweisung (Signal Assignment) --------------------------------
[label_name:] signal_name <= expression;

Diese Anweisungen werden konkurrent, d. h. nebenläufig ausgeführt. Bei der Signalzuweisung ist dabei die Zuordnung „<=“ zu beachten, im Gegensatz zur Variablenzuweisung („:=“). Die Reihenfolge der Signalzuweisungen ist ohne Bedeutung, da sie nebenläufig ausgeführt werden. Die Signalzuweisung ist einem **process** äquivalent, der nur aus einer Signalzuweisung mit entsprechender „sensitivity-list“ besteht. Die

Signalzuweisung wird nur aktiviert, wenn sich eines der Signale auf der rechten Seite der Anweisung ändert.
Wenn z. B. folgende Signalzuweisung erfolgen soll, so wird die Anweisung nur aktiviert, wenn sich die Signale A oder B ändern.

```
architecture arch_name of entity_name is
signal A, B, Z: std_logic;
begin
Z <= A and B;
end arch_name;
```

Die einfachen Signalzuweisungen können auch mit Zeitangaben verknüpft werden. Die Syntax hat dann folgende Form:

```
---------------------- Signalzuweisung mit Zeitangabe -----------------------------------
[ label_name:] signal_name <= expression [ after time-expr ];
```

Der neue Signalwert ist erst nach Ablauf der Verzögerungszeit bei der Simulation wirksam. Bei der Signalzuweisung können auch mehrere Werte als eine Folge von Verzögerungszeiten zugeordnet werden.
Bedingte Signalzuweisungen (Conditional Signal Assignments) werden nur ausgeführt, wenn eine der angegebenen Bedingungen erfüllt ist oder sich eines der Signale auf der rechten Seite ändert. Es wird eine Auswahl mit der **when - else**-Anweisung durchgeführt. Die Syntax dafür lautet:

```
------------------------------ bedingte Signalzuweisung -------------------------------------
[ label_name:] signal_name <= { expression when condition else } expression;
--------------------------
```

Für selektive Signalzuweisungen (Selected Signal Assignments) wird eine Auswahl mit der **with - select**-Anweisung durchgeführt. Die Syntax dafür lautet:

```
------------------------------- selektive Signalzuweisung ------------------------------------
[ label_name:] with expression select
signal_name <= expression when value {, expression when value}
value when others;
----------------------------
```

Die Anweisung wird ausgeführt, wenn sich eines der Signale auf der rechten Seite oder sich die Auswahlbedingungen ändern.

Signalzuweisungen in Prozessen

Die Syntax ist die gleiche wie bei einfachen Signalzuweisungen:

```
------------------------- Signalzuweisung in Prozessen ----------------------------------
[ label_name:] signal_name <= expression [ after time-expr ];
```

Obwohl die Anweisungen in Prozessen sequenziell abgearbeitet werden, gibt es bei den Signalzuweisungen Unterschiede, die zu beachten sind.

Eine Signalzuweisung in einem Prozess wird erst beim nächsten **wait** aktiviert, bei einem Prozess mit „sensitivity-list" erst am Ende des Prozesses. Wenn mehrere Signalzuweisungen für das gleiche Signal in einem Prozess auftreten, so ist nur die letzte Zuweisung wirksam. Daraus ergeben sich folgende Regeln:

- in einem Prozess sollte es nur eine Zuweisung pro Signal geben
- Signale können in einem Prozess nicht als Zwischenspeicher genutzt werden

In dem folgenden Beispiel sollen die Signal- und Variablenzuweisungen verdeutlicht werden.

```
library ieee;
use ieee.std_logic_1164.all;
------------------- Entity Declaration ------------------
entity process_2 is port (
        en : in std_logic;
        out3, out4 : out std_logic;
        out1 : inout std_logic := '1';
        out2 : inout std_logic := '0');
end process_2;
----------------- Architecture Declaration ------------
architecture pro2_arch of process_2 is
------------------- Signal Declaration ------------------
signal x1, x2 : integer range 0 to 10;
begin
------------------- Process Statement -----------------
        p1: process (en)
        variable a : std_logic := '1';
        variable b : std_logic := '0';
        begin
    if en = '1' then
        x1 <= 2;                                   -- Zuweisung wird ignoriert
        x2 <= 5;                                -- x2 = 5 wenn Prozess beendet
```

```
        x1 <= 3;                       -- x1 = 3 wenn Prozess beendet
-------------------------------
        a := b;                        -- a = '0' Zuweisung sofort
        b := a;                        -- b = a = '0' Zuweisung sofort
-------------------------------
        out1 <= out2;                  -- Vertauschung von out1 und out2
        out2 <= out1;                  -- wenn Prozess beendet
-------------------------------
        out3 <= a;                     -- out3 = '0' wenn Prozess beendet
        out4 <= b;                     -- out4 = '0' wenn Prozess beendet
    end if;
        end process p1;
end pro2_arch;
-------------------
```

Die Signale out1 und out2 sind mit '1' und '0' initialisiert. Ebenso die Variablen a und b. Wenn sich das Eingangssignal en ändert, wird der Prozess aktiv. Bei en = '1' wird die **if - then**-Struktur ausgeführt. Die Variablen-Zuweisungen werden sofort ausgeführt, die Signal-Zuweisungen am Ende des Prozesses. Die Reihenfolge der Signalzuweisungen von out1 und out2 ist irrelevant.
Variablenzuweisungen werden sequenziell und direkt abgearbeitet. Existieren in einem Prozess mehrere Signalzuweisungen für gleiche Signale, wie im obigen Beispiel bei x1, so wird die letzte Zuweisung ausgeführt, alle anderen werden ignoriert.

In VHDL existieren eine ganze Reihe von reservierten Wörtern, die in Tab. 1.4 aufgelistet sind. Sie dürfen nicht vom Benutzer als Bezeichner verwendet werden.
Kommentare innerhalb des Quellcodes werden in VHDL durch Voranstellen zweier Minuszeichen gekennzeichnet, die sich aber immer nur auf die entsprechende Zeile beziehen.

Operatoren
Um Ausdrücke bilden zu können, existieren in VHDL vordefinierte Operatoren, die in Tab. 1.5 zusammengestellt sind. Bei der Ausführung muss die Reihenfolge der Prioritäten beachtet werden. In der Tabelle fallen die Operatorprioritäten von oben nach unten, d. h. die logischen Operatoren haben die niedrigste Priorität.

Tab. 1.4: Reservierte Wörter nach IEEE STD 1076-1993 [12]

abs	disconnect	is	package	sla
access	downto	label	port	sll
after	element	library	postponed	sra
alias	else	linkage	private	slr
all	elsif	literal	procedure	subtype
allow	end	loop	process	then
and	entity	map	pure	to
architecture	exit	mod	range	transport
array	file	nand	record	type
assert	for	new	register	unaffected
attribute	function	next	reject	units
begin	generate	nor	rem	until
block	generic	not	report	use
body	group	null	return	variable
buffer	guarded	of	rol	wait
bus	if	on	ror	when
case	impure	open	select	while
component	in	or	severity	with
configuration	initial	others	signal	xnor
constant	inout	out	shared	xor

Tab. 1.5: Übersicht über die in VHDL verwendeten Operatoren [12]

Operator	Erläuterung	Operandentyp
**	Exponent	integer, floating, Exp. nur integer
abs	Absolutwert	numerisch
not	Logische Negation	bit, boolean
*	Multiplikation	integer, floating
/	Division	integer, floating
mod	Modulo-Operator	integer
rem	Remainder-Operator	integer
+	pos. Vorzeichen	numerisch
-	neg. Vorzeichen	numerisch

Operator	Erläuterung	Operandentyp
+	Addition	numerisch
–	Subtraktion	numerisch
&	Verbindung	Vektor (eindimensional)
sll	Shift nach links, '0' wird nachgezogen	Vektor (eindimensional)
srl	Shift nach rechts, '0' wird nachgezogen	Vektor (eindimensional)
sla	Shift nach links, arithmetisch	Vektor (eindimensional)
sra	Shift nach rechts, arithmetisch	Vektor (eindimensional)
= /=	gleich / ungleich	alle Typen, gleicher Typ für Operanden
< <=	kleiner / kleiner gleich	Skalare Typen, gleicher Typ für Operanden
> >=	größer / größer gleich	Skalare Typen, gleicher Typ für Operanden
and, or, nand, nor, xor, xnor	log. UND, log. ODER, log. NAND, log. NOR, log. XOR, log. XNOR	bit, boolean, Vektor (eindimensional)

Konfigurationsanweisungen

In einem VHDL-Modell können für eine **entity** mehrere Realisierungen als **architecture** verwendet werden. Mit Hilfe von Konfigurationsanweisungen kann so eine Auswahl der Architekturen und Komponenten getroffen werden. Die Auswahl der Konfiguration hat folgende Vorteile:

- Verhaltens- und Strukturbeschreibungen können leicht ausgetauscht werden
- Unterstützung des Designs für verschiedene Versionen

Die Konfigurationsanweisungen können auf zwei Arten genutzt werden:

- innerhalb der **architecture**
- außerhalb der **architecture**

Im ersten Fall lautet die Syntax für die Konfiguration:

```
----------------- Konfigurationsanweisung -------------------
for inst_label: entity_name
use entity lib_name.entity_name(architecture_name);
```

Die Konfiguration kann z. B. in der folgenden Form vorgenommen werden:

```
--------------------------- Design1 --------------------------------
entity design1 is
port (................);
end [design1];
------------------------ Architecture1 ----------------------------
architecture behav of design1 is                    -- Verhaltensbeschreibung
begin
............;
end [behav];
------------------------ Architecture2 ----------------------------
architecture struc of design1 is                    -- Strukturbeschreibung
begin
............;
end [struc];
-----------------
```

Die VHDL-Beschreibung Design1 enthält zwei verschiedene Architekturbeschreibungen. Diese VHDL-Beschreibung kann in einer weiteren Datei mit der **entity** design2 verwendet werden, wobei eine **architecture** durch die Konfigurationsanweisung ausgewählt wird:

```
---------------------------- Design2 -----------------------------
entity design2 is
port (................);
end [design2];
--------------------- Architecture Declaration -------------------
architecture arch_name of design2 is
begin
------------------- Component Declaration ----------------------
component design1
port (...........);
..........;
end component;
------------------ Konfigurationsanweisung --------------------
for U0: design1
use entity work.design1(struc);                    -- Konfiguration für design1
..............;
begin
U0 : design1                                       -- explizite Konfiguration
port map (...........);
.............;
end [arch_name];
```

Im obigen Beispiel wird der Datei mit der **entity** design2 die **architecture** struc aus der Datei mit der **entity** design1 ausgewählt. Der Compiler bekommt damit die Anweisung, die **architecture** struc zu verwenden. Für den Fall, dass die Konfiguration außerhalb der **architecture** vorgenommen wird, kann man zwischen zwei verschiedenen Zuordnungen unterscheiden:

- **architecture – entity**
- **architecture – component**

Die Syntax für den ersten Fall lautet:

```
------------------- Konfigurations-Anweisung --------------------
configuration conf_name of entity_name is
        for architecture_name
        end for;
end conf_name;
-------------------
```

Es wird damit nur eine Auswahl zwischen mehreren Architekturen getroffen. Diese Anweisung kann auch für Verhaltensmodelle verwendet werden. Für den zweiten Fall der obigen Zuordnung lautet die Syntax:

```
------------------- Konfigurations-Anweisung ---------------------
configuration conf_name of entity_name is
for architecture_name
        for inst_label | others | all : comp_name
        use entity Lib_name.comp_name (comp_arch_name)
        [generic map (.......)]
        [port map (.......)];
        end for;
end for;
end conf_name;
-------------------
```

In der dritten Zeile der Anweisung stehen dabei neben dem „inst_label“ für die Instanziierung die Konfigurationsmodi für die instanziierten Komponenten:

- **others** für alle noch nicht eingesetzten Komponenten
- **all** für alle Komponenten

Die folgende VHDL-Beschreibung zeigt ein Beispiel für eine Verhaltensbeschreibung mit zwei **architecture**-Anweisungen.
Es soll dabei eine **architecture** ausgewählt werden.

```
-------------------------------------------------------------------
        MUX 4:1 mit Konfigurationsanweisung
-------------------------------------------------------------------
library ieee;
use ieee.std_logic_1164.all;
-------------------- Entity Declaration ----------------------
entity MUX4_C is port (
        D0, D1, D2, D3 : in std_logic;
        S : in std_logic_vector(1 downto 0);
        OUT1 : out std_logic);
end MUX4_C;
------------------ Architecture1 -----------------------------
architecture MUX4_ARCH1 of MUX4_C is
begin
      OUT1 <= D0   when S = "00" else
              D1   when S = "01" else
              D2   when S = "10" else
              D3;
end MUX4_ARCH1;
------------------ Architecture2 -----------------------------
architecture MUX4_ARCH2 of MUX4_C is
begin
------------------- Process Anweisung --------------------
p1: process (S, D0, D1, D2, D3)
        begin
            case S is
      when "00" => OUT1 <= D0;
      when "01" => OUT1 <= D1;
      when "10" => OUT1 <= D2;
      when "11" => OUT1 <= D3;
      when others => null;
            end case;
end process p1;
end MUX4_ARCH2;
----------------- Konfigurationsanweisung ---------------
configuration CGF_MUX4 of MUX4_C is
        for MUX4_ARCH1
        end for;
end CGF_MUX4;
```

Das obige Beispiel zeigt ein VHDL-Modell für einen Multiplexer MUX 4:1 mit zwei verschiedenen Verhaltensbeschreibungen. In dem Beispiel wird die **architecture** MUX4_ARCH1 ausgewählt. Existiert keine Konfigurationsanweisung, so wird die zuletzt analysierte **architecture**, in diesem Fall MUX4_ARCH2 verwendet.
Die Abb. 1.11 zeigt noch einmal den Aufbau und die wichtigsten Bestandteile einer VHDL-Datei.

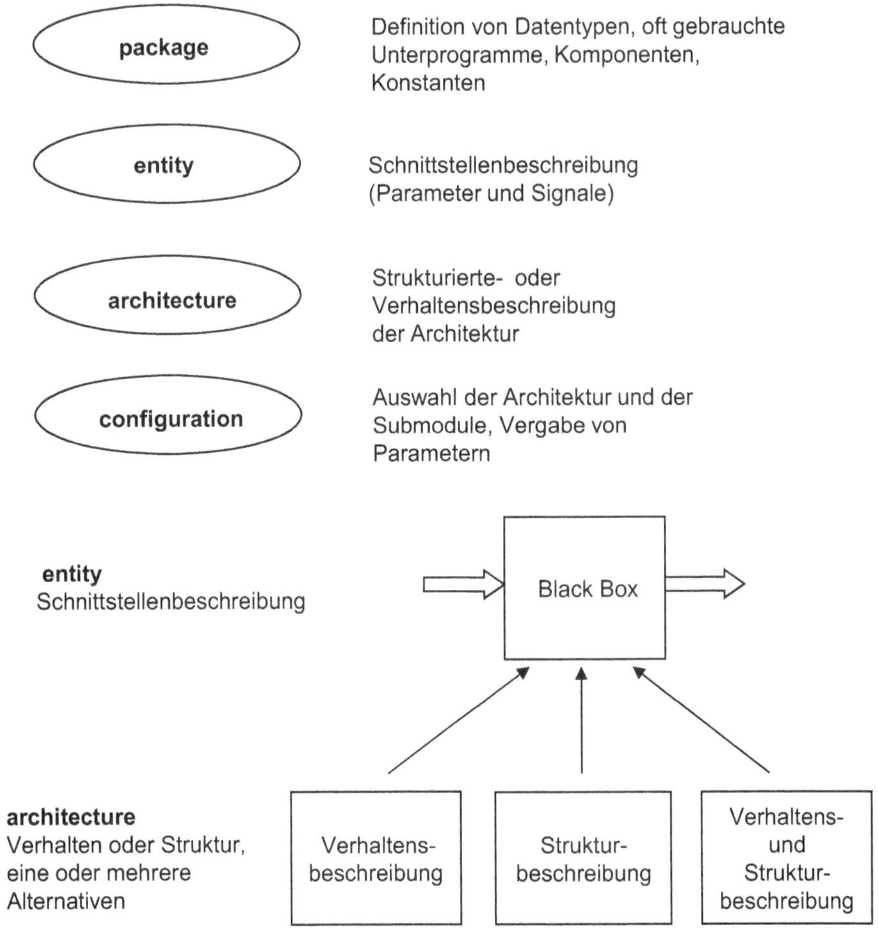

Abb. 1.11: Bestandteile einer VHDL-Beschreibung

1.4.2 Synthese und Simulation mit VHDL

Die Hardware-Beschreibungssprache VHDL wurde ursprünglich für die Dokumentation und Simulation von komplexen digitalen Systemen entwickelt. Die Synthesefähigkeit der VHDL-Konstrukte wurde erst später gefordert. Der Sprachumfang von VHDL teilt sich etwa in der folgenden Form auf:

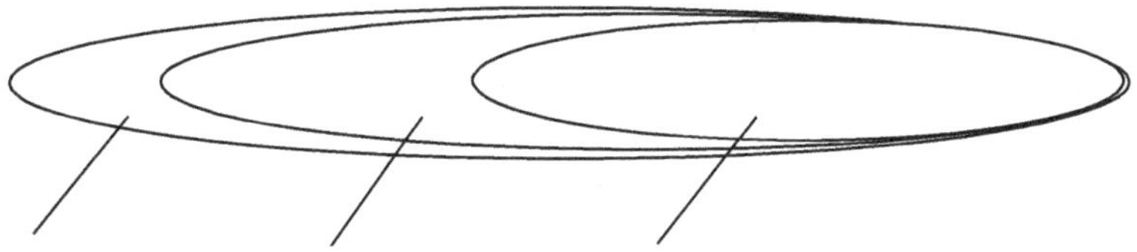

Daraus folgt, dass die meisten VHDL-Konstrukte simulierbar sind, aber nicht unbedingt synthetisierbar. Inzwischen wird VHDL weltweit als Hardware-Beschreibungssprache für den Entwurf von digitalen Schaltungen eingesetzt. Die Modellierung mit VHDL wird auf allen Abstraktionsebenen unterstützt bis hinunter zur Logikebene (siehe Y-Diagramm).

Synthese bedeutet hier die Transformation von Verhaltensbeschreibungen in Strukturbeschreibungen aus Komponenten einer niedrigeren Abstraktionsebene. Die Synthese kann daher auf verschiedenen Abstraktionsebenen betrachtet werden:

- Systemebene-Synthese
- Algorithmische Synthese
- RTL-Synthese
- Logikebene-Synthese

Die Systemebene-Synthese dient im Allgemeinen der Aufteilung der Teilsysteme beispielsweise in CPU, Speicher und Bussysteme. Die algorithmische Synthese strukturiert die Komponenten auf der algorithmischen Ebene und ordnet den Komponenten die auszuführenden Operationen zu. Hier werden z. .B. die Algorithmen für das Operationswerk und das Steuerwerk zugeordnet. In Abb. 1.12 ist die Einordnung des Synthese-Tools für ein FPGA-Design dargestellt. Mit dem VHDL-Editor können zunächst alle VHDL-Konstrukte verarbeitet werden. Dabei hat man i. a. auch die Möglichkeit, VHDL-Module aus einer Herstellerbibliothek zu verwenden.

Der vom Compiler akzeptierte VHDL-Code kann dann in einer funktionalen Simulation getestet werden. Dabei werden nur die Logikfunktionen getestet, unabhängig von der Synthetisierbarkeit der Logik. Das Synthese-Tool akzeptiert nur einen synthetisierbaren VHDL-Code (VHDL-RTL). Die synthetisierte Netzliste dient nach der Synthese als Input für das „Place-and-Route"-Tool. Hier wird in der Regel das

Netzlistenformat EDIF (Electronic Design Interchange Format) verwendet. Die Synthese-Tools werden häufig von den Halbleiterherstellern mitgeliefert und sind damit nicht mehr Hardware-unabhängig.

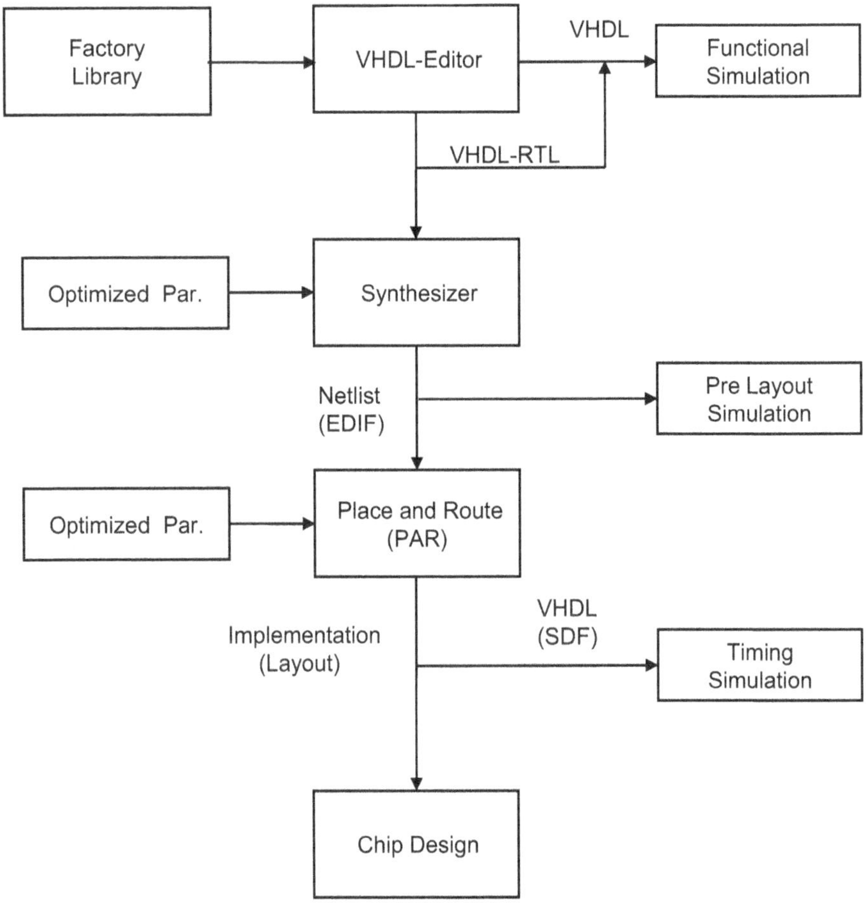

Abb. 1.12: Synthese und Simulation

EDF: Electronic Design Interchange Format
SDF: Standard Delay Format
RTL: Register Transfer Level

Bei der Synthese können Optimierungsbedingungen mit eingegeben werden. Es können meistens auch VHDL-Module von Herstellerbibliotheken mit eingebunden werden. Die Timing-Simulation kann erst durchgeführt werden, wenn das „Place-and-Route"-(PAR)-Tool eine VHDL-Netzliste mit den berechneten Verzögerungszeiten erzeugt hat (SDF-Datei). Das PAR-Tool stellt dabei die Logikebene-Synthese dar. Bei der Pre-Layout-Simulation wird die synthetisierte Netzliste mit Verzögerungszeiten, sog. Block Delays, für die logischen Gatter verknüpft. Hier kann bereits entschieden werden, ob die geforderten Zeitabhängigkeiten für das Design eingehalten werden können [11, 13].

Synthesefähiger VHDL-Code

Der Umgang mit VHDL hat in der Regel das Ziel, eine digitale Schaltung zu realisieren. Damit das VHDL-Design sinnvoll ist, sollte der Benutzer sowohl die Ziel-Hardware als auch die wichtigsten Regeln für die Synthetisierbarkeit des VHDL-Codes kennen. Neben dem synthetisierbaren VHDL-Code ist die Synthesefähigkeit von folgenden Punkten abhängig:

- Synthese-Tool
- Herstellerbibliothek
- Ziel-Hardware

Die Steuerung des Syntheseprozesses kann durch das Setzen von Optimierungsparametern beeinflusst werden, um z. B. die Chipfläche oder die Signallaufzeiten zu optimieren. Die Verwendung von Herstellerbibliotheken ist i. a. wichtig, um die Ziel-Hardware optimal ausnutzen zu können. Durch diese Abhängigkeiten der Entwurfswerkzeuge und der Ziel-Hardware können hier nur allgemeine Regeln für einen synthetisierbaren VHDL-Code angegeben werden:

- VHDL-Beschreibungen auf RT-Ebene sind synthetisierbar
- Verzögerungszeiten bei Signalzuweisungen sind nicht synthetisierbar
- Physikalische und Datei-Datentypen werden bei der Synthese nicht unterstützt
- **assert**-Anweisungen werden vom Synthese-Tool ignoriert
- direkte Signalzuweisungen werden in Schaltnetze umgesetzt
- Signalzuweisungen, die an Bedingungen gekoppelt sind, werden in Schaltwerke umgesetzt

Strukturbeschreibungen von Komponenten auf der RT-Ebene lassen sich meistens ohne Probleme synthetisieren, da sie in ein festes Taktschema eingebunden sind. Bei Signalzuweisungen, die z. B. mit den Ausdrücken **after** oder **wait for** verknüpft sind, werden Zeitangaben gemacht, die nicht synthetisierbar sind. Physikalische Datentypen sind nicht synthetisierbar, da sie mit einer Maßeinheit verknüpft sind, z. B. die Maßeinheit time, die vom Synthese-Tool nicht verarbeitet werden kann. Auch Dateien sind aus verständlichen Gründen nicht synthesefähig, da sie eine Ansammlung

von Textdaten enthalten, die für die Ein- und Ausgabe von Daten bei der Simulation verwendet werden können.
Die **assert**-Anweisungen werden verwendet, um bei der Simulation Meldungen bei der Abarbeitung des VHDL-Codes auszugeben. Hierfür existiert ein vordefinierter Aufzählungstyp im **package** standard in der Bibliothek std. Er enthält die Elemente: (note, warning, error, failure). Vom Synthese-Tool wird die **assert**-Anweisung ignoriert. Direkte Signalzuweisungen (concurrent-, selected-, conditional-assignments) werden in Schaltnetze synthetisiert, wenn einem Signal oder einer Variablen in allen Fällen ein Wert zugewiesen wird.
Sind Signalzuweisungen an Bedingungen gekoppelt, bei denen Werte zwischengespeichert werden müssen, so werden Schaltwerke synthetisiert.
Es erfolgt auch eine Umsetzung in Schaltwerke, wenn das Ausgangssignal auf der rechten Seite der Signalzuweisung steht. Das Gleiche passiert, wenn nicht in allen Abfragen ein Wert zugewiesen wird. Im Folgenden sind zwei einfache Beispiele angegeben, um den Sachverhalt etwas deutlicher zu machen. Im ersten Fall wird den Ausgangssignalen y und out1 nicht in allen Fällen ein Wert zugewiesen. Im zweiten Fall wird für beide Abfragebedingungen ein Wert für das Ausgangssignal y zugewiesen. Die Wertzuweisungen sind in eine **process**-Anweisung eingebunden.

```
--------------- Schaltwerk wird synthetisiert ----------------
--------------- Process 1 ------------
process (x, a, b)
        begin
                if x = "00"       then
                y <= a;
                elsif x = "01"    then
                y <= b;
        else
                out1 <= '1';
                end if;
end process;
------------------
```

Für den Fall, dass dem Eingangssignal x die Werte "11" oder "10" zugewiesen werden, erfolgt für das Ausgangssignal y keine Wertzuweisung, so dass der alte Wert von y in einem Latch oder Register zwischengespeichert werden muss. Für das Ausgangssignal out1 ist ebenfalls ein Zwischenspeichern notwendig, wenn dem Signal y ein gültiger Wert zugewiesen wird. Im zweiten Fall sind alle Abfragebedingungen erfüllt, so dass ein Schaltnetz synthetisiert wird.

```
-------------- Schaltnetz wird synthetisiert------------------
-------------- Process 2 ----------------
process (x, a, b)
        begin
                if x = '1'          then
                y <= a;
        else
                y <= b;
        end if;
end process;
-----------------
```

Auf Einzelheiten beim Umgang mit VHDL wird bei den VHDL-Modellen für den Prozessorentwurf noch ausführlich eingegangen.

2 Das 12-Bit-Mikroprozessor-System (MPU12_S)

In Kap. 1.2 wurden die Anforderungen für das Mikroprozessor-System festgelegt. Danach soll das System in die Komponenten Operationswerk, Steuerwerk und Speicher strukturiert werden. Es wurden außerdem die internen und externen Schnittstellen zwischen den Komponenten spezifiziert (siehe Kap. 1.2.2). Dabei geht es um folgende Protokolle:

- externe Ein- und Ausgabe über Input- und Output-Register
- Datenaustausch zwischen Operationswerk und Speicher
- interner Datenaustausch zwischen Operationswerk und Steuerwerk

Die konkreten Beschreibungen für die Schnittstellen mit Signalen und den zeitlichen Abläufen müssen noch genauer definiert werden. Das Mikroprozessor-System hat zunächst die vereinfachte Form nach Abb. 2.1:

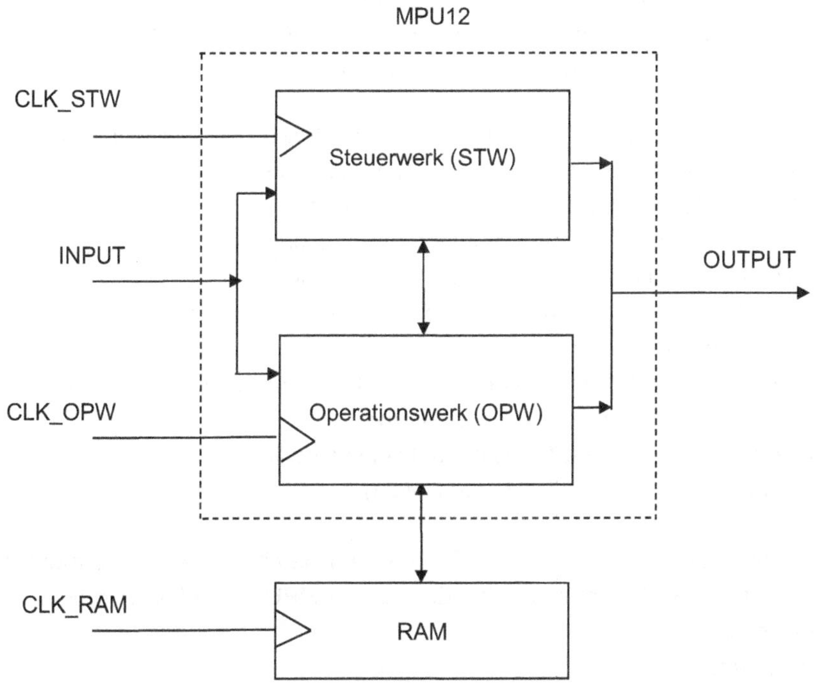

Abb. 2.1: Mikroprozessor-System (MPU12_S)

Als Arbeitsspeicher wird ein synchroner statischer RAM-Speicher verwendet. Das Lesen der Daten aus dem Speicher soll asynchron und das Speichern von Daten synchron, d. h. getaktet erfolgen. Die drei Komponenten OPW, STW und RAM sind formal getaktete Automaten und haben eigene Takteingänge. Da die Befehlsfolge im Mikroprozessor-System sequenziell abläuft, muss in der Regel die Taktfolge für die Komponenten beachtet werden. Auf diese Punkte wird bei der Simulation des Systems noch ausführlich eingegangen.

2.1 Entwurf eines 12-Bit-Mikroprozessors

Am Anfang eines Entwurfs steht immer eine Anforderungsliste. Es muss zunächst ermittelt werden, welche Spezifikationen das digitale System erfüllen soll. In Kap. 1.2 wurden bereits allgemeine Anforderungen an das Mikroprozessor-System, wie z. B. der Aufbau und die Struktur der CPU festgelegt. Ein wichtiges Kriterium ist dabei auch der Punkt, dass der Entwurf, d. h. die Eigenschaften des Systems leicht verändert werden können. Es soll zunächst ein Grundmodell für einen Mikroprozessor entworfen werden, das alle wichtigen Komponenten eines Prozessors bereits enthält. Bei dem erweiterten CPU-Modell soll eine RISC-Architektur angestrebt werden. Eine wichtige Eigenschaft der RISC-Architektur, das Pipelining, wird in Kap. 7 ausführlich behandelt. Hier sei auch auf ein Buch verwiesen, das in Form eines Praktikums den Entwurfs eines 12-Bit-Mikroprozessors behandelt [14].

Es soll eine 12-Bit-CPU entworfen werden, die als MPU12 (Mikro-Prozessor-Unit) bezeichnet wird. In Kap 1.2 wurden folgende Kriterien bereits festgelegt:

- strukturierter Entwurf für das Mikroprozessor-System
- es existiert nur ein RAM-Speicher für Programme und Daten
- die CPU wird nach einer SISD-Architektur aufgebaut
- einfacher Befehlssatz mit arithmetischen und logischen Befehlen
- Adressierung direkt und indirekt
- Strukturierung der CPU in Operationswerk (OPW) und Steuerwerk (STW)
- das Ein- und Ausgabeprotokoll ist asynchron
- Befehlsformat, Daten- und Adressformat sind einheitlich
- Befehlsphasen (ca. 5 CPU-Takte pro Befehl)

Die allgemeinen Anforderungen an den Entwurf sind damit festgelegt. Es müssen noch die konkreten Spezifikationen für den Entwurf der MPU12 bestimmt werden:

- Befehlssatz
- Befehlsformat
- Adressierung
- Registerstruktur
- Akkumulatorstruktur
- Befehlsphasen
- Ein- und Ausgabeprotokoll

Der Befehlssatz des Grundmodells MPU12 ist in Tabelle 2.1 zusammengestellt. In der ersten Spalte steht der 5-Bit-Opcode OPC (4:0) für die Befehle. Es können insgesamt 32 Befehle definiert werden, davon sind 28 Befehle zugeordnet, die 4 restlichen werden als „No Operation“ (NOP) behandelt. Das niederwertige Bit des 5-Bit-Opcodes gibt den Adressierungsmodus an:

OPC (0) = 0: direkte Adressierung

OPC (0) = 1: indirekte Adressierung

Die nächsten zwei Spalten geben die Kürzel (Mnemonics) für die einzelnen Befehle sowie ihre Bedeutung an. In den letzten Spalten sind die drei Flags und ihre Gültigkeit angegeben. Die Befehle mit einem angehängten ‚I‘ sind für die indirekte Adressierung.

Befehlsformat (12 Bit)

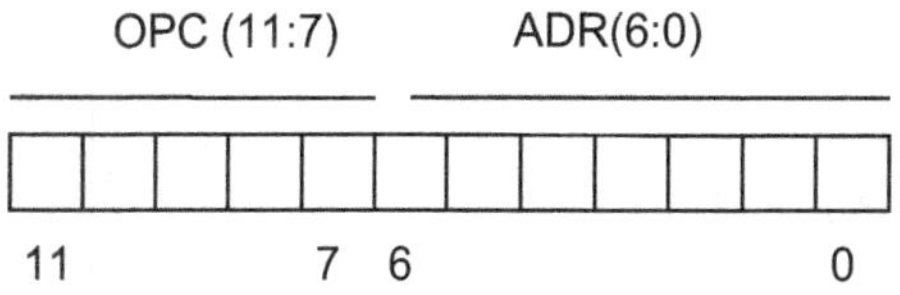

Operationscode OPC 5 Bit, direkte Adressierung 7 Bit

Es sollen vorzeichenbehaftete Zahlen verwendet werden. Das oberste Bit (MSB) ist für das Vorzeichen reserviert. Der Datenbereich ist 11 Bit breit.

Datenformat (12 Bit)

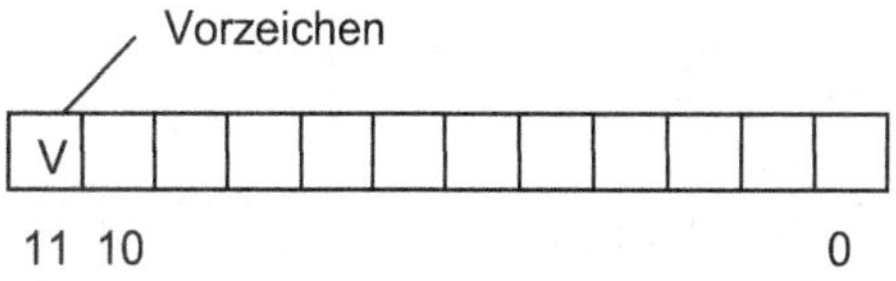

Abkürzungen in Tab. 2.1

OPC	: Opcode für Befehl
m	: 7-Bit-Adresse
M(m)	: 12-Bit-Operand von Adresse m
M(M(m))	: 12-Bit-Operand von Adresse M(m)
OPR	: 12-Bit-Output-Register
IPR	: 12-Bit-Input-Register
ACR	: 12-Bit-Akkumulator-Register

Tab. 2.1: Befehlssatz der MPU12

OPC(4:0)	Mnemonic	Bedeutung	Z	S	C
00000	OU m	OPR ← M(m)			
00001	OUI M(m)	OPR ← M(M(m))			
00010	ST m	M(m) ← ACR			
00011	STI M(m)	M(M(m)) ← ACR			
00100	IN m	M(m) ← IPR			
00101	INI M(m)	M(M(m)) ← IPR			
00110	SP	Programmende			
00111	NOP	PC ← PC +1			
01000	JZ m	Z = 1: PC ← m	x		
01001	JZI M(m)	Z = 1: PC ← M(m)	x		
01010	JS m	S = 1: PC ← m		x	
01011	JSI M(m)	S = 1: PC ← M(m)		x	
01100	JC m	C = 1: PC ← m			x
01101	JCI M(m)	C = 1: PC ← M(m)			x
01110	JU m	PC ← m			
01111	JUI M(m)	PC ← M(m)			
10000	CA m	STA ← PC, PC ← m			
10001	CAI M(m)	STA ← PC, PC ← M(m)			
10010	RT	PC ← STA			
10011	NOP	PC ← PC +1			
10100	SHR	ACR ← SHR (ACR)	x	x	
10101	NOP	PC ← PC +1			
10110	SHL	ACR ← SHL (ACR)	x	x	
10111	NOP	PC ← PC +1			
11000	AD m	ACR ← ACR + M(m) + Ci	x	x	x
11001	ADI M(m)	ACR ← ACR + M(M(m)) + Ci	x	x	x
11010	SU m	ACR ← ACR – M(m) – Ci	x	x	x
11011	SUI M(m)	ACR ← ACR – M(M(m)) – Ci	x	x	x
11100	NA m	ACR ← NA (ACR, M(m))	x	x	
11101	NAI M(m)	ACR ← NA (ACR, M(M(m)))	x	x	
11110	LO m	ACR ← M(m)	x	x	
11111	LOI M(m)	ACR ← M(M(m))	x	x	

Abkürzungen in Tab. 2.1 (Fortsetzung)

PC	: 12-Bit-Program-Counter
STA	: 12-Bit-Register-Stack
Z	: Zero-Flag
S	: Vorzeichen-Flag
C	: Carry-Flag
Ci	: Input-Carry
x	: Flag gültig

Bedeutung der Kürzel (Mnemonics) in Tabelle 2.1

OU/ OUI	: Output
ST/ STI	: Store
IN/ INI	: Input
SP	: Stop
NOP	: No Operation
JZ/ JZI	: Jump if Z = 1
JS/ JSI	: Jump if S = 1
JC/ JCI	: Jump if C = 1
JU/ JUI	: Jump
CA/ CAI	: Call
RT	: Return
SHR/SHL	: Shift right/Shift left
AD/ ADI	: Addition
SU/ SUI	: Subtraktion
NA/ NAI	: NAND-Fkt
LO/ LOI	: Load

Adressierung (7/12 Bit)

Für die Adressierung soll eine direkte 7-Bit-Adressierung mit einem Adressbereich von 0 bis 127 und eine indirekte von 12 Bit mit einem Adressbereich von 0 bis 4095 verwendet werden.

OPC (0) = 0: 7-Bit-Adresse (direkte Adressierung)

OPC (0) = 1: 12-Bit-Adresse (indirekte Adressierung)

Registerstruktur (12 Bit)

Die folgenden Register werden für den Datentransfer im Operationswerk benötigt:

- Program-Counter : PC
- Adress-Register : AR
- Memory-Registe : MR
- Input-Register : IPR

- Output-Register : OPR
- Instruction-Register : IR

Statusregister (3 Bit)
Es sollen nur drei Statusflags verwendet werden, nämlich Carry-Out (OP_C), das Vorzeichenflag (OP_S) und das Zeroflag (OP_Z). Für einen reibungslosen Funktionsablauf im Prozessor ist es wichtig, die Gültigkeit der Flags für die einzelnen Operationen richtig festzulegen. Die Statusmeldungen der Flags beziehen sich alle auf das Akkumulator-Register ACR.

Carry-Flag OP_C: Ausgangsübertrag
Sign-Flag OP_S: Vorzeichen (MSB)
Zero-Flag OP_Z: Null

Register-Stack (12 Bit)
Das Register-Stack ist ein verketteter Registerblock und wird für die Bearbeitung von Unterprogrammen benötigt. Das Register-Stack soll eine Speichertiefe von vier Worten haben. Es arbeitet nach dem PUSH- und POP-Prinzip:

PUSH-Befehl: es wird ein Datenwort gespeichert
POP-Befehl: es wird ein Datenwort ausgelesen

Akkumulatorstruktur (12 Bit)
Im Akkumulator werden alle arithmetischen und logischen Operationen durchgeführt und das Ergebnis im zentralen Akkumulator-Register ACR abgelegt. Das Befehlsformat ist bewusst einfach gewählt mit einem 12-Bit-Format, d. h. 5 Bit für den Opcode und 7 Bit für die direkte Adressierung.
Das niederwertige Bit des Opcodes OPC (0) ist für den Adressierungsmodus reserviert. Es bleiben also 4 Bit für die Codierung von 16 Befehlen übrig. Man kann jetzt diesen 16 Kombinationen beliebige arithmetische und logische Operationen zuordnen. Die Auswahl hängt natürlich davon ab, welche Anwendungen mit dem Prozessor durchgeführt werden sollen. Hier sollen nur einfache arithmetische und logische Funktionen verwendet werden.

Bestimmung der Befehlsphasen
Nachdem die wichtigsten Parameter wie Befehls- und Datenformat sowie die Adressierung vorgegeben sind, müssen noch die Befehlsphasen für die jeweiligen Maschinenbefehle bestimmt werden. Der Befehlsablauf kann grob in folgende Befehlsphasen eingeteilt werden:

- Befehl holen (Instruction Fetch, IF)
- Befehl interpretieren (Instruction Decode, ID)
- Befehl ausführen (Execute, EX)

Bei den vorgegebenen Datenstrukturen ist es notwendig, die einzelnen Phasen noch weiter zu unterteilen. Man kommt dann zu folgenden Befehlsphasen:

ADR0 : Laden der Startadresse in das Input-Register IPR.
IF1 : Befehle aus dem Arbeitsspeicher in das Memory-Register MR laden.
IF2 : a) Adress-Register AR für den aktuellen Befehl laden
b) Instruction-Register IR laden.
IF3 : 12-Bit-Adresse ins Adress-Register AR laden.
ID1 : Feststellen, ob der Befehl eine direkte oder indirekte Adressierung hat.
ID2 : Opcode interpretieren
DF1 : Adresse vom Arbeitsspeicher ins Memory-Register MR laden.
DF2 : 12-Bit-Operand vom Arbeitsspeicher ins Memory-Register MR laden.
EX : a) Befehl ausführen
b) Aktuelle Adresse vom Program-Counter PC ins Adress-Register laden.

Abb. 2.2 zeigt eine stark vereinfachte Darstellung der Register- und Speicheranordnung, die aber für eine erste Betrachtung des Befehlsablaufs ausreicht. Als Beispiel soll ein Registerbefehl betrachtet werden:

- Befehl aus dem Speicher holen und im Memory-Register MR speichern (Instruction Fetch1, IF1)
- Befehl aufteilen in Adress-Register AR und Instruction-Register IR (Instruction Fetch2, IF2)
- Befehl dekodieren (Steuerwerk, ID1 und ID2)
- Operand von Arbeitsspeicher holen (DF2)
- Befehl ausführen (AKKU-Einheit, EX)

Der Befehlsablauf beginnt immer mit dem Laden des Memory-Registers MR (Befehlsphase IF1). Bei der Decodierung wird der Befehl interpretiert (ID1, ID2) und entschieden, ob noch weitere Lese- und Schreibzugriffe auf den Speicher notwendig sind. Bei einem Registerbefehl wird das Ergebnis immer im Akkumulator-Register ACR abgelegt. Das Steuerwerk ist für den sequenziellen Befehlsablauf verantwortlich. Daten und Programmcode müssen in der richtigen Reihenfolge aus dem Arbeitsspeicher in das Memory-Register MR geladen werden.

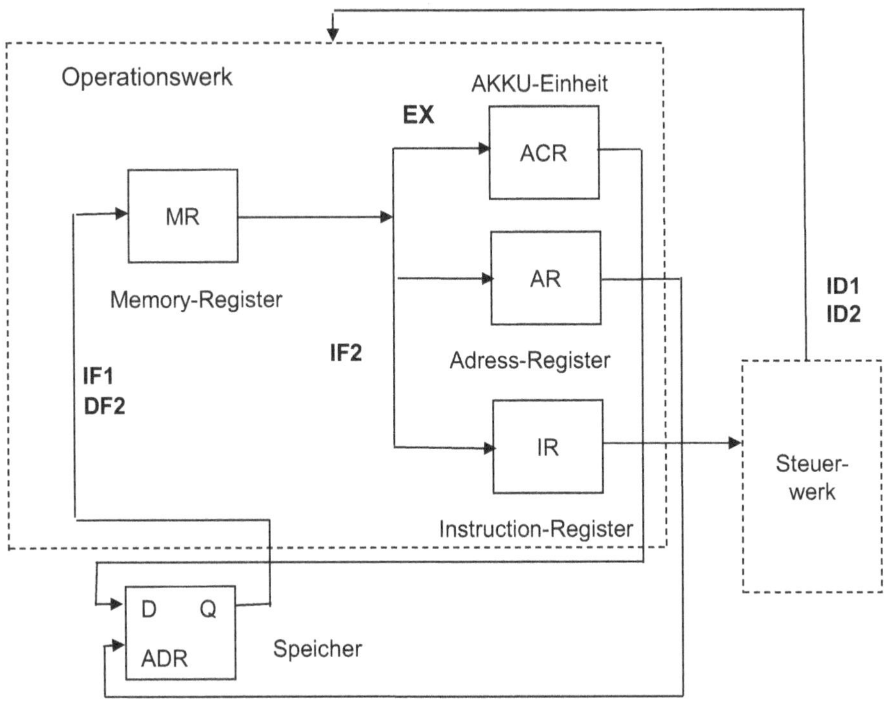

Abb. 2.2: Vereinfachte Darstellung der Register- und Speicheranordnung

In den Abbildungen 2.3 bis 2.5 sind einige Befehlsabläufe bildlich dargestellt, sie sind außerdem durch gestrichelte Linien in CPU-Takte eingeteilt. Die Abbildungen 2.3 und 2.4 zeigen den Additionsbefehl ADD als Beispiel für einen Registerbefehl für die direkte und indirekte Adressierung.

In Abbildung 2.5 ist ein JUMP-Befehl für die direkte Adressierung dargestellt.

In den Befehlsablauf müssen auch die Buszugriffe mit einbezogen werden. Ein Buszugriff ist dabei ein Lese- oder Schreibzugriff über den Datenbus auf den Arbeitsspeicher. Es wird bei jedem Befehl zuerst das Memory-Register geladen, das den Opcode OPC für den Befehl und eine 7-Bit-Adresse enthält. Außerdem werden bei jedem Befehl in der Phase IF2 das Adressregister AR und das Instruction-Register IR geladen. In der Phase ID1 wird festgestellt, ob der Befehl eine direkte oder indirekte Adressierung hat.

Im ersten Fall gilt: OPC(0) = 0 und im zweiten Fall OPC(0) = 1.

Für die indirekte Adressierung muss anschließend das Adressregister AR mit einer 12-Bit-Adresse geladen werden (Phase IF3).

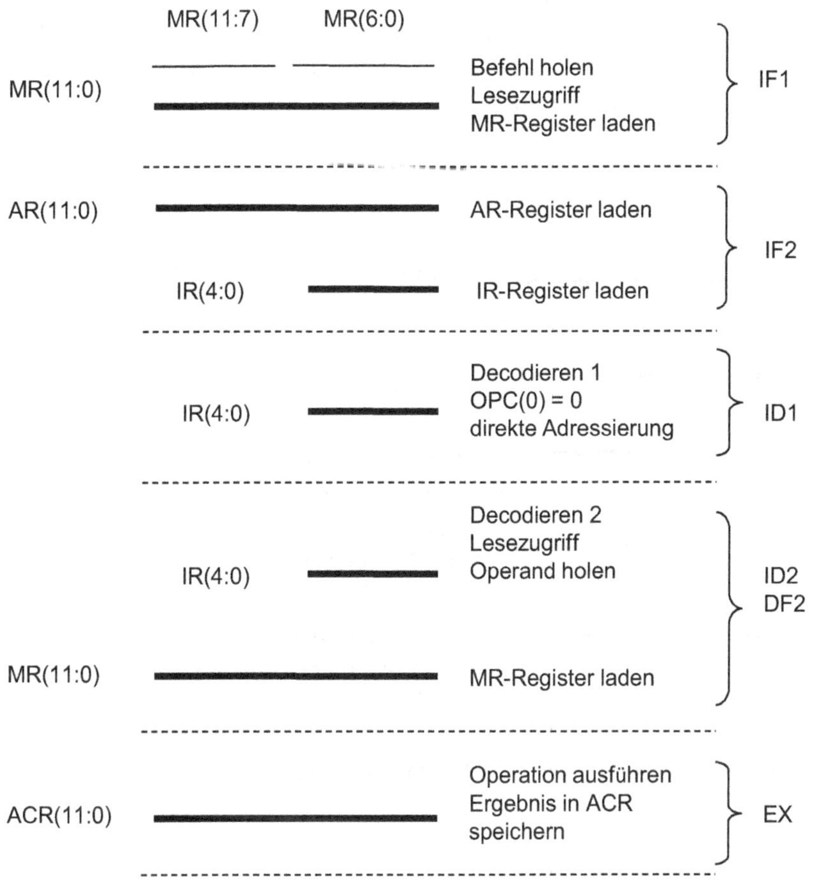

Abb. 2.3: Registerbefehl (direkte Adressierung), Beispiel: Addition ADD A, m

Die folgenden Befehlsphasen sind bei allen Befehlen identisch:
- Befehl holen (IF1)
- AR-Register laden (IF2)
- IR-Register laden (IF2)

Die Befehlsabläufe sind so aufgebaut, dass in einem CPU-Takt eine oder zwei Befehlsphasen ausgeführt werden können. Beim Additionsbefehl mit direkter Adressierung bedeutet das z. B., dass die Befehlsphasen „Befehl dekodieren“ (ID2) und „Operand holen“ (DF2) in einem CPU-Takt ausgeführt werden. „Befehl holen“ ist stets ein Lesezugriff auf den Bus, ein Ergebnis im Arbeitsspeicher ablegen ist stets ein Schreibzugriff auf den Bus.

Eine Zusammenstellung für alle Befehle bzw. Befehlsgruppen mit den notwendigen CPU-Takten und Buszugriffen zeigt die Tabelle 2.2. Aus der Tabelle ist ersichtlich, dass für die einzelnen Maschinenbefehle zwischen vier und sechs CPU-Takte notwendig sind, wobei die Anzahl der Buszugriffe zwischen eins und drei liegt.

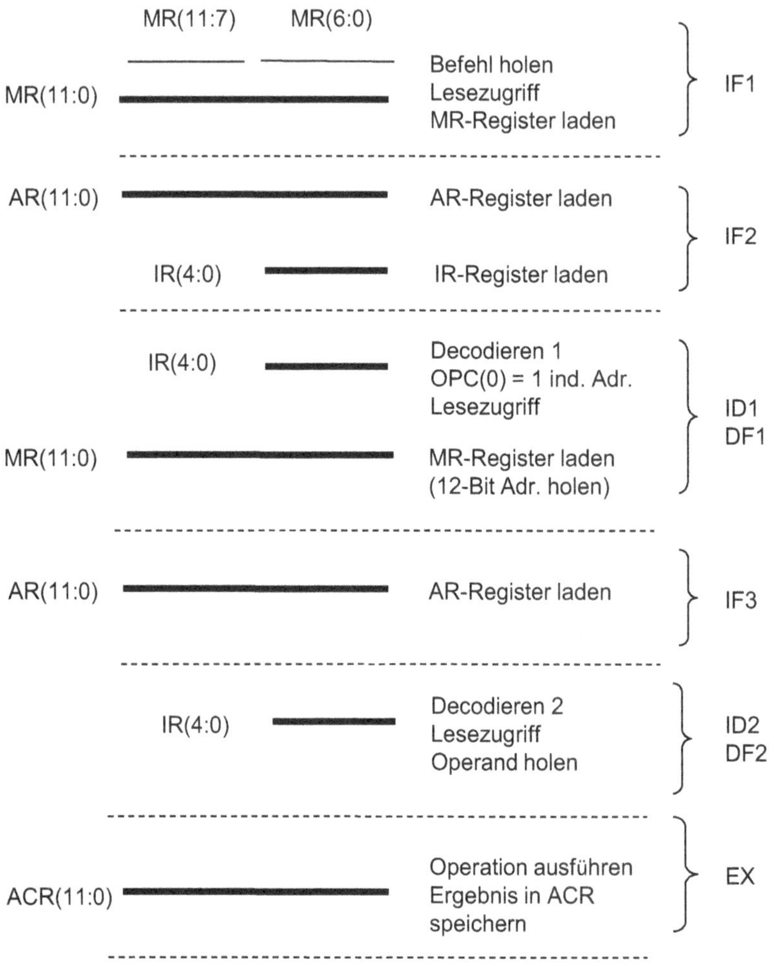

Abb. 2.4: Registerbefehl (indirekte Adressierung), Beispiel: Addition ADD A, M(m)

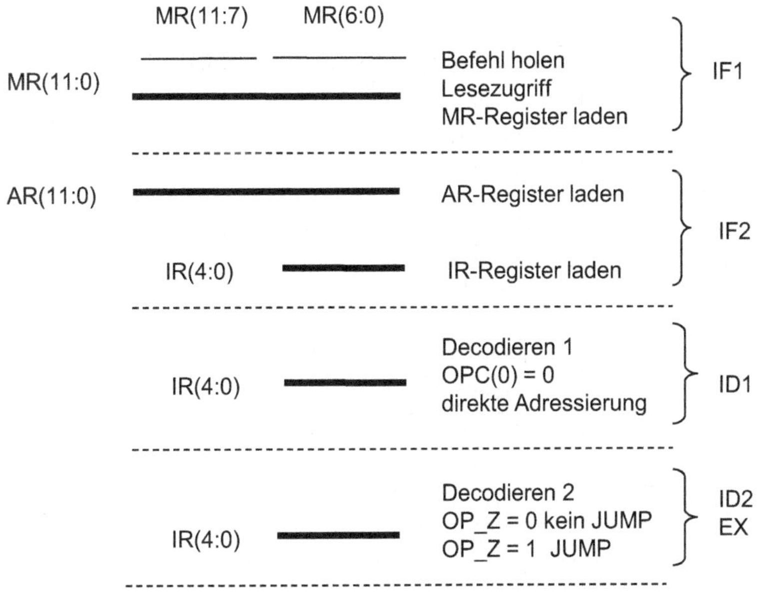

Abb. 2.5: Adressbefehl (direkte Adressierung): Beispiel: JUMP Z, m

Die Abbildung 2.6 a) bis e) zeigt in Form von Balkendiagrammen den Aufbau der Befehlsphasen für die direkte Adressierung. Bei der indirekten Adressierung wird jeweils ein CPU-Takt mehr benötigt, um die 12-Bit-Adresse zu verarbeiten. Die Phase ADR0 ist die Load-Phase, in der die Startadresse in das Adressregister AR geladen wird. Die Startadresse muss auf einen Befehl zeigen. Die Load-Phase ADR0 wird nur beim Programmstart benötigt, die nachfolgenden Adressen werden dann vom Program-Counter PC vergeben [15].

Die Befehlsphasen in Abb. 2.6 haben folgende Bedeutung:

a) Registerbefehle ohne Operanden (SHR, SHL, SP)

b) Registerbefehle mit Operanden (AD, SU, NA)

c) Adressbefehle (JU, JS, JC, JZ, IN, ST, CA)

d) Adressbefehle (LO, OU)

e) Adressbefehl (RT)

Tab. 2.2: Zusammenstellung der Befehle mit CPU-Takten und Buszugriffen

Befehlsgruppe/Befehle	**Adressierung**	**Buszugriffe**	**CPU-Takte**
JUMP	direkt	1	4
JUMP	indirekt	2	5
Reg.-Befehl	direkt	2	5
Reg.-Befehl	indirekt	3	6
LOAD	direkt	2	5
LOAD	indirekt	3	6
STORE	direkt	2	4
STORE	indirekt	3	5
INPUT	direkt	1	4
INPUT	indirekt	2	5
OUTPUT	direkt	2	5
OUTPUT	indirekt	3	6
CALL	direkt	1	4
CALL	indirekt	2	5
RETURN	direkt	1	5
STOP	direkt	1	4
SHIFT LEFT/RIGHT	direkt	1	4
NOP	indirekt	2	5

Die Abkürzungen für die Befehlsphasen in Abb. 2.6 sind noch einmal zur besseren Übersicht aufgelistet.

ADR0 : Laden der Startadresse in das Input-Register IPR.
IF1 : Befehle aus dem Arbeitsspeicher in das Memory-Register MR laden.
IF2 : a) Adress-Register AR für den aktuellen Befehl laden
b) Instruction-Register IR laden.
IF3 : 12-Bit-Adresse ins Adress-Register AR laden.
ID1 : Feststellen, ob der Befehl eine direkte oder indirekte Adressierung hat.
ID2 : Opcode interpretieren
DF1 : Adresse vom Arbeitsspeicher ins Memory-Register MR laden.
DF2 : 12-Bit-Operand vom Arbeitsspeicher ins Memory-Register MR laden.
EX : a) Befehl ausführen
b) Aktuelle Adresse vom Program-Counter PC ins Adress-Register laden.

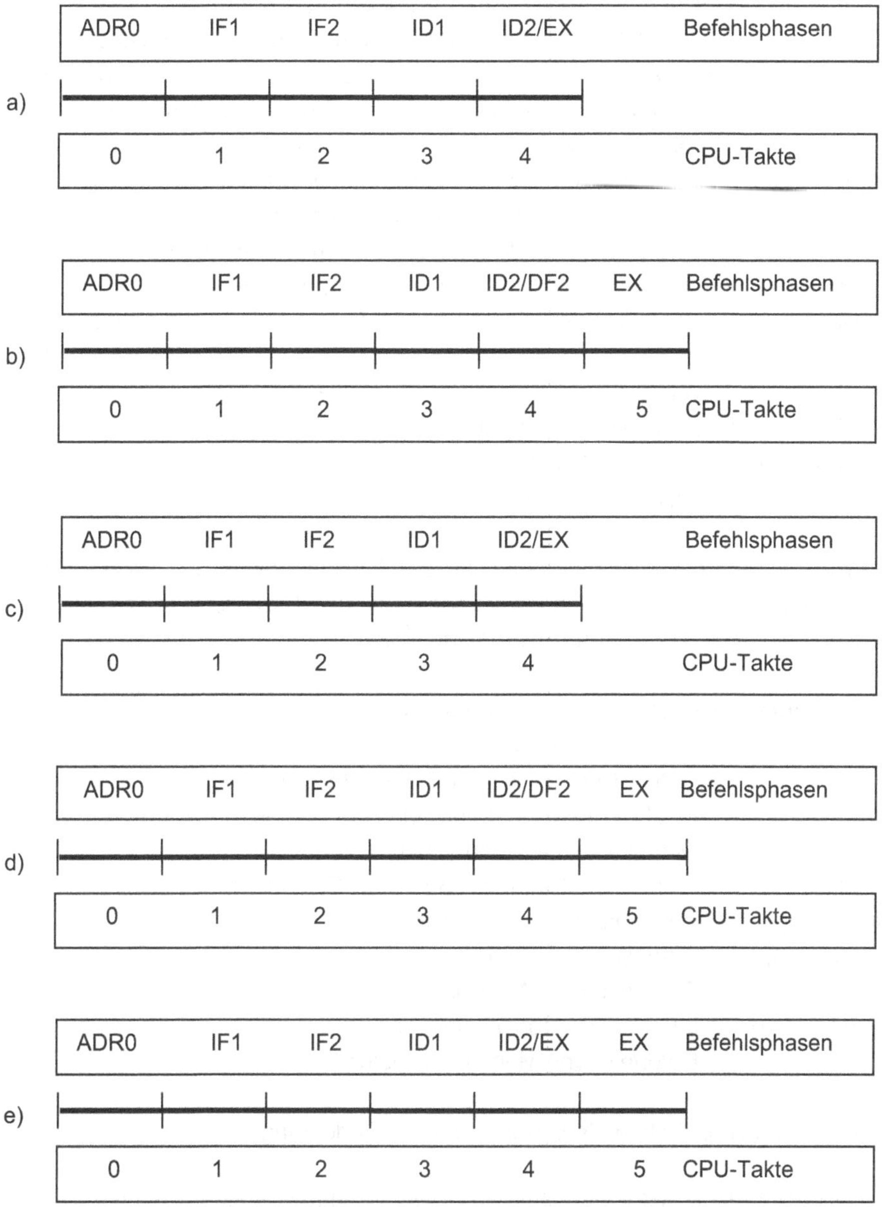

Abb. 2.6: Befehlsphasen und CPU-Takte (direkte Adressierung)

Bestimmung der Protokolle für die Ein- und Ausgabe-Einheiten

Zunächst werden die Protokolle für die externe Ein- und Ausgabe von Daten über Input- und Output-Register sowie der Datenaustausch zwischen CPU und Speicher behandelt. Je genauer man die Bedingungen für ein Protokoll festlegt, umso weniger Probleme werden später im Programmablauf des Prozessors auftreten. In der Literatur werden eine ganze Reihe von Ein- und Ausgabemechanismen beschrieben. Man unterscheidet grob zwischen synchronen und asynchronen Protokollen. Synchrone Protokolle sind mit dem Prozessortakt gekoppelt, asynchrone können zu beliebigen Zeitpunkten aufgerufen werden. Hier sollen asynchrone Protokolle verwendet werden. Dazu werden folgende Bedingungen für die Ein- und Ausgabe von Daten vorgegeben:

- Protokolle asynchron
- Es existiert nur ein Inputregister IPR
- Es existiert nur ein Outputregister OPR
- Der Arbeitsspeicher ist ein RAM

Die Abb. 2.7 zeigt das Blockdiagramm für das Mikroprozessor-System (MPU12_S) mit den definierten Signalen. Der Takteingang für den Prozessor ist vereinfacht zu einem gemeinsamen Taktsignal zusammengefasst.

Bezeichnungen der Ein- und Ausgangssignale:

IPV	: Input Valid (Eingabe gültig)
OPREC	: Output Recognized (Ausgabe erkannt)
IPREQ	: Input Request (Aufforderung zur Eingabe)
OPV	: Output Valid (Ausgabe gültig)
WR_EN	: Write-/ Read- Enable (Speicher: Ein- und Ausgabe)
IPR_D(11:0)	: Dateneingang Inputregister
OPR_Q(11:0)	: Datenausgang Outputregister
AR_Q(11:0)	: Datenausgang Adressregister
SYSBUS(11:0)	: Interner Datenbus/Datenausgang
MR_D(11:0)	: Dateneingang Memory-Register

Alle anderen Signale haben die bereits erwähnte Bedeutung.

Der folgende Datentransfer wird über die Protokolle abgewickelt:

- Inputregister → interner Datenbus (SYSBUS)
- Interner Datenbus (SYSBUS) → Outputregister
- Interner Datenbus (SYSBUS) → Speicher (RAM)
- Speicher (RAM) → Externer Datenbus MR_D

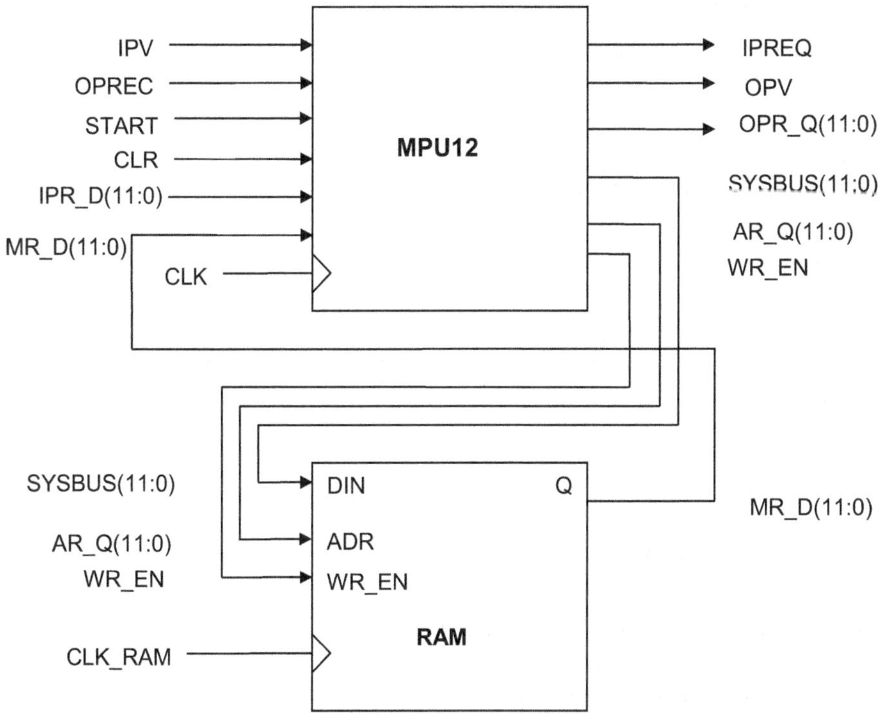

Abb. 2.7: Blockdiagramm des Mikroprozessor-Systems (MPU12_S)

Dateneingabe über das Inputregister IPR

1 Prozessor setzt Steuersignal IPREQ = 1 und wartet auf die Bestätigung, dass IPV = 1 gesetzt wird. Es kann jetzt ein gültiger Wert ins Inputregister geschrieben werden.

2 Das externe Signal wird auf IPV = 1 gesetzt. Der Wert im Inputregister wird auf den Datenbus SYSBUS übernommen (Abb. 2.8).

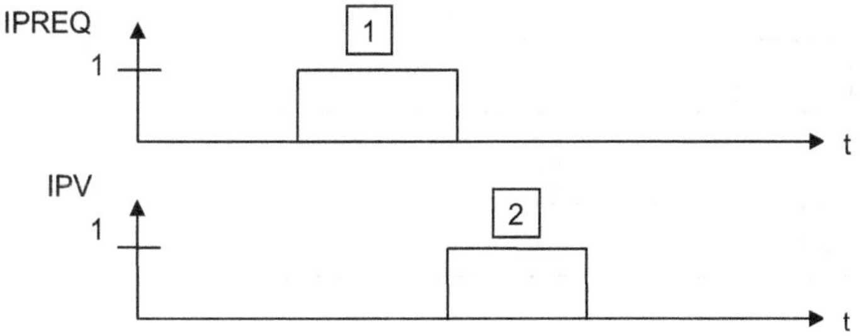

Abb. 2.8: Dateneingabe mit Inputregister IPR

Datenausgabe über das Outputregister OPR

| 1 | Prozessor setzt Steuersignal OPV = 1 und wartet auf die Bestätigung, dass OPREC = 1 gesetzt wird. Es liegt jetzt ein gültiger Wert auf dem Datenbus SYSBUS.

| 2 | Das externe Signal wird auf OPREC = 1 gesetzt. Der Wert vom Datenbus wird in das Outputregister übernommen (Abb. 2.9).

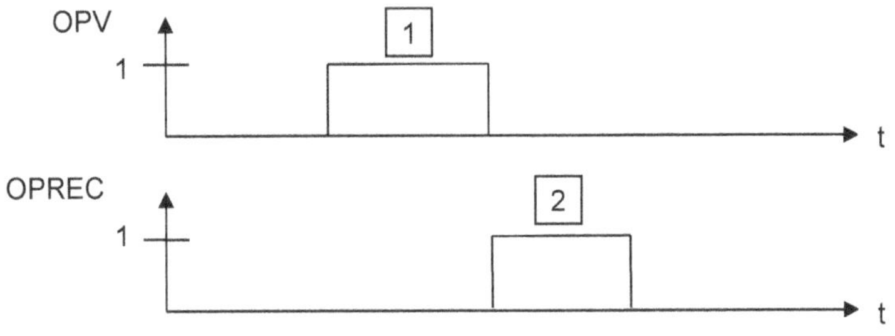

Abb. 2.9: Datenausgabe mit Outputregister OPR

Datenaustausch zwischen CPU und Speicher.
Der Prozessor setzt das Steuersignal WR_EN.
WR_EN = 1: Schreibzugriff aktiviert
WR_EN = 0: Lesezugriff aktiviert

| 1 | Lesezugriff WR_EN = 0: Daten der Adresse AR_Q werden dem Datenbus MR_D übergeben.

| 2 | Schreibzugriff WR_EN = 1: Daten können in den Speicher übernommen werden. Die Datenübernahme erfolgt mit dem Taktsignal CLK_RAM über den Datenbus SYSBUS.

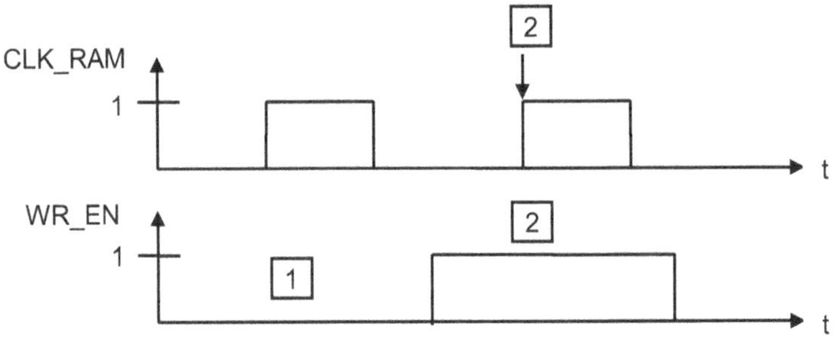

Abb. 2.10: Datenaustausch: CPU und Speicher

In diesem Fall kommt das Protokoll mit einem Steuersignal aus. Das Schema in Abb. 2.10 soll den Datentransfer zwischen CPU und Speicher verdeutlichen.

Nebenbedingung für die Dateneingabe im Inputregister ist, dass vor jedem Input-Befehl das Steuersignal IPV = 0 sein muss, da es sonst zu Fehlern bei der Datenübernahme kommt. Das gleiche gilt auch für die Datenausgabe mit dem Outputregister. Hier muss vor jedem Output-Befehl das Steuersignal OPREC = 0 sein. Ansonsten können die Steuersignale zu beliebigen Zeiten gesetzt werden und sind taktunabhängig.

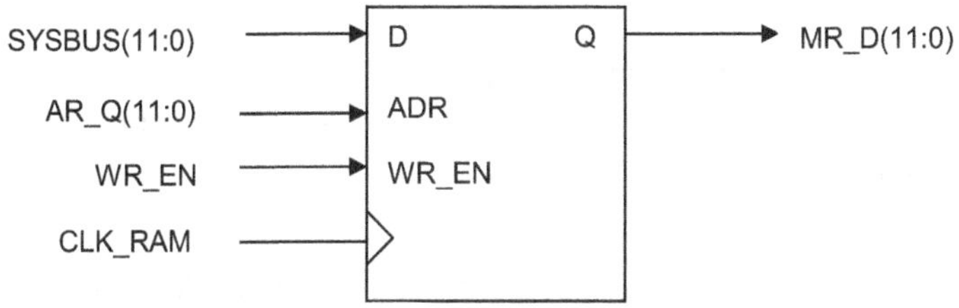

Abb. 2.11: Speicher (RAM)

In Abb. 2.11 ist der Funktionsblock des RAM-Speichers mit den Ein- und Ausgängen dargestellt.

2.2 Realisierung der MPU12

Die Strukturierung des Mikroprozessors erfolgt in die Komponenten:
- Operationswerk (OPW)
- Steuerwerk (STW)

Abbildung 2.12 zeigt das Blockdiagramm der MPU12 mit den Ein- und Ausgangssignalen. Neu hinzugekommen sind der Ansteuervektor A(n–1:0) sowie der Statusvektor S(7:0). Bis auf den Ansteuervektor A sind alle Ein- und Ausgangssignale für den Prozessor definiert. Der Statusvektor ist ein 8-Bit-Vektor und setzt sich zusammen aus dem 5-Bit-Operationscode und den drei Status-Flags.
Der interne Datenbus (SYSBUS) soll alle Komponenten im Operationswerk direkt oder indirekt miteinander verbinden und ist außerdem herausgeführt, um Daten in den Arbeitsspeicher zu schreiben (RAM-Eingang).
Der Dateneingang vom Memory-Register MR_D wird über einen Datenbus mit dem Arbeitsspeicher verbunden (RAM-Ausgang). Der Arbeitsspeicher bekommt seine Adressen über den Datenausgang des Adressregisters AR_Q. Das START-Signal soll das Maschinenprogramm starten.

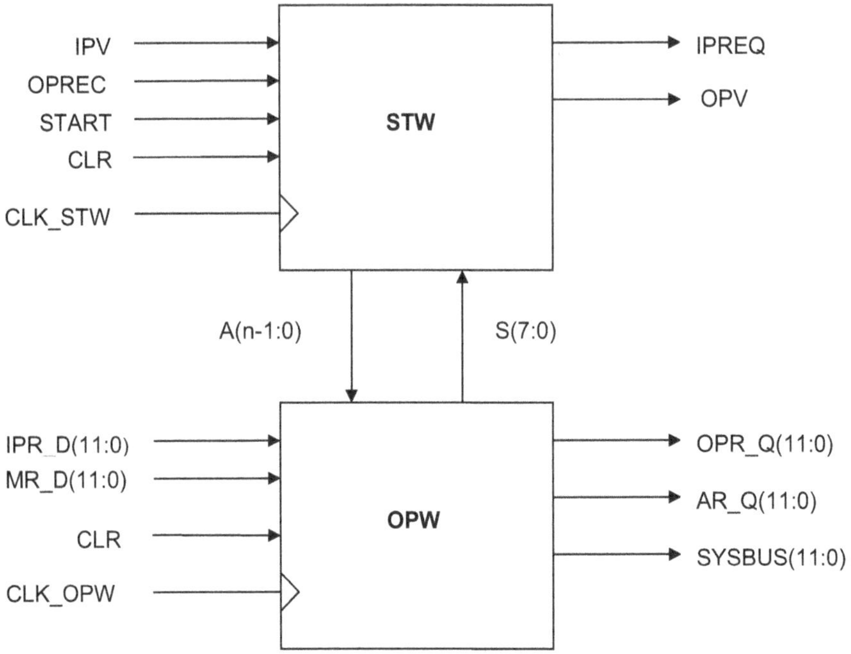

Abb. 2.12: Blockdiagramm der MPU12

2.2.1 Entwurf des Operationswerkes für den 12-Bit-Mikroprozessor

Das Operationswerk kann formal nach folgenden Methoden beschrieben werden:

- Verhaltensbeschreibung
- Strukturbeschreibung

In Kap. 2.1 wurde bereits die Prozessorstruktur mit den notwendigen Komponenten festgelegt. Aus diesen Vorgaben ergibt sich ein strukturierter Entwurf. Bei diesem Entwurf kann man so vorgehen, dass man alle Komponenten mit einem internen Datenbus direkt oder indirekt verbindet. Über den Datenbus werden Daten und Adressen transportiert, jedoch keine Befehle. Da der Datenbus von allen Komponenten verwendet wird außer dem Instruction Register, muss der Zugriff auf den Bus so geregelt sein, dass für jeweils nur eine Komponente der Zugriff erlaubt ist. Dazu verwendet man Multiplexer als Datenselektoren, Tri-State-Buffer, sowie sog. Chip-Enable-Eingänge (CE-Eingänge) der einzelnen Register. Um konkret zum Ansteuervektor zu kommen, müssen die Komponenten im Operationswerk bekannt sein. Für das Grundmodell MPU12 wurden bereits folgende Komponenten für das Operationswerk in Kap. 2.1 ausgewählt:

- 12-Bit-Program-Counter : PC
- 12-Bit-Address-Register : AR
- 12-Bit-Memory-Register : MR
- 5-Bit-Instruction-Register : IR
- 12-Bit-Register-Stack : STACK
- 12-Bit-AKKU-Einheit : AKKU
- 12-Bit-Input-Register : IPR
- 12-Bit-Output-Register : OPR

Beschreibung der Komponenten des Operationswerkes

Die einzelnen Komponenten werden hier als Black Box bzw. als Funktionsblock betrachtet. Nur die Funktionen und die Ein- und Ausgänge werden berücksichtigt.

Erst bei der Realisierung muss man sich mit dem Innenleben beschäftigen. Funktionsblöcke werden oft als Funktionstabelle dargestellt. Die angegebenen Komponenten werden im Folgenden in Form von Funktionstabellen beschrieben. Sie sind in den Tabellen 2.3 bis 2.6 angegeben. In den Abb. 2.13 bis 2.16 sind außerdem die zugehörigen Funktionsblöcke dargestellt [16].

Getaktetes n-Bit-Register

CE: Chip Enable

CLR: asynchrones Clear

Tab. 2.3: Tabelle n-Bit-Register

CE	CLR	D	Q
x	1	x	Q = 0
0	0	x	Q = const.
1	0	DIN	Q = DIN

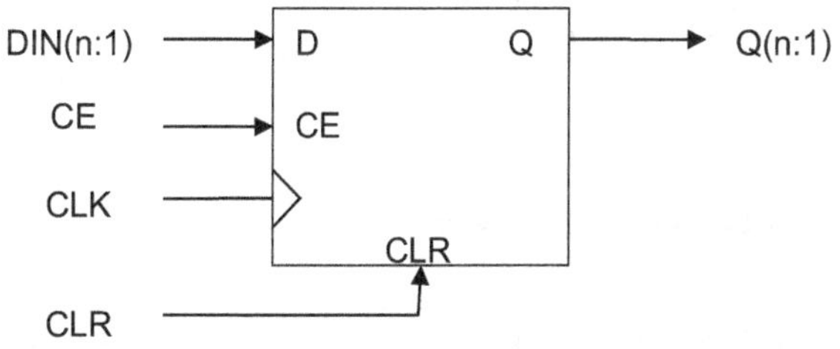

Abb. 2.13: Funktionsblock n-Bit-Register

Der CLR-Eingang setzt für CLR = 1 den Ausgang Q = 0. Er ist asynchron, d. h. taktunabhängig und hat die höchste Priorität. Bei CE = 0 ist der Registereingang beliebig, d. h. der gespeicherte Wert bleibt unverändert.

12-Bit-Program-Counter (PC)

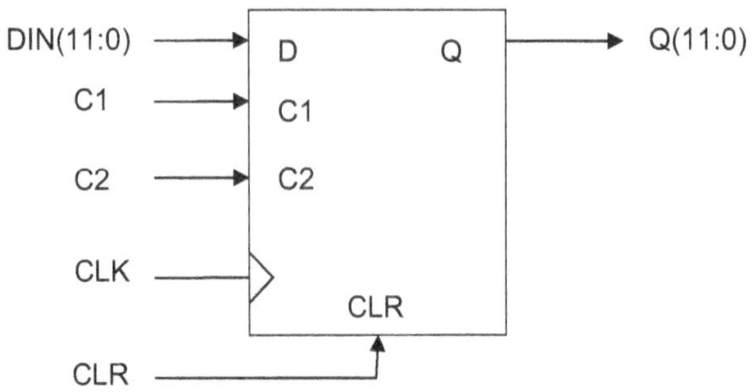

Abb. 2.14: Funktionsblock 12-Bit-Program-Counter

Der asynchrone CLR-Eingang setzt bei CLR = 1 den Ausgang Q = 0. Für die Steuereingänge (C1,C2) = (0, 0) und (0,1) bleibt der Zählerinhalt konstant. Für (C1,C2) = (1,0) wird der Zähler inkrementiert und für (C1,C2) = (1,1) wird der Zähler geladen. Der 12-Bit-Zählbereich geht von 0 bis 4095.

Tab. 2.4: Funktionstabelle 12-Bit-Program-Counter

CLR	C1	C2	D	Q
1	x	x	x	Q = 0
0	0	0	x	Q = const.
0	0	1	x	Q = const.
0	1	0	x	Q = Q + 1
0	1	1	DIN	Q = DIN

12-Bit-Register-Stack

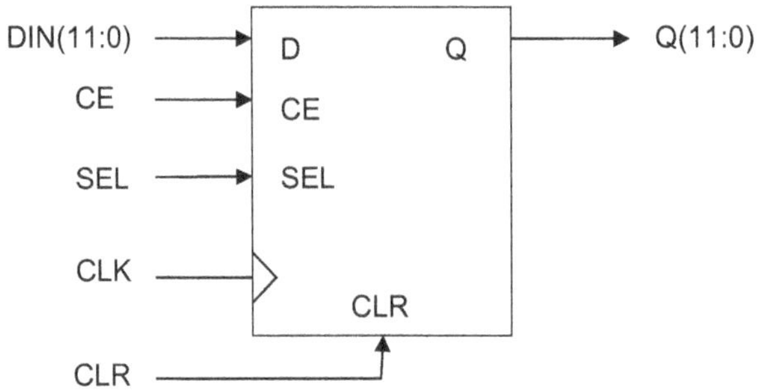

Abb. 2.15: Funktionsblock Register-Stack

Tab. 2.5: Funktionstabelle Register-Stack

CLR	CE	SEL	D	Q
1	x	x	x	Q = 0
0	0	0	x	Q = const.
0	1	1	DIN	Q = DIN (PUSH)
0	1	0	x	Q = QOUT (POP)
0	0	1	x	Q = const.

12-Bit-Akkumulator-Einheit

Der asynchrone CLR-Eingang setzt bei CLR = 1 den Ausgang Q = 0. Mit den Steuereingängen S0, S1, S2 können die einzelnen Funktionen gewählt werden. Der Eingangsübertrag CIN ist herausgeführt und kann wahlweise auf Null oder Eins gesetzt werden. Die beiden letzten Funktionen sollen ein „Shiften" nach rechts (SHR) oder links (SHL) innerhalb des Akkumulator-Registers durchführen. Beim „Shiften" unterscheidet man zwischen logischen und arithmetischen „Shiften". Hier soll nur das logische „Shiften" angewendet werden, wobei jedoch die Vorzeichen im Akkumulator-Register beachtet werden sollen (Abb. 2.16).

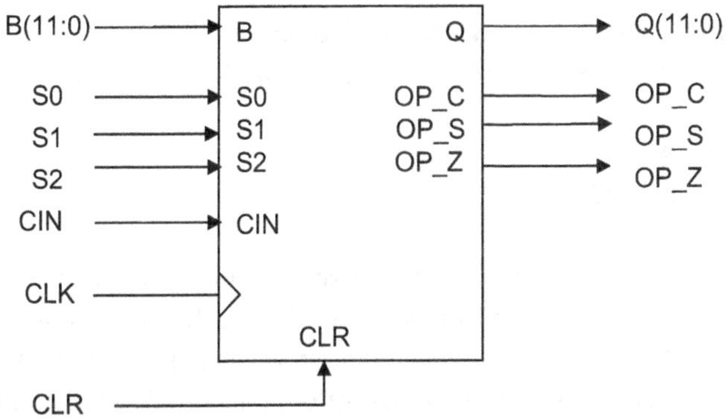

Abb. 2.16: Funktionsblock 12-Bit-Akkumulator-Einheit

Bedeutung der Flags:

OP_C : Carry-Out, Ausgangsübertrag
OP_S : Sign-Flag, Vorzeichen, oberstes Bit (MSB)
OP_Z : Zero-Flag
OP_S = 0 : positives Ergebnis
OP_S = 1 : negatives Ergebnis
OP_Z = 0 : Ergebnis ungleich null
OP_Z = 1 : Ergebnis gleich null

Die Flags beziehen sich auf die Ergebnisse im Akkumulator-Register. Das Carry-Flag soll nur bei Addition, Subtraktion und bei den Jump-Befehlen mit Carry (JC, JCI) gültig sein.

Tab. 2.6: Funktionstabelle der Akku-Einheit

CLR	S2	S1	S0	Funktion	Bedeutung
1	x	x	x	Q = 0	Register löschen
0	0	0	0	Q = konstant	Akkuinhalt konstant
0	0	0	1	Q = Q – B - CIN	Subtraktion
0	0	1	0	Q = NAND (Q , B)	NAND-Funktion
0	0	1	1	Q = Q + B + CIN	Addition
0	1	0	0	Q = konstant	Akkuinhalt konstant
0	1	0	1	Q = B	Akku laden
0	1	1	0	Q = SHR (Q)	Shift right
0	1	1	1	Q = SHL (Q)	Shift left

Für die Steuereingänge (0,0,0) und (1,0,0) soll der Inhalt im Akkumulator-Register konstant bleiben, d .h. es soll gelten Q = konstant.

Bestimmung der Schnittstelle: Operationswerk und Steuerwerk
Die Schnittstelle zwischen Operationswerk (OPW) und Steuerwerk (STW) wird durch folgende Vektoren bestimmt:

Ansteuervektor A (n – 1:0)
Statusvektor S (k – 1:0)

Die Bitbreite beträgt beim Ansteuervektor n und beim Statusvektor k (siehe Abb. 2.17). Die beiden Vektoren steuern den Datenaustausch zwischen den getakteten Automaten OPW und STW. Die beiden Schaltwerke sind miteinander gekoppelt und müssen in der richtigen zeitlichen Reihenfolge die erforderlichen Mikrooperationen durchführen. Deshalb muss i. a. zwischen den beiden Taktsignalen clk_stw und clk_opw unterschieden werden. Der Statusvektor S beinhaltet alle Statusmeldungen und den Operations-Code des Prozessors. Er kann für das einfache Grundmodell der MPU12 direkt angegeben werden, da die Parameter bekannt sind. Es ergibt sich ein 8 Bit breiter Vektor (k = 8), mit 5 Bit für den Opcode und 3 Bit für die Status-Flags. Wie breit der Ansteuervektor A sein muss, hängt davon ab, wie viele Mikrooperationen im Operationswerk ablaufen. Der Ansteuervektor kann mit Hilfe einer sog. Ansteuertabelle bestimmt werden. Er steht in einer direkten Abhängigkeit zu den Komponenten im Operationswerk, d. h. es muss eine eindeutige Zuordnung geben zwischen dem Ansteuervektor und den zu schaltenden Datenwegen.

Allgemein kann man bei dem Entwurf so vorgehen, dass man sich eine Tabelle erstellt, in der die Mikrooperationen den einzelnen Bits des Ansteuervektors A zugeordnet werden. Auf diese Art kommt man direkt zur Größe des Ansteuervektors und zum notwendigen Datentransfer innerhalb des Operationswerkes.
In Tabelle 2.7 ist das Schema angedeutet. Es ist im Prinzip eine Codierung des Ansteuervektors.

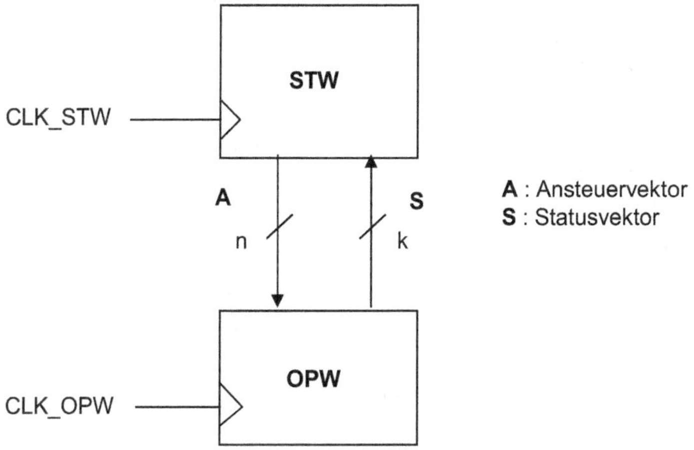

Abb. 2.17: Operationswerk (OPW) und Steuerwerk (STW)

Tab. 2.7: Ansteuertabelle

A(n-1)........................	**A(2)**	**A(1)**	**A(0)**	**Datentransfer/Mikrooperation**
			1	REG1_A ← REG1_A + 1
		1		D_BUS ← REG1_A
	1	1		REG2_E ← REG3_A

Für den Ansteuervektor ist dabei der (1-aus-n)-Code ein Sonderfall, d. h. wenn jeweils nur ein Bit gesetzt ist für die zugeordnete Mikrooperation.
Für den Datentransfer geht man so vor, dass die Bezeichnungen der Daten-Eingänge oder -Ausgänge von Registern oder Funktionsblöcken für die Zuordnungen verwendet werden. In dem Beispiel werden folgende Operationen ausgeführt:

- Inkrementieren des Registers REG1_A, wenn Bit A(0) gesetzt ist
- Datentransfer von Register REG1_A auf den Datenbus D_BUS, wenn Bit A(1) gesetzt ist
- Datentransfer von Register REG3_A zum Register REG2_E, wenn Bit A(1) und A(2) gesetzt sind.

In Abb. 2.18 ist der Funktionsblock des Operationswerkes mit allen Ein- und Ausgängen dargestellt. Der Statusvektor S ist der Übersichtlichkeit halber in die Status-Flags OP_C, OP_S, OP_Z und den Opcode aufgeteilt. Der Opcode wird über den Datenausgang des Instruction-Registers IR_Q herausgeführt.

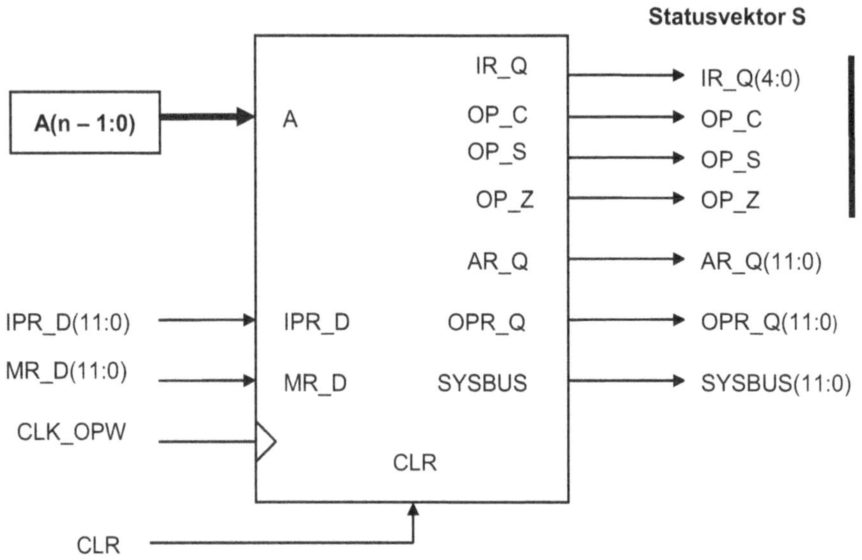

Abb. 2.18: Funktionsblock des Operationswerkes der MPU12

Nach dem zuvor erklärten Prinzip in Tabelle 2.7 soll die Ansteuertabelle für das Operationswerk erstellt werden. Die Mikrooperationen in der Ansteuertabelle 2.8 sind numeriert und haben folgende Bedeutung:

1) Datentransfer: Datenbus (SYSBUS) → Programmzähler (PC_Q)
2) Datentransfer: Register-Stack (ST_Q) → Programmzähler (PC_Q)
3) Programmzähler wird inkrementiert (PC_Q ← PC_Q + 1).
4) Datentransfer: Programmzähler (PC_Q) → Register-Stack (ST_Q)
5) Datentransfer: Datenbus SYSBUS → Adressregister (AR_Q)
6) Datentransfer: Programmzähler (PC_Q) → Adressregister (AR_Q)

7) Datentransfer: Speicher (MR_D) → Memory-Register (MR_Q)
8) Datentransfer: Akkumulator-Register (A_Q) → Datenbus SYSBUS
9) 7-Bit-Adresse (MR_Q(6:0)) → Datenbus SYSBUS
10) Datentransfer: Memory-Register (MR_Q) → Datenbus SYSBUS
11) Datentransfer: Datenbus SYSBUS → Outputregister (OPR_Q)
12) Datentransfer: Inputregister (IPR_D) → Datenbus SYSBUS
13) Opcode vom Memory-Register (MR_Q) → Instruction-Register (IR_Q)
14) Datentransfer: Datenbus SYSBUS → Speicher (RAM_Q)
15) Subtraktion: Daten auf SYSBUS und Akku-Register werden verknüpft
16) NAND-Funktion: Daten auf SYSBUS und Akku-Register werden verknüpft
17) Addition: Daten auf SYSBUS und Akku-Register werden verknüpft
18) Daten im Akku-Register (A_Q) bleiben konstant (NOP-Funktion)
19) Datentransfer: Daten vom SYSBUS → Akku-Register (A_Q)
20) Logisches Schieben rechts (SHR) im Akku-Register (A_Q)
21) Logisches Schieben links (SHL) im Akku-Register (A_Q)
22) Daten im Akku-Register (A_Q) bleiben konstant (NOP-Funktion)

Wie schon erwähnt kann der Ansteuervektor in Form einer Tabelle erstellt werden. Die einzelnen Operationen, die im Operationswerk ausgeführt werden, werden schrittweise wie in Tab. 2.7 erläutert eingetragen. Die Komponenten werden dabei als Funktionsblöcke mit Ein- und Ausgängen betrachtet, die eine bestimmte Funktion ausführen sollen. Das Innenleben der Komponenten braucht noch nicht bekannt zu sein. Es geht in der Ansteuertabelle nur um den Datentransfer zwischen den Funktionsblöcken und den externen Ein- und Ausgängen des Operationswerkes sowie den auszuführenden Funktionen. Die Komponente Programmzähler muss z. B. in Abhängigkeit des Steuereingangs drei Funktionen ausführen: Adresse laden, Adresse inkrementieren, Adresse konstant halten.
Auf der Ordinate der Ansteuertabelle 2.8 ist der Ansteuervektor A(16:0) aufgetragen. Auf der Abszisse sind die Mikrooperationen durchnumeriert. Die Operationen 15) bis 22) werden in der Akkumulator-Einheit ausgeführt. Mit Hilfe der Ansteuertabelle kann nun ein Blockdiagramm für das Operationswerk erstellt werden (siehe Abb. 2.19). Es sind zunächst nur die Datenleitungen und die Steuersignale berücksichtigt. Der Dateneingang der Akku-Einheit B ist direkt mit dem internen Datenbus SYSBUS verbunden. Die CLK- und CLR-Eingänge sind der Übersichtlichkeit halber weggelassen. Bei einigen Komponenten sind ebenfalls aus Gründen der Übersicht die Datenleitungen nicht durchgezogen, sondern entsprechend bezeichnet. Der Datentransfer zwischen den einzelnen Funktionsblöcken ist durch den Ansteuervektor eindeutig festgelegt.

Tab. 2.8: Ansteuertabelle der MPU12

Ansteuervektor A(16:0)																		
Nr	**16**	**15**	**14**	**13**	**12**	**11**	**10**	**9**	**8**	**7**	**6**	**5**	**4**	**3**	**2**	**1**	**0**	**Funktion/ Datentransfer**
1															1	1		PC_Q ← SYSBUS
2														1	1	1	1	PC_Q ← ST_Q
3															1			PC_Q ← PC_Q + 1
4													1	1				ST_Q ← PC_Q
5											1							AR_Q ← SYSBUS
6											1	1						AR_Q ← PC_Q
7										1								MR_Q ← MR_D
8									1									SYSBUS ← A_Q
9								1										SYSBUS ← MR_Q(6:0)
10								1	1									SYSBUS ← MR_Q
11							1											OPR_Q ← SYSBUS
12						1												SYSBUS ← IPR_D
13					1													IR_Q ← MR_Q(11:7)
14				1														RAM_Q ← SYSBUS
15			1															A_Q ← A_Q – SYSBUS
16		1																A_Q ← NA(A_Q, SYSBUS)
17		1	1															A_Q← A_Q + SYSBUS
18	1																	NOP No Operation
19	1		1															A_Q ← SYSBUS
20	1	1																A_Q ← SHR(A_Q)
21	1	1	1															A_Q ← SHL(A_Q)
22																		NOP No Operation

Der zeitliche Ablauf des Datentransfers und der Mikrooperationen muss vom Steuerwerk übernommen werden. Damit das Operationswerk funktionsfähig ist, müssen die Komponenten noch realisiert werden. Wie schon angekündigt soll der Prozessor als VHDL-Modell erstellt werden. Für den strukturierten Entwurf bedeutet das, dass jede Komponente als VHDL-Modell existieren muss.
Die einzelnen Komponenten können dabei wieder strukturiert, d. h. nach der Structural-Methode oder der Behavioral-Methode erstellt werden.
Die Modellierung nach der Behavioral-Methode führt bei etwas komplexeren Komponenten oft zu Problemen, besonders bei der späteren Synthese, da in diesem Fall dem Synthese-Tool die Strukturierung überlassen wird. Im weiteren Entwurfsverlauf werden zunächtst die bereits erwähnten Komponenten des Operationswerkes behandelt.

Bezeichnungen in der Ansteuertabelle

MR_D, MR_Q	: Memory-Register MR Eingang/Ausgang
MR_Q(11:7)	: Opcode OPC(4:0) (Memory-Register)
MR_Q(6:0)	: Adresse ADR(6:0) (Memory-Register)
RAM_D, RAM_Q	: RAM-Speicher Eingang/Ausgang
ST_D, ST_Q	: Register-Stack Eingang/Ausgang
OPR_D, OPR_Q	: Output-Register OPR Eingang/Ausgang
IPR_D, IPR_Q	: Input-Register IPR Eingang/Ausgang
PC_D, PC_Q	: Program-Counter PC Eingang/Ausgang
AR_D, AR_Q	: Adress-Register AR Eingang/Ausgang
SYSBUS	: Interner Datenbus/Datenausgang
IR_D, IR_Q	: Instruction-Register IR Eingang/Ausgang
B, A_Q	: Akkumulator Eingang/Ausgang

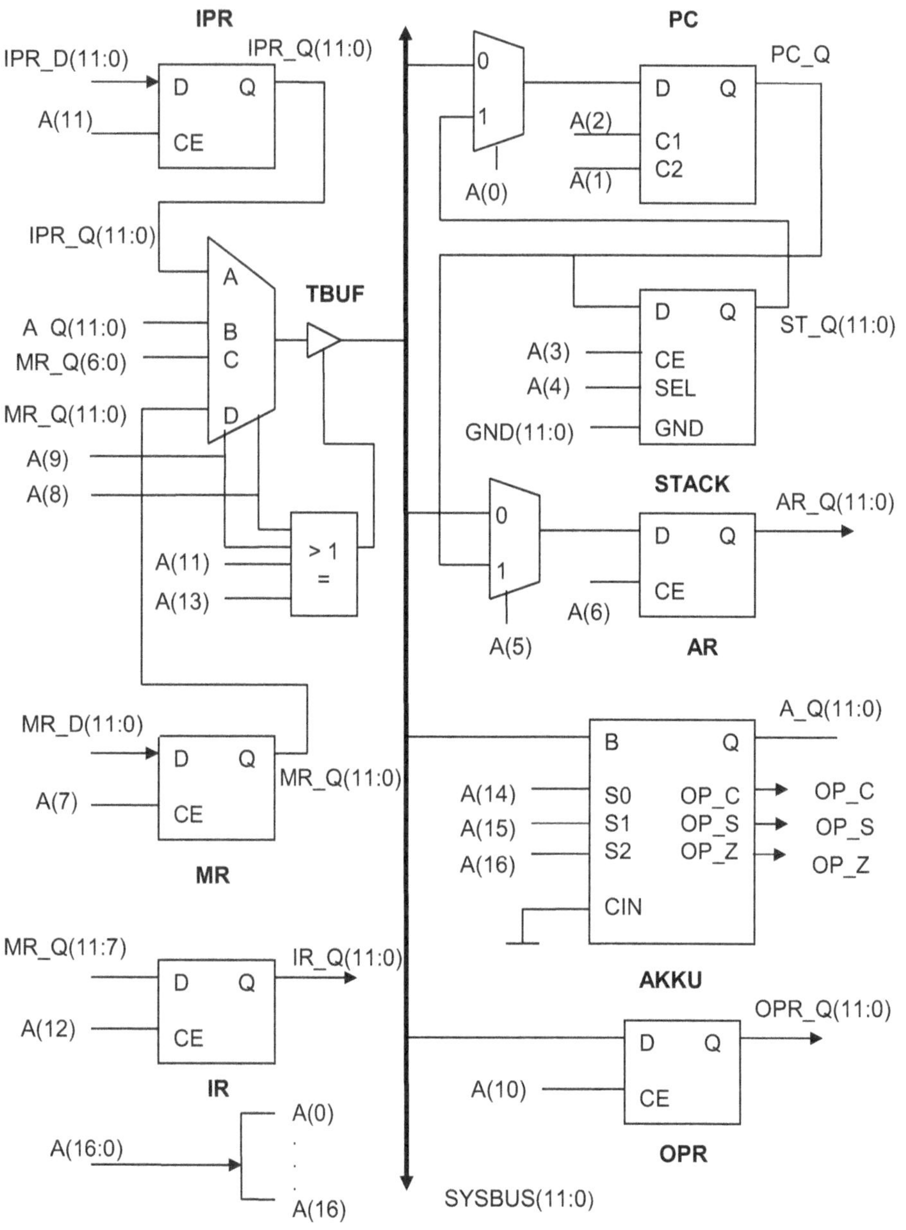

Abb. 2.19: Vereinfachtes Operationswerk

2.2.1.1 Entwurf von Akkumulator-Einheiten

Die Abbildungen 2.20 und 2.21 zeigen den Funktionsblock und den Aufbau einer einfachen Akkumulator-Einheit. Für den Aufbau gibt es viele Varianten, wobei in den meisten Fällen folgende Komponenten anzutreffen sind:

- Arithmetisch-Logische-Unit (ALU)
- Register-Einheit
- Statusregister

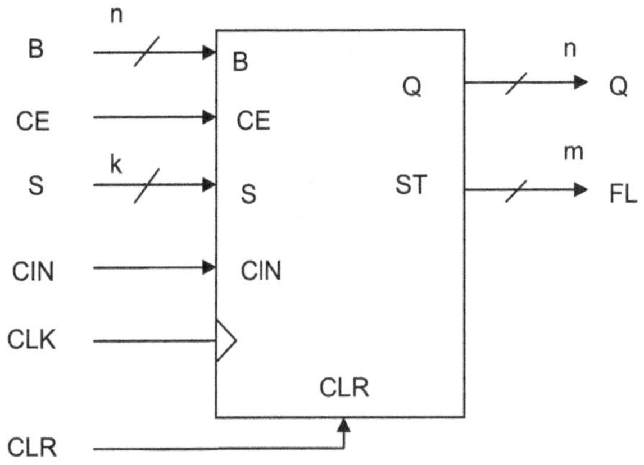

Abb. 2.20: Funktionsblock der Akkumulator-Einheit

In der ALU werden die arithmetischen und logischen Operationen ausgeführt. Das Ergebnis einer Operation wird immer in der Register-Einheit abgelegt. Der Datentransfer kann dabei mit Hilfe eines Multiplexers (MUX) gesteuert werden. Über den Dateneingang B können neue Werte vom Datenbus übernommen werden. Daten-Eingang und -Ausgang sind n Bit breit. Alle Register werden i. a. über asynchrone CLR-Eingänge in den Null-Zustand gesetzt.

Die Auswahl der jeweiligen Operation erfolgt über den Steuereingang S und über die CE-Eingänge (Chip Enable), die vom Steuerwerk bedient werden (Abb. 2.21). Die ALU (Arithmetisch-Logische-Unit) meldet die Statuszustände am Ausgang ST. Hier wird vereinfacht angenommen, dass nur die ALU Statuszustände meldet. Allgemein können noch weitere Module in der Akkumulator-Einheit Statusmeldungen abgeben. Die Statuszustände werden in der Regel in Statusregistern zwischengespeichert. Die ALU bekommt über die Eingänge A und B die jeweiligen Operanden von der Register-Einheit (Ausgänge Q_A und Q_B). Nach dem Ausführen der Operation wird das Ergebnis in einem Zielregister in der Register-Einheit gespeichert. Dazu muss das Ergebnis vom Datenausgang der ALU auf den Dateneingang der Register-Einheit

zurückgeführt werden. Realisiert wird dies durch eine direkte Daten-Rückkopplung oder einer Rückkopplung mit Hilfe von Multiplexern.
Die bei einem Prozessorentwurf festgelegte Registerstruktur muss in der Akkumulator-Einheit umgesetzt werden. Das geschieht in der Register-Einheit. Bei allen Register-Operationen muss eine Auswahl der Register, deren Inhalte miteinander verknüpft werden sollen, sowie die Auswahl des Zielregisters erfolgen.

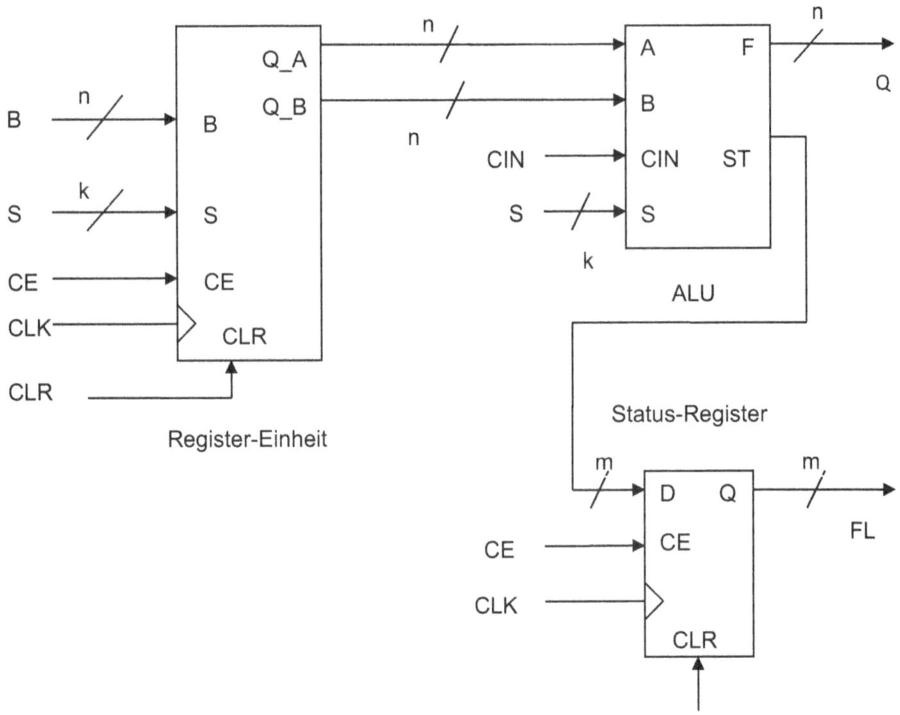

Abb. 2.21: Aufbau einer Akkumulator-Einheit

Abb. 2.22 zeigt den Aufbau einer einfachen Register-Einheit. Der Datentransfer wird meistens über Datenselektoren, d. h. Multiplexer (MUX) und Demultiplexer (DX) und z. T. durch Tri-State-Treiber ermöglicht.
Die Register-Einheit besteht in der Regel aus einem Registerblock von n Registern (D0,.....,Dn–1). Im einfachsten Fall enthält die Register-Einheit nur ein zentrales Register, das auch als Akku-Register bezeichnet wird. Die Auswahl der Register in der Register-Einheit erfolgt über die Multiplexer MUX1 und MUX2. Die ausgewählten Register werden dann auf die ALU-Eingänge A und B geschaltet. Das Zielregister wird durch die Demultiplexer DX1 und DX2 ausgewählt. Über den Demultiplexer DX2

wird das Chip Enable (CE0 bis CEn–1) gesteuert, damit nur das selektierte Zielregister angesprochen wird, bei allen anderen Registern bleiben die Werte unverändert.

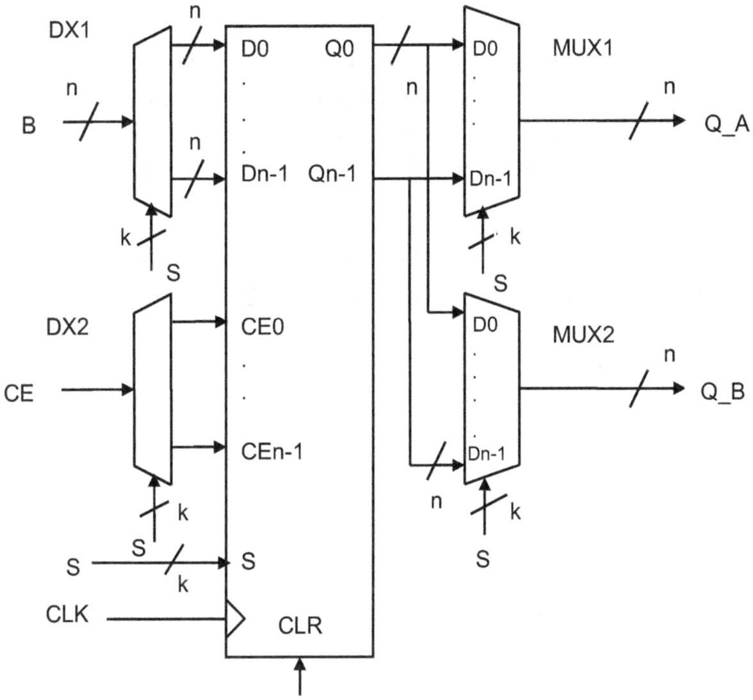

Abb. 2.22: Aufbau einer einfachen Register-Einheit

Das Kernstück einer Akkumulator-Einheit ist die ALU. Der Begriff ALU ist nicht scharf abgegrenzt, so können sich z. B. ganze Rechenwerke hinter dieser Bezeichnung verbergen. Meistens wird die ALU als Schaltnetz aufgebaut, so soll sie auch hier betrachtet werden. Die Erstellung als Schaltnetz hat den Vorteil, dass die ALU leichter in Teileinheiten bzw. Teilnetze zerlegt werden kann. Das kleinste Teilnetz hat eine 1-Bit-Struktur, man bezeichnet sie auch als Bit-Slice-Struktur. Die Erweiterung auf eine n-Bit-Struktur ist dann sehr einfach, d. h. die Struktur wird auf n Teilnetze erweitert. Voraussetzung dafür, dass die n-Bit-ALU in n Teilnetze zerlegt werden kann, sind folgende Bedingungen:

- Ein Teilnetz enthält alle Operationen, die in der ALU ablaufen
- Die Anzahl der Teilnetze ist linear abhängig von der Größe bzw. Bitbreite der Operanden.

Die Abbildung 2.23 soll den Lösungsansatz mit Hilfe von gleichartigen Teilnetzen näher erläutern [16]. Der Index i steht dabei für das i-te Teilnetz. Es wurde angenommen, dass die 1-Bit-ALU aus den Modulen Mod0, Mod1, Mod2, ..., Modn–1 aufgebaut ist. Die Module können dabei aus einfachen Gattern oder größeren Funktionsblöcken bestehen. Für die einfache ALU wird die Annahme gemacht, dass die Module zwei Ausgänge haben und der k Bit breite Steuereingang S nur für die Auswahl der Schaltfunktionen zuständig ist. Es existieren außerdem die 1-Bit-Eingänge ai und bi für die Operanden A und B sowie der 1-Bit-Eingang ci für den Eingangsübertrag. Dann können die Schaltfunktionen Fi und Gi in folgender Form zusammengefasst werden:

$$Fi = (D0 \wedge f0) \vee (D1 \wedge f1) \vee (D2 \wedge f2) \vee \ldots\ldots \vee (Dq{-}1 \wedge fq{-}1)$$

$$Gi = (D0 \wedge g0) \vee (D1 \wedge g1) \vee (D2 \wedge g2) \vee \ldots\ldots \vee (Dq{-}1 \wedge gq{-}1)$$

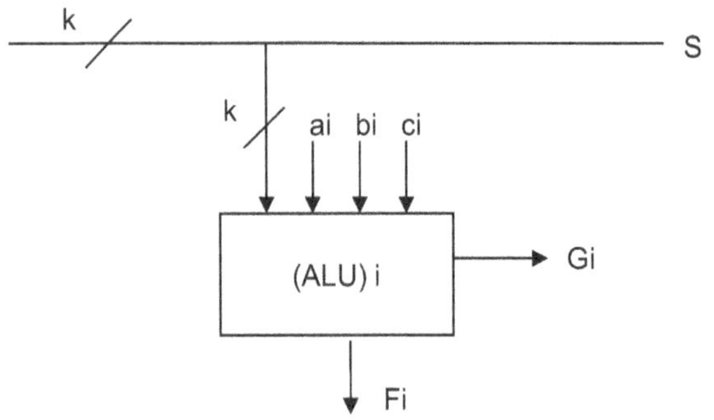

Abb. 2.23: Teilnetz für eine 1-Bit-ALU

Die Schaltfunktionen Fi und Gi werden aus den Funktionen fj und gj gebildet. Der Index der Schaltfunktionen fj und gj läuft dabei von j = 0,..........., q–1. Durch die Decodierung der Multiplexer kann immer nur eine Schaltfunktion fj und gj ausgewählt werden. Im einfachsten Fall kann dabei fj oder gj aus einer einfachen Wertzuweisung bestehen.

Tab. 2.9: Funktionstabelle für die 1-Bit-ALU

Dj	**S(k–1)......S(2) S(1) S(0)**	**Fi**	**Gi**
D0	0 ...... 0 0 0	f0	g0
D1	0 ...... 0 0 1	f1	g1
D2	0 ...... 0 1 0	f2	g2
.....	....	....	....
Dq–1	1 ...... 1 1 1	Fq–1	gq–1

Abb. 2.24 zeigt das Blockschaltbild für die 1-Bit-ALU. Die ALU wird meist in Form einer Funktionstabelle dargestellt (Tab. 2.9). Die Funktionen werden über den Steuereingang S adressiert. Die Steuereingänge S(0) bis S(k–1) der Multiplexer sind vereinfacht mit D0 bis Dq–1 bezeichnet. Der Vorteil des obigen Lösungsansatzes ist, dass er leicht überschaubar ist und Änderungen relativ leicht vorgenommen werden können. Der Nachteil ist ein relativ großer Hardware-Aufwand, da die einzelnen Module nicht gemeinsam genutzt werden, was besonders bei größeren Modulen ins Gewicht fällt. Dieser Nachteil kann jedoch durch nachträgliches Optimieren wieder kompensiert werden.

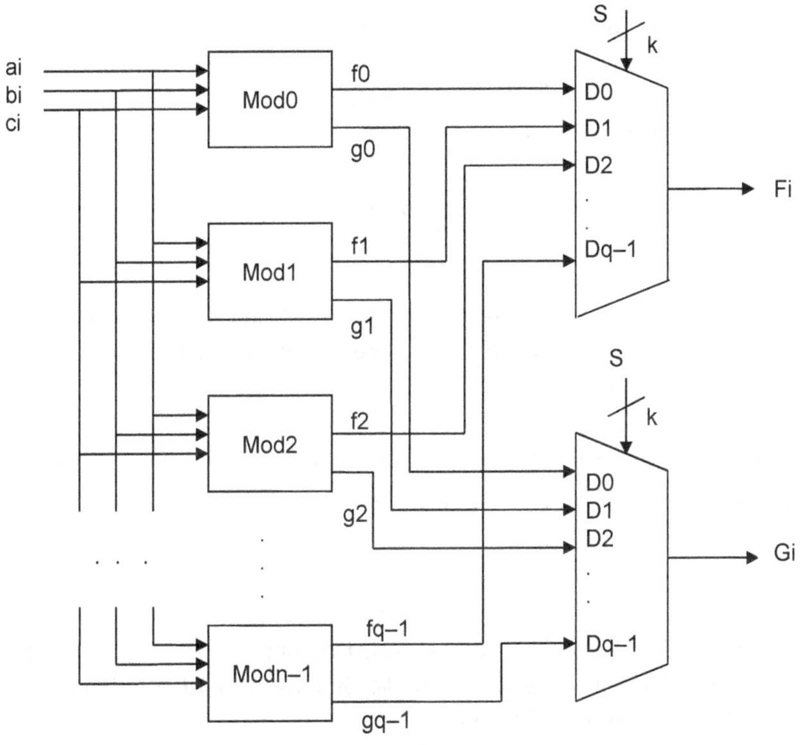

Abb. 2.24: Blockschaltbild für eine 1-Bit-ALU

2.2.1.2 Entwurf der 12-Bit-Akkumulator-Einheit

Für die Realisierung der Akku-Einheit sollen die bereits definierten Funktionen aus der Funktionstabelle 2.6 verwendet werden. Wendet man obigen Lösungsansatz auf die 12-Bit-ALU des Grundmodells MPU12 an, so kommt man zu folgender Funktionstabelle:

Tab. 2.10: Funktionstabelle der 1-Bit-ALU der MPU12

Dj	S2	S1	S0	Funktion Fi	Funktion Gi
D0	0	0	0	f0 = ai	g0 = 0
D1	0	0	1	f1 = ai – bi – ci	g1 = Bi + 1
D2	0	1	0	f2= ai nand bi	g2 = 0
D3	0	1	1	f3 = ai + bi + ci	g3 = Ci + 1
D4	1	0	0	f4 = ai	g4 = 0
D5	1	0	1	f5 = bi	g5 = 0
D6	1	1	0	f6 = ai	g6 = 0
D7	1	1	1	f7 = ai	g7 = 0

Die Schaltfunktion Gi wird für die Ausgangsüberträge Ci+1 und Bi+1 der Addition und Subtraktion verwendet. Die Schaltfunktionen können für die einfache ALU in der folgenden Form zusammengefasst werden:

$$\begin{aligned} Fi = {} & (D0 \wedge ai) \vee D1 \wedge (ai - bi - ci) \vee D2 \wedge (ai \text{ nand } bi) \vee D3 \wedge (ai + bi + ci) \\ & \vee D4 \wedge ai \vee D5 \wedge bi \vee D6 \wedge ai \vee D7 \wedge ai \end{aligned}$$

$$Gi = D1 \wedge (Bi + 1) \vee D3 \wedge (Ci + 1)$$

In Abb. 2.25 ist das Blockschaltbild der 1-Bit-ALU dargestellt. Für die Subtraktion wird das Zweier-Komplement verwendet, d. h. die Subtraktion wird auf eine Addition mit dem Zweier-Komplement zurückgeführt.
Für die Funktionen f0, f4, f6 und f7 wird der Eingang ai auf den Ausgang Fi durchgeschaltet. Die Funktionen f6 und f7 werden für die Schiebefunktionen benötigt und in der Akku-Einheit realisiert. Bei den 1-Bit-Strukturen ist es ratsam, die Teilnetze zu optimieren, da sie n-fach eingesetzt werden. Die Möglichkeiten der Vereinfachung sollen erst bei der Erstellung der VHDL-Modelle angesprochen werden.

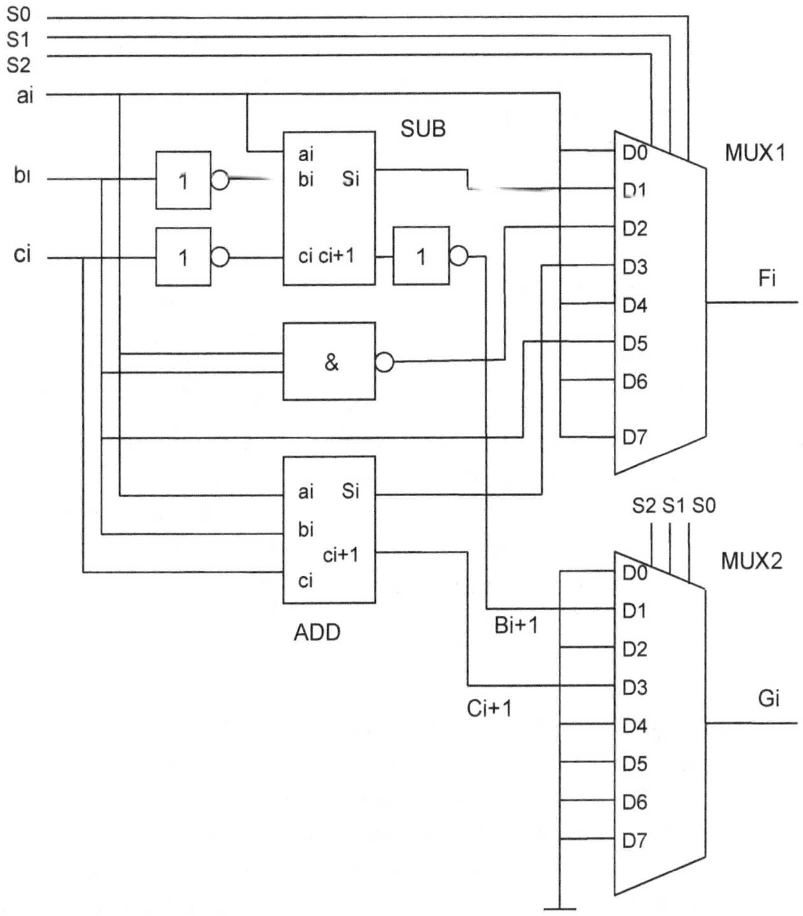

Abb. 2.25: Blockschaltbild der 1-Bit-ALU (MPU12)

In Abb. 2.26 ist die Akku-Einheit für das Grundmodell des 12-Bit-Prozessors als Blockdiagramm dargestellt und in Tabelle 2.11 die zugehörige Funktionstabelle. Entsprechend der Akku-Einheit in Abb. 2.21 tauchen die einzelnen Komponenten in etwas vereinfachter Form wieder auf. Der Dateneingang der Akku-Einheit B(11:0) ist direkt mit dem internen Datenbus SYSBUS verbunden (siehe Blockschaltbild OPW Abb. 2.19).

Die Akku-Einheit besteht aus den Komponenten ALU (ALU_12B), dem zentralen Akku-Register (SHLR_12A), dem Komparator (COMP12) und den Statusregistern. Die Bezeichnungen in Klammern sind dabei die Dateinamen (Entities) der VHDL-Modelle (siehe VHDL-Modellierung). Der Komparator (COMP12) prüft den Registerausgang und setzt den Ausgang des Komparators EQ auf Eins, wenn der Registerinhalt Null ist. Das Vorzeichen wird durch das oberste Bit A_Q(11) des Registers angezeigt. Der Ausgangsübertrag der Addition und Subtraktion wird durch den Ausgang DOUT der ALU angezeigt. Die drei Statusflags werden im Statusregister gespeichert und als Signale OP_Z, OP_S und OP_C ausgegeben.

Tab. 2.11: Funktionstabelle der Akku-Einheit

CLR	S2	S1	S0	Funktion	Bedeutung
1	x	x	x	A_Q = 0	Register löschen
0	0	0	0	A_Q = konstant	Akkuinhalt konstant
0	0	0	1	A_Q = A_Q – B – CIN	Subtraktion
0	0	1	0	A_Q = NAND (A_Q , B)	NAND-Funktion
0	0	1	1	A_Q = A_Q + B + CIN	Addition
0	1	0	0	A_Q = konstant	Akkuinhalt konstant
0	1	0	1	A_Q = B	Akku laden
0	1	1	0	A_Q = SHR (A_Q)	Shift right
0	1	1	1	A_Q = SHL (A_Q)	Shift left

Die Steuereingänge S0 und S1 des Akku-Registers für die Schiebefunktionen werden durch eine einfache Verknüpfung zweier UND-Glieder an den 3-Bit-Steuereingang S0, S1, S2 der ALU angepasst. Der CE-Eingang des Akku-Registers wird beim Grundmodell der MPU12 nicht genutzt und auf aktiv, d. h. auf Eins gesetzt. Die Register-Einheit der Akkumulator-Einheit soll für das einfache Grundmodell nur aus einem Register bestehen. Dieses Register muss als steuerbares Register aufgebaut werden, da die Schiebefunktionen ebenfalls dort ausgeführt werden sollen. Das universelle Akkumulator-Register soll als 1-Bit-Struktur aufgebaut werden.

In Abb. 2.27 sind das Blockschaltbild und die zugehörige Funktionstabelle 2.12 für das steuerbare 1-Bit-Universalregister dargestellt. Der asynchrone CLR-Eingang setzt für CLR = 1 den Ausgang Qi = 0. Die Steuereingänge S0 und S1 des Multiplexers sind vereinfacht mit Dj (j = 0 bis 3) zusammengefasst. Solange der CE-Eingang auf null ist, bleibt der Registerinhalt konstant. Für die Steuereingänge D0 und D1 soll das Register geladen werden. Die Steuereingänge D2 und D3 werden für „Shift right" und „Shift left" selektiert.

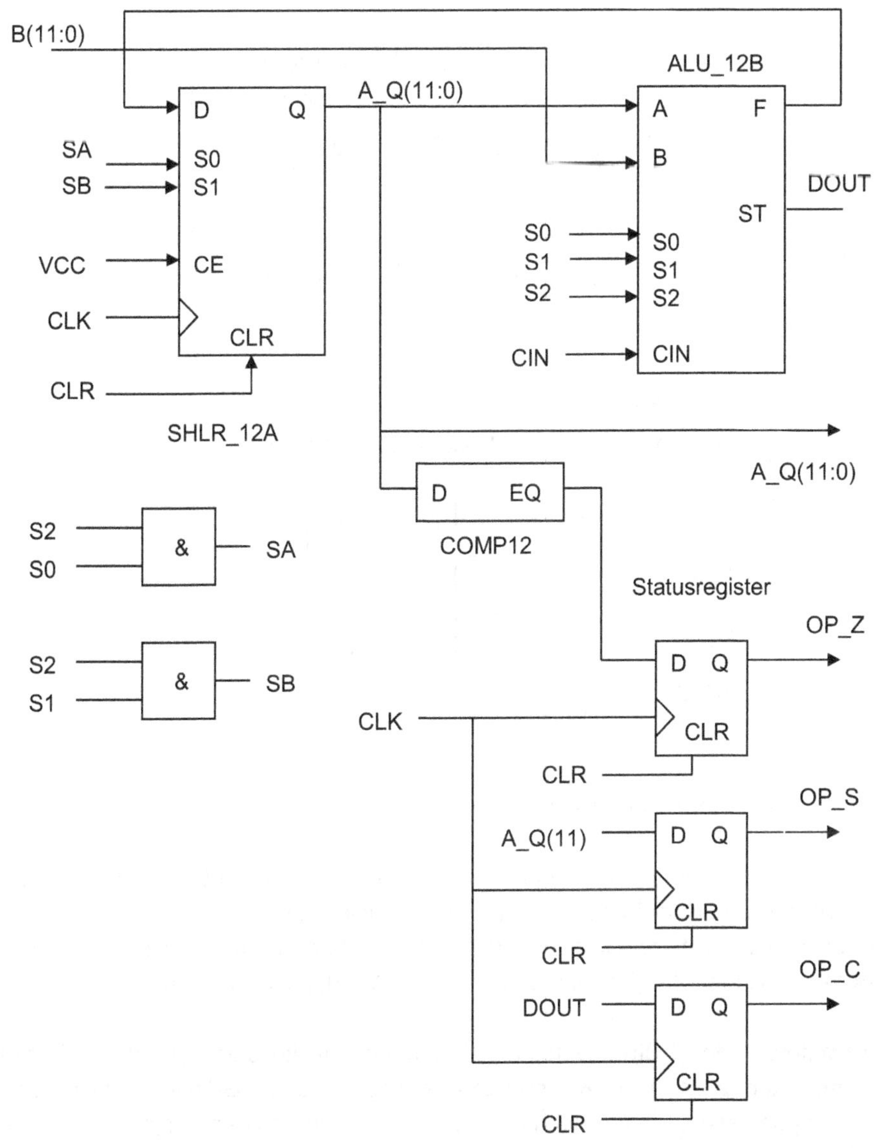

Abb. 2.26: Aufbau der 12-Bit-Akkumulator-Einheit (AKKU_12B)

Tab. 2.12: Funktionstabelle für das 1-Bit-Universalregister

Dj	CLR	CE	S1 S0	Funktion Qi	Wirkung
x	1	x	x x	Qi = 0	Löschen
x	0	0	x x	Qi = konstant	Speichern
D0	0	1	0 0	Qi = Di	Laden
D1	0	1	0 1	Qi = Di	Laden
D2	0	1	1 0	Qi = Qi+1	Shift right
D3	0	1	1 1	Qi = Qi–1	Shift left

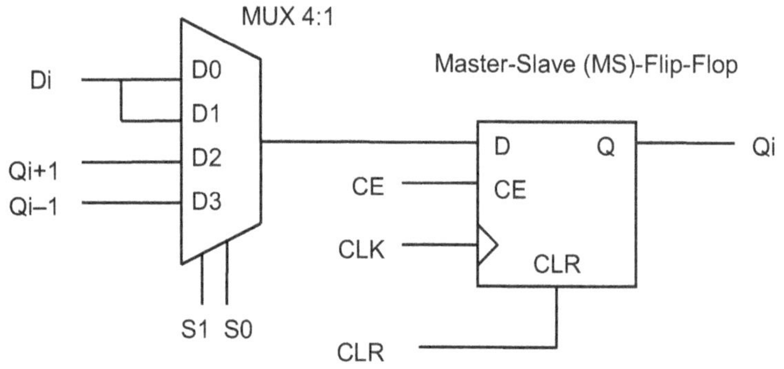

Abb. 2.27: 1-Bit-Universalregister

Das Master-Slave-Flip-Flop hat den Vorteil, dass eine konstante Verzögerung zwischen Vorder- und Rückflanke des Flip-Flops realisiert wird.
Dadurch wird ein sicherer Datentransfer zwischen dem Ein- und Auslesen des Speichers gewährleistet. Zur Funktionsweise von D-Flip-Flops siehe auch [17].

Die Erweiterung des 1-Bit-Universalregisters auf ein 4-Bit-Register zeigt das Blockdiagramm in Abb. 2.28. Die CLK- und CLR-Eingänge sind aus Gründen der Übersichtlichkeit weggelassen. Beim „Shift right“ werden die Werte an den Eingängen Qi+1 um eine Bit-Position nach rechts geschoben in Abhängigkeit des Taktes. Beim „Shift left“ werden die Werte an den Eingängen Qi–1 um ein Bit nach links geschoben. An den Eingängen D0 bis D3 können die 1-Bit-Register geladen werden, d. h. das Laden ist parallel. Werden die Eingänge Qi+1 und Qi–1 des 4-Bit-Blockes herausgeführt, so können wahlweise Nullen oder Einsen nachgeschoben werden. Die 4-Bit-Universalregister können jetzt sehr einfach zu 8-, 12- oder 16-Bit-Funktionsblöcken erweitert werden.

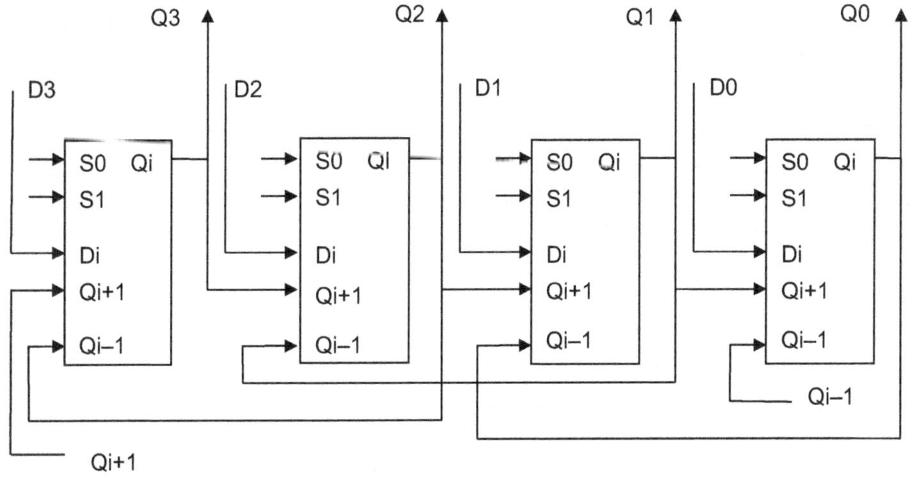

Abb. 2.28: Vereinfachtes 4-Bit-Universalregister

2.2.1.3 Entwurf von Register-Stack-Einheiten

Ein Register-Stack ist ein verketteter Registerblock mit einer LIFO-Struktur (Last In First Out). Das bedeutet, dass das zuletzt eingeschriebene Datenwort als erstes wieder ausgelesen wird. Ein Register-Stack stellt zwei Operationen zur Verfügung:

- Speichern von Daten (PUSH-Befehl)
- Auslesen von Daten (POP-Befehl)

PUSH-Befehl:
Einschreiben eines neuen Datums. Alle gespeicherten Datenworte werden um ein Register nach unten verschoben. Der am Dateneingang anliegende Wert wird in das oberste Register eingeschrieben und steht am Ausgang zur Verfügung.

POP-Befehl:
Entfernen des obersten Registerinhalts. Alle gespeicherten Datenworte werden um ein Register nach oben verschoben. Es kann stets nur auf das oberste Register zugegriffen werden. Die Verschiebung der Registerinhalte erfolgt parallel, d. h. bei einem n-Bit-Register-Stack werden n Bit parallel verschoben. Wie viele Datenworte gespeichert werden können, hängt von der Speichertiefe des Stacks ab. Der Stack ist ein wichtiges Hilfsmittel zur Verarbeitung von Unterprogrammen und Unterbrechungen (Interrupts). Bei Unterprogramm-Aufrufen oder Programmunterbrechungen werden die Statuszustände und Registerinhalte der CPU in dem Register-Stack zwischengespeichert (PUSH-Befehl).

Nach dem Ausführen der Unterprogramme bzw. Unterbrechungen werden die alten Registerinhalte wieder hergestellt (POP-Befehl). Ein Register-Stack wird innerhalb der CPU untergebracht, deshalb ist die Größe des Registerblocks begrenzt. Eine weitere Stackvariante ist die Verwaltung des Stacks im Arbeitsspeicher. Hier wird mit einem Stackpointer gearbeitet, dies ist ein spezielles Register innerhalb der CPU.
Der Stack-Mechanismus ist aber der gleiche wie beim Register-Stack. Eine mögliche Realisierung eines n-Bit-Register-Stack mit einer Speichertiefe von k Worten zeigt das Blockdiagramm in Abb. 2.29.

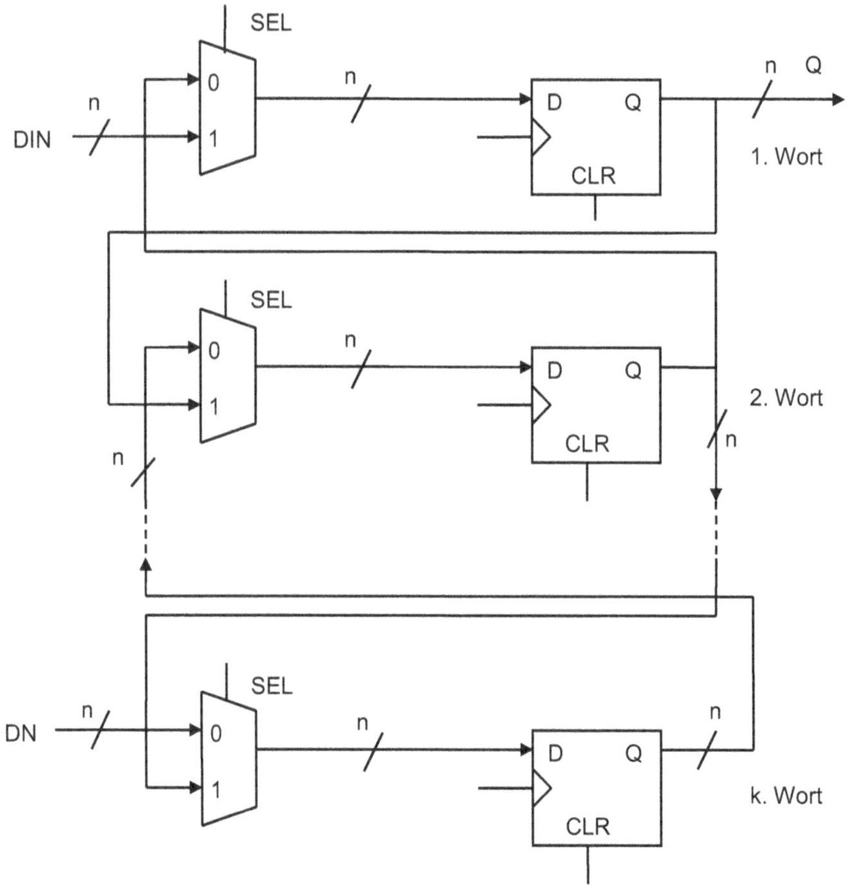

Abb. 2.29: Struktur des n-Bit-Register-Stacks

Das Prinzip der Verkettung ist dabei deutlich sichtbar. Es gelten folgende Bedingungen:

SEL = 1 → Einschreiben eines neuen Datenwortes (PUSH-Befehl)

SEL = 0 → Entfernen des „obersten" Datenwortes (POP-Befehl)

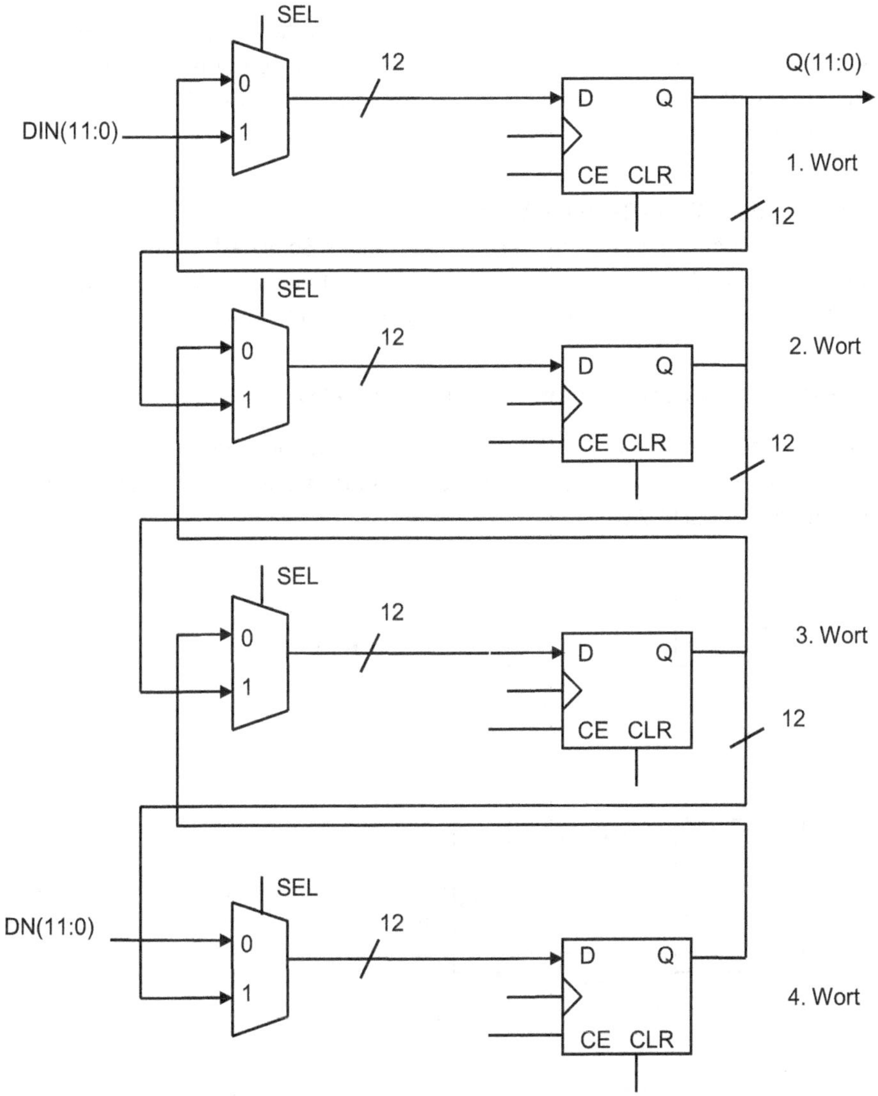

Abb. 2.30: 12-Bit-Register-Stack, Speichertiefe: 4 Worte

Bei jedem POP-Befehl wird ein n-Bit-Nullvektor DN nachgeschoben. Die CLK-, CE- und CLR-Eingänge sind aus Übersichtsgründen nicht durchgezogen. Bei jedem PUSH-Befehl wird über den DIN-Eingang ein neues Datenwort gespeichert.
Damit es beim Datentransfer nicht zu Lese- und Schreibfehlern kommt, muss zwischen dem Einschreiben eines neuen Datums und dem Auslesen des alten Wertes eine Verzögerung existieren.
Diese Verzögerung kann mit einem zweiflanken-gesteuerten Register (Master-Slave-Register) realisiert werden. Bei der Vorderflanke wird der neue Wert im Register gespeichert und erst bei der Rückflanke auf den Ausgang durchgeschaltet. So entsteht eine konstante Verzögerung.

Realisierung des 12-Bit-Register-Stacks
Für das Grundmodell soll ein Register-Stack mit einer Speichertiefe von vier Worten verwendet werden. Es werden die bereits definierten Funktionen aus der Funktionstabelle 2.5 genommen. Abbildung 2.30 zeigt das entsprechende Blockdiagramm.

2.2.2 Entwurf des Steuerwerkes für die MPU12

Das Steuerwerk kann formal als getakteter Automat erstellt werden. Man verwendet häufig einen Automaten nach dem Mealy- oder Moore-Modell. Hier sollen nur getaktete Automaten betrachtet werden.

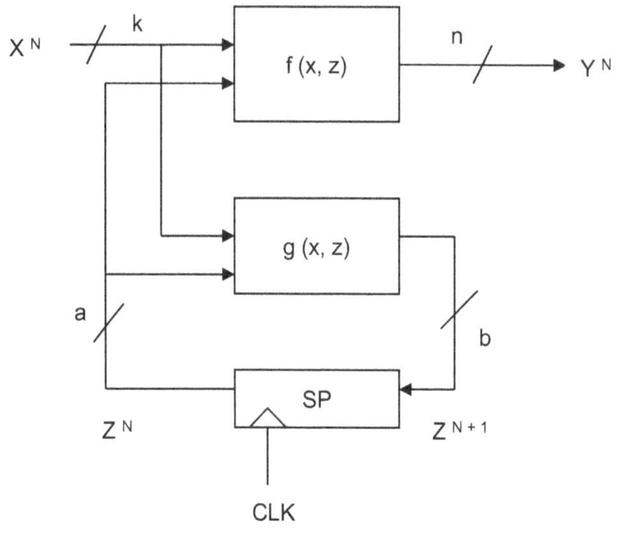

Abb. 2.31: Mealy-Modell

Das Mealy-Modell kann mit folgenden Gleichungen beschrieben werden [18, 19]:

$$Y^N = f(X^N, Z^N) \qquad Z^{N+1} = g(X^N, Z^N)$$

An dem Blockdiagramm in Abb. 2.31 ist zu erkennen, dass der Ausgangsvektor Y^N von den Vektoren X^N und Z^N des Schaltnetzes f(x,z) abhängt. Das N ist hier eine Zeitangabe, die auch als diskrete Zeit bezeichnet wird. Die Zeiten N bzw. N + 1 sind infolgedessen die Zeiten vor und nach einer Zustandsänderung. Z^N wird auch als Zustandsvektor und Z^{N+1} als Folgezustandsvektor bezeichnet. Er wird durch das Schaltnetz g(x,z) realisiert. Das Speicherverhalten des Schaltwerkes wird durch die Rückkoppel-Komponente realisiert, die aus Speichergliedern besteht und extern getaktet wird.

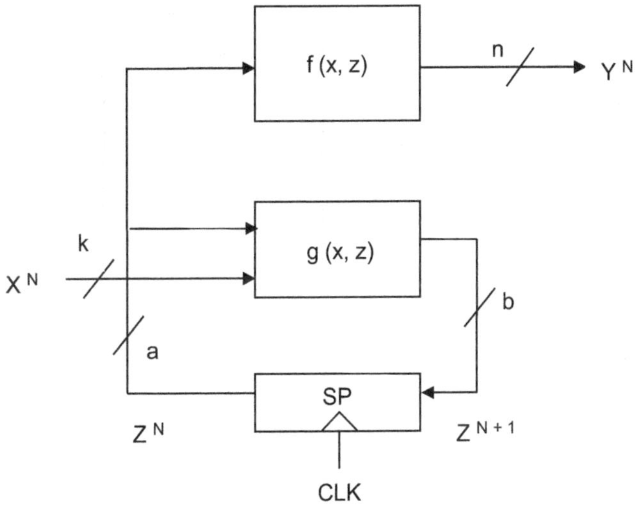

Abb. 2.32: Moore-Modell

Das Moore-Modell kann mit folgenden Gleichungen beschrieben werden:

$$Y^N = f(Z^N) \qquad Z^{N+1} = g(X^N, Z^N)$$

Das Blockdiagramm in Abb. 2.32 zeigt deutlich, dass im Gegensatz zum Mealy-Modell der Ausgangsvektor Y^N hier nur vom Zustandsvektor Z^N abhängig ist. Das Steuerwerk soll mit Hilfe des Mealy-Modells erstellt werden. Da die Nebenbedingungen für das Steuerwerk bereits festliegen, kann es als getakteter Automat direkt erstellt werden. Die Anzahl der notwendigen Zustände kann aus der Darstellung der Befehlsphasen der Abbildungen 2.3 bis 2.5 entnommen werden. Wenn man jedem

CPU-Takt einen Zustand zuordnet, kommt man auf sieben Zustände, die mit S0 bis S6 bezeichnet werden sollen. Für die formale Erstellung des Automaten werden noch die Ein- und Ausgangsvektoren benötigt.

Der Eingangsvektor X setzt sich zusammen aus dem 5-Bit-Operationscode OPC(4:0), den Steuereingängen IPV und OPREC für das Ein- und Ausgabeprotokoll, den Status-Flags OP_C, OP_S, OP_Z und dem START-Signal. Zum Ausgangsvektor gehört der 17-Bit-Ansteuervektor A(16:0) und die Signale IPREQ und OPV für das Ein- und Ausgabeprotokoll (siehe Blockschaltbild 2.18). Das ergibt den folgenden Funktionsblock in Abb. 2.33. Die CLK- und CLR-Eingänge werden als getrennte Eingänge geführt und im Automatenmodell i. a. nicht berücksichtigt. Ein Automat kann formal als Automatengraph, Automatentabelle oder in Form von Automatengleichungen beschrieben werden.

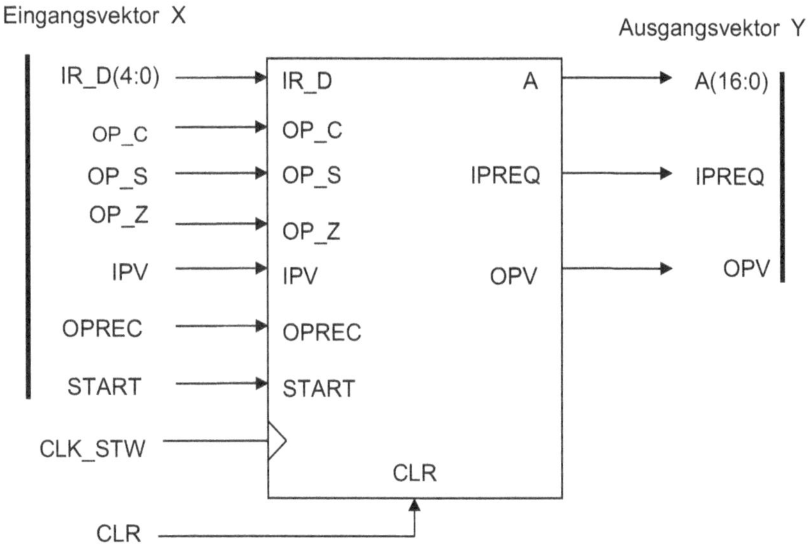

Abb. 2.33: Funktionsblock für das Steuerwerk der MPU12

Man kann jedoch einen Automatengraph in kompakter Form darstellen, indem die Zustandsübergänge durchnumeriert werden. Diese Form zusammen mit der Automatentabelle soll hier gewählt werden. Tabelle 2.13 zeigt die Automatentabelle für das Steuerwerk der MPU12. In der Tabelle sind die Maschinenbefehle in elementare Transferoperationen, die im Operationswerk ablaufen, zerlegt. Der 17-Bit-Ansteuervektor ist dabei bitweise den elementaren Transferoperationen zugeordnet. In der ersten Spalte sind die Zustandsübergänge durchnumeriert.

Der Automatengraph kann damit in etwas kompakter Form dargestellt werden (siehe Abb. 2.34). In der zweiten Spalte der Automatentabelle sind die Bedingungen für einen Zustandsübergang und der zugehörige Datentransfer eingetragen. Diese Spalte dient nur dem besseren Verständnis und gehört formal nicht zur Automatenbeschreibung. In den folgenden Spalten sind der Eingangsvektor X, der Zustands- und der Folgezustandsvektor Z und V sowie der Ausgangsvektor Y eingetragen. In der Tabelle sind nur die Zustände eingetragen, die ungleich Null sind. Ein vorangestelltes „N" vor einem Ausdruck soll eine Negation des Ausdrucks angeben. Die Codierung der Zustände S0 bis S6 ist hier nicht explizit angegeben, in der Regel wird eine binäre oder „One-Hot"-Codierung gewählt. Bei der „One-Hot"-Codierung wird der (1-aus-n)-Code verwendet.

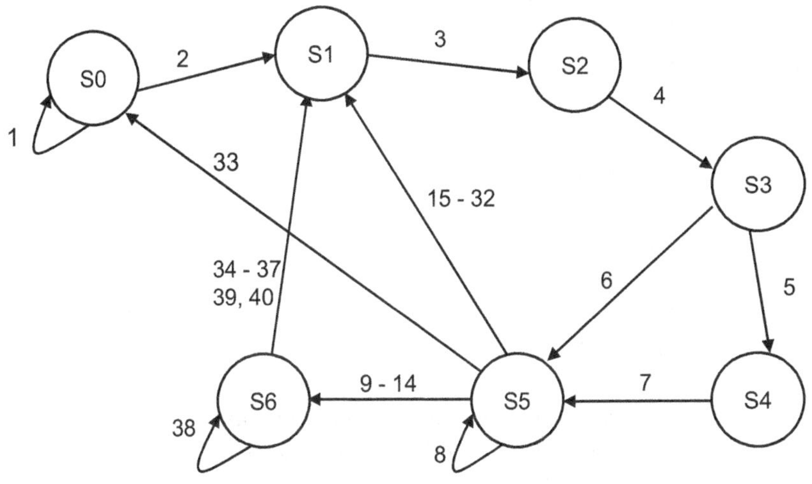

Abb. 2.34: Vereinfachter Automatengraph für das Steuerwerk der MPU12

Für den Operationscode OPC(4:0) sind in der Tabelle die Kürzel für die einzelnen Befehle statt der Binärdarstellung eingetragen. Der Automat wird mit dem synchronen CLR-Signal für CLR = 1 in den Anfangszustand S0 gesetzt, unabhängig vom START-Signal. Solange für das START-Signal START = 0 gilt, bleibt der Automat im Zustand S0. Im Zustand S0 ist das Bit A(11) des Ansteuervektors bereits gesetzt, damit die Startadresse des Maschinenprogramms in das Inputregister IPR geladen werden kann. Für START = 1 geht der Automat in den Zustand S1 und setzt die entsprechenden Bits des Ausgangsvektors Y für den Datentransfer. Bei den nächsten zwei Taktsignalen geht der Automat in den Zustand S2 und dann nach S3 ohne Übergangsbedingung (don't care-Werte) und gibt den entsprechenden Ausgangsvektor Y aus. Im Zustand S3 wird festgestellt, ob der Befehl eine direkte oder indirekte

Adressierung hat (OPC(0) = 0: direkt, OPC(0) = 1: indirekt) und verzweigt nach S5 oder S4. Im Zustand S5 wird festgestellt, welcher Befehl aufgerufen wurde (Decodierung) und nach S1 oder S6 verzweigt.
Am Ende jedes Befehlszyklus geht der Automat wieder in den Zustand S1 über und holt den nächsten Befehl (Instruction Fetch).

Bezeichnungen zu Tabelle 2.13

OPC (0) = 0/1	: direkte/ indirekte Adressierung
Z	: Zustandsvektor
V	: Folgezustandsvektor
x	: don't-care-Werte
A(16:0)	: Ansteuervektor
A(16:14)	: Steuereingang für ALU
Carry-Flag	: C
Vorzeichen-Flag	: S
Zero-Flag	: Z
IPREQ	: Input Request
OPV	: Output Valid
OPREC	: Output Recognized
IPV	: Input Valid
NOP	: No Operation
NV	: Nullvektor

MR_D, MR_Q	: Memory-Register MR Eingang/Ausgang
MR_Q(11:7)	: Opcode OPC(4:0) (Memory-Register)
MR_Q(6:0)	: Adresse ADR(6:0) (Memory-Register)
RAM_D, RAM_Q	: RAM-Speicher Eingang/Ausgang
ST_D, ST_Q	: Register-Stack Eingang/Ausgang
OPR_D, OPR_Q	: Output-Register OPR Eingang/Ausgang
IPR_D, IPR_Q	: Input-Register IPR Eingang/Ausgang
PC_D, PC_Q	: Program-Counter PC Eingang/Ausgang
AR_D, AR_Q	: Adress-Register AR Eingang/Ausgang
SYSBUS	: Interner Datenbus/Datenausgang
IR_D, IR_Q	: Instruction-Register IR Eingang/Ausgang
B, A_Q	: Akkumulator Eingang/Ausgang

Für die Abkürzungen der Befehle siehe Befehlssatz der MPU12 in Tab. 2.1.

Tab. 2.13: Automatentabelle für MPU12

Nr.	Bedingungen/ Datentransfer	Eingangsvektor X	Z	V	A(16:0)
1	N-Start/SYSBUS ← IPR_D	N-Start	S0	S0	A(11)
2	Start/SYSBUS ← IPR_D	Start	S0	S1	A(11)
	PC_Q ← SYSBUS				A(2,1)
	AR_Q ← SYSBUS				A(6)
3	xx/PC_Q ← PC_Q + 1	OPC = xxxx	S1	S2	A(2)
	MR_Q ← MR_D				A(7)
4	xx/IR_Q ← MR_Q(11:7)	OPC = xxxx	S2	S3	A(12)
	SYSBUS ← MR_Q(6:0)				A(9)
	AR_Q ← SYSBUS				A(6)
5	OPC(0)/MR_Q ← MR_D	OPC(0) = 1	S3	S4	A(7)
6	N-OPC(0)/NV	OPC(0) = 0	S3	S5	N-Vektor
7	xx/SYSBUS ← MR_Q	OPC = xxxx	S4	S5	A(9,8)
	AR_Q ← SYSBUS				A(6)
8	(IN v INI) ∧ N-IPV	OPC = (IN v INI) ∧ N-IPV	S5	S5	IPREQ = 1
	SYSBUS ← IPR_D				A(11)
9	RT/PC_Q ← ST_Q	OPC = RT	S5	S6	A(3,2,1,0)
10	(LO v LOI)/MR_Q ← MR_D	OPC = LO v LOI	S5	S6	A(7)
11	(OU v OUI)/MR_Q ←MR_D	OPC = OU v OUI	S5	S6	A(7)
12	(AD v ADI)/MR_Q ← MR_D	OPC = AD v ADI	S5	S6	A(7)
13	(SU v SUI)/MR_Q ← MR_D	OPC = SU v SUI	S5	S6	A(7)
14	(NA v NAI)/MR_Q ← MR_D	OPC = NA v NAI	S5	S6	A(7)
15	(ST v STI)/SYSBUS ← A_Q	OPC = ST v STI	S5	S1	A(8)
	RAM_D ← SYSBUS				A(13)
	AR_Q ← PC_Q				A(6,5)
16	(IN v INI) ∧ IPV	OPC = (IN v INI) ∧ IPV	S5	S1	
	RAM_D ← SYSBUS				A(13)
	SYSBUS ← IPR_D				A(11)
	AR_Q ← PC_Q		S5	S1	A(6,5)
17	NOP/AR_Q ← PC_Q	OPC = NOP	S5	S1	A(6,5)
18	SHR/ACR ← SHR(A_Q)	OPC = SHR	S5	S1	A(16,15)
	AR_Q ← PC_Q				A(6,5)
19	SHL/ACR ← SHL(A_Q)	OPC = SHL	S5	S1	A(16,15,14)
	AR_Q ← PC_Q				A(6,5)

Nr.	Bedingungen/ Datentransfer	Eingangsvektor X	Z	V	A(16:0)
20	CA/SYSBUS ← MR_Q(6:0)	OPC = CA	S5	S1	A(9)
	ST_Q ← PC_Q				A(4,3)
	PC_Q ← SYSBUS				A(2,1)
21	CAI/SYSBUS ← MR_Q	OPC = CAI	S5	S1	A(9,8)
	ST_Q ← PC_Q				A(4,3)
	PC_Q ← SYSBUS				A(2,1)
22	(JZ v JZI) ∧ N-Z/AR_Q ← PC_Q	OPC = (JZ v JZI) ∧ N-Z	S5	S1	A(6,5)
23	(JS v JSI) ∧ N-S/AR_Q ← PC_Q	OPC = (JS v JSI) ∧ N-S	S5	S1	A(6,5)
24	(JC v JCI) ∧ N-C/AR_Q ← PC_Q	OPC = (JC v JCI) ∧ N-C	S5	S1	A(6,5)
25	JZ ∧ Z/SYSBUS ← MR_Q(6:0)	OPC = JZ ∧ Z	S5	S1	A(9)
	PC_Q ← SYSBUS				A(2,1)
26	JS ∧ S/SYSBUS ← MR_Q(6:0)	OPC = JS ∧ S	S5	S1	A(9)
	PC_Q ← SYSBUS				A(2,1)
27	JC ∧ C/SYSBUS ← MR_Q(6:0)	OPC = JC ∧ C	S5	S1	A(9)
	PC_Q ← SYSBUS				A(2,1)
28	JZI ∧ Z/SYSBUS ← MR_Q	OPC = JZI ∧ Z	S5	S1	A(9,8)
	PC_Q ← SYSBUS				A(2,1)
29	JSI ∧ S/SYSBUS ← MR_Q	OPC = JSI ∧ S	S5	S1	A(9,8)
	PC_Q ← SYSBUS				A(2,1)
30	JCI ∧ C/SYSBUS ← MR_Q	OPC = JCI ∧ C	S5	S1	A(9,8)
	PC_Q ← SYSBUS				A(2,1)
31	JU/SYSBUS ← MR_Q(6:0)	OPC = JU	S5	S1	A(9)
	PC_Q ← SYSBUS				A(2,1)
32	JUI/SYSBUS ← MR_Q	OPC = JUI	S5	S1	A(9,8)
	PC_Q ← SYSBUS				A(2,1)
33	SP/NV	OPC = SP	S5	S0	N-Vektor
34	(LO v LOI)/SYSBUS ← MR_Q	OPC = LO v LOI	S6	S1	A(9,8)
	AR_Q ← PC_Q				A(6,5)
	A_Q ← SYSBUS				A(16,14)
35	(AD v ADI)/SYSBUS ← MR_Q	OPC = AD v ADI	S6	S1	A(9,8)
	AR_Q ← PC_Q				A(6,5)
	A_Q ← A_Q + SYSBUS + CIN				A(15,14)
36	(SU v SUI)/SYSBUS ← MR_Q	OPC = SU v SUI	S6	S1	A(9,8)
	AR_Q ← PC_Q				A(6,5)

Nr.	Bedingungen/ Datentransfer	Eingangsvektor X	Z	V	A(16:0)
	A_Q ← A_Q – SYSBUS – CIN				A(14)
37	(NA v NAI)/SYSBUS ← MR_Q	OPC = NA v NAI	S6	S1	A(9,8)
	AR_Q ← PC_Q				A(6,5)
	A_Q ← NAND (A_Q, SYSBUS)				A(15)
38	(OU v OUI) ∧ N-OPREC	OPC = (OU v OUI) ∧ N-OPREC	S6	S6	OPV = 1
	SYSBUS ← MR_Q				A(9,8)
39	(OU v OUI) ∧ OPREC	OPC = (OU v OUI) ∧ OPREC	S6	S1	
	AR_Q ← PC_Q				A(6,5)
	SYSBUS ← MR_Q				A(9,8)
	OPR_Q ← SYSBUS				A(10)
40	RT/AR_Q ← PC_Q	OPC = RT	S6	S1	A(6,5)

2.2.3 Entwurf von Steuerwerken mit Hilfe von PLAs

Für den Entwurf von Steuerwerken können PLAs (PLA: Programmable Logic Array) verwendet werden, die als UND- und ODER-Matrix aufgebaut sind [4, 8]. Man spricht auch von einer UND- und ODER-Ebene. PLAs mit eingebauten Registern (Delays) werden auch als „integrierte PLAs“ bezeichnet. PLAs mit Registern können für die Realisierung von Automaten verwendet werden.

Für die Realisierung einer beliebigen Schaltfunktion F gilt:

$$\mathbf{F : B^n \longrightarrow B^m}$$

F stellt dabei eine n-stellige Boolesche Funktion dar.
n: Zeilen in der UND-Ebene
m: Zeilen in der ODER-Ebene

Die PLA-Matrix hat eine Struktur nach Abb. 2.35. Dabei ist n die Anzahl der Eingangsvariablen und m die Anzahl der Ausgangsvariablen.
Für die disjunktive Normalform mit k verschiedenen Produkt-Termen (Minterme) werden für das PLA k Spalten benötigt. Durch geeignete Eintragung in die PLA-Matrix kann jede beliebige Schaltfunktion der gewünschten Dimensionierung realisiert werden.

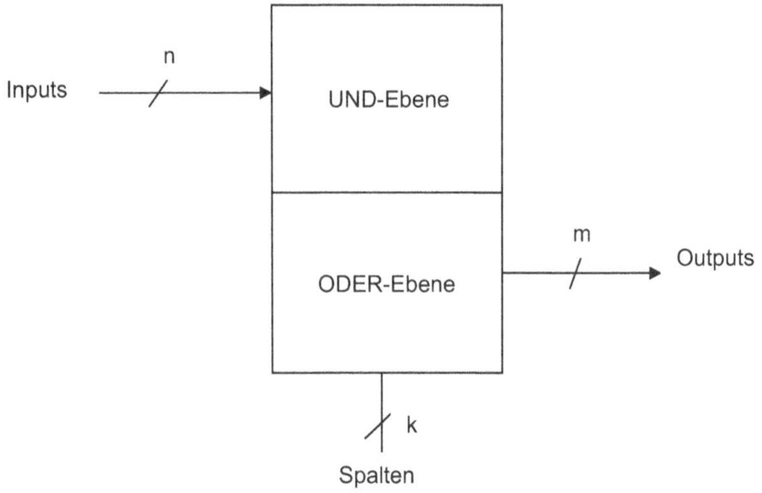

Abb. 2.35: PLA-Struktur

Die Schaltfunktionen werden i. a. in der disjunktiven Normalform verwendet. Eine Minimierung ist in den meisten Fällen nicht erforderlich, da keine Produkt-Terme eingespart werden.

PLA-Realisierung des Steuerwerkes der MPU12

Das behandelte Steuerwerk für die MPU12 in Kap. 2.2 wurde als Mealy-Automat erstellt. Der Automat besteht aus zwei Schaltnetzen für die Übergangsfunktion g und der Ausgangsfunktion f. Die internen Zustände des Automaten werden durch Register realisiert.
Eine mögliche Realisierung mit einem PLA ist in Abb. 2.36 dargestellt. Es ergeben sich dabei folgende Bedingungen für die Ein- und Ausgangsvariablen:

n = 14: Anzahl der Eingangsvariablen (Anzahl der Zeilen in der UND-Ebene)
m = 22: Anzahl der Ausgangsvariablen (Anzahl der Zeilen in der ODER-Ebene)

Die Anzahl der Spalten k ergibt sich durch die Anzahl der Minterme beim Aufstellen der Schaltfunktionen. Die Anzahl der Eingangsvariablen n = 14 setzt sich aus der Größe des Eingangsvektors X (11 Bit) und dem Zustandsvektor Z (3 Bit) zusammen. Dabei wurde eine binäre Zustandscodierung für die sieben Zustände des Automaten gewählt, die mit einem 3-Bit-Register realisiert werden kann. Die Summe der Ausgangsvariablen m = 22 ergibt sich aus dem Ausgangsvektor Y (19 Bit) und dem Zustandsvektor Z (3 Bit).

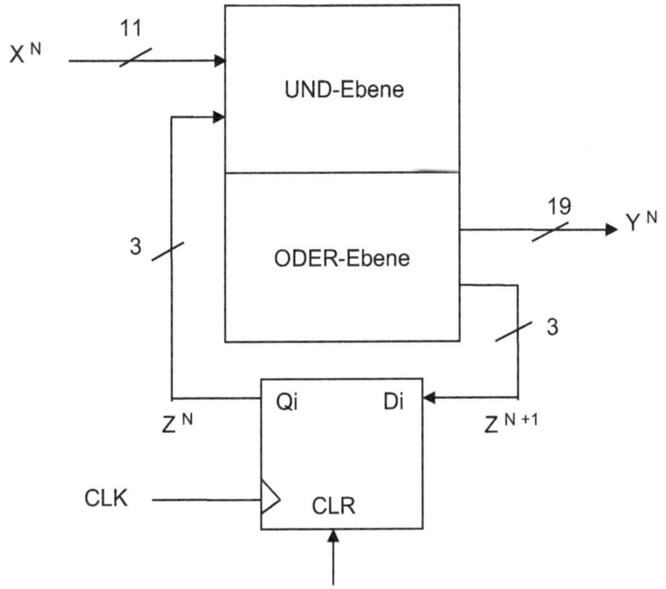

Abb. 2.36: Steuerwerk als PLA-Realisierung

Wird eine andere Codierung für die Zustände gewählt, z. B. die „One-Hot"-Codierung, so wird für jeden Zustand ein Bit benötigt, d. h. es ist ein 7-Bit-Register notwendig. Wenn genug Speicherplatz für Register zur Verfügung steht, sollte die „One-Hot"-Codierung gewählt werden, da sie aufgrund der (1-aus-n)-Codierung eine sehr geringe Fehleranfälligkeit hat. Die Eingabe der Schaltfunktionen erfolgt meistens in Form einer Textdatei oder in Tabellenform. Unterstützt wird die Realisierung der Schaltfunktionen durch Entwicklungstools, die auch als PLA-Generatoren bezeichnet werden.

Die Programmierung des PLAs kann in zwei Formen erfolgen:

- Hardwaremäßig
- Softwaremäßig

Im ersten Fall wird mit Ätzmasken gearbeitet. Im zweiten Fall erfolgt die Programmierung über zusätzliche Steuerleitungen.

Für den vorliegenden Prozessorentwurf soll die Methode der PLA-Realisierung jedoch nicht weiter verfolgt werden.

3 Modellierung des 12-Bit-Mikroprozessor-Systems

Das Mikroprozessor-System ist in die folgenden Komponenten strukturiert:

- Mikroprozessor (MPU12)
- Synchroner statischer Speicher (RAM12)
- Taktgeber (CLK_MOD)

Das Blockschaltbild für diese Strukturierung ist in Abb. 3.1 dargestellt. Es sind alle notwendigen Ein- und Ausgangssignale in das Diagramm eingezeichnet.

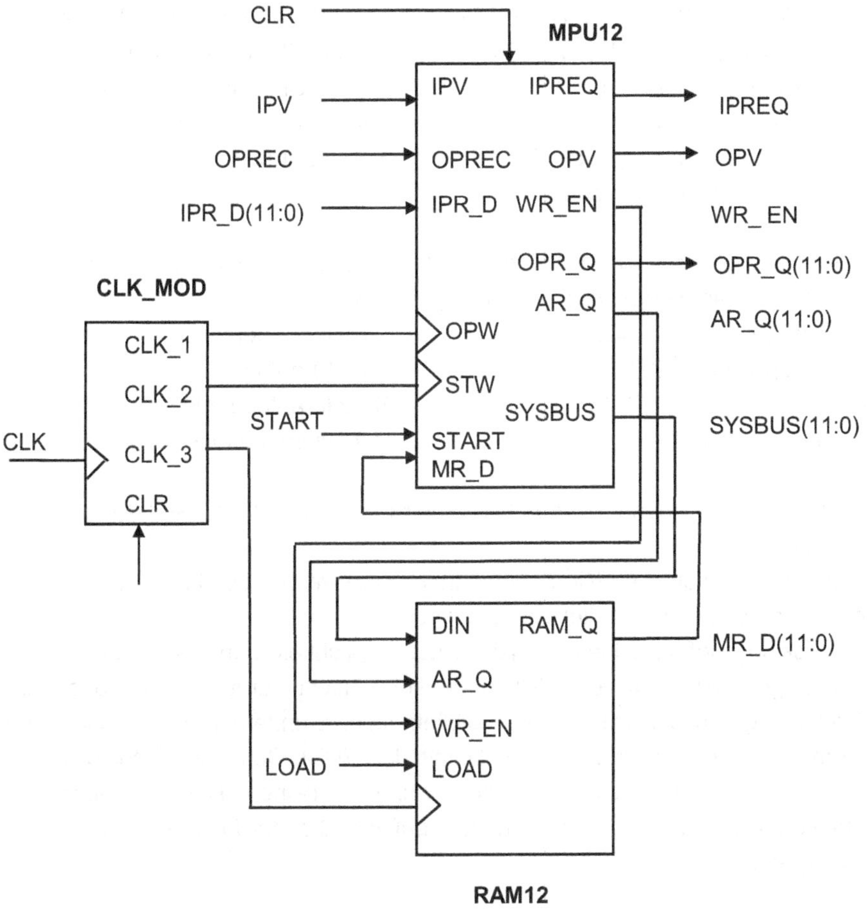

Abb. 3.1: Mikroprozessor-System (MPU12_S)

Neben dem Mikroprozessor und dem Speicher wird i. a. noch ein Taktgeber (CLK_MOD) benötigt, der die Taktsignale für das Operationswerk CLK_OPW, das Steuerwerk CLK_STW und den Speicher CLK_RAM anpassen soll. Hier wird zunächst davon ausgegangen, dass drei getrennte Taktsignale notwendig sind. Die genaue Taktfolge kann dann bei der Timing-Analyse bestimmt werden. Im Idealfall werden die drei Komponenten OPW, STW und RAM synchron getaktet.
Im Folgenden wird die VHDL-Modellierung für das 12-Bit-Mikroprozessor-System behandelt. Aufgrund der vorgegebenen Strukturierung in der Systemspezifikation (Kap. 1.2.1) muss das System nach der Structural-Methode modelliert werden. Auf der Prozessorebene erfolgt ebenfalls aus der Spezifikation die Strukturierung Operationswerk (OPW) und Steuerwerk (STW) und fordert die Structural-Methode (Kap. 1.2.2). Die Module OPW und STW werden mit unterschiedlichen VHDL-Modellen beschrieben: das OPW nach der Structural- und das STW nach der Behavioral-Methode. Die Modellierung für das OPW geht aus der Spezifikation in Kap. 2.1 hervor. Die Beschreibung des STWs nach der Behavioral-Methode hat den Vorteil, dass die VHDL-Programmierung übersichtlich in den Anweisungen ist und Änderungen leicht durchgeführt werden können.

Anschließend werden noch einmal die Modellierungen auf den verschiedenen Entwurfsebenen zusammengefasst, die durchgeführt werden:

- Mikroprozessor-System (MPU12_S) : Structural-Methode
- Mikroprozessor (MPU12) : Structural-Methode
- Operationswerk (OPW) : Structural-Methode
- Steuerwerk (STW) : Behavioral-Methode

Für die weiteren Komponenten des OPWs wird auf beide VHDL-Modellierungen zurückgegriffen.
Die Komponenteninstanzen (Component Instances) werden bei dem Structural-Code immer nebenläufig, d. h. parallel abgearbeitet.
Die Entwicklungssoftware bietet meistens die Möglichkeit, den Source-Code für die Modelle zu generieren. Dieser VHDL-Code ist i. a. nicht Hardware-unabhängig, d. h. er ist abhängig von den verwendeten Bibliotheken. Standard-VHDL ist unabhängig von dem jeweiligen Entwurfssystem. Damit der VHDL-Code unabhängig von der jeweiligen Entwicklungssoftware ist, wurden keine Hersteller-abhängigen Bibliotheken verwendet, d. h. es wird nur auf die Standard-Bibliotheken in VHDL zurückgegriffen.

3.1 VHDL-Code für die Beschreibung des Systems MPU12_S

```
---------------------------------------------------------------
--     Mikroprozessor-System  (MPU12_S)
---------------------------------------------------------------
library ieee;
use  ieee.std_logic_1164.all;
use  ieee.std_logic_arith.all;
use  ieee.std_logic_unsigned.all;
-------------------- Entity Declaration ---------------------
entity  MPU12_S  is  port (
        OPR_Q  :  out  std_logic_vector (11 downto 0);
        IPR_D   :  in  std_logic_vector (11 downto 0);
        CLK      :  in  std_logic;
        CLR      :  in  std_logic;
        IPV      :  in  std_logic;
        START  :  in  std_logic;
        LOAD    :  in  std_logic;
        OPREC :  in  std_logic;
        IPREQ  :  out  std_logic;
        OPV     :  out  std_logic);
 end  MPU12_S;
---------------- Architecture Declaration ---------------
architecture  MPU12_ARCH  of  MPU12_S  is
---------------- Component Declaration ----------------
component  MPU12  port (                                  -- 12-Bit-Prozessor
        MR_D          :  in  std_logic_vector (11 downto 0);
        SYSBUS      :  inout  std_logic_vector (11 downto 0);
        OPR_Q        :  out  std_logic_vector (11 downto 0);
        IPR_D         :  in  std_logic_vector (11 downto 0);
        AR_Q          :  out  std_logic_vector (11 downto 0);
        WR_EN        :  out  std_logic;
        CLR            :  in  std_logic;
        CLK_STW   :  in  std_logic;
        CLK_OPW   :  in  std_logic;
        IPV            :  in  std_logic;
        IPREQ        :  out  std_logic;
        OPV           :  out  std_logic;
        OPREC       :  in  std_logic;
        START        :  in  std_logic);
end  component;
```

```
component  RAM12_2  port (                     -- RAM-Speicher als VHDL-Modell
        DI     : in  std_logic_vector (11 downto 0);               -- (siehe Kap. 9)
        ADR    : in  std_logic_vector (6 downto 0);
        DO     : out  std_logic_vector (11 downto 0);
        WE     : in  std_logic;
        LOAD : in  std_logic;
        CLK    : in  std_logic);
end  component;
----------------------
component CLK_MOD  port (            -- Frequenzteiler mit Delay als Taktgeber
        CLK :  in  std_logic;
        CLR :  in  std_logic;
        CLK_1 :  out  std_logic;
        CLK_2 :  out  std_logic;
        CLK_3 :  out  std_logic);
end  component;
------------------- Signal Declaration -------------------
signal  WR_IN          :  std_logic;
signal  DA_1           :  std_logic_vector (11 downto 0);
signal  SYS_IN         :  std_logic_vector (11 downto 0);
signal  ADR_IN         :  std_logic_vector (6 downto 0);
signal  IN_CLK_OPW :  std_logic;
signal  IN_CLK_STW :  std_logic;
signal  IN_CLK_RAM  :  std_logic;
signal GND5            :  std_logic_vector (4 downto 0);
begin
------------------- Signal Assignments -----------------
        GND5 <= "00000";                                           -- 5-Bit-Ground
---------------- Component Instances -----------------
MPU12_1 :  MPU12  port map(                                 -- 12-Bit-Prozessor
        MR_D => DA_1,
        SYSBUS => SYS_IN,
        OPR_Q => OPR_Q,
        IPR_D => IPR_D,
        AR_Q(11 downto 7) => GND5(4 downto 0),                -- 5-Bit-Ground
        AR_Q(6 downto 0) => ADR_IN(6 downto 0),                  -- 7 Bit-ADR
        WR_EN => WR_IN,
        CLR => CLR,
        CLK_STW => IN_CLK_STW,
        CLK_OPW => IN_CLK_OPW,
```

```
        IPV => IPV,
        IPREQ => IPREQ,
        OPV  => OPV,
        OPREC => OPREC,
        START  => START);
--------------------------------
CLK_MOD1 :  CLK_MOD  port map(   -- Frequenzteiler mit Delay als Taktgeber
        CLK => CLK,
        CLR => CLR,
        CLK_1 => IN_CLK_OPW,                          -- CLK/2
        CLK_2 => IN_CLK_STW;                          -- CLK/2 + Delay
        CLK_3 => IN_CLK_RAM);                         -- CLK/2
--------------------------------
RAM12_1A :  RAM12_2  port map(        -- RAM-Speicher als VHDL-Modell
        DI => SYS_IN,                                 -- Data In
        ADR(6 downto 0) => ADR_IN(6 downto 0)         -- 7-Bit-ADR
        DO => DA_1,                                   -- Data Out
        WE => WR_IN,                                  -- Write Enable
        LOAD => LOAD,                                 -- Initialisierung
        CLK => IN_CLK_RAM);
end  MPU12_ARCH;
--------------------
```

3.2 VHDL-Code für die Beschreibung der MPU12

```
------------------------------------------------------------
--      Prozessor  (MPU12)
------------------------------------------------------------
library  ieee;
use  ieee.std_logic_1164.all;
use  ieee.std_logic_arith.all;
use  ieee.std_logic_unsigned.all;
-------------------- Entity Declaration --------------------
entity  MPU12  is  port (
        OPR_Q       :  out  std_logic_vector (11 downto 0);
        IPR_D       :  in  std_logic_vector (11 downto 0);
        AR_Q        :  out  std_logic_vector (11 downto 0);
        MR_D        :  in  std_logic_vector (11 downto 0);
        SYSBUS      :  inout  std_logic_vector (11 downto 0);
        CLK_STW     :  in  std_logic;
```

```
        CLR       : in  std_logic;
        CLK_OPW   : in  std_logic;
        WR_EN     : out  std_logic;
        IPV       : in  std_logic;
        START     : in  std_logic;
        OPREC     : in  std_logic;
        IPREQ     : out  std_logic;
        OPV       : out  std_logic);
end  MPU12;
----------------- Architecture Declaration --------------
architecture  MPU_ARCH  of  MPU12  is
---------------- Component Declaration ----------------
component  STW12_1  port (                              -- 12-Bit-Steuerwerk
        A       : out  std_logic_vector (16 downto 0);
        OPC     : in  std_logic_vector (4 downto 0);
        CLR     : in  std_logic;
        CLK     : in  std_logic;
        IPV     : in  std_logic;
        OP_Z    : in  std_logic;
        OP_S    : in  std_logic;
        OP_C    : in  std_logic;
        IPREQ   : out  std_logic;
        OPV     : out  std_logic;
        OPREC   : in  std_logic;
        START   : in  std_logic);
end  component;
----------------------
component  OPW12  port (                            -- 12-Bit-Operationswerk
        MR_D     : in  std_logic_vector (11 downto 0);
        IPR_D    : in  std_logic_vector (11 downto 0);
        AR_Q     : out  std_logic_vector (11 downto 0);
        IR_Q     : out  std_logic_vector (4 downto 0);          -- Opcode
        OPR_Q    : out  std_logic_vector (11 downto 0);
        SYSBUS   : inout  std_logic_vector (11 downto 0);
        A        : in  std_logic_vector(16 downto 0);
        CLK      : in  std_logic;
        CLR      : in  std_logic;
        OP_C     : out  std_logic;                               -- Statusflags
        OP_S     : out  std_logic;
        OP_Z     : out std_logic);
```

```
end component;
-------------------- Signal Declaration -------------------
signal ST_C1 : std_logic;
signal ST_S1 : std_logic;
signal ST_Z1 : std_logic;
signal A : std_logic_vector (16 downto 0);          -- 17-Bit-Ansteuervektor
signal OPC   : std_logic_vector (4 downto 0);
begin
-------------------- Signal Assignments ------------------
        WR_EN <= A(13);                                  -- Write Enable
----------------- Component Instances ------------------
STW_1A : STW12_1 port map(                        -- 12-Bit-Steuerwerk
        A => A,                                   -- 17-Bit-Ansteuervektor
        OPC => OPC,
        CLR => CLR,
        CLK => CLK_STW,
        IPV => IPV,
        IPREQ => IPREQ,
        OP_Z => ST_Z1,                                 -- Statusflags
        OP_S => ST_S1,
        OP_C => ST_C1,
        OPV => OPV,
        OPREC => OPREC,
        START => START);
----------------------------
OPW_1A : OPW12 port map(                          -- 12-Bit-Operationswerk
        MR_D => MR_D,
        IPR_D => IPR_D,
        AR_Q => AR_Q,
        IR_Q => OPC,
        OPR_Q => OPR_Q,
        SYSBUS => SYSBUS,
        A => A,                                   -- 17-Bit-Ansteuervektor
        CLK => CLK_OPW,
        CLR => CLR,
        OP_C => ST_C1,                                 -- Statusflags
        OP_S => ST_S1,
        OP_Z => ST_Z1);
end MPU_ARCH;
--------------------
```

3.2.1 VHDL-Code für das 12-Bit-Operationswerk

```
-------------------------------------------------------------
--      Operationswerk der MPU12
-------------------------------------------------------------
library  ieee;
use  ieee.std_logic_1164.all;
use  ieee.std_logic_arith.all;
use  ieee.std_logic_unsigned.all;
-------------------- Entity Declaration ------------------
entity  OPW12  is  port (
        MR_D    : in  std_logic_vector (11 downto 0);
        IPR_D   : in  std_logic_vector (11 downto 0);
        AR_Q    : out  std_logic_vector (11 downto 0);
        IR_Q    : out  std_logic_vector (4 downto 0);
        OPR_Q   : out  std_logic_vector (11 downto 0);
        SYSBUS  : inout  std_logic_vector (11 downto 0);
        A       : in  std_logic_vector (16 downto 0);
        CLK     : in  std_logic;
        CLR     : in  std_logic;
        OP_C    : out  std_logic;
        OP_S    : out  std_logic;
        OP_Z    : out  std_logic);
end  OPW12;
----------------- Architecture Declaration ---------------
architecture  OPW_ARCH  of  OPW12  is
---------------- Component Declaration ----------------
component  PC12_1  port (                      -- 12-Bit-Program-Counter
        Q   : inout  std_logic_vector (11 downto 0);
        D   : in  std_logic_vector (11 downto 0);
        CLK : in  std_logic;
        C1  : in  std_logic;
        C2  : in  std_logic;
        CLR : in  std_logic);
end  component;
--------------------
component  MUX2  port (                                     -- MUX 2:1
        MUX_OUT  : out  std_logic_vector (11 downto 0);
        A        : in  std_logic_vector (11 downto 0);
        B        : in  std_logic_vector (11 downto 0);
        SEL      : in  std_logic);
```

```
end  component;
--------------------
component  AKKU_12B  port (                          -- 12-Bit-AKKU-Einheit
        B       : in  std_logic_vector (11 downto 0);
        Q       : out  std_logic_vector (11 downto 0);
        CIN     : in  std_logic;
        CLK     : in  std_logic;
        CLR     : in  std_logic;
        S0      : in  std_logic;
        S1      : in  std_logic;
        S2      : in  std_logic;
        OP_C    : out  std_logic;
        OP_S    : out  std_logic;
        OP_Z    : out  std_logic);
end  component;
--------------------
component  STACK12  port (                           -- 12-Bit-Register-Stack
        D    : in  std_logic_vector (11 downto 0);
        Q    : out  std_logic_vector (11 downto 0);
        CLK  : in  std_logic;
        CLR  : in  std_logic;
        SEL  : in  std_logic;
        CE   : in  std_logic);
end  component;
--------------------
component  REG12_A  port (                                 -- 12-Bit-Register
        D    : in  std_logic_vector (11 downto 0);
        Q    : out  std_logic_vector (11 downto 0);
        CE   : in  std_logic;
        CLK  : in  std_logic;
        CLR  : in  std_logic)
end  component;
--------------------
component  TBUF12  port (                                 -- Tri-State-Buffer
        D  : in  std_logic_vector (11 downto 0);
        Q  : out  std_logic_vector (11 downto 0);
        EN:  in  std_logic);                               -- EN aktiv low
end  component;
--------------------
component  OR4_A  port (                                      -- OR4-Glied
```

```
        I0 :  in  std_logic;
        I1 :  in  std_logic;
        I2 :  in  std_logic;
        I3 :  in  std_logic;
        O :  out  std_logic);
end  component;
---------------------
component  INV_A  port (                                   -- Inverter
        I    :  in  std_logic;
        O    :  out  std_logic);
end  component;
---------------------
component  MUX4  port (                                    -- MUX 4:1
        SEL          :  in  std_logic_vector (1 downto 0);
        MUX_OUT  :  out  std_logic_vector (11 downto 0);
        A              :  in  std_logic_vector (11 downto 0);
        B              :  in  std_logic_vector (11 downto 0);
        C              :  in  std_logic_vector (11 downto 0);
        D              :  in  std_logic_vector (11 downto 0));
end  component;
---------------------
component  REG5  port (                                    -- 5-Bit-Register
        D           :  in  std_logic_vector (4 downto 0);
        Q           :  out  std_logic_vector (4 downto 0);
        CE          :  in  std_logic;
        CLK        :  in  std_logic;
        CLR        :  in  std_logic);
end  component;
-------------------- Signal Declaration -------------------
signal  IN_TB      :  std_logic;                           -- interne Signale
signal  IN1_TB    :  std_logic;
signal  GND_L     :  std_logic;
signal  GND5V     :  std_logic_vector (4 downto 0);
signal  MUX_OUT:  std_logic_vector (11 downto 0);
signal  ST_Q       :  std_logic_vector (11 downto 0);
signal  PC_Q       :  std_logic_vector (11 downto 0);
signal  A_Q         :  std_logic_vector (11 downto 0);
signal  MR_Q       :  std_logic_vector (11 downto 0);
signal  IPR_Q      :  std_logic_vector (11 downto 0);
signal  AR           :  std_logic_vector (11 downto 0);
```

```
signal  MUX1_T :  std_logic_vector (11 downto 0);
begin
-------------------- Signal Assignments ----------------
        GND_L <= '0';                                     -- 1-Bit-Ground
        GND5V <= "00000";                                 -- 5-Bit-Ground
---------------- Component Instances ----------------
pc_1 : PC12_1  port map(                     -- 12-Bit-Program-Counter (PC)
        Q => PC_Q,
        D => MUX_OUT,
        CLK => CLK,
        C1 => A(2),
        C2 => A(1),
        CLR => CLR);
----------------------------
mux2_1a :  MUX2  port map(                                      -- MUX 2:1
        MUX_OUT => AR,
        A => SYSBUS,
        B => PC_Q,
        SEL => A(5));
----------------------------
akku12_1 :  AKKU_12B  port map(                     -- 12-Bit-AKKU-Einheit
        B => SYSBUS,                                              -- Akku In
        Q => A_Q,                                                -- Akku Out
        CIN => GND_L,
        CLK => CLK,
        CLR => CLR,
        S0 => A(14),
        S1 => A(15),
        S2 => A(16),
        OP_C => OP_C,
        OP_S => OP_S,
        OP_Z => OP_Z);
----------------------------
stack12_1a :  STACK12  port map(                 -- 12-Bit-Register-Stack
        D => PC_Q,
        Q => ST_Q,
        CLK => CLK,
        CLR => CLR,
        SEL => A(4),
        CE => A(3));
```

```
----------------------------
mux2_2a :  MUX2  port map(                          -- MUX 2:1
        MUX_OUT => MUX_OUT,
        A => SYSBUS,
        B => ST_Q,
        SEL => A(0));
----------------------------
reg12_1 :  REG12_A  port map(                       -- 12-Bit-Adress-Register
        D => AR,
        Q => AR_Q,
        CE => A(6),
        CLK => CLK,
        CLR => CLR);
----------------------------
tb12_1 :  TBUF12  port map(                         --Tri-State-Buffer
        D => MUX1_T,                                -- aktiv low
        Q => SYSBUS,
        EN => IN1_TB);
----------------------------
or4_1 :  OR4_A  port map(                           -- OR4-Glied
        I0 => A(11),
        I1 => A(8),
        I2 => A(9),
        I3 => A(13),
        O => IN_TB);
----------------------------
inv_1a :  INV_A  port map(                          -- Inverter für Tri-State-Treiber
        I => IN_TB,
        O => IN1_TB);
----------------------------
mux4_1a :  MUX4  port map(                          -- MUX 4:1
        SEL(1) => A(9),
        SEL(0) => A(8),
        MUX_OUT => MUX1_T,
        A => IPR_Q,
        B => A_Q,                                   -- Akku-Out
        C(11 downto 7) => GND5V(4 downto 0),        -- 5-Bit-GND
        C(6 downto 0) => MR_Q(6 downto 0),          -- 7-Bit-ADR
        D => MR_Q);                                 -- Memory-Register MR_Q
----------------------------
```

```
reg12_2 : REG12_A port map(                    -- 12-Bit-Input-Register IPR
        D => IPR_D,
        Q => IPR_Q,
        CE => A(11),
        CLK => CLK,
        CLR => CLR);
----------------------------
reg12_3 : REG12_A port map(                    -- 12-Bit-Memory-Register MR
        D => MR_D,
        Q => MR_Q,
        CE => A(7),
        CLK => CLK,
        CLR => CLR);
----------------------------
reg12_4 : REG12_A port map(                    -- 12-Bit-Output-Register OPR
        D => SYSBUS,
        Q => OPR_Q,
        CE => A(10),
        CLK => CLK,
        CLR => CLR);
----------------------------
reg12_5 : REG5 port map(                       -- 5-Bit-Instruction-Register IR
        D(4 downto 0) => MR_Q(11 downto 7),
        Q => IR_Q,
        CE => A(12),
        CLK => CLK,
        CLR => CLR);
end OPW_ARCH;
---------------------------
```

Die Bezeichnungen der Label bei der Instanziierung der Komponenten (Component Instances) sollten so selbsterklärend gewählt werden, dass beim Generieren von Blockschaltbildern durch Software-Tools die Funktionsblöcke leicht zuzuordnen sind.

3.2.2 VHDL-Modelle für die Komponenten des Operationswerkes

Für die in Kap. 2.2.1 behandelten Komponenten für das 12-Bit-Operationswerk sollen nun die VHDL-Modelle erstellt werden. Bei den Komponenten handelt es sich um einfache n-Bit-Register bis hin zu komplexen Registerschaltungen. Das einfachste Register ist ein 1-Bit-Speicherglied, das als D-Flip-Flop realisiert werden kann. D-Flip-Flops sind als Speicherglieder besonders gut geeignet, da sie zum Setzen und

Rücksetzen der Ausgänge nur einen Dateneingang (D-Eingang) und einen Clock-Eingang besitzen.
Die VHDL-Modelle für D-Flip-Flops können sowohl nach der Structural- als auch nach der Behavioral-Methode erstellt werden. Im Folgenden werden Modelle für n-Bit-Register nach beiden Methoden erstellt.

- Erstellung nach der Structural-Methode
- Erstellung nach der Behavioral-Methode

In ersten Fall geht man i. a. auf eine 1-Bit-Struktur zurück und erstellt zunächst ein 1-Bit-Register, d. h. ein D-Flip-Flop. Aus dem D-Flip-Flop können dann Registerstrukturen zu einem n-Bit-Register erstellt werden. D-Flip-Flops werden in VHDL in den meisten Fällen nach der Behavioral-Methode beschrieben. Ansonsten besteht die Möglichkeit, das D-Flip-Flop strukturiert, d. h. aus einzelnen Gattern aufzubauen. Den VHDL-Code für ein einfaches flankengetaktetes D-Flip-Flop zeigt die folgende Beschreibung nach der Behavioral-Methode. Zu den VHDL-Modellen sind jeweils die Schaltsymbole mit angegeben (Abb. 3.2 bis 3.5) [20, 21].

3.2.2.1 Flankengetaktete D-Flip-Flops

```
---------------------------------------------------
Vorderflanken-getaktetes D-Flip-Flop
und asynchronem Clear
---------------------------------------------------
library ieee;
ieee.std_logic_1164.all;
------------- Entity Declaration ---------------
entity FDC_A is port (
        CLK : in std_logic;
        CLR : in std_logic;
        D   : in std_logic;
        Q   : out std_logic)
end FDC_A;
------- Architecture Declaration -------------
architecture FDC_ARCH of FDC_A is
begin
-------- Process Statement ------------------
        d1: process (CLK, CLR)
                begin
                if CLR = '1' then
                Q <= '0';
                elsif (CLK'event and CLK = '1') then
```

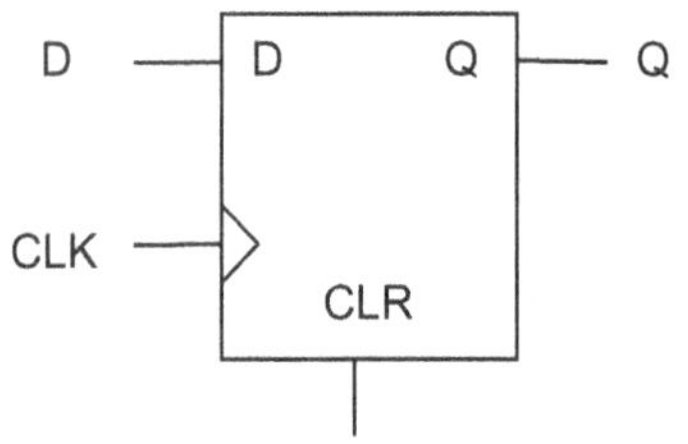

Abb. 3.2: D-Flip-Flop

```
        Q <= D;
        end if;
    end process d1;
end FDC_ARCH;
-----------------------
```

Der CLR-Eingang ist asynchron, d. h. taktunabhängig und immer, wenn CLR = '1' gesetzt ist, gilt für den Ausgang Q = '0'. Das Flip-Flop ist mit einer **process**-Anweisung beschrieben, d. h. immer wenn sich das CLK- oder CLR-Signal ändert, wird der **process** angestoßen und arbeitet die einzelnen Anweisungen sequenziell ab. Anschließend wartet der **process** auf eine erneute Signaländerung. Soll das Flip-Flop nicht mit der Vorderflanke, sondern mit der Rückflanke gesteuert werden, so braucht nur die Anweisung (CLK'event and CLK = '1') in die Form (CLK'event and CLK = '0') geändert zu werden.

Häufig benötigt man einen weiteren Steuereingang für die Synchronisation der Datenübernahme, der mit Chip-Enable (CE) bezeichnet wird. Der VHDL-Code ist dann in die folgende Form zu ändern:

Flankengetaktetes D-Flip-Flop mit Chip-Enable-Eingang

```
------------------------------------------------------------
--      Vorderflanken-getaktetes D-Flip-Flop
--      mit CE-Eingang und asynchronem Clear
------------------------------------------------------------
library ieee;
use ieee.std_logic_1164.all;
-------- Entity Declaration --------
entity FDCE_A is port
    (CLK : in std_logic;
    CLR  : in std_logic;
    CE   : in std_logic;
    D    : in std_logic;
    Q    : out std_logic);
end FDCE_A;
----------------- Architecture Declaration ------------
architecture FDC_ARCH of FDCE_A is
begin
------------------- Process Statement -----------------
    d1: process (CLK, CLR)
    begin
        if CLR = '1' then
```

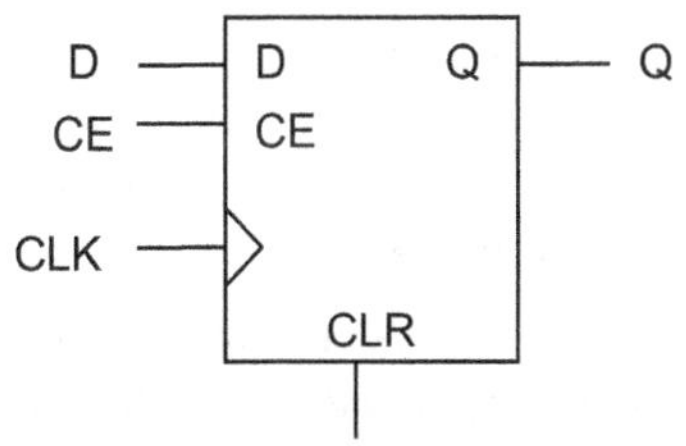

Abb. 3.3: D-Flip-Flop mit CE-Eingang

```
                Q <= '0';
                elsif (CLK'event and CLK = '1') then
                        if CE = '1' then
                        Q <= D;
                        end if;
                end if;
        end process d1;
end FDC_ARCH;
----------------------
```

Die D-Flip-Flops können jetzt zu Registerblöcken ergänzt werden. Der folgende VHDL-Code zeigt ein Beispiel für ein 4-Bit-Register.

3.2.2.2 Flankengetaktete n-Bit-Register

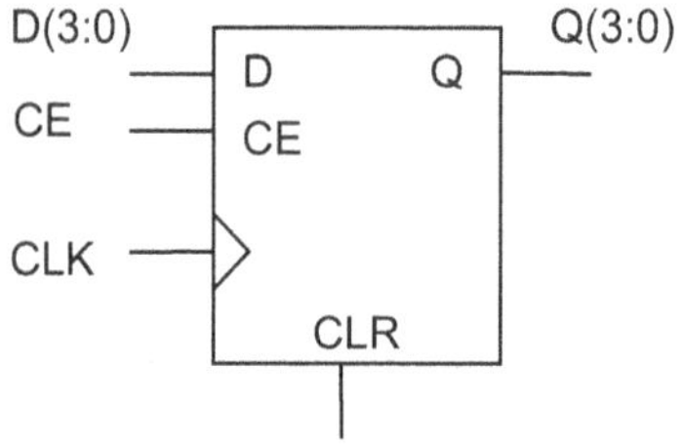

Abb. 3.4: 4-Bit-Register

```
-----------------------------------------------------
--      4-Bit-Register mit Chip-Enable
--      (CE) und asynchronem Clear
-----------------------------------------------------
library ieee;
use ieee.std_logic_1164.all;
----------- Entity Declaration ------------------
entity FD4CE_A is port (
        CLK : in std_logic;
        CE  : in std_logic;
        CLR : in std_logic;
        D   : in std_logic_vector(3 downto 0);
        Q   : out std_logic_vector(3 downto 0));
end FD4CE_A;
----------------- Architecture Declaration ------------
architecture FD4CE_ARCH of FD4CE_A is
----------------- Component Declaration --------------
component FDCE_A port (                         -- D-Flip-Flop mit CE
        D   : in std_logic;
        CLK : in std_logic;
        CE  : in std_logic;
        CLR : in std_logic;
        Q   : out std_logic);
end component;
begin
```

```
----------------- Component Instances -----------------
fdc_1a :  FDCE_A  port map(                              -- D-Flip-Flop1  mit CE
          D => D(0),
          CLK => CLK,
          CE => CE,
          CLR => CLR,
          Q => Q(0));
-----------------------------
fdc_2a :  FDCE_A  port map(                              -- D-Flip-Flop2  mit CE
          D => D(1),
          CLK => CLk,
          CE => CE,
          CLR => CLR,
          Q => Q(1));
-----------------------------
fdc_3a :  FDCE_A  port map(                              -- D-Flip-Flop3  mit CE
          D => D(2),
          CLK => CLK,
          CE => CE,
          CLR => CLR,
          Q => Q(2));
-----------------------------
fdc_4a :  FDCE_A  port map(                              -- D-Flip-Flop4 mit CE
          D => D(3),
          CLK => CLK,
          CE => CE,
          CLR => CLR,
          Q => Q(3));
end  FD4CE_ARCH;
----------------------------
```

Die Ein- und Ausgangssignale sind hier zu 4-Bit-Vektoren mit dem Datentyp std_logic_vector zusammengefasst. Nach dieser Methode können jetzt beliebige Registerblöcke erstellt werden. Dabei ist es sinnvoll, hierarchisch vorzugehen und Registerblöcke in Kaskaden zu erstellen von z. B. 4-, 8-, 12-Bit oder allgemein (4n)-Bit-Strukturen. Durch dieses hierarchische Vorgehen entsteht eine sehr übersichtliche Struktur, bei der Änderungen leicht vorgenommen werden können. Da die Methode sehr Hardware-orientiert ist, ergeben sich auch erhebliche Vorteile bei der Realisierung des Designs, auf die später noch eingegangen wird.

In der folgenden Darstellung ist der VHDL-Code für ein 12-Bit-Register nach der Behavioral-Methode zu sehen.

VHDL-Code für das 12-Bit-Register mit Chip-Enable-Eingang

```
-------------------------------------------------------
--      12-Bit-Register mit Chip-Enable (CE)
--      und asynchronem Clear
-------------------------------------------------------
library ieee;
use ieee.std_logic_1164.all;
--------- Entity Declaration ---------
entity FDCE12_A is port (
        CLK : in  std_logic;
        CLR : in  std_logic;
        D   : in  std_logic_vector(11 downto 0);
        CE  : in  std_logic;
        Q   : out std_logic_vector(11 downto 0));
end FDCE12_A;
------------ Architecture Declaration ------------
architecture FDCE_ARCH of FDCE12_A is
begin
---------------- Process Statement --------------
        d1: process (CLK, CLR)
        begin
                if CLR = '1' then
                Q <= "000000000000";
                elsif (CLK'event and CLK = '1') then
                        if CE = '1' then
                        Q <= D;
                        end if;
                end if;
        end process d1;
end FDCE_ARCH;
-----------------------
```

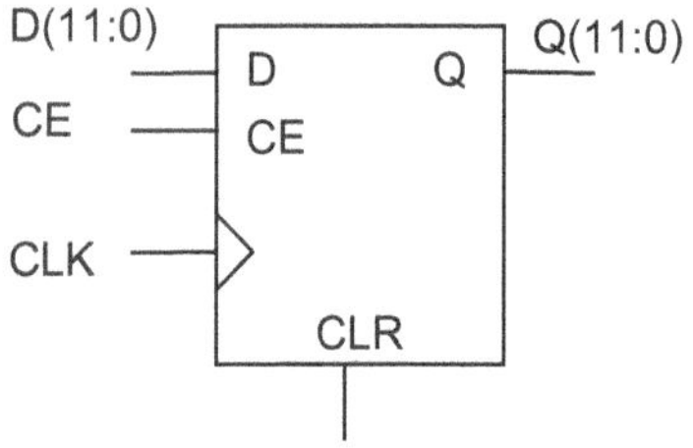

Abb. 3.5: 12-Bit-Register

Man erkennt deutlich den erheblich geringeren Programmieraufwand als bei der Structural-Methode. Die Mehrarbeit liegt jetzt bei dem Synthese-Tool, das die Strukturierung und die Verteilung der Logik auf die Hardware-Ressourcen vornehmen muss. Der Vorteil dieser Methode ist die Erstellung eines beliebigen n-Bit-Registers, es muss lediglich der Ein- und Ausgangsvektor angepasst werden.

3.2.2.3 Zweiflankengetaktete D-Flip-Flops (Master-Slave)

Diese D-Flip-Flops haben eine konstante Verzögerung zwischen dem Einschreiben eines neuen Wertes in das Speicherglied und dem gespeicherten alten Wert. Die Zweiflanken-Methode bedeutet, dass mit der Vorderflanke der neue Wert übernommen wird und erst mit der Rückflanke auf den Ausgang durchgeschaltet wird. Der Vorteil liegt darin, dass beim Speichern eines neuen Wertes der alte Wert nicht sofort überschrieben wird, sondern nach einer genau definierten Verzögerung, nämlich der Zeit zwischen Vorder- und Rückflanke.
Zweiflankengetaktete D-Flip-Flops, die auch als Master-Slave-(MS)-Flip-Flops bezeichnet werden, können entweder nach der Structural-Methode oder nach der Behavioral-Methode erstellt werden.

- Erstellung nach der Structural-Methode
- Erstellung nach der Behavioral-Methode

Im ersten Fall kann man so vorgehen, dass man zwei Vorderflankengetaktete D-Flip-Flops hintereinander schaltet. Der Takteingang des zweiten D-Flip-Flops bekommt seinen Takt über einen vorgeschalteten Inverter.
Die Abb. 3.6 zeigt das Blockschaltbild der Schaltung und den zugehörigen VHDL-Code.

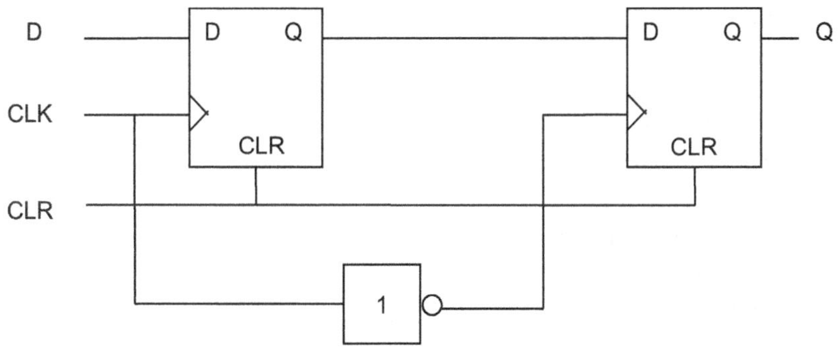

Abb. 3.6: Blockschaltbild MS-Flip-Flop

Strukturierte Beschreibung des Master-Slave-Flip-Flops

```
--------------------------------------------------------
--      Master-Slave-Flip-Flop
--------------------------------------------------------
library  ieee;
use  ieee.std_logic_1164.all;
-------------------- Entity Declaration -------------
entity  MS_S1  is  port (
        CLK  :  in  std_logic;
        CLR  :  in  std_logic;
        D    :  in  std_logic;
        Q    :  out  std_logic);
end  MS_S1;
----------------- Architecture Declaration -----------
architecture  MS_ARCH  of  MS_S1  is
---------------- Component Declaration -------------
component  FDC_A  port (                                    -- D-Flip-Flop
        D    :  in  std_logic;
        CLK  :  in  std_logic;
        CLR  :  in  std_logic;
        Q    :  out  std_logic);
end  component;
--------------------
component  INV_A  port (                                    -- Inverter
        I    :  in  std_logic;
        O    :  out  std_logic);
end  component;
------------------- Signal Declaration ------------------
        signal  Q_I :  std_logic;
        signal  CLK1 :  std_logic;
begin
---------------- Component Instances ----------------
------------------- D-Flip-Flop1 -------------------------
fdc_1a :  FDC_A  port  map(
        D => D,
        CLK => CLK,
        CLR => CLR,
        Q => Q_I);
------------------- D-Flip-Flop2 -------------------------
fdc_2a : FDC_A  port  map(
```

```
        D => Q_I,
        CLK => CLK1,
        CLR => CLR,
        Q => Q);
--------------------- Inverter ----------------------------
inv_1a : INV_A  port  map(
        I => CLK,
        O => CLK1);
end  MS_ARCH;
--------------------
```

Für die Verhaltensbeschreibung des Master-Slave-Flip-Flops gibt es verschiedene Varianten. Eine Möglichkeit zeigt der folgende VHDL-Code. Es werden zwei **process**-Anweisungen für die Speicherglieder und eine nebenläufige Anweisung (Signal Assignment) für die Taktinvertierung verwendet. Die **process**-Anweisungen werden in VHDL nebenläufig, d. h. parallel abgearbeitet, wobei ein „Signal Assignment" wie ein einfaches **process**-Statement behandelt wird. Die VHDL-Beschreibung wird somit wie eine 3-**process**-Anweisung verarbeitet. Innerhalb einer **process**-Anweisung erfolgt die Abarbeitung sequenziell.

Verhaltensbeschreibung des Master-Slave-Flip-Flops

```
------------------------------------------------------------
--      Master-Slave-Flip-Flop
------------------------------------------------------------
library  ieee;
use  ieee.std_logic_1164.all;
------------------ Entity Declaration ------------------
entity  MS_A1   is  port (
        CLK  :  in  std_logic;
        CLR  :  in  std_logic;
        D    :  in  std_logic;
        Q    :  out  std_logic);
end  MS_A1;
--------------- Architecture Declaration -------------
architecture  MS_ARCH  of   MS_A1  is
----------------- Signal Declaration -------------------
        signal  CLK1 :  std_logic;
        signal  Q_I   :  std_logic;
begin
```

```
-------------------- Process1 Statement ---------------
        d1: process (CLK, CLR)
        begin
                if CLR = '1' then
                        Q_I <= '0';
                elsif (CLK'event and CLK = '1') then
                        Q_I <= D;
                end if;
        end process d1;
-------------------- Process2 Statement -----------------
        d2: process (CLK1, CLR)
        begin
                if CLR = '1' then
                        Q <= '0';
                elsif (CLK1'event and CLK1 = '1') then
                Q <= Q_I;
                end if;
        end process d2;
---------------- CLK-Invertierung -------------------------
                CLK1 <= not CLK;
end MS_ARCH;
---------------------
```

3.2.2.4 Zweiflankengetaktete n-Bit-Register

Die Erweiterung von einfachen MS-Flip-Flops zu n-Bit-MS-Registern ist in VHDL ein einfacher Vorgang, es werden in den Anweisungen nur die Bitbreiten geändert. Im Folgenden sind Beispiele angegeben für die Erweiterung auf ein 12-Bit-MS-Register nach der Structural- sowie nach der Behavioral-Methode.

Strukturierte Beschreibung des 12-Bit Master-Slave-Registers

```
---------------------------------------------------------------
--      12-Bit Master-Slave-Register
---------------------------------------------------------------
library ieee;
use ieee.std_logic _1164.all;
--------------------- Entity Declaration --------------------
entity REG12MS is port (
        DI      : in std_logic_vector (11 downto 0);
        QOUT    : out std_logic_vector (11 downto 0);
        CE      : in std_logic;
```

```
        CLK    : in  std_logic;
        CL      : in  std_logic);
end  REG12MS;
------------------ Architecture Declaration ---------------
architecture  REG12MS_ARCH  of  REG12MS  is
----------------- Component Declaration -----------------
        component  REG12_A  port (                    -- 12-Bit-Register
        D       :  in  std_logic_vector (11 downto 0);
        Q       :  out  std_logic_vector (11 downto 0);
        CE      :  in  std_logic;
        CLK     :  in  std_logic;
        CLR     :  in  std_logic);
end  component;
---------------------
component  INV_A  port (                               -- Inverter
        I       :  in  std_logic;
        O       :  out  std_logic);
end  component ;
-------------------- Signal Declaration -------------------
        signal  QD_IN  :  std_logic_vector(11 downto 0);
        signal  IN1    :  std_logic;
begin
U1 :  REG12_A  port  map(                    -- 12-Bit-Register (Master)
        D => DI,
        Q => QD_IN,
        CE => CE,
        CLK => CLK,
        CLR => CLR);
--------------------------
U2 :  REG12_A  port  map(                    -- 12-Bit-Register (Slave)
        D => QD_IN,
        Q => QOUT,
        CE => CE,
        CLK => IN1,
        CLR => CLR);
---------------------------
U3 :  INV_A  port  map(                              -- Inverter
         I   => CLK,
         O  => IN1);
end  REG12MS_ARCH;
```

Verhaltensbeschreibung des 12-Bit Master-Slave-Registers

```
--------------------------------------------------------------
--      12-Bit Master-Slave-Register
--------------------------------------------------------------
library ieee;
use ieee.std_logic_1164.all;
-------------------- Entity Declaration ------------------
entity REG12_MS is port (
        CLK  : in  std_logic;
        CL   : in  std_logic;
        D    : in  std_logic_vector(11 downto 0);
        Q    : out  std_logic_vector(11 downto 0));
end REG12_MS;
----------------- Architecture Declaration -------------
architecture MS12_ARCH of REG12_MS is
------------------- Signal Declaration -------------------
        signal CLK1 : std_logic;
        signal Q_I  : std_logic_vector(11 downto 0);
begin
------------------- Process1 Statement -----------------
        d1: process (CLK, CLR)                              -- Master-Stufe
        begin
              if CLR = '1' then
                        Q_I <= "000000000000";
              elsif (CLK'event and CLK = '1') then
                        Q_I <= D;
              end if;
        end process d1;
------------------- Process2 Statement -----------------
        d2: process (CLK1, CLR)                             -- Slave-Stufe
        begin
              if CLR = '1' then
                        Q <= "000000000000";
              elsif (CLK1'event and CLK1 = '1') then
                        Q <= Q_I;
              end if;
        end process d2;
----------------- CLK-Invertierung ----------------------
              CLK1 <= not CLK;
end MS12_ARCH;
```

3.2.2.5 12-Bit-Universal-Register

Das Universal-Register soll für das Grundmodell MPU12 als Akkumulator-Register verwendet werden. Das Register ist für das Ergebnis und die SHIFT-Funktionen in der Akku-Einheit zuständig. Es ist bereits beim strukturierten Entwurf der 12-Bit-Akkumulator-Einheit in Kap. 2 ausführlich behandelt worden und soll jetzt als VHDL-Modell erstellt werden. Das Universal-Register soll wieder in zwei verschiedenen VHDL-Modellen erstellt werden.

- Erstellung nach der Structural-Methode
- Erstellung nach der Behavioral-Methode

Im ersten Fall gehen wir von der 1-Bit-Struktur des Registers aus Kap. 2 (siehe Abb. 2.27) aus. Der VHDL-Code hat dann die folgende Gestalt:

Strukturierte Beschreibung für das 1-Bit-Universal-Register

```
-----------------------------------------------------------
--      1-Bit-Universal-Register
-----------------------------------------------------------
library ieee;
use ieee.std_logic_1164.all;
------------------ Entity Declaration -----------------
entity  SH_1  is  port (
        CLK   : in std_logic;
        CLR   : in std_logic;
        DI    : in std_logic;
        QIM1  : in std_logic;
        QIP1  : in std_logic;
        S0    : in std_logic;
        S1    : in std_logic;
        QI    : out std_logic;
        CE    : in std_logic);
end SH_1;
---------------- Architecture Declaration ------------
architecture  SHR_ARCH  of  SH_1  is
--------------- Component Declaration --------------
component  FDCE_A  port (                          -- D-Flip-Flop
        D     : in std_logic;
        CLK   : in std_logic;
        CE    : in std_logic;
        CLR   : in std_logic;
        Q     : out std_logic);
```

```
end component;
--------------------- MUX 4:1 ----------------------------
component M4_1E port (
        D0    : in std_logic;
        D1    : in std_logic;
        D2    : in std_logic;
        D3    : in std_logic;
        E     : in std_logic;
        O     : out std_logic;
        S0    : in std_logic;
        S1    : in std_logic);
end component;
---------------------
component FDC_A port (                                    -- D-Flip-Flop
        CLK   : in std_logic;
        CLR   : in std_logic;
        D     : in std_logic;
        Q     : out std_logic);
end component;
--------------------- Inverter -----------------------------
component INV_A port (
        I     : in std_logic;
        O     : out std_logic);
end component;
------------------- Signal Declaration ------------------
signal IN1 : std_logic;
signal IN2 : std_logic;
signal IN3 : std_logic;
signal IN4 : std_logic;
begin
inv_1 : INV_A port map(                                   -- Inverter
        I => CLK,
        O => IN3);
-----------------------
fdc_1a : FDCE_A port map(                                 -- D-Flip-Flop
        D => IN1,
        CLK => CLK,
        CE => CE,
        CLR => CLR,
        Q => IN4);
```

```
mux4_1a : M4_1E port map(                                    -- MUX 4:1
        D0 => DI,
        D1 => DI,
        D2 => QIP1,
        D3 => QIM1,
        O => IN1,
        S0 => S0,
        S1 => S1);
----------------------
FDC_2A : FDC_A port map(                                     -- D-Flip-Flop
        CLK => IN3,
        CLR => CLR,
        D => IN4,
        Q => QI);
end SHR_ARCH;
```

Die Bezeichnungen der Ein- und Ausgangssignale aus den Blockdiagrammen wurden in den VHDL-Modellen weitgehend beibehalten, damit die Signale bei der VHDL-Darstellung wiedererkannt werden. Die 1-Bit-Strukturen können wieder zu Kaskaden zusammengefasst werden. Der folgende VHDL-Code zeigt für das Beispiel des 12-Bit-Registers die strukturierte Form, bei der Kaskaden zu drei 4-Bit-Blöcken zusammengefasst sind (siehe Abb. 2.28).

Strukturierte Beschreibung des 12-Bit-Universal-Registers

```
-----------------------------------------------------------
--      12-Bit-Universalregister
-----------------------------------------------------------
library ieee;
use ieee.std_logic_1164.all;
-------------------- Entity Declaration ------------------
entity SHLR_12A is port (
        D    : in std_logic_vector (11 downto 0);
        Q    : out std_logic_vector (11 downto 0);
        CLK  : in std_logic;
        CLR  : in std_logic;
        S0   : in std_logic;
        S1   : in std_logic;
        CE   : in std_logic);
end SHLR_12A;
------------------
```

```
------------------ Architecture Declaration --------------
architecture SH12_ARCH of SHLR_12A is
----------------- Component Declaration ----------------
component SH_4LR port (                         -- 4-Bit-Schieberegister
        CLK  : in std_logic;
        CLR  : in std_logic;
        D0   : in std_logic;
        D1   : in std_logic;
        D2   : in std_logic;
        D3   : in std_logic;
        QIM1: in std_logic;
        QIP1 : in std_logic;
        S0   : in std_logic;
        S1   : in std_logic;
        Q0   : out std_logic;
        Q1   : out std_logic;
        Q2   : out std_logic;
        Q3   : out std_logic;
        CE   : in std_logic);
end component;
----------------- Component Declaration ---------------
signal GND_L : std_logic;
signal Q_IN : std_logic_vector(11 downto 0);
begin
-------------------- Signal Assignments ----------------
        GND_L <= '0';
        Q <= Q_IN;
----------------- Component Instances -----------------
sh_1a : SH_4LR port map(                        -- 4-Bit-Schieberegister 1
        CLK => CLK,
        CLR => CLR,
        D0 => D(0),
        D1 => D(1),
        D2 => D(2),
        D3 => D(3),
        QIM1 => GND_L,
        QIP1 => Q_IN(4),
        S0 => S0,
        S1 => S1,
        Q0 => Q_IN(0),
```

```
        Q1 => Q_IN(1),
        Q2 => Q_IN(2),
        Q3 => Q_IN(3),
        CE => CE);
---------------------------
sh_2a : SH_4LR  port  map(                        -- 4-Bit-Schieberegister 2
        CLK => CLK,
        CLR => CLR,
        D0 => D(4),
        D1 => D(5),
        D2 => D(6),
        D3 => D(7),
        QIM1 => Q_IN(3),
        QIP1 => Q_IN(8),
        S0 => S0,
        S1 => S1,
        Q0 => Q_IN(4),
        Q1 => Q_IN(5),
        Q2 => Q_IN(6),
        Q3 => Q_IN(7),
        CE => CE);
---------------------------
sh_3a :  SH_4LR  port  map(                       -- 4-Bit-Schieberegister 3
        CLK => CLK,
        CLR => CLR,
        D0 => D(8),
        D1 => D(9),
        D2 => D(10),
        D3 => D(11),
        QIM1 => Q_IN(7),
        QIP1 => GND_L,
        S0 => S0,
        S1 => S1,
        Q0 => Q_IN(8),
        Q1 => Q_IN(9),
        Q2 => Q_IN(10),
        Q3 => Q_IN(11),
        CE => CE);
end  SH12_ARCH;
```

Die Eingänge Qi+1 und Qi–1 der 12-Bit Struktur sind auf logisch Null (GND) gelegt. Werden die Eingänge Qi+1 und Qi–1 für „Shift Right“ und „Shift left“ herausgeführt, so können wahlweise Nullen oder Einsen nachgeschoben werden. Die Komponenten der 4-Bit-Blöcke „SH_4LR“ sind die 4-Bit-Register aus Kap. 2 (Abb. 2.28). Das Universalregister ist als Master-Slave-Register ausgeführt.

Verhaltensbeschreibung des 12-Bit-Universalregisters

```
----------------------------------------------------------------
--      Register mit Chip-Enable (CE)
--      und asynchronem Clear
----------------------------------------------------------------
library  ieee;
use  ieee.std_logic_1164.all;
-------------------- Entity Declaration --------------------
entity  SHLR12_A  is  port (
        CLK  :  in  std_logic;
        CLR  :  in  std_logic;
        D    :  in  std_logic_vector(11 downto 0);
        CE   :  in  std_logic;
        S    :  in  std_logic_vector(1 downto 0);
        Q    :  inout  std_logic_vector(11 downto 0));
end  SHLR12_A;
----------------- Architecture Declaration -------------
architecture  SHLR_ARCH  of  SHLR12_A  is
begin
------------------- Process Statement -------------------
        d1:  process (CLK, CLR)
        begin
              if  CLR = '1'  then
              Q <= "000000000000";
              elsif  (CLK'event and CLK = '1')  then
                    if  CE = '1'  then
---------------- Case Statement ------------------------
                    case  S  is
              when  "00" =>
                    Q <= D;                                   -- Load
              when  "01" =>
                    Q <= D;                                   -- Load
              when  "10" =>
                    Q(10 downto 0) <= Q(11 downto 1);         -- Shift Right
```

```
                Q(11) <= '0';
            when "11" =>
                Q(11 downto 1) <= Q(10 downto 0);        -- Shift Left
                Q(0) <= '0';
            when others =>
                null;
                end case;
                end if;
            end if;
        end process d1;
end     SHLR_ARCH;
-------------------------
```

Der Steuereingang S wird hier mit einer **case**-Anweisung selektiert. Die Anweisung hat den Vorteil, dass beim ersten zutreffenden Steuereingang die Funktion ausgeführt und die weitere Suche abgebrochen wird. Auf die Eigenschaften einer **case**-Anweisung wurde bereits in Kap. 1.4 eingegangen. Das Universalregister ist mit Vorderflanken-Taktung ausgeführt.

3.2.2.6 12-Bit-Arithmetisch-Logische-Einheit (ALU)

Es soll die in Kap. 2 dargestellte 12-Bit-ALU für die MPU12 als VHDL-Modell erstellt werden (siehe Abb. 2.25). Dabei sollen wieder wie zuvor die beiden VHDL-Modelle behandelt werden.

- Erstellung nach der Structural-Methode
- Erstellung nach der Behavioral-Methode

Für die erste Methode gehen wir wieder wie zuvor von einer 1-Bit-Struktur aus und strukturieren das Ganze zu einer 12-Bit-ALU.

Strukturierte Beschreibung für die 1-Bit-ALU

```
----------------------------------------------------------
--      1-Bit-ALU
----------------------------------------------------------
library ieee;
use ieee.std_logic_1164.ALL;
------------------- Entity Declaration -------------------
entity ALU_1 is port (
        AI      : in std_logic;
        BI      : in std_logic;
        CI      : in std_logic;
```

```
        S0     : in  std_logic;
        S       : in  std_logic;
        S2     : in  std_logic;
        DI     : out  std_logic;
        FI     : out  std_logic);
end ALU_1;
----------------- Architecture Declaration -------------
architecture ALU1_ARCH of ALU_1 is
---------------- Component Declaration ---------------
component VOLLADD port (                              -- 1-Bit-Volladdierer
        A      : in std_logic;
        B      : in std_logic;
                : in std_logic;
        COUT : out std_logic;
        S      : out std_logic);
end component;
---------------------------
component MUX4_1 port (                                -- MUX 4:1
        D0     : in  std_logic;
        D       : in   std_logic;
        D2     : in  std_logic;
        D3     : in  std_logic;
        O      : out  std_logic;
        S      : in  std_logic_vector(1 downto 0));
end component;
--------------------------
component INV_A port (                                 -- Inverter
        I      : in  std_logic;
        O      : out  std_logic);
end component;
--------------------------
component MUX8 port (                                  -- MUX 8:1
        A      : in  std_logic;
        B      : in  std_logic;
        C      : in  std_logic;
        D      : in  std_logic;
        E      : in  std_logic;
        F      : in  std_logic;
        G      : in  std_logic;
        H      : in  std_logic;
```

```
        MUX_OUT  : out  std_logic;
        SEL    : in  std_logic_vector(2 downto 0));
end  component;
------------------------
component  NAND2_A  port (                      -- NAND-Glied mit 2 Eingängen
        I0      : in  std_logic;
        I1      : in  std_logic;
        O       : out  std_logic);
end  component;
----------------------
component  AND2B1_A  port (                     -- AND-Glied mit 2 Eingängen
        I0      : in  std_logic;                            -- 1 Eingang negiert
        I1      : in  std_logic;
        O       : out  std_logic);
end  component;
------------------- Signal Declaration ------------------
signal  SU_I     :  std_logic;
signal  C_IN     :  std_logic;
signal  SA       :  std_logic;
signal  SB       :  std_logic;
signal  INV_1    :  std_logic;
signal  INV_2    :  std_logic;
signal  SUB_I    : std_logic;
signal  NA_I     :  std_logic;
signal  SUB_IN :  std_logic;
signal  SUB_A    :  std_logic;
signal  GND_L    :  std_logic;
begin
------------------- Signal Assignments -----------------
        GND_L          <=  '0';
----------------- Component Instances -----------------
add1_1 :  VOLLADD  port  map(                           -- 1-Bit-Volladdierer
        A => AI,
        B => BI,
        C => CI,
        COUT => C_IN,
        S => SU_I);
---------------------------
sub1_1 :  VOLLADD  port  map(            -- 1-Bit-Volladdierer als Subtrahierer
        A => AI,                                         -- (2. Komplement)
```

```
        B => INV_2,
        C => INV_1,
        COUT => SUB_IN,
        S => SUB_I);
-------------------------
inv_1a : INV_A  port  map(                         -- Inverter für Subtraktion
        I  => CI,
        O => INV_1);
-------------------------
inv_2a : INV_A  port  map(                         -- Inverter für Subtraktion
        I  => BI,
        O => INV_2);
--------------------------
inv_3a : INV_A port map(                           -- Inverter für Subtraktion
        I  => SUB_IN,
        O => SUB_A);
---------------------------
mux8_1 :  MUX8  port  map(                         -- MUX 8:1 für Ausgang FI
        A => AI,
        B => SUB_I,
        C => NA_I,
        D => SU_I,
        E => AI,
        F => BI,
        G => AI,
        H => AI,
        MUX_OUT => FI,
        SEL(0) => S0,
        SEL(1) => S1,
        SEL(2) => S2);
----------------------------
nand2_1a :  NAND2_A  port  map(                    -- NAND-Glied mit 2 Eingängen
        I0 => BI,
        I1 => AI,
        O => NA_I);
---------------------------
and2_1a :  AND2B1_A  port  map(                    -- AND-Glied mit 2 Eingängen
        I0 => S0,                                  -- 1 Eingang negiert
        I1 => S2,
        O => SA);
```

```
---------------------------
and2_2a : AND2B1_A port map(                    -- AND-Glied mit 2 Eingängen
        I0 => S1,                                   -- 1 Eingang negiert
        I1 => S2,
        O => SB);
------------------------
mux4_1a : MUX4_1  port  map(                     -- MUX 4:1 für Ausgang DI
        D0 => GND_L,
        D1 => SUB_A,
        D2 => GND_L,
        D3 => C_IN,
        O => DI,
        S(0) => SA,
        S(1) => SB);
end  ALU1_ARCH;
-----------------------
```

Ausgangspunkt für die 1-Bit-ALU war die Blockschaltung aus Kap. 2 (Abb. 2.24). Die Blockschaltung wurde aber nicht direkt in VHDL-Code umgesetzt, sondern eine kleine Änderung vorgenommen. Der zweite Multiplexer 8:1 (MUX2) aus der Schaltung wurde durch einen Multiplexer 4:1 und zwei UND-Glieder ersetzt. Ob diese Form günstiger für eine Realisierung ist, kann an dieser Stelle noch nicht entschieden werden. Das obige VHDL-Modell ist nur eine von vielen Möglichkeiten der Strukturierung für die 1-Bit-ALU. Welche Form die günstigste ist, hängt sehr stark von den Hardware-Ressourcen, d. h. von der Ziel-Hardware ab. Ansonsten kann nur eine Abschätzung vorgenommen werden über die Anzahl der Bausteine und die Anzahl der notwendigen Eingänge. Die 1-Bit-Struktur kann nun wieder hierarchisch zu einer 12-Bit-ALU ergänzt werden. Der Vollständigkeit halber ist auch hier der VHDL-Code für die 12-Bit-ALU angegeben.

Strukturierte Beschreibung der 12-Bit-ALU

```
-------------------------------------------------------------
--      12-Bit-ALU
-------------------------------------------------------------
library  ieee;
use  ieee.std_logic_1164.all;
------------------- Entity Declaration ------------------
entity  ALU_12B  is  port (
        A       :  in  std_logic_vector (11 downto 0);
        B       :  in  std_logic_vector (11 downto 0);
```

```
        F      : out  std_logic_vector (11 downto 0);
        CIN    : in  std_logic;
        S0     : in  std_logic;
        S1     : in  std_logic;
        S2     : in  std_logic;
        DOUT   : out  std_logic);
end ALU_12B;
------------------ Architecture Declaration --------------
architecture ALU_ARCH of ALU_12B is
----------------- Component Declaration ----------------
component ALU_4 port (                                          -- 4-Bit-ALU
        A0     : in  std_logic;
        A1     : in  std_logic;
        A2     : in  std_logic;
        A3     : in  std_logic;
        B0     : in  std_logic;
        B1     : in  std_logic;
        B2     : in  std_logic;
        B3     : in  std_logic;
        CI     : in  std_logic;
        S0     : in  std_logic;
        S1     : in  std_logic;
        S2     : in  std_logic;
        DOUT   : out  std_logic;
        F0     : out  std_logic;
        F1     : out  std_logic;
        F2     : out  std_logic;
        F3     : out  std_logic);
end component;
-------------------- Signal Declaration -------------------
signal IN1 : std_logic;
signal IN2 : std_logic;
---------------------------
begin
----------------- Component Instances ------------------
ALU4_1 : ALU_4 port map(                                        -- 4-Bit-ALU 1
        A0 => A(0),
        A1 => A(1),
        A2 => A(2),
        A3 => A(3),
```

```
        B0 => B(0),
        B1 => B(1),
        B2 => B(2),
        B3 => B(3),
        CI => CIN,
        S0 => S0,
        S1 => S1,
        S2 => S2,
        DOUT => IN2,
        F0 => F(0),
        F1 => F(1),
        F2 => F(2),
        F3 => F(3));
---------------------------
ALU4_2 : ALU_4 port map(                         -- 4-Bit-ALU 2
        A0 => A(4),
        A1 => A(5),
        A2 => A(6),
        A3 => A(7),
        B0 => B(4),
        B1 => B(5),
        B2 => B(6),
        B3 => B(7),
        CI => IN2,
        S0 => S0,
        S1 => S1,
        S2 => S2,
        DOUT => IN1,
        F0 => F(4),
        F1 => F(5),
        F2 => F(6),
        F3 => F(7));
----------------------------
ALU4_3 : ALU_4 port map(                         -- 4-Bit-ALU 3
        A0 => A(8),
        A1 => A(9),
        A2 => A(10),
        A3 => A(11),
        B0 => B(8),
        B1 => B(9),
```

```
        B2 => B(10),
        B3 => B(11),
        CI => IN1,
        S0 => S0,
        S1 => S1,
        S2 => S2,
        DOUT => DOUT,
        F0 => F(8),
        F1 => F(9),
        F2 => F(10),
        F3 => F(11));
end ALU_ARCH;
----------------------
```

Der folgende VHDL-Code zeigt die Verhaltensbeschreibung der 12-Bit-ALU. Die **entity**-Deklaration und die ALU-Funktionen sind dabei gleich geblieben. Nur der interne Aufbau hat sich geändert. Grundlage für die Verhaltensbeschreibung sind wieder eine **process**- sowie eine **case**-Anweisung. Es gibt eine ganze Reihe von Lösungsansätzen. Bei diesem Beispiel sind die Ein- und Ausgangssignale A, B und F auf (n+1) Bit erweitert, um den Ausgangsübertrag DOUT zu bekommen. Die obersten Bits (n+1) von A, B und F werden dabei am Anfang auf '0' gesetzt. Für die arithmetischen Operationen Addition und Subtraktion werden die Arithmetik-Operatoren '+' und '–' verwendet, die der **library** ieee mit dem **package** std_logic_unsigned.all entnommen werden.

Verhaltensbeschreibung für die 12-Bit-ALU

```
---------------------------------------------------------------
--      12-Bit-ALU
---------------------------------------------------------------
library ieee;
use ieee.std_logic_1164.all;
use ieee.std_logic_arith.all;
use ieee.std_logic_unsigned.all;
-------------------- Entity Declaration --------------------
entity ALU_12V1 is port (
        A       : in std_logic_vector (12 downto 0);
        B       : in std_logic_vector (12 downto 0);
        F       : out std_logic_vector (12 downto 0);
        CIN     : in std_logic;
        S       : in std_logic_vector (2 downto 0);
```

```
        DOUT  :  out  std_logic);
end  ALU_12V1;
-------------------
----------------- Architecture Declaration -------------
architecture  ALU_ARCH  of  ALU_12V1  is
begin
------------------- Process Statement -------------------
        p1:  process (S, A, B, CIN)
------------------ Variable Declaration ------------------
        variable  FINT :  std_logic_vector (12 downto 0);
        variable  AINT :  std_logic_vector (12 downto 0);
        variable  BINT :  std_logic_vector (12 downto 0);
        variable  CINT :  std_logic;
-------------------
begin
                AINT: = A;
                BINT: = B;
                CINT: = CIN;
                FINT(12): = '0';
        case  S  is
    when  "000" =>                                  -- Durchschalten von A
                FINT := AINT;
    when  "001" =>                                         -- Subtraktion
                FINT := AINT – BINT – CINT;
    when  "010" =>                                          -- NAND A,B
                FINT := AINT  nand  BINT;
                FINT(12) := '0';
    when  "011" =>                                            -- Addition
                FINT := AINT + BINT + CINT;
    when  "100" =>                                  -- Durchschalten von A
                FINT := AINT;
    when  "101" =>                                  -- Durchschalten von B
                FINT := BINT;
    when  "110" =>                                  -- Durchschalten von A
                FINT := AINT;
    when  "111" =>                                  -- Durchschalten von A
                FINT := AINT;
    when  others => null;
        end  case;
```

```
------------------ Signal Assignments -----------------
        F <= FINT;
        DOUT <= FINT(12);
    end process p1;
end alu_arch;
---------------
```

3.2.2.7 12-Bit-Programmzähler (PC)

Als nächstes soll die VHDL-Modellierung für einen 12-Bit-Programmzähler behandelt werden. Es werden dazu nur Verhaltensmodelle betrachtet, weil sie in den meisten Fällen zur Anwendung kommen. Zwei Beispiele für die Behavioral-Methode werden im Folgenden etwas näher betrachtet:

Verhaltensbeschreibung eines 12-Bit-Programmzählers (Beispiel 1)

```
--------------------------------------------------------------
--      12-Bit-Counter/IF-THEN-ELSE-Struktur
--------------------------------------------------------------
--
--          C1      C2      Funktion
--          --------------------------------
--          0       0       Q = const.
--          0       1       Q = const.
--          1       0       Q = Q + 1
--          1       1       Q = DIN
-------------------------------------------------------------
library ieee;
use ieee.std_logic_1164.all;
use ieee.std_logic_arith.all;
use ieee.std_logic_unsigned.all;
-------------------- Entity Declaration -----------------
entity PC12_1 is
    port (
        D   : in std_logic_vector (11 downto 0);
        Q   : inout std_logic_vector (11 downto 0);
        C1  : in std_logic;
        C2  : in std_logic;
        CLR : in std_logic;
        CLK : in std_logic);
end PC12_1;
```

```
----------------- Architecture Declaration ------------
architecture  PC_ARCH  of  PC12_1  is
begin
------------------- Process Statement -----------------
        d1:  process (CLK, CLR)
----------------- Variable Declaration -----------------
        variable  NULL_V :  std_logic_vector (11 downto 0);
        variable  MAX_V :  std_logic_vector (11 downto 0);
        begin
----------------- Variable Assignments ----------------
        NULL_V   : = "000000000000";
        MAX_V    : = "111111111111";                          -- MAX_V = 4095
-------------
        if  CLR = '1'  then
        Q <= NULL_V;
                elsif  CLK = '1'  and  CLK'event  then
                if  (C2  = '1'  and  C1 = '1')  then
                Q <= D;                                               -- Load
                elsif  (C2 = '0'  and  C1 = '1')  then
                Q <= Q + 1;                                           -- Count
                end  if;
                if  Q > MAX_V  then                                   -- Max. Wert
                Q <= NULL_V;
                end  if;
        end  if;
      end  process d1;
end  PC_ARCH;
---------------------
```

Verhaltensbeschreibung eines 12-Bit-Programmzählers (Beispiel 2)

```
------------------------------------------------------
--      12-Bit Counter/CASE-Struktur
------------------------------------------------------
library  ieee;
use  ieee.std_logic_1164.all;
use  ieee.std_logic_arith.all;
use  ieee.std_logic_unsigned.all;
------------------- Entity Declaration ----------------
entity  PC12_2  is
    port  (
```

```
        D     : in  std_logic_vector (11 downto 0);
        Q     : inout  std_logic_vector (11 downto 0);
        C1    : in  std_logic;
        C2    : in  std_logic;
        CLR   : in  std_logic;
        CLK   : in  std_logic);
end  PC12_2;
-----------------
----------------- Architecture Declaration -------------
architecture  PC_ARCH  of  PC12_2  is
------------------- Signal Declaration -------------------
signal  S :  std_logic_vector (1 downto 0);
begin
------------------- Signal Assignments -----------------
        S(0) <= C1;
        S(1) <= C2;
------------------- Process Statement -------------------
        d1:  process (CLK, CLR)
------------------ Variable Declaration -------------------
        variable  NULL_V:  std_logic_vector (11 downto 0);
        variable  MAX_V  :  std_logic_vector (11 downto 0);
        begin
------------------- Variable Assignments -----------------
        NULL_V  := "000000000000";
        MAX_V := "111111111111";                          -- MAX_V = 4095
---------------------------
        if  CLR = '1'  then
        Q <= NULL_V;
        elsif  CLK='1'  and  CLK'event  then
              case  S  is
              when  "00" =>                               -- Q = const.
                    Q <= Q;
              when  "01" =>                               -- Q = const.
                    Q <= Q;
              when  "10" =>                                  -- Count
                    Q <= Q + 1;
              when  "11" =>                                   -- Load
                    Q <= D;
              when  others => null;
              end  case;
```

```
                if Q > MAX_V then                    -- Max. Wert
                Q <= NULL_V;
                end if;
        end if;
    end process d1;
end PC_ARCH;
----------------------
```

Im ersten Beispiel1 ist eine **if - then - else**-Struktur verwendet worden. Der asynchrone CLR-Eingang setzt für CLR = '1' den Ausgang Q auf Null. Im VHDL-Code steht die Abfrage für den CLR-Eingang gleich am Anfang vor dem Eintreffen der Taktflanke. Bei jedem Eintreffen der Vorderflanke werden die Steuereingänge C1 und C2 gelesen und die jeweils ausgewählte Funktion ausgeführt. Der Wertebereich des Zählers geht von 0 bis 4095, d. h. es wird der gesamte 12-Bit-Bereich für die Adressierung ausgenutzt. Beim Erreichen des Maximums wird der Zähler wieder auf Null gesetzt. Für das Inkrementieren des Zählers wird der arithmetische '+'- Operator verwendet, der in der Standard-Bibliothek std mit dem **package** std_logic_unsigned enthalten ist.
Dieser VHDL-Code für einfache Dualzähler wird sehr häufig verwendet. Der Zähler kann auch für Anwendungen, bei denen schnelle Zähler (> 200 MHZ) benötigt werden, noch eingesetzt werden. Für den Einsatz als Program-Counter ist das obige VHDL-Modell vollkommen ausreichend, so dass eine Optimierung nicht notwendig ist. Für eine notwendige Optimierung bezüglich Fläche und Geschwindigkeit können die Synthese-Berichte, die von den Synthese-Tools geliefert werden, gute Dienste leisten. Im Beispiel2 wurde statt der **if - then - else**-Struktur eine **case**-Struktur verwendet. Ansonsten ist alles gleich geblieben. Das Beispiel soll zeigen, dass ein etwas geänderter VHDL-Code zu sehr unterschiedlichen Realisierungen in der Ziel-Hardware führen kann. Auffallend ist, dass im Beispiel1 die zulässige Taktfrequenz um ca. 70 MHZ höher sein darf. Ein Auszug aus den Synthese-Berichten des Project Navigators der Firma Xilinx für die beiden Program-Counter ist im Anhang A.2 zu finden [13].

3.2.2.8 12-Bit-Akkumulator-Einheit

Im Kap. 2 in Abb. 2.26 ist das Blockschaltbild der 12-Bit Akku-Einheit dargestellt. Das Blockschaltbild wird in ein VHDL-Modell umgesetzt, wobei die Struktur der Schaltung durch die Structural-Methode erhalten bleibt. Die Register-Einheit ist als Universalregister realisiert. Sie enthält das Akkumulator-Register und die Schiebefunktionen für das „Schieben" rechts und links.

Strukturierte Beschreibung für die 12-Bit-Akkumulator-Einheit

```
--------------------------------------------------------------
--      12-Bit-Akku-Einheit
--------------------------------------------------------------
library ieee;
use ieee.std_logic_1164.all;
use ieee.std_logic_arith.all;
use ieee.std_logic_unsigned.all;
------------------- Entity Declaration -------------------
entity AKKU_12B is port (
        B       : in  std_logic_vector (11 downto 0);
        Q       : out  std_logic_vector (11 downto 0);
        CIN     : in  std_logic;
        CLK     : in  std_logic;
        CLR     : in  std_logic;
        S0      : in  std_logic;
        S1      : in  std_logic;
        S2      : in  std_logic;
        OP_C    : out  std_logic;
        OP_S    : out  std_logic;
        OP_Z    : out  std_logic);
end AKKU_12B;
----------------- Architecture Declaration ------------
architecture AKKU_ARCH of AKKU_12B is
---------------- Component Declaration --------------
component ALU_12B port (                                -- 12-Bit-ALU
        A       : in  std_logic_vector (11 downto 0);
        B       : in  std_logic_vector (11 downto 0);
        F       : out  std_logic_vector (11 downto 0);
        CIN     : in  std_logic;
        S0      : in  std_logic;
        S1      : in  std_logic;
        S2      : in  std_logic;
        DOUT    : out  std_logic);
end component;
----------------------
component COMP12_2 port (                       -- 12-Bit-Komparator
        A       : in  std_logic_vector (11 downto 0);
        EQ      : out  std_logic);
end component;
```

```
component  SHLR_12A  port (                          -- 12-Bit-Universalregister
        D       : in  std_logic_vector (11 downto 0);
        Q       : inout  std_logic_vector (11 downto 0);
        CLK     : in  std_logic;
        CLR     : in  std_logic;
        S0      : in  std_logic;
        S1      : in  std_logic;
        CE      : in  std_logic);
end  component;
--------------------------
component  AND2_A  port (                                   -- AND-Glied
        I0      : in  std_logic;
        I1      : in  std_logic;
        O       : out  std_logic);
end  component;
-------------------------
component  FDC_A  port (                                    -- D-Flip-Flop
        CLK     : in  std_logic;
        CLR     : in  std_logic;
        D       : in  std_logic;
        Q       : out  std_logic);
end  component;
------------------- Signal Declaration ------------------
signal  VC_L  : std_logic;
signal  DOUT : std_logic;
signal  Z1     : std_logic;
signal  SA     : std_logic;
signal  SB     : std_logic;
signal  A_Q   : std_logic_vector(11 downto 0);
signal  DIN    : std_logic_vector(11 downto 0);
begin
------------------- Signal Assignments ----------------
        Q <= A_Q;
        VC_L <= '1';
---------------- Component Instances ----------------
alu12_1a : ALU_12B  port  map(                              -- 12-Bit-ALU
        A => A_Q,
        B => B,
        F => DIN,
        CIN => CIN,
```

```
        S0 => S0,
        S1 => S1,
        S2 => S2,
        DOUT => DOUT);
----------------------------
comp_1a : COMP12_2 port map(                    -- 12-Bit-Komparator
        A => A_Q,
        EQ => Z1);
----------------------------
sh12_1a : SHLR_12A port map(                    -- 12-Bit-Universalregister
        D => DIN,
        Q => A_Q,
        CLK => CLK,
        CLR => CLR,
        S0 => SA,
        S1 => SB,
        CE => VC_L);
-------------------------
fdc_s : FDC_A port map(                         -- D-Flip-Flop
        CLK => CLK,
        CLR => CLR,
        D => A_Q(11),
        Q => OP_S);                             -- Vorzeichen-Flag
----------------------------
fdc_z : FDC_A port map(                         -- D-Flip-Flop
        CLK => CLK,
        CLR => CLR,
        D => Z1,
        Q => OP_Z);                             -- Zero-Flag
---------------------------
and2_2a : AND2_A port map(                      -- AND-Glied Steuereingang
        I0 => S2,
        I1 => S0,
        O => SA);
---------------------------
and2_1a : AND2_A port map(                      -- AND-Glied Steuereingang
        I0 => S2,
        I1 => S1,
        O => SB);
--------------------------
```

```
fdc_c : FDC_A port map(                                   -- D-Flip-Flop
        CLK => CLK,
        CLR => CLR,
        D => DOUT,
        Q => OP_C);                                       -- Carry-Flag
end AKKU_ARCH;
--------------------
```

3.2.2.9 VHDL-Modelle für Multiplexer

Für den Entwurf des Mikroprozessors werden unterschiedliche Multiplexer eingesetzt. Multiplexer können in VHDL mit der Structural- oder der Behavioral-Methode beschrieben werden. Im Folgenden werden VHDL-Modelle nach der Behavioral-Methode behandelt. Als Beispiele werden MUX 4:1 Multiplexer betrachtet, die häufig verwendet werden mit den folgenden Anweisungen:

- **case - when**
- **if - then - else**
- **when - else**
- **with - select**

Die ersten beiden Formen sind sequenzielle Anweisungen und können nur innerhalb von **process**-Anweisungen verwendet werden. Die beiden letzten Formen sind nebenläufige Anweisungen, sie werden parallel verarbeitet.

case - when - Statement

```
------------------------------------------------------------
--      MUX 4:1      Beispiel1
------------------------------------------------------------
library ieee;
use ieee.std_logic_1164.all;
--------------------- Entity Declaration ----------------
entity MUX4_1C is port (
        D0, D1, D2, D3  : in std_logic;
        S               : in std_logic_vector(1 downto 0);
        MUX_OUT         : out std_logic);
end MUX4_1C;
----------------- Architecture Declaration -------------
architecture MUX4_ARCH of MUX4_1C is
------------------- Signal Declaration ------------------
begin
```

```
------------------- Process Statement -------------------
        p1:  process (S, D0, D1, D2, D3)
        begin
                case  S  is
    when  "00"  => MUX_OUT  <=  D0;
    when  "01"  => MUX_OUT  <=  D1;
    when  "10"  => MUX_OUT  <=  D2;
    when  "11"  => MUX_OUT  <=  D3;
    when  others  =>  null;
                end  case;
        end  process p1;
end  MUX4_ARCH;
----------------
```

if - then - else - Statement

```
------------------------------------------------------------
--      MUX 4:1      Beispiel2
------------------------------------------------------------
library  ieee;
use  ieee.std_logic_1164.all;
----------------- Entity Declaration ----------------------
entity  MUX4_1S   is  port (
        D0, D1, D2, D3    :  in  std_logic;
        S                 :  in  std_logic_vector(1 downto 0);
        OUT1              :  out  std_logic);
end  MUX4_1S;
----------------- Architecture Declaration -------------
architecture  MUX4_ARCH  of  MUX4_1S  is
begin
----------------- Process Statement -------------------
        p1:  process (S, D0, D1, D2, D3)
        begin
                if  S  = "00"  then
                        OUT1  <=  D0;
                elsif  S  =  "01"  then
                        OUT1  <=  D1;
                elsif  S  =  "10"  then
                        OUT1 <=  D2;
                else
                        OUT1  <=  D3;
```

```
            end if;
        end process p1;
end MUX4_ARCH;
--------------------------
```

when - else - Statement

```
------------------------------------------------------------
--      MUX 4:1     Beispiel3
------------------------------------------------------------
library ieee;
use ieee.std_logic_1164.all;
------------------- Entity Declaration -------------------
entity MUX4_1K is port (
        D0, D1, D2, D3 : in std_logic;
        S              : in std_logic_vector (1 downto 0);
        OUT1           : out std_logic);
end MUX4_1K;
---------------- Architecture Declaration ------------
architecture MUX4_ARCH of MUX4_1K is
begin
--------------- Concurrent Assignments ------------
OUT1 <=     D0    when S = "00"    else
            D1    when S = "01"    else
            D2    when S = "10"    else
            D3;
end MUX4_ARCH;
---------------
```

with - select - Statement

```
------------------------------------------------------------
--      MUX 4:1     Beispiel4
------------------------------------------------------------
library ieee;
use ieee.std_logic_1164.all;
----------------- Entity Declaration -------------------
entity MUX4_1SE is port (
        D0, D1, D2, D3  : in std_logic;
        S               : in std_logic_vector(1 downto 0);
        OUT1            : out std_logic);
end MUX4_1SE;
```

```
---------------- Architecture Declaration ------------
architecture MUX4_ARCH of MUX4_1SE is
begin
-------------- Concurrent Assignments -------------
         with S select
OUT1 <=     D0    when "00",
            D1    when "01",
            D2    when "10",
            D3    when "11",
            D0    when others;
end MUX4_ARCH;
----------------
```

Das Synthese-Tool generierte für alle vier VHDL-Modelle die gleiche Schaltung. Das stellt jedoch einen Sonderfall dar, weil i. a. unterschiedliche VHDL-Konstrukte auch zu unterschiedlichen Realisierungen und zu unterschiedlichen Signallaufzeiten führen. Da das Synthese-Ergebnis auch entscheidend vom verwendeten Synthese-Tool abhängt, sollten bei einer Optimierung immer die Syntheseberichte verschiedener Realisierungen verglichen werden. Um einen effektiven VHDL-Code zu schreiben, sind einige Regeln zu beachten, die im Folgenden kurz zusammengefasst werden.

case - when - Statement

- sequenzielle Statements
- schnelle Simulation
- gut geeignet bei komplexer Codierung
- Ausführung beim ersten zutreffenden Fall
- übersichtlicher Code
- **case** - Statement sollte mit **when others** abschließen

if - then - else - Statement

- sequenzielle Statements
- Prioritäts-Encoder innerhalb des **if** - Konstruktes
- vorteilhaft bei kritischen Pfaden (speed critical paths)

when - else - Statement

- concurrent Statements
- Ausführung beim ersten zutreffenden Fall
- letzte Anweisung muss ein **else** mit einer Wertzuweisung sein

with - select - Statement

- concurrent Statements
- **with - select**-Statement sollte mit **when others** abschließen
- gut geeignet für Codierschaltungen

Werden die **case - when**- oder **with - select**-Statements nicht mit **when others** abgeschlossen, so müssen alle möglichen Eingangskombinationen zugewiesen werden [20, 11].

3.2.2.10 VHDL-Modelle für Tri-State-Treiber

In digitalen Schaltungen können die Signale in der Regel die logischen Werte '0' oder '1' annehmen. Tri-State-Treiber sind Schaltelemente, die sich in einen hochohmigen Zustand (Tri-State) schalten lassen. Damit lassen sich Hardwarestrukturen wie z. B. bidirektionale Busse beschreiben, die nach der Schaltungstechnik mit „wired-or"- oder „wired-and"-Verknüpfungen arbeiten. Das logische Verhalten dieser Schaltungen kann mit Tri-State-Elementen beschrieben werden. Tabelle 3.1 zeigt die zugehörige Funktionstabelle und in Abb. 3.7 ist das Schaltsymbol für einen Tri-State-Treiber angegeben.

Tab. 3.1: Tri-State-Treiber

EN	X	Y
1	0	0
1	1	1
0	0	Z
0	1	Z

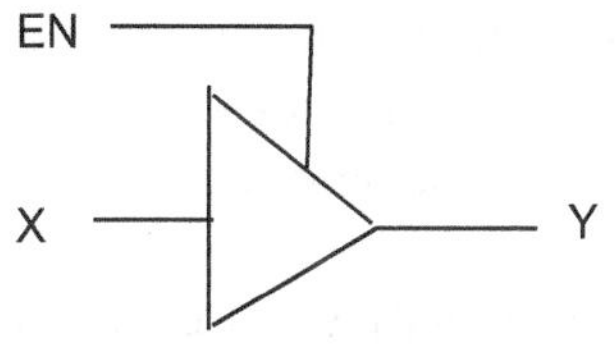

Abb. 3.7: Tri-State-Treiber

Das Ausgangssignal Y kann mit dem Steuereingang EN in einen aktiven Zustand geschaltet werden. Bei gesperrtem Steuereingang befindet sich der Ausgang des Schaltelementes in einem hochohmigen (Tri-State) Zustand, der mit Z bezeichnet wird. Die VHDL-Beschreibung für den Tri-State-Treiber zeigt die folgende VHDL-Beschreibung:

VHDL-Code für Tri-State-Treiber

```
------------------------------------------------------------
--      1-Bit-Tri-State-Treiber
--      Enable-Eingang EN: aktiv high
------------------------------------------------------------
```

```
library ieee;
use ieee.std_logic_1164.all;
------------------ Entity Declaration ---------------------
entity TBUF_1 is
    port (
         X   : in std_logic;
         Y   : out std_logic;
         EN  : in std_logic);
end TBUF_1;
----------------- Architecture Declaration --------------
architecture TBUF_ARCH of TBUF_1 is
begin
        Y <= X when EN = '1' else 'Z';
end TBUF_ARCH;
---------------------
```

Mit Hilfe von Tri-State-Treibern können beliebige BUS-Systeme realisiert werden. Im Folgenden sollen einige grundsätzliche VHDL-Modelle mit Tri-State-Komponenten betrachtet werden. Für die Beschreibung von Tri-State-Komponenten mit VHDL wird i. a. das neunwertige Logikwertsystem verwendet (siehe auch Tabelle 1.3). Dazu muss im VHDL-Code in der **library**-Anweisung das folgende **package** std_logic_1164 mit angegeben werden:

```
library ieee;
use ieee.std_logic_1164.all;
```

Das einfache Beispiel in Abb. 3.8 soll den Sachverhalt beschreiben.
Das **package** enthält u. a. eine sog. Auflösungsfunktion (resolution function), die dazu benötigt wird, Signalkonflikte zu lösen. Signalkonflikte können entstehen, wenn z. B. auf einer Ausgangsleitung mehrere Signalzustände anliegen. Mit Hilfe der Auflösungsfunktion kann in diesem Fall der Ausgangsleitung ein definierter Wert zugewiesen werden.

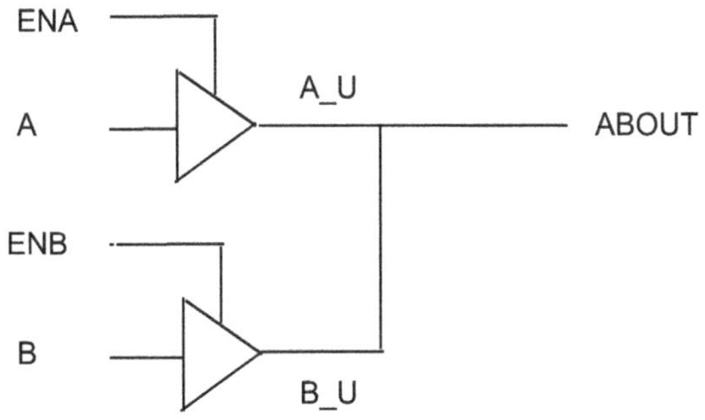

Abb. 3.8: Zwei Tri-State-Treiber

VHDL-Code für die Schaltung in Abb. 3.8

```
------------------------------------------------------------
--      Zwei Tri-State-Treiber A, B
--      Enable Eingänge ENA, ENB : aktiv high
------------------------------------------------------------
library  ieee;
use  ieee.std_logic_1164.all;
-------------------- Entity Declaration -----------------
entity  TBUF_2  is
   port (
        A           : in  std_logic;
        B           : in  std_logic;
        ABOUT       : out  std_logic;
        ENA, ENB : in  std_logic);
end  TBUF_2;
---------------- Architecture Declaration ------------
architecture  TBUF_ARCH  of  TBUF_2  is
begin
---------------- Process/Treiber A --------------------
        pa:  process (ENA, A)
        begin
                if  ENA  =  '1'  then
                ABOUT  <= A;
                else
                ABOUT  <=  'Z';
                end  if;
        end  process pa;
```

```
---------------- Process/Treiber B ----------------------
        pb: process (ENB, B)
        begin
                if ENB = '1' then
                ABOUT <= B;
                else
                ABOUT <= 'Z';
                end if;
        end process pb;
end TBUF_ARCH;
----------------------
```

Die Tri-State-Ausgänge A_U und B_U sind die einzelnen Ausgänge der Treiber. Die Eigenschaften der Schaltung sind tabellarisch dargestellt. Die Tri-State-Treiber haben eine gemeinsame Ausgangsleitung, bei der unterschiedliche Signalwerte an A_U und B_U anliegen können. Der Signalkonflikt kann mit einer Auflösungsfunktion gelöst werden. Die Ergebnisse der Auflösungsfunktion sind in der Tabelle 3.2 für den Ausgang ABOUT eingetragen. Die komplette Tabelle für die neunwertige Logik ist im Anhang A.3 zu finden.

Tab. 3.2: Anwenden der Auflösungsfunktion (resolution function)

ENA	ENB	A	B	A_U	B_U	ABOUT
0	0	X	X	Z	Z	Z
1	0	0	X	0	Z	0
1	0	1	X	1	Z	1
0	1	X	0	Z	0	0
0	1	X	1	Z	1	1
1	1	0	1	0	1	X
1	1	1	0	1	0	X

Bei dem Datentyp std_logic wird bei mehrfacher Signalzuweisung auf einer Leitung die Auflösungsfunktion in VHDL aufgerufen und es wird ein Wert ohne Fehlermeldung zugewiesen. Soll nur ein Signaltreiber zugelassen werden, so muss dies mit dem Datentyp std_ulogic angegeben werden. Das „u“ steht dabei für unresolved. Die angegebene Schaltung der beiden Tri-State-Treiber wird in VHDL ohne Auflösungsfunktion jedoch nicht akzeptiert.

Abb. 3.9 zeigt ein Beispiel für einen bidirektionalen BUS. Der IOBUS kann als Sammelleitung für Lese- und Schreibzugriffe auf die angeschlossenen Teilnehmer be-

trachtet werden. In dem Beispiel kann ein 4-Bit Wert von Teilnehmer T1 auf den IOBUS gelegt werden, wenn der Steuereingang EN1 aktiv ist.
Nur der Teilnehmer T11 kann diesen Wert abholen, da er den gleichen Steuereingang EN1 besitzt. Das Gleiche gilt für die Teilnehmer T2 und T22.
Das einfache Beispiel zeigt, dass jeweils nur ein Teilnehmer einen Schreibzugriff hat. Lesezugriffe können von mehreren Teilnehmern zugelassen sein.
Für die Schaltung ist ebenfalls der VHDL-Code angegeben. Durch die Verwendung von **generic**-Anweisungen kann im VHDL-Code die Bitbreite der Datenleitungen leicht geändert werden.

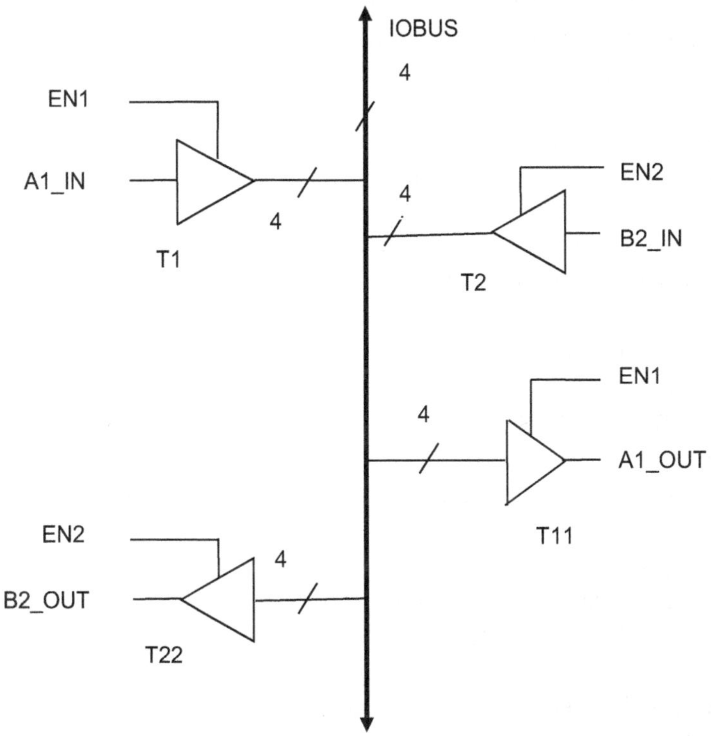

Abb. 3.9: Bidirektionaler BUS

VHDL-Code für die Schaltung in Abb. 3.9

```
----------------------------------------------------------------
--      n-Bit bidirektionaler BUS
--      Modellierung mit Tri-State-Buffer
--      Enable-Eingänge EN1, EN2: aktiv high
----------------------------------------------------------------
```

```
library ieee;
use ieee.std_logic_1164.all;
--------------- Entity Declaration ----------------------
entity TBUF4_5 is
----------------------------
generic (n : integer := 4);                              -- generic-Anweisung
Port (
   A1_IN    : in std_logic_vector(n-1 downto 0);
   A1_OUT   : out std_logic_vector(n-1 downto 0);
   B2_OUT   : out std_logic_vector(n-1 downto 0);
   B2_IN    : in std_logic_vector(n-1 downto 0);
   IOBUS    : inout std_logic_vector(n-1 downto 0);
   EN1, EN2: in std_logic);
end TBUF4_5;
----------------- Architecture Declaration ------------
architecture TBUF4_ARCH of TBUF4_5 is
begin
------------------ Process/Treiber A -------------------
        pA: process (EN1, A1_IN, IOBUS)
        begin
                if EN1 = '1' then
                IOBUS <= A1_IN;
                A1_OUT <= IOBUS;
                else
                IOBUS <= (others => 'Z');
                end if;
        end process pA;
--------------- Process/Treiber B ----------------------
        pB: process (EN2, B2_IN, IOBUS)
        begin
                if EN2 = '1' then
                IOBUS <= B2_IN;
                B2_OUT <= IOBUS;
                else
                IOBUS <= (others => 'Z');
                end if;
        end process pB;
end TBUF4_ARCH;
----------------------
```

3.2.3 Realisierung des 12-Bit-Steuerwerkes als VHDL-Modell

Für die Erstellung des VHDL-Modells für den Automaten gibt es mehrere Möglichkeiten. Hier sind nur zwei aufgezählt:

- Generierung des VHDL-Codes mit Hilfe eines FSM-Editors
- Entwickeln des VHDL-Codes mit einem VHDL-Editor

Bei der Generierung des VHDL-Codes geht man meistens von einem FSM-Editor aus (FSM: Finite State Machine). Zunächst wird der Automatengraph mit einem FSM-Editor erstellt und anschließend wird daraus der VHDL-Code generiert. Bei der Verwendung des FSM-Editors kann direkt die Automatentabelle (siehe Tabelle 2.13) in den Editor eingegeben werden. Dabei müssen die Zustände und Zustandsübergänge des Automaten in geeigneter Form in den Editor eingegeben werden. Bei der Verwendung des VHDL-Editors wird direkt mit dem VHDL-Code gearbeitet, um den Automaten zu beschreiben. Hier kommen verschiedene Verhaltensbeschreibungen für VHDL (Behavioral-Methode) zum Einsatz. Der folgende VHDL-Code zeigt eine Modellierung nach dem Mealy-Modell.

Verhaltensbeschreibung des 12-Bit-Steuerwerkes

```
-------------------------------------------------------------
--      Steuerwerk der MPU12
-------------------------------------------------------------
library ieee;
use ieee.std_logic_1164.all;
use ieee.std_logic_arith.all;
use ieee.std_logic_unsigned.all;
------------------- Entity Declaration ------------------
entity STW12_1  is
   port (CLK: in  std_logic;
         CLR    : in  std_logic;
         IPV    : in  std_logic;
         OPREC: in  std_logic;
         OPC    : in  std_logic_vector (4 downto 0);
         START : in  std_logic;
         A      : out  std_logic_vector (16 downto 0);
         IPREQ : out  std_logic;
         OP_Z   :  in  std_logic;
         OP_S   : in  std_logic;
         OP_C   : in  std_logic;
         OPV    : out  std_logic);
end STW12_1;
```

```
----------------- Architecture Declaration ------------
architecture STW_ARCH  of STW12_1 is
-------------------- Signal Declaration -----------------
type Sreg0_type is (S0, S1, S2, S3, S4, S5, S6);    -- Zustände des Automaten
signal Sreg0: Sreg0_type;
begin
------------------- Process Statement -----------------
        d1: process (CLK)
begin
if CLK'event and CLK = '1' then                          -- IF-Schleife Taktflanke
        if CLR = '1' then                               -- IF-Schleife CLR synchron
        Sreg0 <= S0;
        else
-------------------- Case Statement --------------------
        case Sreg0 is
--------------------------- S0 -----------------------------
                when S0 =>                                        -- Ruhezustand
                        if START = '0' then                    -- IF-Schleife START
                            Sreg0 <= S0;
                        elsif START = '1' then
                            Sreg0 <= S1;
                        end if;
--------------------------- S1 ------------------------------
                when S1 =>                                            -- Starten
                            Sreg0 <= S2;
--------------------------- S2 ------------------------------
                when S2 =>
                            Sreg0 <= S3;
--------------------------- S3 ------------------------------
                 when S3 =>
                        if OPC(0) = '1' then             -- IF-Schleife Zustand S3
                            Sreg0 <= S4;                -- indirekte Adressierung
                        elsif OPC(0) = '0' then           -- direkte Adressierung
                            Sreg0 <= S5;
                        end if;
--------------------------- S4 ------------------------------
                when S4 =>
                            Sreg0 <= S5;
--------------------------- S5 ------------------------------
                when S5 =>                  -- IF-Schleife Zustand S5 (Anfang)
```

```
if OPC = "10100" or OPC = "10110" then                    -- SHR or SHL
          Sreg0 <= S1;
elsif OPC = "00010" or OPC = "00011" then                 -- ST or STI
          Sreg0 <= S1;
elsif (OPC = "00100" or OPC = "00101") and IPV = '1' then -- IN or INI
          Sreg0 <= S1;
elsif OPC = "01110" or OPC = "01111" then                 -- JU or JUI
          Sreg0 <= S1;
elsif OPC = "01000" or OPC = "01001" then                 -- JZ or JZI
          Sreg0 <= S1;
elsif OPC = "01010" or OPC = "01011" then                 -- JS or JSI
          Sreg0 <= S1;
elsif OPC = "01100" or OPC = "01101" then                 -- JC or JCI
          Sreg0 <= S1;
elsif OPC = "11110" or OPC = "11111" then                 -- LO or LOI
          Sreg0 <= S6;
elsif OPC = "00000" or OPC = "00001" then                 -- OU or OUI
          Sreg0 <= S6;
elsif OPC = "11000" or OPC = "11001" then                 -- AD or ADI
          Sreg0 <= S6;
elsif OPC = "11010" or OPC = "11011" then                 -- SU or SUI
          Sreg0 <= S6;
elsif OPC = "11100" or OPC = "11101" then                 -- NA or NAI
          Sreg0 <= S6;
elsif OPC = "00010" or OPC = "00011" then                 -- ST or STI
          Sreg0 <= S1;
elsif OPC = "00110" then                                  -- STOP
          Sreg0 <= S0;
elsif OPC = "10010" then                                  -- RETURN
          Sreg0 <= S6;
elsif (OPC = "00100" or OPC = "00101") and IPV = '0' then -- IN or INI
          Sreg0 <= S5;
elsif OPC = "10000" or OPC = "10001" then                 -- CA or CAI
          Sreg0 <= S1;
elsif OPC = "00111" or OPC = "10011" then                 -- NOP (Res.)
          Sreg0 <= S1;
elsif OPC = "10101" or OPC = "10111" then                 -- NOP (Res.)
          Sreg0 <= S1;
end if;                                   -- IF-Schleife Zustand S5 (Ende)
```

```
---------------------------- S6 -----------------------------
            when  S6  =>                        --IF-Schleife Zustand S6 (Anfang)
        if OPC = "11110" or OPC = "11111"  then                      -- LO or LOI
                       Sreg0 <= S1;
        elsif  OPC = "11000" or OPC = "11001"  then                  -- AD or ADI
                       Sreg0 <= S1;
        elsif  OPC = "11010" or OPC = "11011"  then                  -- SU or SUI
                       Sreg0 <= S1;
        elsif  OPC = "11100" or OPC = "11101"  then                  -- NA or NAI
                       Sreg0 <= S1;
        elsif (OPC = "00000" or OPC = "00001") and OPREC = '0' then -- OU or OUI
                       Sreg0 <= S6;
        elsif (OPC = "00000" or OPC = "00001") and OPREC = '1' then -- OU or OUI
                       Sreg0 <= S1;
        elsif  OPC = "10010"  then                                   -- RETURN
                       Sreg0 <= S1;
        end  if;                                -- IF-Schleife Zustand S6 (Ende)
        when  others  =>  null;
        end  case;
        end  if;                                        -- IF-Schleife Taktflanke
end  if;                                              -- IF-Schleife CLR synchron
end  process d1;
-------- Signal Assignment Statements ---------------
A_assignment:
------------------- Ansteuervektor A(16:0) -------------
---------------------- S0 : Ruhezustand -----------------
A <= "00000100000000000"  when (Sreg0 = S0 and START = '0')  else
"00000100001000110"  when (Sreg0 = S0 and START = '1')  else
----------------------------- S1 -----------------------------
"00000000010000100"  when (Sreg0 = S1)  else                     -- Befehl holen
----------------------------- S2 -------------------------------
"00001001001000000"  when (Sreg0 = S2)  else               -- Befehl decodieren
----------------------------- S3 -------------------------------
"00000000010000000"  when (Sreg0 = S3 and OPC(0) = '1')  else  -- indirekte ADR
"00000000000000000"  when (Sreg0 = S3 and OPC(0) = '0')  else    -- direkte ADR
----------------------------- S4 -------------------------------
"00000001101000000"  when (Sreg0 = S4)  else                   -- indirekte ADR
----------------------------- S5 -------------------------------
"00000000001100000"  when                       -- Sprungbedingung nicht erfüllt
(Sreg0 = S5 and OPC = "01000" and OP_Z = '0')  else                        -- JZ
```

```
"0000000001100000"  when
(Sreg0 = S5 and OPC = "01010" and OP_S = '0')  else                -- JS
"0000000001100000"  when
(Sreg0 = S5 and OPC = "01100" and OP_C = '0')  else                -- JZ
----------------------------
"0000000001100000"  when                    -- Sprungbedingung nicht erfüllt
(Sreg0 = S5 and OPC = "01001" and OP_Z = '0')  else                -- JZI
"0000000001100000"  when
(Sreg0 = S5 and OPC = "01011" and OP_S = '0')  else                -- JSI
"0000000001100000"  when
(Sreg0 = S5 and OPC = "01101" and OP_C = '0')  else                -- JCI
"0000001000000110"  when                          -- Sprungbedingung erfüllt
(Sreg0 = S5 and OPC = "01000" and OP_Z = '1')  else                -- JZ
"0000001000000110"  when
(Sreg0 = S5 and OPC = "01010" and OP_S = '1')  else                -- JS
"0000001000000110"  when
(Sreg0 = S5 and OPC = "01100" and OP_C = '1')  else                -- JC
----------------------------
"0000001100000110"  when                          -- Sprungbedingung erfüllt
(Sreg0 = S5 and OPC = "01001" and OP_Z = '1')  else                -- JZI
"0000001100000110"  when
(Sreg0 = S5 and OPC = "01011" and OP_S = '1')  else                -- JSI
"0000001100000110"  when
(Sreg0 = S5 and OPC = "01101" and OP_C = '1')  else                -- JCI
---------------------------
"0000001000000110"  when (Sreg0 = S5 and OPC = "01110")  else      -- JU
"0000001100000110"  when (Sreg0 = S5 and OPC = "01111")  else      -- JUI
---------------------------
"1100000001100000"  when (Sreg0 = S5 and OPC = "10100")  else      -- SHR
"1110000001100000"  when (Sreg0 = S5 and OPC = "10110")  else      -- SHL
---------------------------
"0000000010000000"  when
Sreg0 = S5 and (OPC = "11000" or OPC = "11001")  else          -- AD/ADI
"0000000010000000"  when
Sreg0 = S5 and (OPC = "11010" or OPC = "11011")  else          -- SU/SUI
"0000000010000000"  when
Sreg0 = S5 and (OPC = "11100" or OPC = "11101")  else          -- NA/NAI
"0000000010000000"  when
Sreg0 = S5 and (OPC = "00000" or OPC = "00001")  else          -- OU/OUI
"0000000010000000"  when
```

```
Sreg0 = S5 and (OPC = "11110" or OPC = "11111")  else                    -- LO/LOI
"00010000101100000"  when
Sreg0 = S5 and (OPC = "00010" or OPC = "00011")  else                    -- ST/STI
----------------------------
"00000100000000000"  when
Sreg0 = S5 and OPC = "00100" and IPV  = '0'  else                             -- IN
"00000100000000000"  when
Sreg0 = S5 and OPC = "00101" and IPV  = '0'  else                            -- INI
"00010100001100000"  when
Sreg0 = S5 and OPC = "00100" and IPV  = '1'  else                             -- IN
"00010100001100000"  when
Sreg0 = S5 and OPC = "00101" and IPV  = '1'  else                            -- INI
----------------------------
"00000001000011110"  when Sreg0 = S5 and OPC = "10000"  else                  -- CA
"00000001100011110"  when Sreg0 = S5 and OPC = "10001"  else                 -- CAI
"00000000000001111"  when Sreg0 = S5 and OPC = "10010"  else              -- RETURN
----------------------------
"00000000000000000"  when Sreg0 = S5 and OPC = "00110"   else               -- STOP
"00000000001100000"  when Sreg0 = S5 and OPC = "00111"   else                -- NOP
"00000000001100000"  when Sreg0 = S5 and OPC = "10011"  else                 -- NOP
"00000000001100000"  when Sreg0 = S5 and OPC = "10101"  else                 -- NOP
"00000000001100000"  when Sreg0 = S5 and OPC = "10111"  else                 -- NOP
---------------------------- S6 -----------------------------------
"01100001101100000"  when
Sreg0 = S6 and (OPC = "11000" or OPC = "11001")  else                    -- AD/ADI
"00100001101100000"  when
Sreg0 = S6 and (OPC = "11010" or OPC = "11011")  else                    -- SU/SUI
"01000001101100000"  when
Sreg0 = S6 and (OPC = "11100" or OPC = "11101")  else                    -- NA/NAI
"10100001101100000"  when
Sreg0 = S6 and (OPC = "11110" or OPC = "11111")  else                    -- LO/LOI
"00000001100000000"  when
Sreg0 = S6 and (OPC = "00000" or OPC = "00001") and OPREC = '0' else -- OU/OUI
"00000011101100000"  when
Sreg0 = S6 and (OPC = "00000" or OPC = "00001") and OPREC = '1' else -- OU/OUI
"00000000001100000"  when
Sreg0 = S6 and OPC = "10010"  else                                        -- RETURN
"00000000001100000";
----------------------------
```

```
------------------ Ein- und Ausgabeprotokoll ---------------
------------------- OPV-Assignment --------------------------
opv <= '0' when (Sreg0 = S0 and START = '0') else              -- Output Valid
       '1' when Sreg0 = S6 and (OPC = "00000" or OPC = "00001")
                and OPREC = '0' else                            -- OU or OUI
       '0';
---------------- IPREQ-Assignment ------------------------
IPREQ <= '0' when (Sreg0 = S0 and START = '0') else            -- Input Request
       '1' when Sreg0 = S5 and (OPC = "00100" or OPC = "00101")
                 and IPV = '0' else                             -- IN or INI
       0';
end STW_ARCH;
--------------------
```

Für das vorliegende VHDL-Modell wird eine **process**-Anweisung verwendet. In dem **process** sind die sequenziellen Anweisungen **case-when** und **if-then-else** eingebunden. Außerdem werden die nebenläufigen Signalzuweisungen **when-else** außerhalb der **process**-Anweisung eingesetzt. Für die Modellierung von endlichen Automaten mit VHDL gibt es eine Vielzahl von Möglichkeiten. Es werden i. a. Beschreibungsformen gewählt, die eine oder mehrere **process**-Anweisungen enthalten, in denen **case-when**- oder **if-then-else**-Anweisungen eingebunden sind. Dabei ist zu beachten, dass in VHDL alle Signalzuweisungen (Signal Assignments) außerhalb der **process**-Anweisungen nebenläufig, d. h. parallel abgearbeitet und wie einfache **process**-Anweisungen behandelt werden. Für die Beschreibung des Automaten müssen folgende Bedingungen erfüllt werden:

- Speichern der internen Zustände in Registern
- Bestimmung der Folgezustände
- Zuordnung der Ausgangssignale

Für die Darstellung der internen Zustände des Automaten wird ein Datentyp als Aufzählungstyp verwendet mit der folgenden Syntax:

```
------------------ Aufzählungstyp ----------------------
type enum_name is (e0, e1, ….,en);
-----------------------------------------------------------
```

Die Elemente des Aufzählungstyp enum_name können frei gewählt werden. Die Codierung der Elemente kann dabei manuell oder vom VHDL-Compiler erfolgen. Im obigen VHDL-Modell wird der Aufzählungstyp in der folgenden Form verwendet:

```
------------------- Aufzählungstyp ------------------------
type state_type is (S0, S1, ....,S6);          -- Datentyp deklarieren
signal state : state_type;
:
case state is                                  -- verwenden in case-Anweisung
when S0 => ..........
-----------------------------
```

Bei der Zustandscodierung unterscheidet man im Wesentlichen zwischen

- Binärer Codierung
- „One-Hot"-Codierung

Bei der binären Codierung kann die Zahl der Speicherelemente minimiert werden, es wird jedoch zusätzliche Schaltungslogik benötigt. Bei der „One-Hot"-Codierung wird für jeden internen Zustand ein Speicherglied benötigt, d. h. der Zustandsvektor braucht für jeden Zustand ein Bit. Im vorliegenden Fall wurde für das VHDL-Modell die „One-Hot"-Codierung gewählt, da hier Änderungen leichter durchzuführen sind und keine Codierungsprobleme auftreten. Die Bestimmung der Folgezustände erfolgt in der **process**-Anweisung, wobei die jeweiligen Folgezustände durch die **case**-Anweisung selektiert werden.

Die Zuordnungen des Ausgangsvektors A(16:0) und der Signale für die Ein- und Ausgabe (IPREQ, OPV) werden über Signalzuweisungen gemacht, d. h. sie werden parallel zur **process**-Anweisung ausgeführt. Der **process** wird immer angestoßen, wenn sich das Taktsignal CLK ändert. Der CLR-Eingang arbeitet synchron, d. h. es wird erst auf die Vorderflanke des CLK-Signals gewartet und erst dann das CLR-Signal gelesen.

Zum Testen des Steuerwerks als VHDL-Modell siehe Kap. 10 (Simulation).

4 Das 16-Bit Mikroprozessor-System (MPU16A_S)

Das digitale 16-Bit-System soll genau wie das 12-Bit-System in der folgenden Form strukturiert werden:

- Mikroprozessor (MPU16A)
- Synchroner statischer RAM-Speicher

Der Prozessor soll dabei zunächst in einer Grundversion (MPU16A) erstellt werden. Für den RAM-Speicher soll sowohl das Lesen als auch das Schreiben taktabhängig sein, im Gegensatz zur 12-Bit-Version, bei der nur das Schreiben taktabhängig ist. Der Entwurf eines 16-Bit-Mikroprozessors soll als eine Erweiterung des 12-Bit-Mikroprozessors MPU12 betrachtet werden. Die Strukturierung des Prozessors in Operationswerk und Steuerwerk soll dabei erhalten bleiben. Die 16-Bit-Version MPU16A stellt eine Erweiterung in folgenden Punkten dar:

- Arithmetisch-Logische-Einheit (ALU)
- Adressierung
- Befehlssatz
- Registerstruktur in Richtung RISC-Strukturen
- Registeradressierung
- externe Ein- und Ausgabe-Einheit

4.1 Entwurf eines 16-Bit-Mikroprozessors

Der Schwerpunkt des Entwurfs soll auf der Erweiterung des 12-Bit-Prozessors liegen, so dass man von einer vorhandenen Version ausgehen kann und diese mit den neuen Eigenschaften ausstattet. Ein weiterer Schwerpunkt soll eine problemlose Änderung der Eigenschaften des Prozessors sein, um ihn an neue Anwendungen anzupassen. Im Folgenden werden zunächst die gewünschten Eigenschaften definiert.

Adressformat

Alle Speicheradressen haben ein 16-Bit-Format und können entsprechend von 0 bis 64 K adressiert werden. Es wird zunächst nur eine direkte Speicheradressierung mit absoluten Adressen verwendet. In einer erweiterten Form werden dann weitere Adressierungsarten vorgestellt (siehe Kap. 6.1).

Datenformat

Das Datenformat besteht durchgehend aus einem 16-Bit-Operanden, wobei das oberste Bit (MSB) als Vorzeichen reserviert ist. Negative Operanden werden als Zweier-Komplement dargestellt.

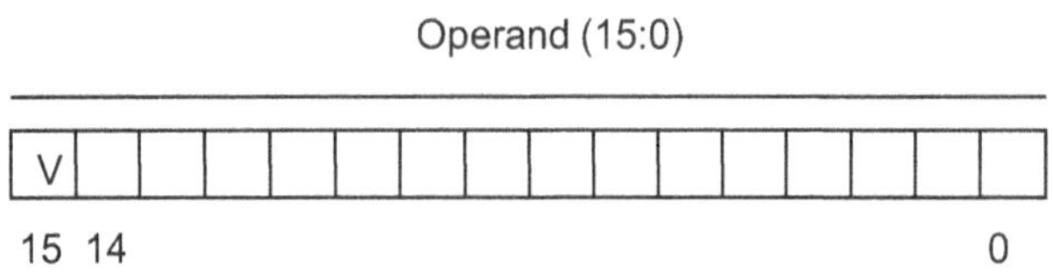

Daten: Bit 0,......,14
Vorzeichen V: Bit 15

Befehlsformat

Das Befehlsformat wird unterteilt in

- Registerbefehle
- Load/Store-Befehle
- Adressbefehle

Registerbefehle

OPC(15:9):	Opcode
RD(8:6), RA(8:6), RB(2:0):	Arbeitsregister
RD, RA, RB:	Registerauswahl R0,......,R7

Für den 7-Bit-Opcode können insgesamt $2^7 = 128$ Befehle definiert werden. Der Opcode soll in vier Befehlsgruppen eingeteilt werden:

OPC(15:11):	5-Bit-Opcode für Befehle
OPC(10:9):	2-Bit-Opcode für die Befehlsgruppe

Für jede Befehlsgruppe können jeweils 32 Befehle vergeben werden. Die Befehlsgruppen sind nach Tab. 4.1 eingeteilt. Die nicht definierte Befehlsgruppe kann für Erweiterungen der Befehlsstruktur verwendet werden. Für die Arbeitsregister RD, RA und RB können jeweils 8 Register adressiert werden.

Tab. 4.1: Befehlsgruppen

OPC(10)	OPC(9)	Befehlsart
0	0	Registerbefehle
0	1	nicht definiert
1	0	Load/Store-Befehl
1	1	Adressbefehle

Diese Befehlsstruktur folgt einer RISC-Architektur, in der 3-Adress-Befehle verwendet werden können. Die Reihenfolge der Abarbeitung für Register-Befehle muss genau festgelegt werden, da sie in die Registerstruktur der Akku-Einheit eingeht. Für einen 3-Adress-Befehl wird die Reihenfolge der Abarbeitung wie folgt festgelegt:

$$\text{OPC} \quad \text{RD} \leftarrow \text{RA, RB}$$

Der Operationscode OPC verknüpft die Inhalte der Register RA und RB miteinander und legt das Ergebnis im Zielregister RD ab.
Auf Einzelheiten in der Registerstruktur wird beim Entwurf des Operationswerkes näher eingegangen.

Load-/Store-Befehle

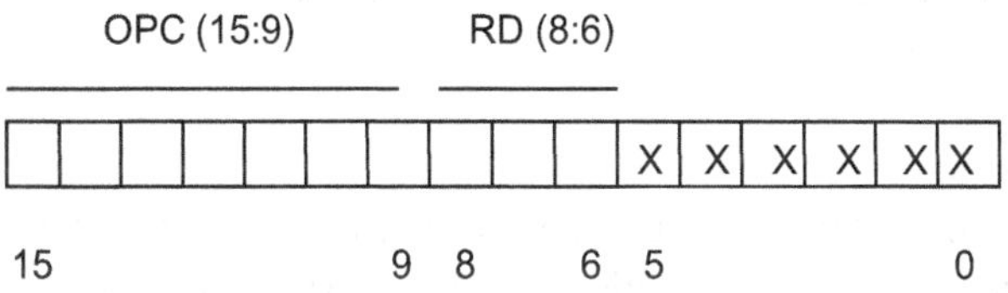

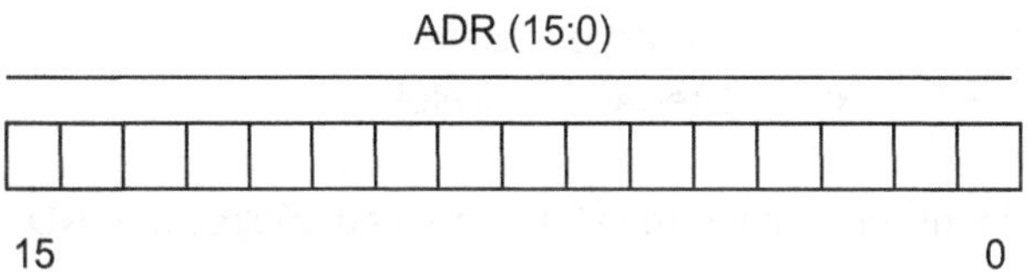

Das Befehlsformat besteht aus dem 7-Bit-Opcode, dem 3-Bit-Zielregister RD und einer 16-Bit- Adresse. Die restlichen 6 Bit des Befehlswortes sind don't-care-Werte und können für Erweiterungen des Befehlsformates genutzt werden.

Adressbefehle

OPC (15:9)

							X	X	X	X	X	X	X	X	X
15						9	8								0

ADR (15:0)

15															0

Das Befehlsformat besteht bei der direkten Adressierung aus dem 7-Bit-Opcode und einer 16-Bit-Adresse. Die restlichen 9 Bit des Befehlswortes werden nicht genutzt und sind don't-care-Werte.

Adressierung

Folgende Adressierungsarten werden verwendet:

- Register-Register: Register-Befehle, Input-/Output-Befehle
- Register-Speicher: Load/Store-Befehle, Input-/Output-Befehle
- Speicher: Jump-Befehle

Register-Register-Adressierung

a) Registerbefehle innerhalb der Akkumulator-Einheit (Akku-Einheit). Das Befehlsformat besteht nur aus einem Befehlswort: Opcode und den Registern RA, RB und RD. Dabei kann man zwischen Ein- und Mehr-Adressbefehlen unterscheiden, z. B.

Inkrement	RD:	Ein-Adress-Befehl
Addiere	RD ← RA, RB:	Drei-Adress-Befehl

b) Register-Befehle zwischen Input- und Outputregister und einem Zielregister RD in der Akku-Einheit.

RD	← Input-Register:	Dateneingabe
Output-Register	← RD:	Datenausgabe

Es wird jeweils nur das Register RD adressiert, das zweite Register ist durch den Befehl vorgegeben, d. h. es handelt sich um eine implizite Adressierung.

Register-Speicher-Adressierung

Load-/Store-Befehle: Es wird entweder ein Zielregister RD mit Daten aus dem Arbeitsspeicher geladen (Load-Befehl), oder es wird der Inhalt eines Zielregisters RD in dem Arbeitsspeicher unter der Adresse m abgelegt (Store-Befehl).

RD ← m: Load-Befehl (m: Adresse im Speicher)
m ← RD: Store-Befehl

Befehle zwischen Input- und Outputregister und dem Arbeitsspeicher

m ← Input-Register: Dateneingabe, m: Adresse im Speicher
Output-Register ← m: Datenausgabe

Es wird jeweils nur die 16-Bit-Speicheradresse m bestimmt, das entsprechende Register wird durch den Befehl vorgegeben (implizite Adressierung).

Speicheradressierung

Es handelt sich dabei um Jump-Befehle. Es wird nur eine Speicheradresse m bestimmt, wobei nur die direkte 16-Bit-Adressierung verwendet wird. Weitere Möglichkeiten der Adressierung werden dann in einem speziellen Kapitel über Adressierungsarten behandelt.

PC ← PC + 1: Sprungbedingung nicht erfüllt, PC: Program-Counter
PC ← m: Sprungbedingung erfüllt

Registerstruktur

Es existieren acht 16-Bit Register, die als Arbeitsregister verwendet werden können. Mit diesem Registerblock von nur acht Registern können mit Hilfe von Datenselektoren, d. h. Multiplexern und Demultiplexern, Drei-Adress-Befehle ausgeführt werden. Die Registerstruktur für die entsprechenden Befehle wurde bereits in Kap. 2 bei dem Entwurf einer einfachen Register-Einheit erläutert (siehe Abb. 2.22). Ein Register-Befehl könnte z. B. lauten:

ADD R7 ← R1 + R3

Es sollen die Inhalte der Register R1 und R3 addiert werden und das Ergebnis im Zielregister R7 gespeichert werden. Alle drei Register werden dabei aus dem Registerblock verwendet, der notwendige Datentransfer wird durch Datenselektion realisiert. Die Registerstruktur hat dabei eine Minimalkonfiguration. Bedingung ist in diesem Fall, dass bei einem Registerbefehl die benötigten Register immer die aktuellen Daten haben müssen.

Statusregister

Das Statusregister ist ein 5-Bit Register. Die Statusflags haben folgende Bedeutung:

- EQ-Flag: Vergleichsflag zwischen den Registern RA und RB.
- OV-Flag: Overflow-Flag für das Zielregister RD
- NEG-Flag: Prüft, ob das Zielregister RD einen negativen Wert hat.
- ZERO-Flag: Prüft, ob das Zielregister RD Null ist.
- Carry-Flag: Zeigt einen Ausgangsübertrag für das Zielregister RD an.

Register-Stack

Als Register-Stack soll der verkettete Registerblock des 12-Bit Prozessors verwendet werden, wobei nur die Register auf 16-Bit erweitert werden.

Akkumulatorstruktur

Die 12-Bit Akku-Einheit der MPU12 wurde in einer Minimalkonfiguration mit nur einem Akkumulator-Register erstellt. Die 16-Bit Akku-Einheit soll entsprechend dem vorgegebenen Befehlsformat erweitert werden. Mit dem erweiterten 7-Bit-Opcode lassen sich 128 Befehle kodieren, die in vier Befehlsgruppen zu je 32 Befehlen eingeteilt werden.

In Tabelle 4.2 ist der Befehlssatz der MPU16A zusammengestellt. Der Befehlssatz besteht aus 20 Registerbefehlen, den Load- und Store-Befehlen und 9 Adressbefehlen, so dass 97 Kombinationen für den Opcode nicht genutzt werden, d. h. es sind ungültige Opcodes. Ungültige Opcodes werden wie NOP-Befehle (No Operation) interpretiert. Bei NOP-Befehlen wird keine Operation ausgeführt, es entsteht nur eine Verzögerung in der Befehlsfolge des Maschinenprogramms. In der zweiten Spalte der Tabelle sind die Kürzel (Mnemonics) der einzelnen Befehle aufgelistet. Sie können beliebig definiert werden. In der dritten Spalte ist die Bedeutung der Befehle angegeben. In den restlichen Spalten sind die fünf Flags mit den jeweiligen Gültigkeiten angegeben. Geändert haben sich gegenüber der 12-Bit-Version nur die Execute-Phase, die jetzt in EX1 und EX2 aufgespalten wird und die IF3-Phase. Die Phase IF3 (indirekte Adressierung) gibt es beim MPU16A nicht mehr. In der Phase ADR0 wird das Laden der Startadresse in das Input-Register durchgeführt. Diese Phase wird nur beim Starten des Maschinenprogramms durchlaufen und dann nicht mehr benötigt. Genau wie beim 12-Bit-Grundmodell sollen die Befehlsphasen und die zugehörigen CPU-Takte für die einzelnen Befehle näher betrachtet werden.

Die Abbildung 4.1 a) bis f) zeigt in anschaulicher Form die Befehlsphasen für die einzelnen Befehlsabläufe. Die Erklärungen für die einzelnen Register- und Adress-Befehle sind in Tabelle 4.3 aufgelistet. Die Darstellungen für die Register- und Adress-Befehle zeigen, dass alle Befehle zwischen vier und sechs CPU-Takte benötigen.

Tab. 4.2: Befehlssatz der MPU16A

Befehl	**Mnemonic**	**Bedeutung**	**Flags**				
OPC(6:0)			**C**	**Z**	**N**	**OV**	**EQ**
Register-Befehle							
0000000	NOP	PC ← PC + 1					
0100100	SHR RD	RD ← SHR(RA)		x	x		
0101000	SHL RD	RD ← SHL(RA)		x	x		
0110000	DEC RD	RD ← RA – 1		x	x		
0110100	INC RD	RD ← RA + 1		x	x		
0111000	INR RD	RD ← IPR		x	x		
0111100	OUTR RD	OPR ← RD					
1000000	ADD RD,RA, RB	RD ← RA + RB	x	x	x	x	
1000100	SUB RD, RA, RB	RD ← RA – RB	x	x	x	x	
1001000	AND RD, RA, RB	RD ← RA AND RB		x	x		
1001100	OR RD, RA, RB	RD ← RA OR RB		x	x		
1010000	XOR RD, RA, RB	RD ← RA XOR RB		x	x		
1010100	MOV RD, RB	RD ← RB		x	x		
1011000	RETURN	PC ← ST					
1011100	CLR RD	RD = 0		x			
0101100	COMP RA, RB	RA EQ RB		x	x		x
1100000	CPL RD	RD ← not (RA)		x	x		
1100100	INX RD	RD ← IPX		x	x		
1101000	OUTX RD	OPX ← RD					
1111100	STOP	Programm-Ende					
Load-/Store Befehle							
0000110	LOAD RD, m	RD ← (m)		x	x		
0001010	STORE m, RD	(m) ← RD					
Adress-Befehle							
0010011	JUMP m	PC ← m					
0010111	JC m	C = 1 : PC ← m	x				
0011011	JZ m	Z = 1 : PC ← m		x			
0011111	JOV m	OV = 1: PC ← m				x	
0100011	JN m	N = 1 : PC ← m			x		
0100111	JEQ m	EQ = 1: PC ← m					x
0101011	INM m	(m) ← IPR					
0101111	OUTM m	OPR ← (m)					
0001111	CALL m	ST ← PC, PC ← m					

Die Anzahl der Buszugriffe für die einzelnen Befehle liegt zwischen eins und drei. Diese Werte stimmen also mit dem MPU12 Prozessor direkt überein, so dass ein fließender Übergang zu der 16-Bit-Version gegeben ist. Auf die Unterschiede zum Grundmodell wird an den entsprechenden Stellen hingewiesen.

Erläuterungen zu Tabelle 4.2

MR(15:9)	OPC(6:0)	Befehlsformat
MR(8:6)	RD(2:0)	Register RD
MR(5:3)	RA(2:0)	Register RA
MR(2:0)	RB(2:0)	Register RB

ST	Register-Stack
PC	Programm-Counter
MR	Memory-Register
m	16 Bit-Adresse
(m)	Inhalt von ADR m
IPR	Input-Register mit Eingabeprotokoll
OPR	Output-Register mit Ausgabeprotokoll
IPX	Input-Register ohne Eingabeprotokoll
OPX	Output-Register ohne Ausgabeprotokoll

C	Carry-Flag
Z	Zero-Flag
N	Negativ-Flag
OV	Overflow-Flag
EQ	Equal-Flag
x	Flags gültig

Bestimmung der Befehlsphasen

Beim Befehlsablauf des 16-Bit-Prozessors gibt es nur geringe Änderungen gegenüber der MPU12. Die einzelnen Befehlsphasen für die 16-Bit-Version sollen wie folgt ablaufen:

ADR0: Laden der Startadresse in das Input-Register IPR
IF1: Befehl aus dem Arbeitsspeicher in das Memory-Register MR laden
IF2: a) Adress-Register AR für den nächsten Befehl oder Operanden laden
b) Instruction-Register IR laden
ID1: a) Befehlsgruppe dekodieren
b) Registeradresse bestimmen
ID2: Gesamten Opcode interpretieren
DF1: Nächste Adresse vom Arbeitsspeicher ins Memory-Register laden
DF2: Operand vom Arbeitsspeicher ins Memory-Register laden

EX1: Adresse für Operanden ins Adress-Register AR laden

EX2: a) Befehl ausführen

b) aktuelle Adresse vom Program-Counter (PC) ins Adress-Register AR laden

Die Befehlsphasen in Abb. 4.1 haben folgende Bedeutung:
a) Registerbefehl1 (alle Akku-Befehle und INX, OUTX)
b) Registerbefehl2 (SHR, SHL)
c) Registerbefehl3 (INR, OUTR)
d) Adressbefehl1 (JUMP-Befehle, Sprungbeding. nicht erfüllt)
e) Adressbefehl2 (JUMP-Befehle, Sprungbeding. erfüllt, RETURN)
f) Adressbefehl3 (LOAD, STORE, INM, OUTM, CALL)

Tab. 4.3: Befehlstypen

Befehlstyp	**Befehlsgruppe**	**Befehle/Bedeutung**
Registerbefehl1	Registerbefehle, I/O-Befehle ohne Protokoll	alle Akku-Befehle und INX , OUTX
Registerbefehl2	Schiebe-Befehle	SHR , SHL
Registerbefehl3	I/O-Befehle mit Protokoll	INR , OUTR
Adress-Befehl1	JUMP-Befehle	Sprungbed. nicht erfüllt
Adress-Befehl2	JUMP-Befehle	Sprungbed. erfüllt, RETURN
Adress-Befehl3	Speicher-Befehle	INM, OUTM, LOAD, STORE, CALL

Der Registerbefehl1 in Tabelle 4.3 beinhaltet alle logischen und arithmetischen Befehle, die in der Akku-Einheit ausgeführt werden, sowie die Ein- und Ausgabebefehle INX und OUTX, die direkt ausgeführt werden, d. h. ohne externe Ein- bzw. Ausgabebestätigung. Der Registerbefehl2 Befehlstyp beinhaltet die logischen Schiebebefehle für rechts (SHR) und links (SHL). Bei Registerbefehl3 werden die Ein- und Ausgabebefehle INR, OUTR ausgeführt, die mit Ein- und Ausgabebestätigung arbeiten. Bei Adress-Befehl1 und Adress-Befehl2 werden die Sprungbefehle ausgeführt, bei denen die Sprungbedingung nicht erfüllt bzw. erfüllt ist. Der Befehlstyp Adress-Befehl3 führt die Speicherbefehle aus. Die vier Befehle laufen identisch ab bis auf den STORE-Befehl. Hier wird beim fünften CPU-Takt nicht die Befehlsphase DF2, sondern EX2 ausgeführt. Für die Befehle NOP und STOP besteht die EX2-Phase nur aus dem Laden des Adress-Registers AR mit der aktuellen Adresse.

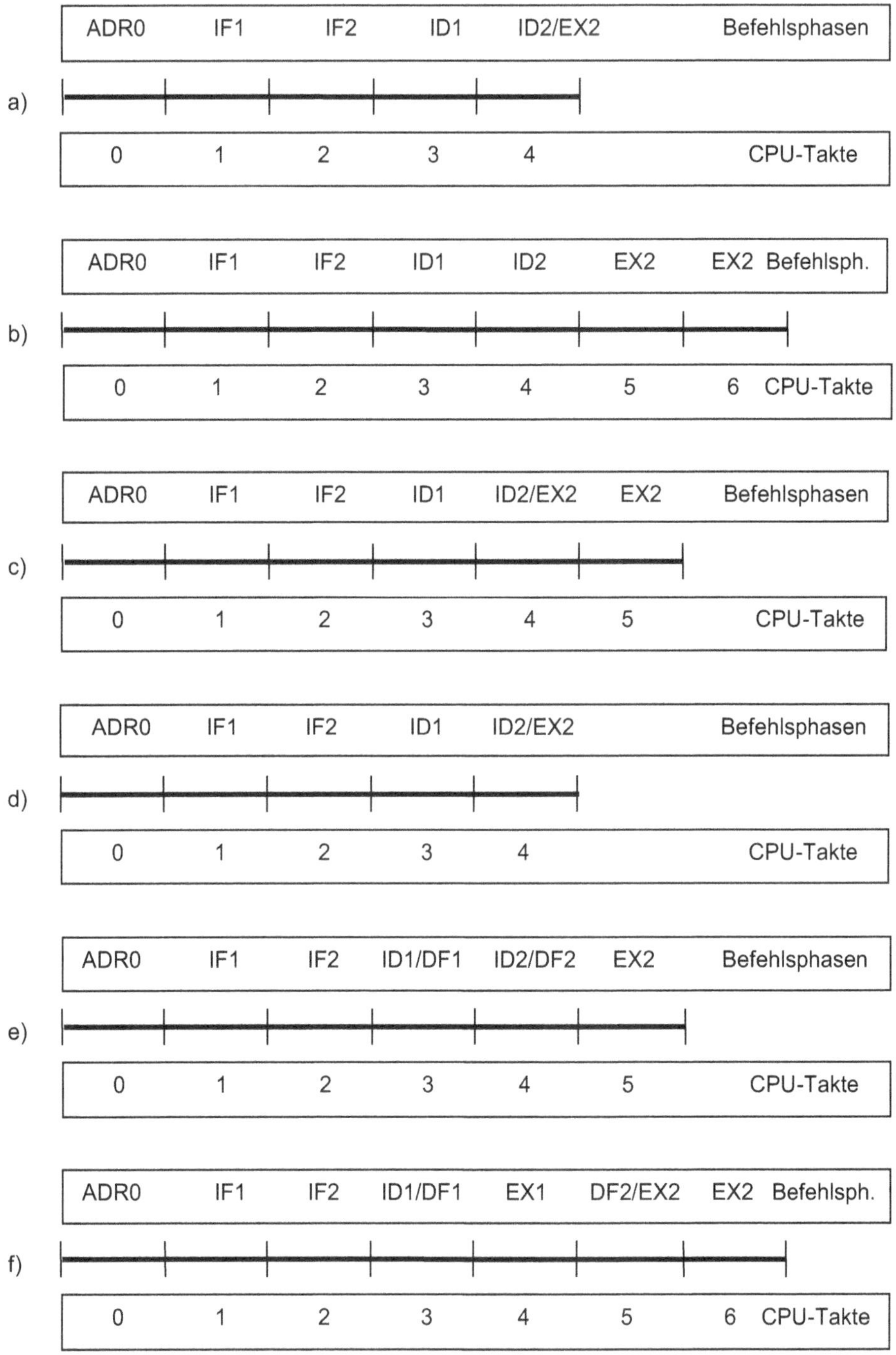

Abb. 4.1: Befehlsphasen und CPU-Takte

Ein- und Ausgabe von externen Daten

Die Ein- und Ausgabe von externen Daten läuft wie beim 12-Bit-Grundmodell ab, d. h. sie werden über ein asynchrones Protokoll abgewickelt. Zusätzlich gibt es ein Ein- und Ausgaberegister, das direkt ohne Ein- und Ausgabebestätigung externe Daten einliest bzw. Daten ausgibt. Es handelt sich um die Befehle INX (Input) und OUTX (Output).

Dateneingabe über das Inputregister IPX

Datentransfer: RD ← IPX

- Prozessor liest den Input-Befehl INX
- Befehl wird abgearbeitet
- Wert am Eingang des Input-Registers IPX wird ins Zielregister RD geladen

Datenausgabe über das Outputregister OPX

Datentransfer: OPX ← RD

- Prozessor liest Output-Befehl OUTX
- Befehl wird abgearbeitet
- Inhalt vom Register RD wird ins Output-Register OPX geladen

Datenaustausch zwischen CPU und Speicher

Der Datenaustausch wird wie bei der 12-Bit-Version behandelt mit der Ausnahme, dass auch das Lesen der Daten aus dem Speicher immer durch ein Taktsignal ausgelöst wird (Abb. 4.2).

Datentransfer: RAM ← REG: Schreibzugriff

- Prozessor liest Befehl mit Schreibzugriff
- Befehl wird abgearbeitet und Prozessor setzt das Steuersignal WR_EN = 1
- Mit der ersten Taktflanke von CKL_RAM werden die Daten vom Register REG über den internen Datenbus (SYSBUS) in den RAM-Speicher geladen.

Datentransfer: REG ← RAM: Lesezugriff

- Prozessor liest Befehl mit Lesezugriff
- Befehl wird abgearbeitet und Prozessor setzt das Steuersignal WR_EN = 0
- Mit der ersten Taktflanke von CLK_RAM werden die Daten vom RAM-Speicher über den Datenbus MR_D in das interne Register REG geladen.

Das interne Register REG ist entweder ein Arbeitsregister R0, ..., R7 im Akkumulator oder das Inputregister (IPR) bzw. Outputregister (OPR).
Die folgende Darstellung verdeutlicht noch einmal den Ablauf für die Schreib- und Lesezugriffe auf den Speicher.

1 Lesezugriff WR_EN = 0: Daten werden mit dem Taktsignal CLK_RAM dem Datenbus MR_D übergeben.

2 Schreibzugriff WR_EN = 1: Daten können in den Speicher übernommen werden. Die Datenübernahme erfolgt mit dem Taktsignal CLK_RAM über den Datenbus SYSBUS.

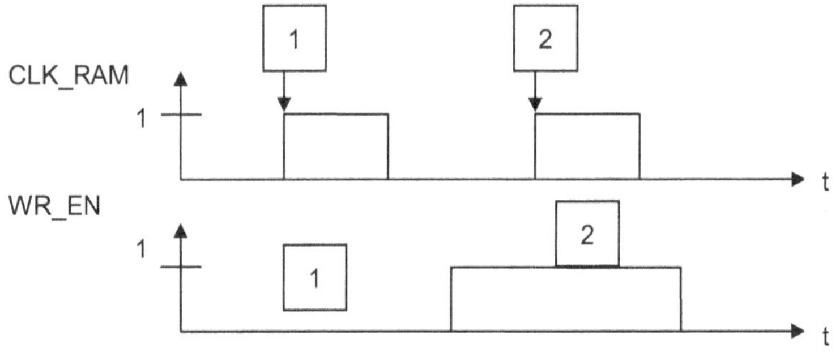

Abb. 4.2: Datenaustausch: MPU16A ←→ Speicher

Abb. 4.3 zeigt den Funktionsblock des Mikroprozessor-Systems (MPU16A_S) mit den Signalen für die Ein- und Ausgänge.
Gegenüber dem 12-Bit-Prozessor sind nur zwei Signale hinzugekommen: IPX_D und OPX_Q für die zusätzlichen Input- und Output-Register.
Alle anderen Signale sind gleich geblieben und haben auch die gleiche Bedeutung wie bei dem Grundmodell.
Wie angekündigt soll die Strukturierung des Prozessors in Steuerwerk und Operationswerk erhalten bleiben, so dass der Lösungsansatz für den Entwurf des Operationswerkes direkt aus dem 12 Bit-Grundmodell übernommen werden kann.

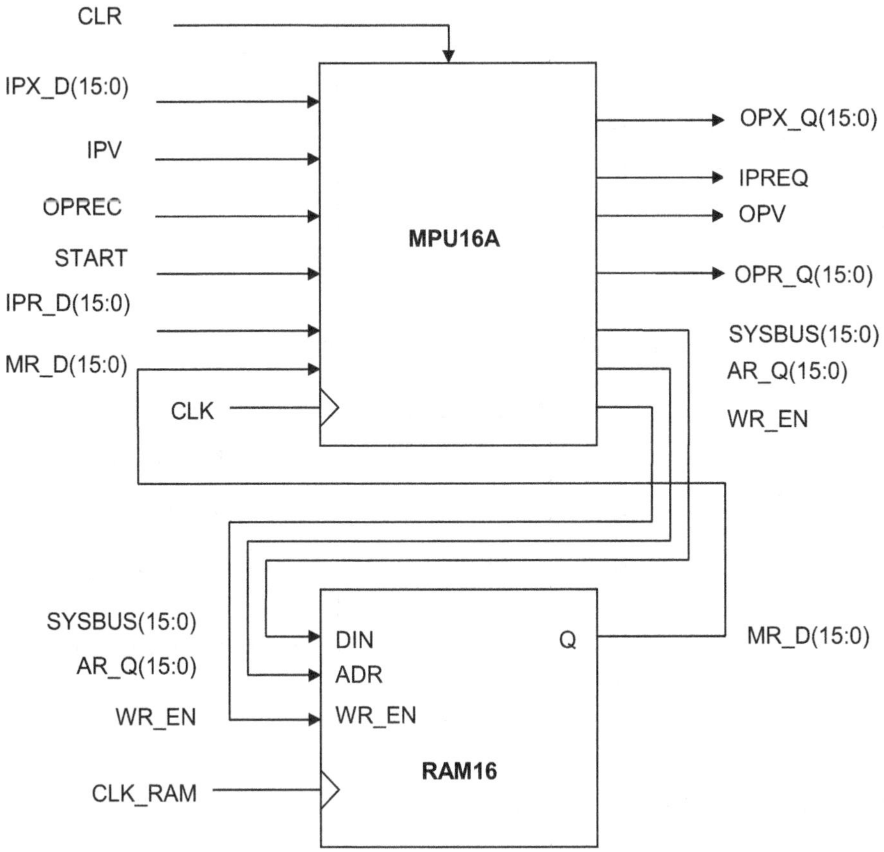

Abb. 4.3: Mikroprozessor-System (MPU16A_S)

4.2 Realisierung der MPU16A

Die Strukturierung des Mikroprozessors erfolgt in die Komponenten:
- Operationswerk (OPW)
- Steuerwerk (STW)

Die Ein- und Ausgangssignale des 16-Bit-Prozessors mit den veränderten Bitbreiten sind im Folgenden aufgelistet. Die Grösse des Ansteuervektors A(n–1:0) ist unbekannt und muss noch bestimmt werden. Abb. 4.4 zeigt das zugehörige Blockdiagramm des Prozessors.

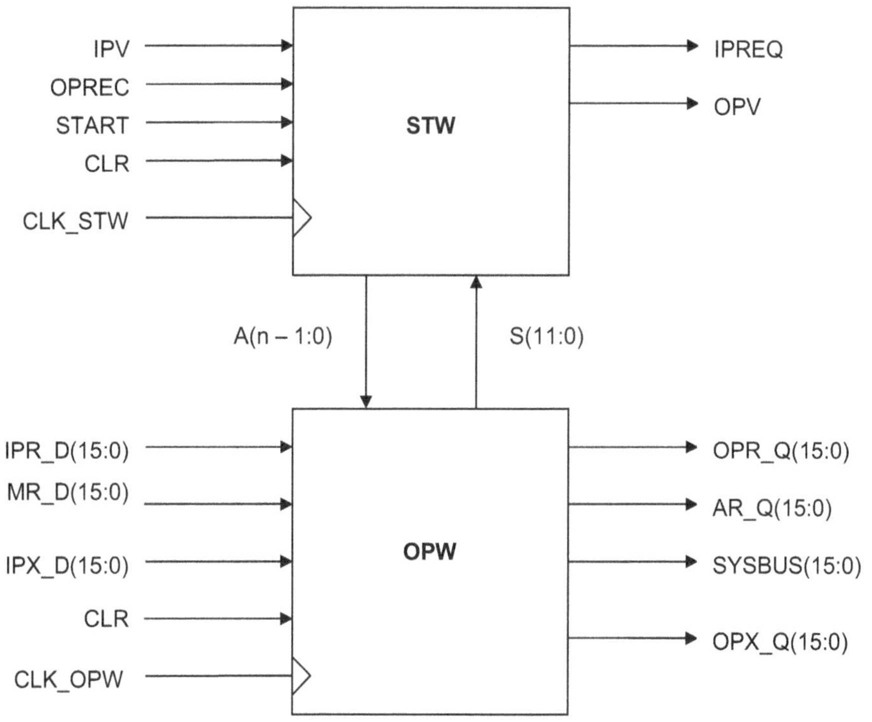

Abb. 4.4: Funktionsblock der MPU16A

Bezeichnungen der Ein- und Ausgangssignale

A(n – 1:0):	n Bit breiter Ansteuervektor
S(11:0):	12 Bit breiter Statusvektor
IR_Q(6:0):	7 Bit-Datenausgang Instruction-Register IR
IPR_D(15:0):	Dateneingang Inputregister IPR
OPR_Q(15:0):	Datenausgang Outputregister OPR
IPX_D(15:0):	Dateneingang Inputregister IPX
OPX_Q(15:0):	Datenausgang Outputregister OPX
AR_Q(15:0):	Datenausgang Adressregister AR
SYSBUS(15:0):	Interner Datenbus
MR_D(15:0):	Dateneingang Memory-Register MR
IPV:	Input Valid (Eingabe gültig)
IPREQ:	Input Request (Aufforderung zur Eingabe)
OPREC:	Output Recognized (Ausgabe erkannt)
OPV:	Output Valid (Ausgabe gültig)
CLR:	Clear asynchron

START: Programm starten
CLK_STW: Takteingang für STW
CLK_OPW: Takteingang für OPW

4.2.1 Entwurf des 16-Bit-Operationswerkes

Die Bezeichnungen der Ein- und Ausgangssignale des Operationswerkes haben bei der 16-Bit-Version die gleiche Bedeutung wie bei der 12-Bit-Version, so dass der Entwurf direkt umgesetzt werden kann. Es müssen lediglich die Bitbreiten angepasst werden. Änderungen ergeben sich dann bei der Strukturierung des Operationswerkes und beim Entwurf der Akkumulator-Einheit.

Bis auf den Ansteuervektor A sind die Bitbreiten für alle Ein- und Ausgangssignale bekannt. Der Statusvektor S ist ein 12-Bit-Vektor und setzt sich zusammen aus dem 7-Bit-Operations-Code und den fünf Status-Flags. Er ist in den 5-Bit-Vektor SREG für die Statusflags und den 7-Bit-Opcode aufgeteilt. Die einzelnen Statusflags werden dem Vektor SREG in der folgenden Form zugeordnet:

SREG(0): EQ-Flag: Vergleichsflag zwischen den Registern RA und RB.
SREG(1): OV-Flag: Overflow-Flag für das Zielregister RD
SREG(2): NEG-Flag: Prüft, ob das Zielregister RD negativ ist.
SREG(3): ZERO-Flag: Prüft, ob das Zielregister RD Null ist.
SREG(4): Carry-Flag: Zeigt einen Ausgangsübertrag für das Zielregister RD an.

Der 7-Bit-Opcode wird über den Datenausgang des Instruction-Registers IR_Q herausgeführt. Der interne Datenbus (SYSBUS) soll alle Komponenten im Operationswerk direkt oder indirekt miteinander verbinden und ist außerdem herausgeführt, um Daten in den Arbeitsspeicher zu schreiben (RAM-Eingang). Der Dateneingang vom Memory-Register MR_D wird über einen Datenbus mit dem Arbeitsspeicher verbunden (RAM-Ausgang). Der Arbeitsspeicher bekommt seine Adressen über den Datenausgang AR_Q des Adressregisters. Das START-Signal soll das Maschinenprogramm starten.

In Abb. 4.5 ist der Funktionsblock des Operationswerkes mit allen Ein- und Ausgängen dargestellt. Der Ansteuervektor ist etwas dicker eingezeichnet um anzudeuten, dass er noch bestimmt werden muss. Der Ansteuervektor soll nach der gleichen Methode wie beim 12-Bit-Entwurf bestimmt werden.

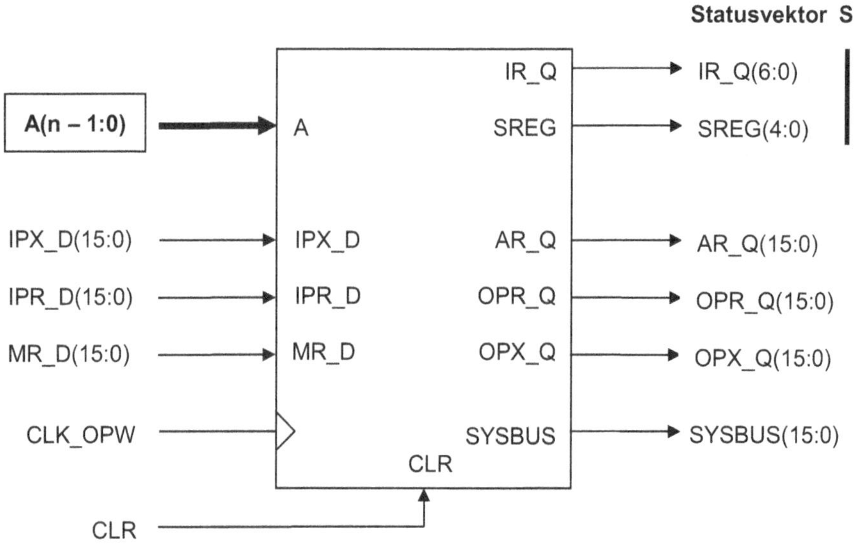

Abb. 4.5: Operationswerk der MPU16A

Komponenten des 16-Bit-Operationswerkes

Für den 16-Bit Prozessor sollen folgende Komponenten verwendet werden:

16-Bit-Program-Counter:	PC
16-Bit-Address-Register:	AR
16-Bit-Memory-Register:	MR
7-Bit-Instruction-Register:	IR
16-Bit-Register-Stack:	STACK
16-Bit-Input-Register:	IPR
16-Bit-Output-Register:	OPR
16-Bit-Input-Register:	IPX
16-Bit-Output-Register:	OPX
16-Bit-AKKU-Einheit:	AKKU

Alle Komponenten bis auf die Akku-Einheit können von der 12-Bit-Version übernommen werden, es muss lediglich die Bitbreite angepasst werden. Für die Akku-Einheit sind größere Änderungen notwendig, sie soll daher etwas genauer betrachtet werden.

Funktionsbeschreibung der 16-Bit-Akkumulator-Einheit

Die Ein- und Ausgangsbeschaltung der Akku-Einheit entspricht einem Top-down-Entwurf und beschreibt nur den Funktionsblock. Die Realisierung der Akku-Einheit, d. h. der innere Aufbau erfolgt erst beim Entwurf. Aus dem vorgegebenen Befehlsformat können die notwendigen Ein- und Ausgänge für die Akku-Einheit bestimmt werden:

- Adressierung für acht Arbeitsregister: R_ADR(8:0)
- Statusregister für fünf Flags: SREG(4:0)
- 4-Bit-Steuereingang für die ALU: S_ALU(3:0)
- Steuereingänge für den Datentransfer in der Akku-Einheit: S_AKKU(k – 1:0)
- 16-Bit-Dateneingang: B(15:0)
- 16-Bit-Datenausgang: A_Q(15:0)
- Steuereingänge für CLK und CLR

Abbildung 4.6 zeigt den Funktionsblock für die Akku-Einheit. Der 9-Bit-Signaleingang R_ADR steht für die Registeradressierung der Arbeitsregister RA, RB und RD, die jeweils mit 3 Bit von Register R0 bis R7 adressiert werden können. Der 4-Bit-Steuereingang S_ALU selektiert die Funktionen in der ALU. Die in dem Befehlssatz definierten arithmetischen und logischen Befehle können mit 4 Bit codiert werden. Bei einer Erweiterung der Funktionen innerhalb der ALU muss der Steuereingang entsprechend geändert werden. Der Steuereingang S_AKKU soll den Datentransfer innerhalb der Akku-Einheit regeln, wobei die Bitbreite k noch bestimmt werden muss. Der 5-Bit-Ausgang SREG gibt die Statusflags aus. Die Signale B und A_Q stehen für die 16-Bit-Datenein- und Ausgänge. Der asynchrone CLR-Eingang setzt bei CLR = 1 alle internen Register auf Null.

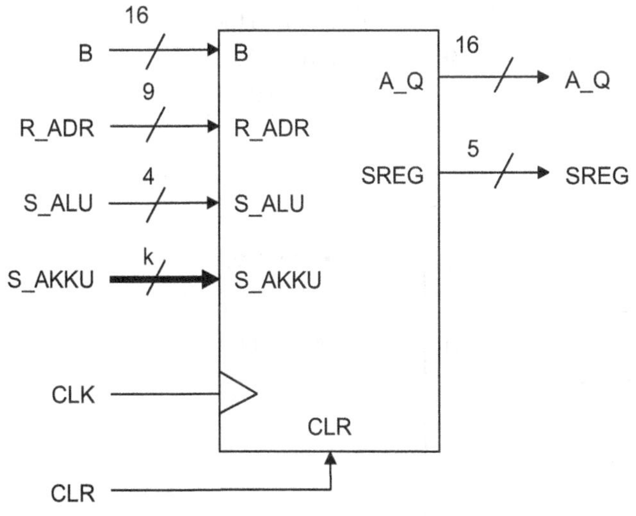

Abb. 4.6: Funktionsblock der 16-Bit-Akku-Einheit

In Abb 4.7 ist der Funktionsblock und in Tabelle 4.4 die zugehörige Funktionstabelle der 16-Bit-ALU dargestellt. Die Schiebefunktionen „Shift Right“ (SHR) und „Shift Left“ (SHL) werden in einem Schieberegister in der Akku-Einheit realisiert und in der ALU nur durchgeschaltet (Durchschalten von A).

Tab. 4.4: Funktionstabelle der 16-Bit-ALU

Steuereingang S_ALU ( )					
(3)	**(2)**	**(1)**	**(0)**	**Funktion**	**Bedeutung**
0	0	0	0	F = A	Durchschalten von A
0	0	0	1	F = A + B + CIN	Addition
0	0	1	0	F = A – B – CIN	Subtraktion
0	0	1	1	F = A AND B	AND-Funktion
0	1	0	0	F = A OR B	OR-Funktion
0	1	0	1	F = A XOR B	XOR-Funktion
0	1	1	0	F = A + 1	Inkrement
0	1	1	1	F = A – 1	Dekrement
1	0	0	0	F = A	Durchschalten von A (SHR)
1	0	0	1	F = A	Durchschalten von A (SHL)
1	0	1	0	F = B	Durchschalten von B
1	0	1	1	F = not A	Komplement von A
1	1	0	0	F = A	Durchschalten von A
1	1	0	1	F = A	Durchschalten von A
1	1	1	0	F = A COMP B	Compare A, B
1	1	1	1	F = 0	CLR-Funktion

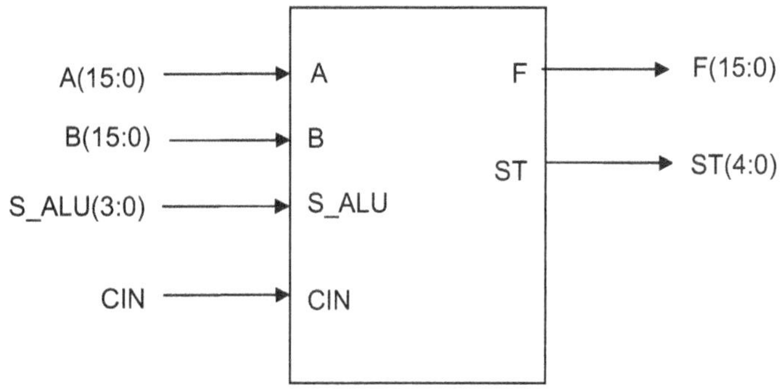

Abb. 4.7: Funktionsblock der 16-Bit-ALU

Nicht genutzte Funktionen in der ALU werden ebenfalls nur auf den Ausgang durchgeschaltet. Die Statusflags ST werden in der ALU erzeugt und in einem Statusregister in der Akku-Einheit gespeichert und als 5-Bit-Ausgangsvektor SREG ausgegeben (siehe auch Abb. 4.9).

Wie bereits in Kap. 2 ausgeführt, kann man die zu schaltenden Datenwege und Teilfunktionen im Operationswerk in eine Ansteuertabelle eintragen und den Ansteuervektor bitweise zuordnen. Tabelle 4.5 zeigt die so erstellte Ansteuertabelle. Die Tabelle ist aus Platzgründen in zwei Teile aufgeteilt. Die erste Hälfte enthält den Ansteuervektor A(11:0) und die zweite Hälfte A(24:12). Die Mikrooperationen in der Ansteuertabelle sind durchnumeriert und haben folgende Bedeutung:

1) Datentransfer: SYSBUS → Programmzähler (PC_Q)
2) Datentransfer: Register-Stack (ST_Q) → Programmzähler (PC_Q)
3) Programmzähler (PC_Q) wird inkrementiert
4) Datentransfer: Programmzähler (PC_Q) → Register-Stack (ST_Q)
5) Datentransfer: Programmzähler (PC_Q) → Adressregister (AR_Q)
6) Datentransfer: SYSBUS → Adressregister (AR_Q)
7) Datentransfer: RAM (MR_D) → Memory-Register (MR_Q)
8) Datentransfer: Ausgang der Akku-Einheit (A_Q) → SYSBUS
9) Daten werden vom Inputregister (IPR_D) auf den SYSBUS gegeben
10) Daten werden vom Memory-Register (MR_Q) auf den SYSBUS gegeben
11) Daten werden vom SYSBUS in das Outputregister (OPR_Q) geladen
12) Daten werden vom SYSBUS in das Outputregister (OPX_Q) geladen
13) Opcode vom Memory-Register (MR_Q) → Instruction-Register (IR_Q)
14) Datentransfer: SYSBUS → Eingang der Akku-Einheit (AKKU_B)
15) Datentransfer: SYSBUS → Speicher (RAM_Q)
16) Daten werden vom Inputregister (IPX_D) auf den SYSBUS gegeben
17) Datentransfer: Schieberegister (Q_SH) → Ausgang der Akku-Einheit (A_Q)
18) Zielregister RD wird auf Register RA geleitet (Dateneingang A der ALU)
19) Statusflags SREG werden aktiviert
20) Datentransfer: Akku-Eingang (AKKU_B) → Zielregister (Q_RI)
21) Registeradressierung: RA, RB und RD werden zwischengespeichert
22) Addition: (Q_A + Q_B) → Akku-Ausgang (A_Q) (ADD)
23) Subtraktion: (Q_A - Q_B) → Akku-Ausgang (A_Q) (SUB)
24) AND-Funktion: (Q_A and Q_B) → Akku-Ausgang (A_Q) (AND)
25) OR-Funktion: (Q_A or Q_B) → Akku-Ausgang (A_Q) (OR)
26) XOR-Funktion: (Q_A xor Q_B) → Akku-Ausgang (A_Q) (XOR)
27) Inkrement von Q_A (Register-Einheit) → Akku-Ausgang (A_Q) (INC)
28) Dekrement von Q_A (Register-Einheit) → Akku-Ausgang (A_Q) (DEC)
29) Schieben rechts Q_A (Register-Einheit) → Schiebe-Reg. (Q_SH) (SHR)

30) Schieben links Q_A (Register-Einheit) → Schiebe-Reg. (Q_SH) (SHL)
31) Datentransfer: Register-Einheit (Q_B) → Akku-Ausgang (A_Q) (MOV)
32) Komplement von Q_A (Register-Einheit) → Akku-Ausgang (A_Q) (CPL)
33) Datentransfer: Q_A (Register-Einheit) → Akku-Ausgang (A_Q)
34) Datentransfer: Q_A (Register-Einheit) → Akku-Ausgang (A_Q)
35) Vergleich von Q_A und Q_B (Register-Einheit) (COMP)
36) Q_A (Register-Einheit) → Akku-Ausgang (A_Q) auf Null (CLR)
37) Datentransfer: Q_A (Register-Einheit) → Akku-Ausgang (A_Q)

Tab. 4.5: (1) Ansteuertabelle der MPU16A

	Ansteuervektor A(11:0)												
Nr	**11**	**10**	**9**	**8**	**7**	**6**	**5**	**4**	**3**	**2**	**1**	**0**	**Funktion/ Datentransfer**
1										1	1		PC_Q ← SYSBUS
2									1	1	1	1	PC_Q ← ST_Q
3										1			PC_Q ← PC_Q + 1
4								1	1				ST_Q ← PC_Q
5						1	1						AR_Q ← PC_Q
6						1							AR_Q ← SYSBUS
7					1								MR_Q ← MR_D
8				1									SYSBUS ← A_Q
9			1										SYSBUS ← IPR_D
10			1	1									SYSBUS ← MR_Q
11		1											OPR_Q ← SYSBUS
12	1												OPX_Q ← SYSBUS

Die vollständige Ansteuertabelle ergibt einen Ansteuervektor von A(24:0), d. h. eine Bitbreite von n = 25. Mit Hilfe der Ansteuertabelle kann nun ein Blockdiagramm für das Operationswerk erstellt werden. Die Vorgehensweise ist dabei die gleiche wie beim Entwurf des 12-Bit-Prozessors. Die Darstellung des Blockdiagramms auf einer Seite wird jedoch zu unübersichtlich, so dass darauf verzichtet wird. Moderne Software-Tools für den Schaltungsentwurf bieten die Möglichkeit an, die Blockdiagramme aus dem Source-Code zu generieren. Im Anhang befinden sich Blockdiagramme für den 12-Bit- und 16-Bit-Prozessor, die nach dieser Methode erstellt wurden.

Tab. 4.5: (2) Ansteuertabelle der MPU16A

Ansteuervektor A(24:12)														
Nr	**24**	**23**	**22**	**21**	**20**	**19**	**18**	**17**	**16**	**15**	**14**	**13**	**12**	**Funktion/ Datentransfer**
13													1	IR_Q ← MR_Q(6:0)
14												1		AKKU_B ← SYSBUS
15											1			RAM_Q ← SYSBUS
16										1				SYSBUS ← IPX_D
17									1					A_Q ← Q_SH
18								1						RA ← RD
19							1							SREG ← Flags
20						1								Q_RI ← AKKU_B
21					1									RA,RB,RD ← MR_Q
22				1										A_Q ← Q_A + Q_B
23			1											A_Q ← Q_A – Q_B
24			1	1										A_Q ← Q_A ∧ Q_B
25		1												A_Q ← Q_A ∨ Q_B
26		1		1										A_Q ← Q_A ≠ Q_B
27		1	1											A_Q ← Q_A + 1
28		1	1	1										A_Q ← Q_A – 1
29	1													Q_SH ← SHR(Q_A)
30	1			1										Q_SH ← SHL(Q_A)
31	1		1											A_Q ← Q_B
32	1		1	1										A_Q ← NOT(Q_A)
33	1	1												A_Q ← Q_A
34	1	1		1										A_Q ← Q_A
35	1	1	1											Q_A EQ Q_B
36	1	1	1	1										A_Q ← '0'
37														A_Q ← Q_A

Bezeichnungen in der Ansteuertabelle

PC_D, PC_Q:	Program-Counter PC Eingang/Ausgang
MR_D, MR_Q:	Memory-Register MR Eingang/Ausgang
AR_D, AR_Q:	Adress-Register AR Eingang/Ausgang
IPR_D, IPR_Q:	Input-Register IPR Eingang/Ausgang
IPX_D, IPX_Q:	Input-Register IPX Eingang/Ausgang
OPR_D, OPR_Q:	Output-Register OPR Eingang/Ausgang
OPX_D, OPX_Q:	Output-Register OPX Eingang/Ausgang
Q_A, Q_B:	ALU-Eingang
F_ALU:	ALU-Ausgang
AKKU_B, A_Q:	Akku-Einheit Eingang/Ausgang
Q_RI:	Register-Einheit Zielregister RI, RI = R0,..........,R7
IR_D, IR_Q:	Instruction-Register IR Eingang/Ausgang
SYSBUS:	Interner Datenbus/Datenausgang
RA, RB, RD:	Arbeitsregister in der Register-Einheit
SREG:	Statusregister SREG Ausgang
RAM_D, RAM_Q:	RAM-Speicher Eingang/Ausgang
ST_D, ST_Q	Register-Stack Eingang/Ausgang

Durch die Zuordnungen in der Ansteuertabelle müssen in der Akku-Einheit folgende Datenwege geschaltet werden:

Ansteuervektor	**Steuereingang**	**Datentransfer**		
A(16):	S_AKKU(0):	A_Q	← Q_SH	Datentransfer Akku-Einheit
A(17):	S_AKKU(1):	RA	← RD	
A(18):	S_AKKU(2):	SREG	← Flags	
A(19):	S_AKKU(3):	Q_RI	← AKKU_B	
A(20):	S_AKKU(4):	RA, RB, RD	← MR_Q(8:0)	
A(21):	S_ALU(0)	Operationen in der ALU		
A(22):	S_ALU(1)			
A(23):	S_ALU(2)			
A(24):	S_ALU(3)			

Die Bitbreite für den Steuereingang S_AKKU, der den internen Datentransfer regelt, ergibt sich damit zu k = 5.

Aus dem Befehlsformat für Registerbefehle erhält man direkt die Registeradressierung in der folgenden Form:

MR_Q(8:6):	R_ADR(8:6):	RD	Registeradressierung für die Arbeitsregister
MR_Q(5:3):	R_ADR(5:3):	RA	
MR_Q(2:0):	R_ADR(2:0):	RB	

In Abb. 4.8 sind die Signale für den Ansteuervektor A und die Registeradressierung MR_Q eingetragen.

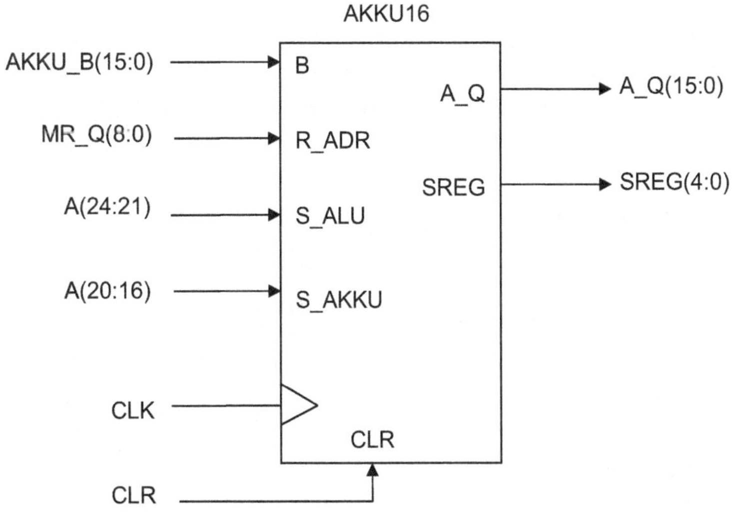

Abb. 4.8: Funktionsblock der 16-Bit-Akku-Einheit

Die Schaltung in Abb. 4.9 besteht aus den Komponenten Register-Einheit (AKKU16_REG1), Status-Register (STATUSREG), 16-Bit-ALU (ALU16), dem Modul ST_INC und einem Multiplexer MUX 2:1 (MUX2A). Die Register-Einheit enthält die acht Arbeitsregister R0 bis R7 und die Steuerung für den Datentransfer. Der Chip-Enable-Eingang CE ist auf logisch '1' geschaltet, d. h. er ist immer aktiv. Die Register-Einheit ist in Abb. 4.10 näher erläutert. Das 5-Bit-Statusregister ist für die Statusflags zuständig. Es wird über den Steuereingang S_AKKU(2) mit dem CE-Eingang verbunden. Die 16-Bit-ALU ist mit dem 4-Bit-Steuereingang S_ALU(3:0) verbunden sowie mit dem Modul ST_INC für den Eingangsübertrag CIN. Der Eingangsübertrag wird beim Aufruf des Inkrement-Befehls auf logisch '1' gesetzt, ansonsten ist der Eingangsübertrag auf logisch '0' geschaltet. Der Multiplexer MUX2A ist mit dem Steuereingang S_AKKU(0) verbunden. Er selektiert zwischen dem Ergebnis der ALU und dem Schieberegister in der Register-Einheit.

Die Register-Einheit besteht aus den Komponenten Schieberegister (SHLR16_4S), dem Registerblock bestehend aus acht 16-Bit-Registern (REG16_A), der Register-Adressierung bestehend aus drei 3-Bit-Registern und einem Multiplexer 2:1 (MUX2_3). Das Schieberegister wird über den 4-Bit-Steuereingang S_ALU(3:0) gesteuert. Die Schiebefunktionen sind in der Funktionstabelle der 16-Bit-ALU definiert (siehe Tabelle 4.4). Die Auswahl der Arbeitsregister im Registerblock wird über die

16-Bit-Multiplexer und Demultiplexer gesteuert. Der Demultiplexer DEMUX8_1 und die Multiplexer MUX8_1 selektieren die 16-Bit-Daten. Der Demultiplexer DEMUX8_1A ist mit dem gleichen Steuereingang Q_RD(2:0) wie der DEMUX8_1 verbunden und selektiert die CE-Eingänge der Arbeitsregister. In dem 3-Bit-Registerblock (REG3_A) werden die Registeradressen zwischengespeichert. Der Multiplexer 2:1 (MUX2_3) selektiert die Registeradressen RA(2:0) und RD(2:0).

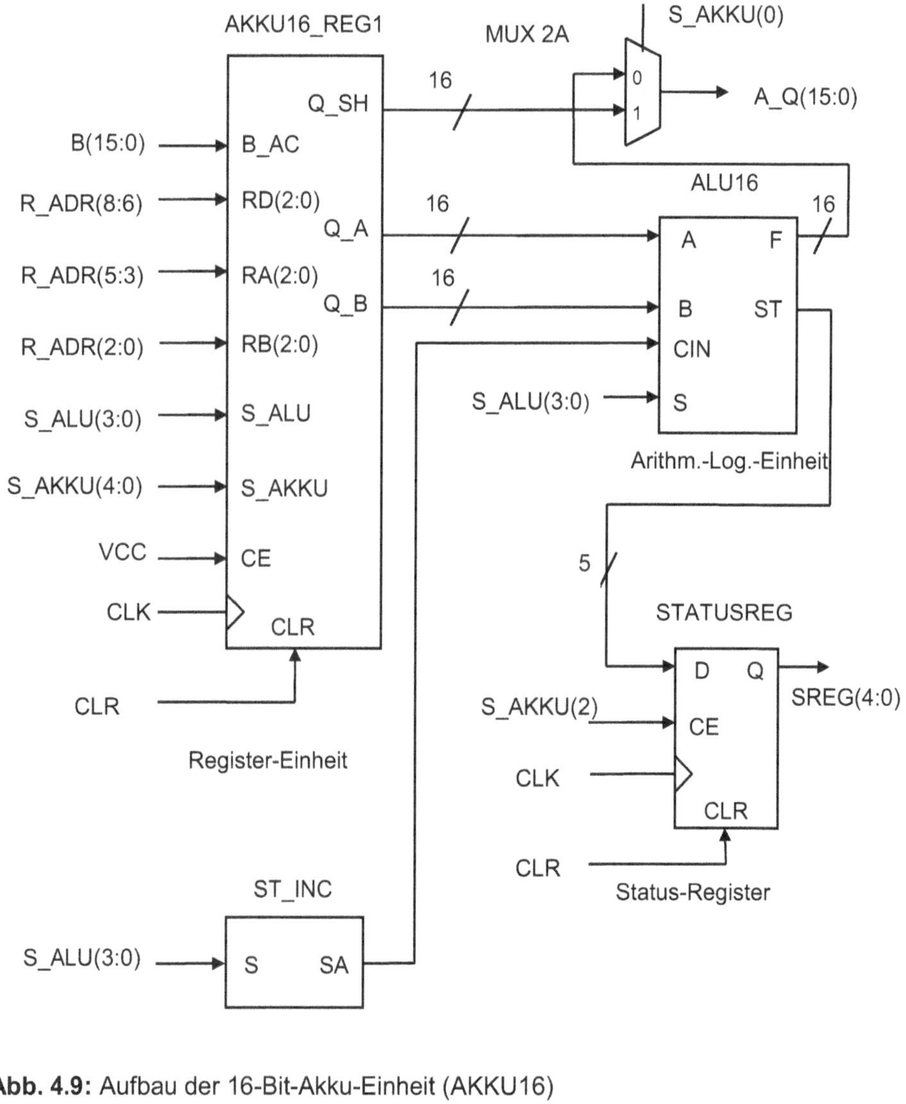

Abb. 4.9: Aufbau der 16-Bit-Akku-Einheit (AKKU16)

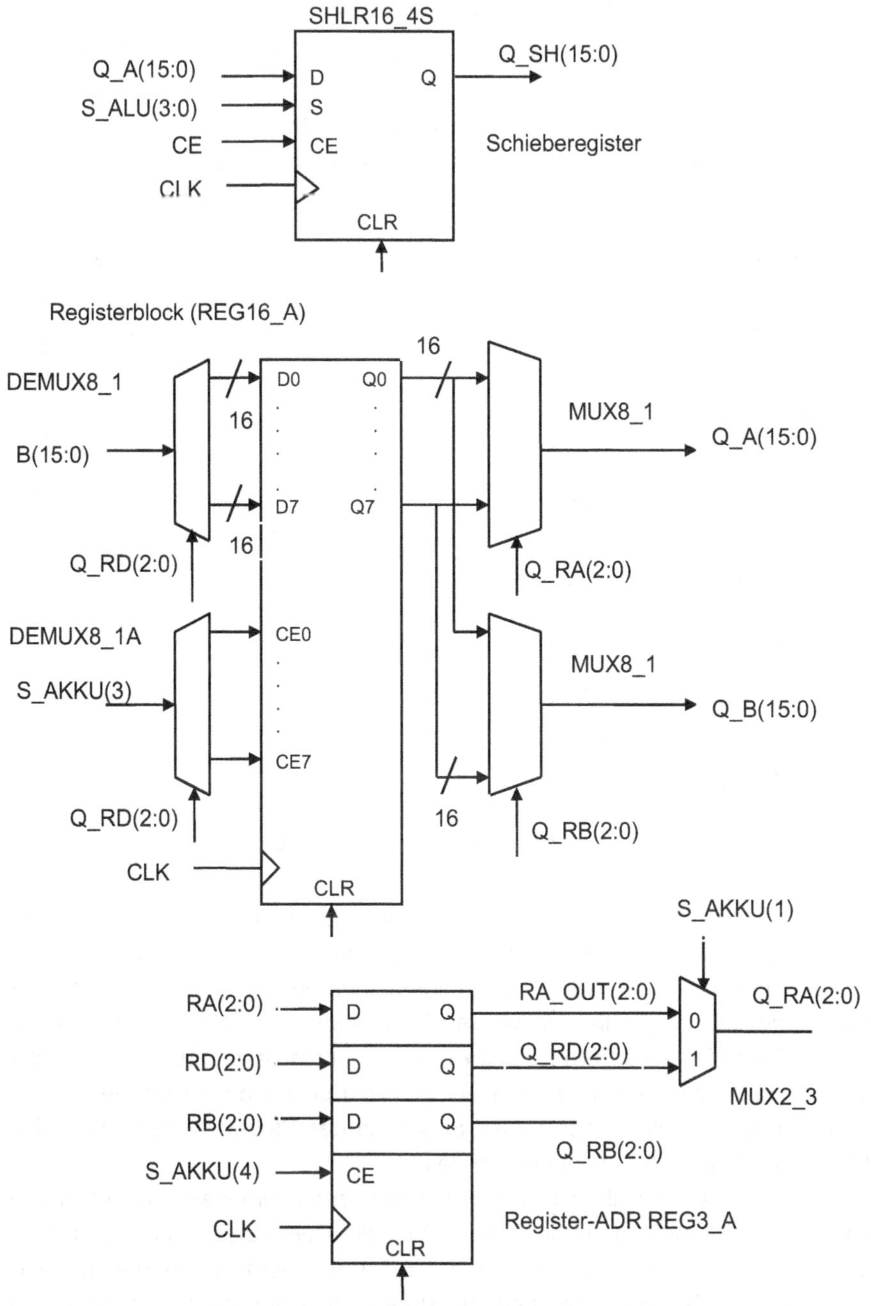

Abb. 4.10: Aufbau der Register-Einheit (AKKU16_REG1)

4.2.2 Entwurf des Steuerwerkes der MPU16A

Das Steuerwerk soll genau wie bei dem 12 Bit-Prozessor nach dem Mealy-Modell erstellt werden. Abb. 4.11 zeigt den Funktionsblock mit den Ein- und Ausgangssignalen des Steuerwerkes. Da die Befehlsphasen mit dem Grundmodell nahezu übereinstimmen, können die Änderungen direkt in die Automatentabelle eingetragen werden.

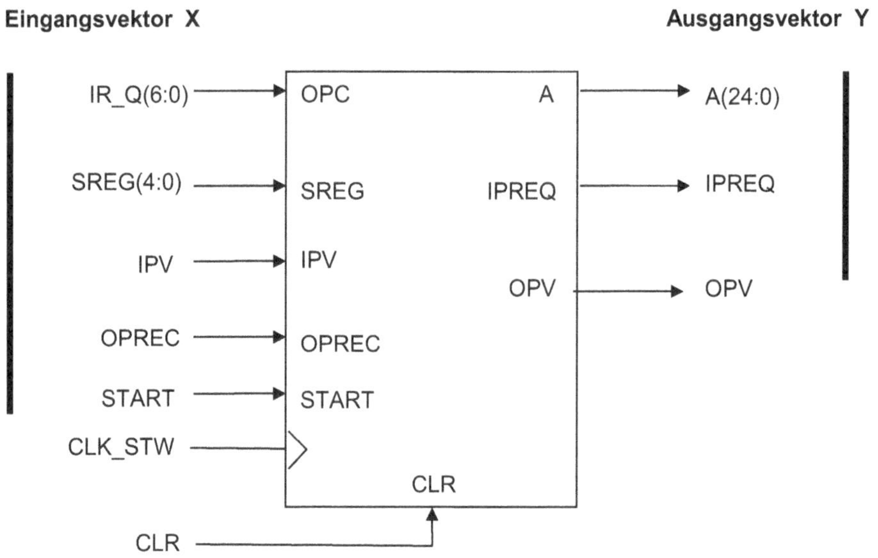

Abb. 4.11: Funktionsblock für das Steuerwerk der MPU16A

Tabelle 4.6 zeigt die so erweiterte Automatentabelle für die MPU16A. In diesem Fall ist es sinnvoller, mit der Automatentabelle zu arbeiten, da der Automatengraph zu unübersichtlich wird. In Abb. 4.12 ist der Automatengraph der MPU16A in kompakter Form zu sehen. Es ergeben sich wieder 7 Zustände S0 bis S6 für den Mealy-Automaten. Mit Hilfe eines FSM-Editors kann der Automatengraph mit den Zuständen und Zustandsübergängen auch direkt in den Editor eingetragen werden. Die Netzlisten sowie der VHDL-Code für die Schaltung des Steuerwerkes können dann mit Hilfe von Software-Tools generiert werden.

In der ersten Spalte sind die Zustandsübergänge durchnumeriert. Diese Numerierungen sind im Automatengraph in Abb. 4.12 für die Übergangsbedingungen eingetragen. Jeder Maschinenbefehl setzt sich aus mehreren elementaren Transferoperationen zusammen. Diese Operationen realisieren den Datentransfer zwischen den Funktionsblöcken oder führen Teilfunktionen in den Funktionsblöcken aus. Diese Aktionen sind in der zweiten Spalte dargestellt und sind als Kommentar für den Daten-

transfer mit aufgeführt. Ein vorangestelltes „N“ vor einem Ausdruck soll eine Negation des Ausdrucks angeben.
Der Eingangsvektor X setzt sich zusammen aus dem 7-Bit-Opcode OPC(6:0) für den jeweiligen Befehl, dem 5-Bit-Statusvektor SREG(4:0), den Signalen IPV und OPREC für das Ein- und Ausgabeprotokoll und dem Start-Signal zum Starten des Maschinenprogramms. Der Ausgangsvektor Y enthält den 25-Bit-Ansteuervektor A(24:0) für die Ansteuerung der Mikrooperationen und den Signalen IPREQ und OPV für das Ein- und Ausgabeprotokoll.
In der Spalte für den Ansteuervektor sind nur die Bitpositionen angegeben, die ungleich Null sind. Die Codierung für die Zustände Z und Folgezustände V des Steuerwerkes ist nicht explizit angegeben, sondern nur mit S0 bis S6 bezeichnet. Hier wird i. a. die „One Hot“- oder binäre Codierung gewählt. Im Automatengraph in Abb. 4.12 sind in dieser kompakten Darstellung einzelne Zustandsübergänge relativ unübersichtlich, für den Gesamtüberblick der vorhandenen Zustände ist er dennoch gut geeignet.

Tab. 4.6: Automatentabelle der MPU16A

Nr.	Bedingungen/Datentransfer	Eingangsvektor X	Z	V	A(24:0)
1	N-Start/SYSBUS ← IPR_D	N-Start	S0	S0	A(9)
2	Start/PC_Q ← SYSBUS	Start	S0	S1	A(2,1)
	SYSBUS ← IPR_D				A(9)
	AR_Q ← SYSBUS				A(6)
3	xxx/PC_Q ← PC_Q +1	xxxxx	S1	S2	A(2)
	MR_Q ← MR_D				A(7)
4	xxx/IR_Q ← MR_Q(15:9)	xxxxx	S2	S3	A(12)
	AR_Q ← PC_Q				A(6,5)
5	Register-Befehl	OPC(1:0) = 00	S3	S4	
	SREG ← Flags				A(18)
	RA,RB,RD ← MR_Q(8:0)				A(20)
6	LOAD/STORE-Befehl	OPC(1:0) = 10	S3	S4	
	MR_Q ← MR_D				A(7)
	PC_Q ← PC_Q + 1				A(2)
	RA,RB,RD ← MR_Q(8:0)				A(20)
7	Adress-Befehl	OPC(1:0) = 11	S3	S4	
	MR_Q ← MR_D				A(7)
	PC_Q ← PC_Q + 1				A(2)
8	STOP/NV	OPC = STOP	S4	S0	Null-Vektor
9	NOP/AR_Q ← PC_Q	OPC = NOP	S4	S1	A(6,5)

Nr.	Bedingungen/Datentransfer	Eingangsvektor X	Z	V	A(24:0)
10	COMP/AR_Q ← PC_Q	OPC = COMP	S4	S1	A(6,5)
	COMP Q_A, Q_B				A(24:22)
	SREG ← Flags				A(18)
11	ADD/AR_Q ← PC_Q	OPC = ADD	S4	S1	A(6,5)
	ADD A_Q ← Q_A, Q_B				A(21)
	Q_RI ← AKKU_B				A(19)
	SREG ← Flags				A(18)
12	SUB/AR_Q ← PC_Q	OPC = SUB	S4	S1	A(6,5)
	SUB A_Q ← Q_A , Q_B				A(22)
	SREG ← Flags				A(18)
	Q_RI ← AKKU_B				A(19)
13	AND/AR_Q ← PC_Q	OPC = AND	S4	S1	A(6,5)
	AND A_Q ← Q_A, Q_B				A(22,21)
	SREG ← Flags				A(18)
	Q_RI ← AKKU_B				A(19)
14	OR/AR_Q ← PC_Q	OPC = OR	S4	S1	A(6,5)
	OR A_Q ← Q_A, Q_B				A(23)
	SREG ← Flags				A(18)
	Q_RI ← AKKU_B				A(19)
15	XOR/AR_Q ← PC_Q	OPC = XOR	S4	S1	A(6,5)
	XOR A_Q ← Q_A, Q_B				A(23,21)
	SREG ← Flags				A(18)
	Q_RI ← AKKU_B				A(19)
16	DEC/AR_Q ← PC_Q	OPC = DEC	S4	S1	A(6,5)
	DEC A_Q ← Q_A – 1				A(23:21)
	SREG ← Flags				A(18)
	Q_RI ← AKKU_B				A(19)
	RA ← RD				A(17)
17	INC/AR_Q ← PC_Q	OPC = INC	S4	S1	A(6,5)
	INC A_Q ← Q_A + 1				A(23,22)
	SREG ← Flags				A(18)
	Q_RI ← AKKU_B				A(19)
	RA ← RD				A(17)
18	CPL/AR_Q ← PC_Q	OPC = CPL	S4	S1	A(6,5)
	CPL A_Q ← not(Q_A)				A(24,22,21)
	SREG ← Flags				A(18)

Nr.	Bedingungen/Datentransfer	Eingangsvektor X	Z	V	A(24:0)
	Q_RI ← AKKU_B				A(19)
	RA ← RD				A(17)
19	CLR/AR_Q ← PC_Q	OPC = CLR	S4	S1	A(6,5)
	CLR A_Q ← '0'				A(24:21)
	SREG ← Flags				A(18)
	Q_RI ← AKKU_B				A(19)
	RA ← RD				A(17)
20	MOV/AR_Q ← PC_Q	OPC = MOV	S4	S1	A(6,5)
	MOV A_Q ← Q_B				A(24,22)
	SREG ← Flags				A(18)
	Q_RI ← AKKU_B				A(19)
21	INR ∧ IPV/ Q_RI ← AKKU_B	OPC = INR ∧ IPV	S4	S5	A(19)
	SYSBUS ← IPR_D				A(9)
	AKKU_B ← SYSBUS				A(13)
	SREG ← Flags				A(18)
	RA ← RD				A(17)
22	INX/AR_Q ← PC_Q	OPC = INX	S4	S1	A(6,5)
	SREG ← Flags				A(18)
	Q_RI ← AKKU_B				A(19)
	RA ← RD				A(17)
	SYSBUS ← IPX_D				A(15)
	AKKU_B ← SYSBUS				A(13)
23	INR ∧ N-IPV/RA ← RD	OPC = INR ∧ N-IPV	S4	S4	A(17)
	SYSBUS ← IPR_D				A(9)
					IPREQ = 1
24	OUTR ∧ OPREC/ SYSBUS ← A_Q	OPC = OUTR ∧ OPREQ	S4	S5	A(8)
	RA ← RD				A(17)
25	OUTR ∧ N-OPREC/NV	OPC = OUTR ∧ N-OPREQ	S4	S4	Null-Vektor OPV = 1
26	OUTX/AR_Q ← PC_Q	OPC = OUTX	S4	S1	A(6,5)
	RA ← RD				A(17)
	OPX_Q ← SYSBUS				A(11)
	SYSBUS ← A_Q				A(8)
27	JC ∧ N-C/AR_Q ← PC_Q	OPC = JC ∧ N-C	S4	S1	A(6,5)

Nr.	Bedingungen/Datentransfer	Eingangsvektor X	Z	V	A(24:0)
28	JZ ∧ N-Z/AR_Q ← PC_Q	OPC = JZ ∧ N-Z	S4	S1	A(6,5)
29	JN ∧ N-N/AR_Q ← PC_Q	OPC = JN ∧ N-N	S4	S1	A(6,5)
30	JOV ∧ N-OV/AR_Q ← PC_Q	OPC = JOV ∧ N-OV	S4	S1	A(6,5)
31	JEQ ∧ N-EQ/AR_Q ← PC_Q	OPC = JEQ ∧ N-EQ	S4	S1	A(6,5)
32	JC ∧ C/PC_Q ← SYSBUS	OPC = JC ∧ C	S4	S5	A(2,1)
	SYSBUS ← MR_Q				A(9,8)
	MR_Q ← MR_D				A(7)
33	JZ ∧ Z/PC_Q ← SYSBUS	OPC = JZ ∧ Z	S4	S5	A(2,1)
	SYSBUS ← MR_Q				A(9,8)
	MR_Q ← MR_D				A(7)
34	JN ∧ N/PC_Q ← SYSBUS	OPC = JN ∧ N	S4	S5	A(2,1)
	SYSBUS ← MR_Q				A(9,8)
	MR_Q ← MR_D				A(7)
35	JOV ∧ OV/PC_Q ← SYSBUS	OPC = JOV ∧ OV	S4	S5	A(2,1)
	SYSBUS ← MR_Q				A(9,8)
	MR_Q ← MR_D				A(7)
36	JEQ ∧ EQ/PC_Q ← SYSBUS	OPC = JEQ ∧ EQ	S4	S5	A(2,1)
	SYSBUS ← MR_Q				A(9,8)
	MR_Q ← MR_D				A(7)
37	JUMP/PC_Q ← SYSBUS	OPC = JUMP	S4	S5	A(2,1)
	SYSBUS ← MR_Q				A(9,8)
	MR_Q ← MR_D				A(7)
38	CALL/ST_Q ← PC_Q	OPC = CALL	S4	S5	A(4,3)
	MR_Q ← MR_D				A(7)
39	RETURN/PC_Q ← ST_Q	OPC = RETURN	S4	S5	A(3:0)
40	SHR/RA ← RD	OPC = SHR	S4	S5	A(17)
	SREG ← Flags				A(18)
41	SHL/RA ← RD	OPC = SHL	S4	S5	A(17)
	SREG ← Flags				A(18)
42	INM/AR_Q ← SYSBUS	OPC = INM	S4	S5	A(6)
	SYSBUS ← MR_Q				A(9,8)
43	OUTM/AR_Q ← SYSBUS	OPC = OUTM	S4	S5	A(6)
	SYSBUS ← MR_Q				A(9,8)
44	LOAD/AR_Q ← SYSBUS	OPC = LOAD	S4	S5	A(6)
	SYSBUS ← MR_Q				A(9,8)
45	STORE/AR_Q ← SYSBUS	OPC = STORE	S4	S5	A(6)
	SYSBUS ← MR_Q				A(9,8)

Nr.	Bedingungen/Datentransfer	Eingangsvektor X	Z	V	A(24:0)
46	CALL/PC_Q ← SYSBUS	OPC = CALL	S5	S6	A(2,1)
	SYSBUS ← MR_Q				A(9,8)
47	RETURN/AR_Q ← PC_Q	OPC = RETURN	S5	S1	A(6,5)
48	INM ∧ N-IPV/ SYSBUS ← IPR_D	OPC = INM ∧ N-IPV	S5	S5	A(9) IPREQ = 1
49	INM ∧ IPV/ SYSBUS ← IPR_D	OPC = INM ∧ IPV	S5	S6	A(9)
	RAM_Q ← SYSBUS				A(14)
50	OUTM ∧ N-OPREC/ SYSBUS ← MR_Q	OPC = OUTM ∧ N- OPREQ	S5	S5	A(9,8) OPV = 1
	MR_Q ← MR_D				A(7)
51	OUTM ∧ OPREC / SYSBUS ← MR_Q	OPC = OUTM ∧ OPREQ	S5	S6	A(9,8)
	OPR_Q ← SYSBUS				A(10)
52	STORE/SYSBUS ← A_Q	OPC = STORE	S5	S6	A(8)
	RAM_Q ← SYSBUS				A(14)
	RA ← RD				A(17)
53	LOAD/MR_Q ← MR_D	OPC = LOAD	S5	S6	A(7)
	RA ← RD				A(17)
	SREG ← Flags				A(18)
54	INR/AR_Q ← PC_Q	OPC = INR	S5	S1	A(6,5)
	SYSBUS ← IPR_D				A(9)
	AKKU_B ← SYSBUS				A(13)
	SREG ← Flags				A(18)
	RA ← RD				A(17)
55	OUTR/AR_Q ← PC_Q	OPC = OUTR	S5	S1	A(6,5)
	RA ← RD				A(17)
	OPR_Q ← SYSBUS				A(10)
	SYSBUS ← A_Q				A(8)
56	SHR/RA ← RD	OPC = SHR	S5	S6	A(17)
	Q_SH ← SHR(Q_A)				A(24)
	SREG ← Flags				A(18)
	A_Q ← Q_SH				A(16)
57	SHL/RA ← RD	OPC = SHL	S5	S6	A(17)
	Q_SH ← SHL(Q_A)				A(24,21)
	SREG ← Flags				A(18)
	A_Q ← Q_SH				A(16)

Nr.	Bedingungen/Datentransfer	Eingangsvektor X	Z	V	A(24:0)
58	JC/AR_Q ← PC_Q	OPC = JC	S5	S1	A(6,5)
59	JZ/AR_Q ← PC_Q	OPC = JZ	S5	S1	A(6,5)
60	JN/AR_Q ← PC_Q	OPC = JN	S5	S1	A(6,5)
61	JOV/AR_Q ← PC_Q	OPC = JOV	S5	S1	A(6,5)
62	JEQ/AR_Q ← PC_Q	OPC = JEQ	S5	S1	A(6,5)
63	JUMP/AR_Q ← PC_Q	OPC = JUMP	S5	S1	A(6,5)
64	STORE/AR_Q ← PC_Q	OPC = STORE	S6	S1	A(6,5)
65	CALL/AR_Q ← PC_Q	OPC = CALL	S6	S1	A(6,5)
66	INM/AR_Q ← PC_Q	OPC = INM	S6	S1	A(6,5)
	SYSBUS ← IPR_D				A(9)
	RAM_Q ← SYSBUS				A(14)
67	LOAD/AR_Q ← PC_Q	OPC = LOAD	S6	S1	A(6,5)
	SYSBUS ← MR_Q				A(9,8)
	Q_RI ← AKKU_B				A(19)
	AKKU_B ← SYSBUS				A(13)
	SREG ← Flags				A(18)
	RA ← RD				A(17)
68	OUTM/AR_Q ← PC_Q	OPC = OUTM	S6	S1	A(6,5)
	SYSBUS ← MR_Q				A(9,8)
	OPR_Q ← SYSBUS				A(10)
69	SHR/AR_Q ← PC_Q	OPC = SHR	S6	S1	A(6,5)
	A_Q ← Q_SH				A(16)
	Q_RI ← AKKU_B				A(19)
	SREG ← Flags				A(18)
	RA ← RD				A(17)
70	SHL/AR_Q ← PC_Q	OPC = SHL	S6	S1	A(6,5)
	A_Q ← Q_SH				A(16)
	Q_RI ← AKKU_B				A(19)
	SREG ← Flags				A(18)
	RA ← RD				A(17)

Bezeichnungen zu Tabelle 4.6

Z:	Zustandsvektor
V:	Folgezustandsvektor
x:	don't-care-Werte
A(24:0):	Ansteuervektor
A(24:21):	Steuereingang für ALU
OPC(6:0):	Opcode Befehl

OPC(1:0):	Befehlsgruppe
RA, RB, RD:	Arbeitsregister
AKKU_B:	Eingang Akku-Einheit
A_Q:	Ausgang Akku-Einheit
SYSBUS:	Interner Datenbus/Datenausgang
Q_RI:	Ausgang Akku-Register
SREG(4:0):	Ausgang Status-Register
Q_SH:	Ausgang Schiebe-Register
Q_A, Q_B:	Dateneingänge ALU
OPV:	Output Valid
IPREQ:	Input Request
IPV:	Input Valid
OPREC:	Output Recognized
AR_D, AR_Q:	Ein/Ausgang Adress-Register
MR_D, MR_Q:	Ein/Ausgang Memory-Register
PC_D, PC_Q:	Ein/Ausgang Program-Counter
OPR_D, OPR_Q:	Ein/Ausgang Output-Register
OPX_D, OPX_Q:	Ein/Ausgang Output-Register
IPR_D, IPR_Q:	Ein/Ausgang Input-Register
IPX_D, IPX_Q:	Ein/Ausgang Input-Register
NV:	Nullvektor

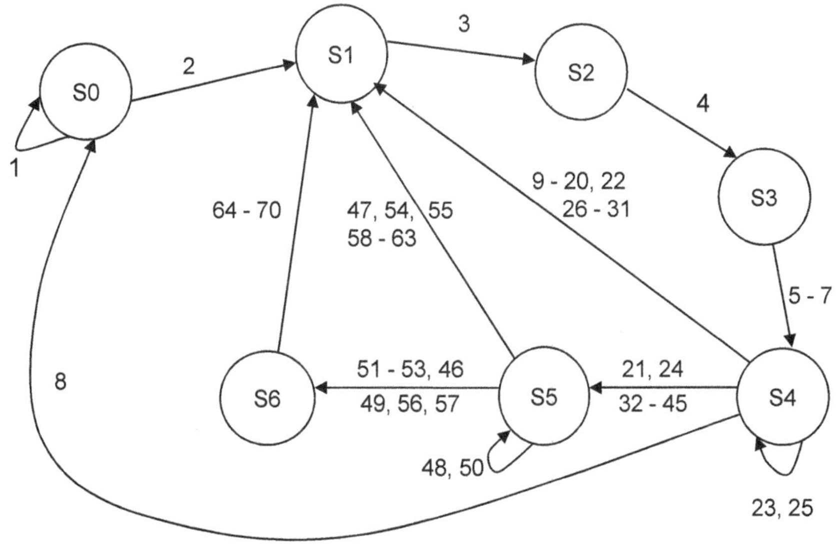

Abb. 4.12: Vereinfachter Automatengraph für das Steuerwerk der MPU16A

Die Zustandsübergänge im Automatengraph sind durchnumeriert und geben die Zahlen in der ersten Spalte in der Automatentabelle (Tabelle 4.6) an. Beim Arbeiten mit einem FSM-Editor müssen die Werte für den Datentransfer aus der Automatentabelle explizit eingegeben werden. Die gewünschte Codierung für die sieben Zustände S0 bis S6 kann dabei auch gewählt werden.

Der Automatengraph in der vereinfachten Form kann nur einen Gesamtüberblick des Automaten geben. Bei der Verwendung eines FSM-Editors können jedoch Einzelheiten des Graphen anschaulich dargestellt werden und sind eine gute Ergänzung zur Automatentabelle.

5 Modellierung des 16-Bit-Mikroprozessor-Systems

Das Mikroprozesssor-System ist in die folgenden Komponenten strukturiert:

- Mikroprozessor (MPU16A)
- Synchroner statischer Speicher (RAM16)

Der Funktionsblock für diese Strukturierung ist bereits in Abb. 4.3 dargestellt. Es sind alle notwendigen Ein- und Ausgangssignale in das Diagramm eingezeichnet. Der Mikroprozessor und das RAM16 bekommen ein getrenntes Taktsignal, weil sie mit einer Verzögerung (Td > 5 ns) getaktet werden müssen. Der Prozessor bekommt sein Taktsignal um die Zeit Td später als der RAM16-Speicher. Die Verzögerung ist notwendig, weil das Adressieren des Speichers und das Auslesen des Speicherinhaltes nicht gleichzeitig passieren können. Der Speicherzugriff für das Lesen und Schreiben ist bei dem RAM16 taktabhängig. Die optimale Verzögerungszeit Td sowie die Zeitabhängigkeiten der einzelnen Komponenten können mit der Timing-Simulation oder einer Timing-Analyse ermittelt werden. Für das obige Mikroprozessor-System wird die Verzögerungszeit Td mit einer einfachen Schaltung, die aus D-Flip-Flops und Invertern besteht, als VHDL-Modell realisiert. Im Folgenden ist der VHDL-Code nach der Structural-Methode für das Mikroprozessor-System angegeben.

5.1 VHDL-Code für die Beschreibung des Systems MPU16A_S

```
------------------------------------------------------------
--      Mikroprozessor-System (MPU16A_S)
--      12-Bit ADR (4 Bit Reserve für 16-Bit ADR)
------------------------------------------------------------
library ieee;
use work.mpu16_pack.all;
use ieee.std_logic_1164.all;
use ieee.std_logic_arith.all;
use ieee.std_logic_unsigned.all;
-------------------- Entity Declaration --------------------
entity MPU16A_S is port (
   OPR_Q : out std_logic_vector (15 downto 0);      -- Outputregister OPR
   OPX_Q : out std_logic_vector (15 downto 0);      -- Outputregister OPX
   CLR :   in std_logic;
   IPR_D : in std_logic_vector (15 downto 0);       -- Inputregister IPR
   IPX_D : in std_logic_vector (15 downto 0);       -- Inputregister IPX
   CLK_IN : in std_logic;                           -- 50 MHz
```

```
  IPV :      in  std_logic;
  START :  in  std_logic;
  OPREC : in  std_logic;
  IPREQ :  out  std_logic;
  OPV :      out  std_logic);
end  MPU16A_S;
------------------ Architecture Declaration -------------
architecture  MPU16_ARCH  of  MPU16A_S  is
----------------- Component Declaration ---------------
component  MPU16A  port (                              -- 16-Bit-Prozessor
  MR_D :         in  std_logic_vector (15 downto 0);
  SYSBUS :     inout  std_logic_vector (15 downto 0);
  OPR_Q :       out  std_logic_vector (15 downto 0);
  IPR_D :        in  std_logic_vector (15 downto 0);
  OPX_Q :       out  std_logic_vector (15 downto 0);
  IPX_D :        in  std_logic_vector (15 downto 0);
  AR_Q :          out  std_logic_vector (15 downto 0);
  WR_RAM :     out  std_logic;
  CLR :            in  std_logic;
  CLK_STW :   in  std_logic;
  CLK_OPW :   in  std_logic;
  IPV :             in  std_logic;
  IPREQ :        out  std_logic;
  OPV :            out  std_logic;
  OPREC :        in  std_logic;
  START :         in  std_logic);
end  component;
----------------------------
component  BLOCKRAM   port (                           -- 16-Bit-BLOCKRAM
  DIN :      in  std_logic_vector (15 downto 0);
  ADDR :   in  std_logic_vector (11 downto 0);
  DOUT :   out  std_logic_vector (15 downto 0);
  WE :       in  std_logic;
  CLK :     in  std_logic);
end  component;
----------------------------
component  CLK_MOD  port (                             -- Frequenzteiler + Delay
  CLK :     in  std_logic;
  CLR :     in  std_logic;
  CLK_1 : out  std_logic;
```

```
  CLK_2 : out std_logic);
end component;
------------------------
component CLK_f2 port (                                   -- Frequenzteiler f/2
  CLK :    in std_logic;
  CLR :    in std_logic;
  CLK_A : out std_logic);
end component;
------------------- Signal Declaration ------------------
signal GND4 : std_logic_vector (3 downto 0);
signal WR_IN : std_logic;
signal DA_1 : std_logic_vector (15 downto 0);
signal SYS_IN : std_logic_vector (15 downto 0);
signal ADR_IN : std_logic_vector (11 downto 0);
signal CLK_CPU2 : std_logic;                              -- 12.5 MHz + Delay
signal CLK_CPU1 : std_logic;                                      -- 12.5 MHz
signal CLK_25M : std_logic;                                         -- 25 MHz
begin
------------------- Signal Assignments ----------------
  GND4 <= "0000";
----------------- Component Instances ---------------
mpu : MPU16A port map(
  MR_D       => DA_1,
  SYSBUS     => SYS_IN,
  OPR_Q      => OPR_Q,
  OPX_Q      => OPX_Q,
  IPX_D      => IPX_D,
  IPR_D      => IPR_D,
  AR_Q(11 downto 0) => ADR_IN(11 downto 0),                      -- 12-Bit-ADR
  AR_Q(15 downto 12) => GND4,                                 -- 4-Bit-Ground
  WR_RAM     => WR_IN,
  CLR        => CLR,
  CLK_STW=> CLK_CPU2,
  CLK_OPW=> CLK_CPU2,
  IPV        => IPV,
  IPREQ      => IPREQ,
  OPV        => OPV,
  OPREC      => OPREC,
  START      => START);
-----------------------------
```

```
blockram1: BLOCKRAM port map(                      -- 16-Bit-BLOCKRAM
  DIN      => SYS_IN,
  ADDR(11 downto 0) => ADR_IN(11 downto 0),        -- 12-Bit-ADR
  DOUT     => DA_1,
  WE       => WR_IN,
  CLK      => CLK_CPU1);                           -- 12.5 MHZ
------------------------------
clk_mod_A: CLK_MOD port map(                       -- Frequenzteiler mit Delay
  CLK      => CLK_25M,                             -- 25 MHZ
  CLR      => CLR,
  CLK_1 => CLK_CPU1,                               -- 12.5 MHZ
  CLK_2 => CLK_CPU2);                              -- 12.5 MHZ + Delay
----------------------------
clk_f2a : CLK_F2 port map(                         -- fa = fi/2
  CLK      => CLK_IN,                              -- 50 MHz
  CLR      => CLR,
  CLK_A => CLK_25M);
----------------------------
end MPU16_ARCH;
----------------------------
```

5.2 VHDL-Code für die Beschreibung der MPU16A

Das zugehörige Blockschaltbild ist in Kap. 4 in Abb. 4.4 dargestellt. Die Strukturierung erfolgt in das Steuerwerk (STW) und das Operationswerk (OPW). Der Ansteuervektor A wurde in Kap. 4 bereits bestimmt mit einer Bitbreite von n = 25. Der VHDL-Code ist im Folgenden aufgelistet.

```
--------------------------------------------------------------
--      Prozessor (MPU16A)
--------------------------------------------------------------
library ieee;
use work.mpu16_pack.all;
use ieee.std_logic_1164.all;
use ieee.std_logic_arith.all;
use ieee.std_logic_unsigned.all;
-------------------- Entity Declaration -------------------
entity MPU16A is port (
  OPR_Q :   out std_logic_vector (15 downto 0);
  IPR_D :   in  std_logic_vector (15 downto 0);
  OPX_Q :   out std_logic_vector (15 downto 0);
  IPX_D :   in  std_logic_vector (15 downto 0);
```

```
   AR_Q :       out  std_logic_vector (15 downto 0);
   MR_D :       in  std_logic_vector (15 downto 0);
   SYSBUS :     inout  std_logic_vector (15 downto 0);
   CLK_STW : in  std_logic;
   CLR :        in  std_logic;
   CLK_OPW :in  std_logic;
   WR_RAM :  out  std_logic;
   IPV :        in  std_logic;
   START :      in  std_logic;
   OPREC :      in  std_logic;
   IPREQ :      out  std_logic;
   OPV :        out  std_logic);
end  MPU16A;
------------------ Architecture Declaration -------------
architecture  MPU16_ARCH  of  MPU16A  is
----------------- Component Declaration ---------------
component  STW16  port (                                -- 16-Bit-Steuerwerk
   CLK :     in  std_logic;
   CLR :     in  std_logic;
   IPV :     in  std_logic;
   OPREC : in  std_logic;
   OPC :     in  std_logic_vector (6 downto 0);
   START :  in  std_logic;
   A :       out  std_logic_vector (24 downto 0);
   IPREQ :  out  std_logic;
   SREG :   in  std_logic_vector(4 downto 0);
   OPV :     out  std_logic);
end  component;
-----------------------
component  OPW16  port (                           -- 16-Bit-Operationswerk
   MR_D :    in  std_logic_vector (15 downto 0);
   IPR_D :   in  std_logic_vector (15 downto 0);
   IPX_D :   in  std_logic_vector (15 downto 0);
   AR_Q :    out  std_logic_vector (15 downto 0);
   IR_Q :    out  std_logic_vector (6 downto 0);
   OPR_Q :  out  std_logic_vector (15 downto 0);
   OPX_Q :  out  std_logic_vector (15 downto 0);
   SYSBUS : inout  std_logic_vector (15 downto 0);
   A :       in  std_logic_vector (24 downto 0);
   CLK :     in  std_logic;
```

```
  CLR :      in  std_logic;
  SREG :     out  std_logic_vector(4 downto 0));
end  component;
-------------------- Signal Declaration -------------------
signal  SREG_ST :  std_logic_vector(4 downto 0);
signal  A :  std_logic_vector (24 downto 0);
signal  OPC :  std_logic_vector (6 downto 0);
begin
-------------------- Signal Assignments -----------------
  WR_RAM <= A(14);                          -- Write Enable Signal
----------------- Component Instances -----------------
stw:  STW16  port  map (                      -- 16-Bit-Steuerwerk
  A => A,                                   -- 25-Bit-Ansteuervektor
  OPC     => OPC,
  CLR     => CLR,
  CLK     => CLK_STW,
  IPV     => IPV,
  IPREQ   => IPREQ,
  SREG    => SREG_ST,
  OPV     => OPV,
  OPREC   => OPREC,
  START   => START);
----------------------------
opw:  OPW16  port  map (                     --16-Bit-Operationswerk
  MR_D     => MR_D,
  IPR_D    => IPR_D,
  AR_Q     => AR_Q,
  IR_Q     => OPC,
  OPR_Q    => OPR_Q,
  OPX_Q    => OPX_Q,
  IPX_D    => IPX_D,
  SYSBUS   => SYSBUS,
  A        => A,                            -- 25-Bit-Ansteuervektor
  CLK      => CLK_OPW,
  CLR      => CLR,
  SREG     => SREG_ST);
end  MPU16_ARCH;
--------------------------
```

5.2.1 VHDL-Code für das 16-Bit-Operationswerk

Die Ein- und Ausgangssignale sind den Funktionsblöcken in Kap. 4 in den Abbildungen 4.4 und 4.5 zu entnehmen. Das 16-Bit-Operationswerk stellt im Prinzip eine Erweiterung der 12-Bit-Version dar. Der Vollständigkeit halber ist der komplette Source-Code für das Operationswerk angegeben.

```
---------------------------------------------------------------------
--        Operationswerk für MPU16A
---------------------------------------------------------------------
--                    Multiplexer 2:1
--                      A(13)                   Funktion
--            ----------------------------------------------------
--                        0                AKKU_B <--- A_Q
--                        1                AKKU_B <--- SYSBUS
--                    Multiplexer 4:1
--                    A(9)       A(8)           Funktion
--            ----------------------------------------------------
--             A          0          0         SYSBUS <--- IPX_Q
--             B          0          1         SYSBUS <--- A_Q
--             C          1          0         SYSBUS <--- IPR_D
--             D          1          1         SYSBUS <--- MR_Q
--
--            Status-Register SREG
--            --------------------------
--            SREG(0):     EQ-Flag
--            SREG(1):     OV-Flag
--            SREG(2):     NEG-Flag
--            SREG(3):     ZERO-Flag
--            SREG(4):     CARRY-Flag
--
--            A(24:0): 25-Bit-Ansteuervektor
--
library  ieee;
use  work.mpu16_pack.all;
use  ieee.std_logic_1164.all;
use  ieee.std_logic_arith.all;
use  ieee.std_logic_unsigned.all;
---------------------- Entity Declaration -------------------------
entity  OPW16  is  port (
   MR_D :     in  std_logic_vector (15 downto 0);
   IPR_D :    in  std_logic_vector (15 downto 0);
```

```
  IPX_D :    in  std_logic_vector (15 downto 0);
  AR_Q :     out  std_logic_vector (15 downto 0);
  IR_Q :     out  std_logic_vector (6 downto 0);
  OPR_Q :    out  std_logic_vector (15 downto 0);
  OPX_Q :    out  std_logic_vector (15 downto 0);
  SYSBUS :   inout  std_logic_vector (15 downto 0);
  A :        in  std_logic_vector (24 downto 0);
  CLK :      in  std_logic;
  CLR :      in  std_logic;
  SREG :     out  std_logic_vector(4 downto 0));
end  OPW16;
------------------ Architecture Declaration -----------------
architecture  OPW_ARCH  of  OPW16  is
----------------- Component Declaration -------------------
component  CNT16_1  port (                   -- 16-Bit-Program-Counter
  Q_OUT:     inout  std_logic_vector (15 downto 0);
  D_IN :     in  std_logic_vector (15 downto 0);
  CLK :      in  std_logic;
  CLK_EN :   in  std_logic;
  LOAD :     in  std_logic;
  CLR :      in  std_logic);
end  component;
----------------------------
component  MUX2A  port (                               -- MUX 2:1
  MUX_OUT :out  std_logic_vector (15 downto 0);
  A :          in  std_logic_vector (15 downto 0);
  B :          in  std_logic_vector (15 downto 0);
  SEL :        in  std_logic);
end  component;
----------------------
component  AKKU16  port (                     -- 16-Bit-AKKU-Einheit
  B :        in  std_logic_vector (15 downto 0);
  R_ADR :    in  std_logic_vector (8 downto 0);
  Q :        out  std_logic_vector (15 downto 0);
  CLK :      in  std_logic;
  CLR :      in  std_logic;
  S_ALU :    in  std_logic_vector(3 downto 0);
  S_AKKU :   in  std_logic_vector(4 downto 0);
  SREG :     out  std_logic_vector(4 downto 0));
end  component;
```

```
component  STACK16_A  port (                          -- 16-Bit-Register-Stack
   DIN :      in  std_logic_vector (15 downto 0);
   QOUT :  out  std_logic_vector (15 downto 0);
   CLK :      in  std_logic;
   CLR :      in  std_logic;
   S :          in  std_logic;
   CE :        in  std_logic);
end  component;
----------------------------
component  REG16_A  port (                                  -- 16-Bit-Register
   D :      in  std_logic_vector (15 downto 0);
   Q :      out  std_logic_vector (15 downto 0);
   CE :   in  std_logic;
   CLK :  in  std_logic;
   CLR :  in  std_logic);
end  component;
-----------------------
component  TBUF16_A  port (                        -- 16-Bit-Tri-State-Treiber
   D :    in  std_logic_vector (15 downto 0);
   Q :    out  std_logic_vector (15 downto 0);
   EN :  in  std_logic);
end  component;
-----------------------
component  OR3_1  port (                                       -- OR3-Glied
   I0 :  in  std_logic;
   I1 :  in  std_logic;
   I2 :  in  std_logic;
   O :  out  std_logic);
end  component;
-----------------------
component  MUX4_1  port (                                      -- MUX 4:1
   SEL :  in  std_logic_vector (1 downto 0);
   MUX_OUT :  out  std_logic_vector (15 downto 0);
   A :  in  std_logic_vector (15 downto 0);
   B :  in  std_logic_vector (15 downto 0);
   C :  in  std_logic_vector (15 downto 0);
   D :  in  std_logic_vector (15 downto 0));
end  component;
-----------------------
```

```
component  REG7_A  port (                                    -- 7-Bit-Register
   D :      in  std_logic_vector (6 downto 0);
   Q :      out  std_logic_vector (6 downto 0);
   CE :   in  std_logic;
   CLK : in  std_logic;
   CLR : in  std_logic);
end  component;
--------------------- Signal Declaration -------------------
signal  PC_D :         std_logic_vector (15 downto 0);
signal  ST_Q :         std_logic_vector (15 downto 0);
signal  PC_Q :         std_logic_vector (15 downto 0);
signal  AKKU_B :     std_logic_vector (15 downto 0);
signal  A_Q :          std_logic_vector (15 downto 0);
signal  TBUF_EN :  std_logic;
signal  MR_Q :        std_logic_vector (15 downto 0);
signal  IPR_Q :       std_logic_vector (15 downto 0);
signal  IPX_Q :       std_logic_vector (15 downto 0);
signal  AR_D :         std_logic_vector (15 downto 0);
signal  MUX_BUS : std_logic_vector (15 downto 0);
signal  VC1 :           std_logic;
begin
------------------- Signal Assignments ------------------
        VC1 <= '1';
---------------- Component Instances -------------------
opw_cnt16_0 :  CNT16_1  port  map (                  -- Program Counter (PC)
   Q_OUT    => PC_Q,
   D_IN       => PC_D,
   CLK         => CLK,
   CLK_EN   => A(2),
   LOAD      => A(1),
   CLR         => CLR);
---------------------------
akku_1 :  AKKU16  port  map (                              -- 16-Bit-AKKU-Einheit
   B => AKKU_B,
   R_ADR(8 downto 6) => MR_Q(8 downto 6),                  -- Register RD
   R_ADR(5 downto 3) => MR_Q(5 downto 3),                  -- Register RA
   R_ADR(2 downto 0) => MR_Q(2 downto 0),                  -- Register RB
   Q      => A_Q,
   CLK  => CLK,
   CLR  => CLR,
```

```
   S_ALU(3 downto 0) => A(24 downto 21),
   S_AKKU(0) => A(16),
   S_AKKU(1) => A(17),
   S_AKKU(2) => A(18),
   S_AKKU(3) => A(19),
   S_AKKU(4) => A(20),
   SREG => SREG);
----------------------------
stack_1a: STACK16_A port map (                -- 16-Bit-Register-Stack
   DIN     => PC_Q,
   QOUT    => ST_Q,
   CLK     => CLK,
   CLR     => CLR,
   S       => A(4),
   CE      => A(3));
----------------------------
mux2_pc : MUX2A port map (                    -- Datenselektion PC
   MUX_OUT => PC_D,
   A      => SYSBUS,
   B      => ST_Q,
   SEL    => A(0));
----------------------------
mux2_akku : MUX2A port map (                  -- Datenselektion AKKU_B
   MUX_OUT => AKKU_B,
   A    => A_Q,
   B    => SYSBUS,
   SEL  => A(13));
----------------------------
mux2_sysbus : MUX2A port map (                -- Datenselektion AR-Register
   MUX_OUT => AR_D,
   A    => SYSBUS,
   B    => PC_Q,
   SEL  => A(5));
----------------------------
ar_1 : REG16_A port map (                     -- Adress-Register AR
   D    => AR_D,
   Q    => AR_Q,
   CE   => A(6),
   CLK  => CLK,
   CLR  => CLR);
```

```
tbuf_sysbus : TBUF16_A  port  map (                -- 16-Bit-Tri-State-Treiber
  D    => MUX_BUS,
  Q    => SYSBUS,
  EN  => TBUF_EN);                                  -- Enable aktiv high
----------------------------
or3_2a : OR3_1  port  map (                         -- Tri-State-Treiber
  I0 => A(8),
  I1 => A(9),
  I2 => A(15),
  O => TBUF_EN);
----------------------------
mux4_sysbus :  MUX4_1  port map (                  -- Datenselektion SYSBUS
  SEL(1) => A(9),
  SEL(0) => A(8),
  MUX_OUT => MUX_BUS,
  A =>      IPX_Q,
  B         => A_Q,
  C         => IPR_Q,
  D         => MR_Q);
----------------------------
ipr_1 :  REG16_A  port  map (                      -- Input-Register IPR
  D      => IPR_D,
  Q      => IPR_Q,
  CE    => A(9),
  CLK  => CLK,
  CLR  => CLR);
---------------------------
mr_1 :  REG16_A  port  map (                       -- Memory-Register  MR
  D      => MR_D,
  Q      => MR_Q,
  CE    => A(7),
  CLK  => CLK,
  CLR  => CLR);
---------------------------
opr_1 :  REG16_A  port  map (                      -- Output-Register OPR
  D      => SYSBUS,
  Q      => OPR_Q,
  CE    => A(10),
  CLK  => CLK,
  CLR  => CLR);
```

```
ir_1 : REG7_A port map (                                  -- Instruction-Register IR
   D(6 downto 0) => MR_Q(15 downto 9),                     -- Memory-Register MR
   Q    => IR_Q,
   CE   => A(12),
   CLK => CLK,
   CLR => CLR) ;
----------------------------
ipx_1 : REG16_A port map (                                -- Input-Register IPX
   D    => IPX_D,
   Q    => IPX_Q,
   CE   => VC1,
   CLK => CLK,
   CLR => CLR);
-----------------------------
opx_1 : REG16_A port map (                                -- Output-Register OPX
   D    => SYSBUS,
   Q    => OPX_Q,
   CE   => A(11),
   CLK => CLK,
   CLR => CLR);
end OPW_ARCH;
-----------------------
```

5.2.1.1 VHDL-Code für die 16-Bit-Akkumulator-Einheit

Die zugehörigen Blockschaltbilder sind in Kap. 4 in den Abbildungen 4.8 und 4.9 dargestellt. Die wesentlichen Änderungen von der 12-Bit- zur 16-Bit-CPU liegen in der Akkumulator-Einheit. Die Erweiterungen wurden daher ausführlich in Kap. 4 beschrieben. Das folgende Listing zeigt die Umsetzung in ein VHDL-Modell.

```
--------------------------------------------------------------
--      16-Bit-Akkumulator-Einheit für MPU16A
--
--      RA,RB,RD <-- MR_Q(8:0):  S_AKKU(4)
--      Q_RI <-- AKKU_B:         S_AKKU(3)
--      SREG <-- FLAGS:          S_AKKU(2)
--      RA <-- RD:               S_AKKU(1)
--      A_Q <-- Q_SH:            S_AKKU(0)
--------------------------------------------------------------
library ieee;
use work.mpu16_pack.all;
use ieee.std_logic_1164.all;
```

```
use  ieee.std_logic_arith.all;
use  ieee.std_logic_unsigned.all;
--------------------- Entity Declaration --------------------
entity  AKKU16  is  port (
   B :          in  std_logic_vector (15 downto 0);
   R_ADR :      in  std_logic_vector (8 downto 0);
   Q :          out  std_logic_vector (15 downto 0);
   CLK :        in  std_logic;
   CLR :        in  std_logic;
   S_ALU :      in  std_logic_vector(3 downto 0);
   S_AKKU :     in  std_logic_vector(4 downto 0);
   SREG :       out  std_logic_vector(4 downto 0));
end  AKKU16;
------------------ Architecture Declaration --------------
architecture  AKKU16_arch  of  AKKU16  is
---------------- Component Declaration ----------------
component  ALU16  port (                                  -- 16-Bit-ALU
   A :        in  std_logic_vector (15 downto 0);
   B :        in  std_logic_vector (15 downto 0);
   F :        out  std_logic_vector (15 downto 0);
   CIN :      in  std_logic;
   S :        in  std_logic_vector(3 downto 0);
   DOUT :     out  std_logic;
   N :        out  std_logic;
   Z          out  std_logic;
   EQ :       out  std_logic;
   OV :       out  std_logic);
end  component;
----------------------------
component  STATUSREG_A  port (                   -- 5-Bit-Status-Register
   D :     in  std_logic_vector (4 downto 0);
   Q :     out  std_logic_vector (4 downto 0);
   CE :    in  std_logic;
   CLR :   in  std_logic;
   CLK :   in  std_logic);
end   component;
-----------------------
component  AKKU16_REG1  port (                 -- 16-Bit-Register-Einheit
   B_AC :      in  std_logic_vector (15 downto 0);
   Q_A :       inout  std_logic_vector (15 downto 0);
```

```
  Q_B :       out  std_logic_vector (15 downto 0);
  Q_SH :      inout  std_logic_vector (15 downto 0);
  RA :        in  std_logic_vector (2 downto 0);
  RB :        in  std_logic_vector (2 downto 0);
  RD :        in  std_logic_vector(2 downto 0);
  S_ALU :     in  std_logic_vector(3 downto 0);
  CE :        in  std_logic;
  CLK :       in  std_logic;
  CLR :       in  std_logic;
  S_AKKU :    in  std_logic_vector(2 downto 0));
end  component;
----------------------
component  ST_INC  port (                       -- Modul für Inkrement-Befehl
  S :   in  std_logic_vector ( 3 downto 0);
  SA :  out  std_logic);
end  component;
----------------------
component  MUX2A  port (                                      -- MUX 2:1
  MUX_OUT: out  std_logic_vector (15 downto 0);
  A :           in  std_logic_vector (15 downto 0);
  B :           in  std_logic_vector (15 downto 0);
  SEL :         in  std_logic);
end  component;
------------------- Signal Declaration -------------------
signal  VC1 :  std_logic;
signal  MUX_A :  std_logic_vector (15 downto 0);
signal  MUX_B :  std_logic_vector (15 downto 0);
signal  Q_SH :  std_logic_vector (15 downto 0);
signal  F_ALU :  std_logic_vector (15 downto 0);
signal  CARRY :  std_logic;
signal  ZERO :  std_logic;
signal  NEG :  std_logic;
signal  OV :  std_logic;
signal  EQ :  std_logic;
signal  CIN_1 :  std_logic;
begin
------------------- Signal Assignments -----------------
        VC1 <= '1';
----------------- Component Instances ------------------
akku16_alu16 :  ALU16  port  map (                          -- 16-Bit-ALU
```

```
    A       => MUX_A,
    B       => MUX_B,
    F       => F_ALU,
    CIN     => CIN_1,
    S       => S_ALU,
    Z       => ZERO,
    DOUT => CARRY,
    N       => NEG,
    O       => OV,
    EQ      => EQ);
------------------
akku16_reg : AKKU16_REG1 port map (-                - 16-Bit-Register-Einheit
    B_AC   => B,                                    -- Dateneingang AKKU
    Q_A    => MUX_A,
    Q_B    => MUX_B,
    Q_SH   => Q_SH,
    S_AKKU(2) => S_AKKU(4),                         -- Ansteuervektor: Bit A(20)
    S_AKKU(1) => S_AKKU(3),                         -- Ansteuervektor: Bit A(19)
    S_AKKU(0) => S_AKKU(1),                         -- Ansteuervektor: Bit A(17)
    RD => R_ADR(8 downto 6),
    RA => R_ADR(5 downto 3),
    RB => R_ADR(2 downto 0),
    S_ALU => S_ALU,                                 -- 4-Bit-Steuereingang
    CLK    => CLK,
    CE     => VC1,
    CLR    => CLR);
--------------------
mux2_sysbus : MUX2A port map (                      -- MUX 2:1
    MUX_OUT => Q,
    A => F_ALU,
    B => Q_SH,
    SEL => S_AKKU(0));                              -- Ansteuervektor: Bit A(16)
----------------------
akku16_SREG0 : STATUSREG_A port map (               -- 5-Bit-Status-Register
    D(4) => CARRY,
    D(3) => ZERO,
    D(2) => NEG,
    D(1) => OV,
    D(0) => EQ,
    Q     => SREG,
```

```
  CLR => CLR,
  CLK => CLK,
  CE   => S_AKKU(2));                          -- Ansteuervektor: Bit A(18)
---------------------
akku16_INC : ST_INC port map (                  -- Eingangsübertrag
  S  => S_ALU,                                  -- bei Inkrement-Befehl
  SA => CIN_1);
end AKKU16_arch;
----------------------
```

5.2.1.2 VHDL-Code für die 16-Bit-Register-Einheit

Die 16-Bit Register-Einheit ist in Kap. 4 in den Abb. 4.9 und 4.10 abgebildet. Die Umsetzung in ein VHDL-Modell zeigt das folgende Listing.

```
--------------------------------------------------------------
--      16-Bit-Register-Einheit der MPU16A
--------------------------------------------------------------
library ieee;
use work.mpu16_pack.all;
use ieee. std_logic _1164.all;
-------------------- Entity Declaration --------------------
entity AKKU16_REG1 is port (
  B_AC :  in std_logic_vector (15 downto 0);
  RA :    in std_logic_vector (2 downto 0);
  RB :    in std_logic_vector (2 downto 0);
  RD :    in std_logic_vector(2 downto 0);
  S_ALU : in std_logic_vector(3 downto 0);
  Q_A :   inout std_logic_vector (15 downto 0);
  Q_B :   out std_logic_vector (15 downto 0);
  Q_SH :  inout std_logic_vector (15 downto 0);
  CE :    in std_logic;
  CLK :   in std_logic;
  CLR :   in std_logic;
  S_AKKU : in std_logic_vector(2 downto 0));
end AKKU16_REG1;
----------------- Architecture Declaration ------------
architecture AKKU16_arch of AKKU16_REG1 is

---------------- Component Declaration --------------
component SHLR16_4S port (                      -- 16-Bit-Schieberegister
  D :     in std_logic_vector (15 downto 0);
```

```
  Q :     inout  std_logic_vector (15 downto 0);
  S :     in  std_logic_vector (3 downto 0);
  CLK : in  std_logic;
  CLR : in  std_logic;
  CE :   in  std_logic);
end  component;
---------------------
component  MUX8_1  port (                                    -- MUX 8:1
  SEL :  in  std_logic_vector (2 downto 0);
  A,B,C,D,E,F,G,H : in  std_logic_vector (15 downto 0) ;
  MUX_OUT :          out  std_logic_vector (15 downto 0));
end  component;
----------------------
component  MUX2_3  port (                                    -- MUX 2:1
  A :    in  std_logic_vector ( 2 downto 0);
  B :    in  std_logic_vector ( 2 downto 0);
  MUX_OUT :  out  std_logic_vector ( 2 downto 0);
  S0 :  in  std_logic);
end  component;
----------------------
component  REG16_A  port (                          -- 16-Bit-Register
  D :     in  std_logic_vector (15 downto 0);
  Q :     out  std_logic_vector (15 downto 0);
  CE :   in  std_logic;
  CLK :  in std_logic;
  CLR :  in  std_logic);
end  component;
----------------------
component  DEMUX8_1V  port (                   -- 16-Bit-DEMUX 1:8
  MUX_IN :    in  std_logic_vector (15 downto 0);
  MUX_OUT : out  MUX16_type;                           -- in package
  SEL :          in  std_logic_vector (2 downto 0));  -- MPU16_PACK def.
end  component;
component  DEMUX8_1A  port (                     -- 1-Bit-DEMUX 1:8
  MUX_IN :      in  std_logic ;
  MUX_OUT :  out  std_logic_vector (7 downto 0) ;
  SEL :            in  std_logic_vector (2 downto 0));
end  component;
----------------------
```

```
component REG3_A port (                                    -- 3-Bit-Register
  CLK : in std_logic;
  CLR : in std_logic;
  D :   in std_logic_vector (2 downto 0);
  CE :  in std_logic;
  Q :   out std_logic_vector (2 downto 0));
end component;
------------------- Signal Declaration -------------------
signal Q_RD :     std_logic_vector (2 downto 0);
signal RA_OUT :   std_logic_vector (2 downto 0);
signal Q_RA  :    std_logic_vector (2 downto 0);
signal Q_RB :     std_logic_vector(2 downto 0);
----------------
signal Q_R0 : std_logic_vector (15 downto 0);        -- Ausgang Arbeitsregister
signal Q_R1 : std_logic_vector (15 downto 0);           -- Q_Ri, Ri = R0,...,R7
signal Q_R2 : std_logic_vector (15 downto 0);
signal Q_R3 : std_logic_vector (15 downto 0);
signal Q_R4 : std_logic_vector (15 downto 0);
signal Q_R5 : std_logic_vector (15 downto 0);
signal Q_R6 : std_logic_vector (15 downto 0);
signal Q_R7 : std_logic_vector (15 downto 0);
----------------
signal CE0 : std_logic;                                   -- CE-Eingänge für
signal CE1 : std_logic;                                   -- Arbeitsregister Ri
signal CE2 : std_logic;
signal CE3 : std_logic;
signal CE4 : std_logic;
signal CE5 : std_logic;
signal CE6 : std_logic;
signal CE7 : std_logic;
---------------
signal D0 : std_logic_vector (15 downto 0);           -- Eingang Arbeitsregister
signal D1 : std_logic_vector (15 downto 0) ;              -- Di = D0,........,D7
signal D2 : std_logic_vector (15 downto 0);
signal D3 : std_logic_vector (15 downto 0);
signal D4 : std_logic_vector (15 downto 0);
signal D5 : std_logic_vector (15 downto 0);
signal D6 : std_logic_vector (15 downto 0) ;
signal D7 : std_logic_vector (15 downto 0);
begin
```

```
----------------- Component Instances ------------------
 akku16_mux0 :  MUX8_1  port  map (                        -- Datenselektion
   A => Q_R0,                                                     -- Ausgang
   B => Q_R1,                                         -- Arbeitsregister Q_Ri
   C => Q_R2,
   D => Q_R3,
   E => Q_R4,
   F => Q_R5,
   G => Q_R6,
   H => Q_R7,
   SEL(0) => Q_RA(0),
   SEL(1) => Q_RA(1),
   SEL(2) => Q_RA(2),
   MUX_OUT => Q_A);
--------------------
akku16_mux1 :  MUX8_1  port  map (                         -- Datenselektion
   A => Q_R0,                                         -- Arbeitsregister Q_Ri
   B => Q_R1,
   C => Q_R2,
   D => Q_R3,
   E => Q_R4,
   F => Q_R5,
   G => Q_R6,
   H => Q_R7,
   SEL(0) => Q_RB(0),
   SEL(1) => Q_RB(1),
   SEL(2) => Q_RB(2),
   MUX_OUT => Q_B) ;
----------------------
akku16_reg3_0 :  REG3_A  port  map (                  -- Adressierung für RD
   CLK  => CLK,
   CLR  => CLR,
   CE    => S_AKKU(2),
   D      => RD,
   Q      => Q_RD);
----------------------
akku16_reg3_1 :  REG3_A  port  map (                  -- Adressierung für RA
   CLK  => CLK,
   CLR  => CLR,
   CE    => S_AKKU(2),
```

```
  D     => RA,
  Q     => RA_OUT);
----------------------
akku16_reg3_2 : REG3_A port map (                 -- Adressierung für RB
  CLK => CLK,
  CLR => CLR,
  CE  => S_AKKU(2),
  D   => RB,
  Q   => Q_RB);
----------------------
akku16_mux2_1 : MUX2_3 port map (                 -- MUX 2:1 RA → RD
  MUX_OUT => Q_RA,
  A   => RA_OUT,
  B   => Q_RD,
  S0  => S_AKKU(0));
--------------------------
reg0 : REG16_A port map (                         -- Register R0
  CLK => CLK,
  CLR => CLR,
  CE  => CE0,
  D   => D0,
  Q   => Q_R0);
--------------------------
reg1 : REG16_A port map (                         -- Register R1
  CLK => CLK,
  CLR => CLR,
  CE  => CE1,
  D   => D1,
  Q   => Q_R1);
--------------------------
reg2 : REG16_A port map (                         -- Register R2
  CLK => CLK,
  CLR => CLR,
  CE  => CE2,
  D   => D2,
  Q   => Q_R2);
---------------------
reg3 : REG16_A port map (                         -- Register R3
  CLK => CLK,
  CLR => CLR,
```

```
  CE   => CE3,
  D    => D3,
  Q    => Q_R3);
---------------------
reg4 : REG16_A port map (                        -- Register R4
  CLK  => CLK,
  CLR  => CLR,
  CE   => CE4,
  D    => D4,
  Q    => Q_R4);
----------------------
reg5 : REG16_A port map (                        -- Register R5
  CLK  => CLK,
  CLR  => CLR,
  CE   => CE5,
  D    => D5,
  Q    => Q_R5);
----------------------
reg6 : REG16_A port map (                        -- Register R6
  CLK  => CLK,
  CLR  => CLR,
  CE   => CE6,
  D    => D6,
  Q    => Q_R6);
----------------------
reg7 : REG16_A port map (                        -- Register R7
  CLK  => CLK,
  CLR  => CLR,
  CE   => CE7,
  D    => D7,
  Q    => Q_R7);
----------------------
akku16_demux8_1 : DEMUX8_1V port map (     -- DEMUX 1:8, AKKU-Eingang
  MUX_IN => B_AC,
  MUX_OUT(0) => D0,
  MUX_OUT(1) => D1,
  MUX_OUT(2) => D2,
  MUX_OUT(3) => D3,
  MUX_OUT(4) => D4,
  MUX_OUT(5) => D5,
```

```
  MUX_OUT(6) => D6,
  MUX_OUT(7) => D7,
  SEL(0) => Q_RD(0),
  SEL(1) => Q_RD(1),
  SEL(2) => Q_RD(2));
------------------------
akku16_demux8_1a : DEMUX8_1A  port  map (                -- DEMUX  1:8
  MUX_IN => S_AKKU(1),                                   -- AKKU-Eingang
  MUX_OUT(0) => CE0,
  MUX_OUT(1) => CE1,
  MUX_OUT(2) => CE2,
  MUX_OUT(3) => CE3,
  MUX_OUT(4) => CE4,
  MUX_OUT(5) => CE5,
  MUX_OUT(6) => CE6,
  MUX_OUT(7) => CE7,
  SEL(0) => Q_RD(0),
  SEL(1) => Q_RD(1),
  SEL(2) => Q_RD(2)) ;
------------------------
shlr16_1a :  SHLR16_4S  port  map (                      -- 16-Bit-Schieberegister
  D     => Q_A,
  Q     => Q_SH,
  S     => S_ALU,
  CE    => CE,
  CLK  => CLK,
  CLR  => CLR);
end  AKKU16_arch;
------------------------
```

5.2.1.3 VHDL-Code für die 16-Bit-Arithmetisch-Logische-Einheit

Das zugehörige Blockschaltbild ist in Kap. 4 in Abb. 4.7 dargestellt.

```
------------------------------------------------------
--      16-Bit-ALU der MPU16A
------------------------------------------------------
library ieee;
use ieee.std_logic_1164.all;
use ieee.std_logic_arith.all;
use ieee.std_logic_unsigned.all;
```

```
------------- Entity Declaration ----------------------
entity ALU16 is port (
   A :      in std_logic_vector (15 downto 0);
   B :      in std_logic_vector (15 downto 0);
   F :      out std_logic_vector (15 downto 0);
   CIN :    in std_logic;
   S :      in std_logic_vector (3 downto 0);
   DOUT :   out std_logic;
   Z :      out std_logic;
   OV :     out std_logic;
   N :      out std_logic;
   EQ :     out std_logic);
end ALU16;
--------------- Architecture Declaration -------------
architecture ALU_ARCH of ALU16 is
------------ Component Declaration -----------------
component ALU_4 port (                                    -- 4-Bit-Alu
   A :       in std_logic_vector (3 downto 0);
   B :       in std_logic_vector (3 downto 0);
   CI :      in std_logic;
   S :       in std_logic_vector (3 downto 0);
   DOUT :    out std_logic;
   F :       out std_logic_vector (3 downto 0));
end component;
----------------
component COMP16_1 port (
   A :  in std_logic_vector (15 downto 0);
   B :  in std_logic_vector (15 downto 0);
   EQ : out std_logic);
end component;
----------------
component COMP16_A port (
   A :  in std_logic_vector (15 downto 0);
   EQ : out std_logic);
end component;
----------------
component OVFLG port (                        -- Modul für „overflow"-Flag
   A :  in std_logic;
   B :  in std_logic;
   E :  in std_logic;
```

```
   S0 :  in std_logic;
   S1 :  in std_logic;
   S2 :  n std_logic;
   S3 :  in std_logic;
   OV :  out std_logic);
end component;
----------------
component M2_1A port (                                  -- MUX 2:1
   A :  in std_logic;
   B :  in std_logic;
   MUX_OUT : out std_logic;
   S0 : in std_logic);
end component;
----------------
component AND4_1 port (                                 -- AND4-Glied
   I0 : in std_logic;
   I1 : in std_logic;
   I2 : in std_logic;
   I3 : in std_logic;
   O : out std_logic);
end component;
----------------
component AND4B1_1 port (                -- AND4-Glied, ein Eingang
   I0 : in std_logic;                                   -- negiert
   I1 : in std_logic;
   I2 : in std_logic;
   I3 : in std_logic;
   O : out std_logic);
end component;
-------------------------
component INV_A port (                                  --Inverter
   I : in std_logic;
   O : out std_logic);
end component;
-------------- Signal Declaration ----------------
signal IN0 : std_logic;
signal IN1 : std_logic;
signal IN2 : std_logic;
signal GND1 : std_logic;
signal FX : std_logic_vector(15 downto 0);
```

```
signal INT_EQ : std_logic;
signal AUSWAHL_EQ : std_logic;
begin
---------- Signal Assignments ---------------
   F       <= FX;
   N       <= FX(15);
   GND1 <= '0';
---------- Component Instances -------------
ALU4_0: ALU_4 port map (                                    -- 4-Bit-Alu 1
   A(3 downto 0)  => A(3 downto 0),
   B(3 downto 0)  => B(3 downto 0),
   CI             => CIN,
   S              => S,
   DOUT           => IN2,
   F(3 downto 0)  => FX(3 downto 0));
---------------
ALU4_1: ALU_4 port map (                                    -- 4-Bit-Alu 2
   A(3 downto 0)  => A(7 downto 4),
   B(3 downto 0)  => B(7 downto 4),
   CI             => IN2,
   S              => S,
   DOUT           => IN1,
   F(3 downto 0)  => FX(7 downto 4));
---------------
ALU4_2: ALU_4 port map (                                    -- 4-Bit-Alu 3
   A(3 downto 0) => A(11 downto 8),
   B(3 downto 0) => B(11 downto 8),
   CI       => IN1,
   S        => S,
   DOUT   => IN0,
   F(3 downto 0) => FX(11 downto 8));
----------------
ALU4_3: ALU_4 port map (                                    -- 4-Bit-Alu 4
   A(3 downto 0) => A(15 downto 12),
   B(3 downto 0) => B(15 downto 12),
   CI       => IN0,
   S        => S,
   DOUT   => DOUT,
   F(3 downto 0) => FX(15 downto 12));
--------------------------
```

```
OVFLG_1: OVFLG port map (                    -- Modul für „Overflow"-Flag
  A   => A(15),
  B   => B(15),
  E   => FX(15),
  S0  => S(0),
  S1  => S(1),
  S2  => S(2),
  S3  => S(3),
  OV  => OV);
----------------
C16_1A: COMP16_A port map (                   -- Komparator einfach
  A   => FX,
  EQ  => Z);
----------------
C16_1AB: COMP16_1 port map (                  -- Komparator A und B
  A   => A,
  B   => B,
  EQ  => INT_EQ);
----------------
I_1: AND4B1_1 port map(
  I0 => S(1),
  I1 => S(2),
  I2 => S(3),
  I3 => S(0),
  O => AUSWAHL_EQ);
----------------
I_O: m2_1a port map (
  A   => GND1,
  B   => INT_EQ,
  MUX_OUT => EQ,
  S0  => AUSWAHL_EQ);
end ALU_ARCH;
-----------------
```

5.2.2 Realisierung des 16-Bit-Steuerwerkes als VHDL-Modell

Der VHDL-Code für das Steuerwerk des MPU16A ist als Mealy-Modell nach der Behavioral-Methode erstellt. Entsprechend den Ausführungen in Kap. 3 gibt es verschiedene Möglichkeiten, um an den VHDL-Code zu kommen. In diesem Fall besteht auch die Möglichkeit, den Source-Code des Steuerwerkes der 12-Bit Version entsprechend zu erweitern. Das Verhaltensmodell für das 12-Bit-Steuerwerk wurde bereits in Kap. 3.2.3 behandelt. Der Programmaufbau ist für die 16-Bit-Version erhalten geblieben. Bei den VHDL-Modellen sind besonders die sequenziellen und nebenläufigen Signalzuweisungen zu beachten. Die sequenziellen Signalzuweisungen werden hier nur innerhalb einer **process**-Anweisung ausgeführt. Nebenläufige Signalzuweisungen (Concurrent Assignments) werden in VHDL wie einfache **process**-Anweisungen behandelt, d. h. parallel abgearbeitet [20, 11].

Verhaltensbeschreibung für das 16-Bit-Steuerwerk

```
-------------------------------------------------------------
--      Steuerwerk für MPU16A
-------------------------------------------------------------
--              Status-Register
--              ---------------------------
--              SREG(0) :   EQ-Flag
--              SREG(1) :   OV-Flag
--              SREG(2) :   NEG-Flag
--              SREG(3) :   ZERO-Flag
--              SREG(4) :   CARRY-Flag
--
library ieee;
use ieee.std_logic_1164.all;
use ieee.std_logic_arith.all;
use ieee.std_logic_unsigned.all;
-------------------- Entity Declaration -------------------
entity STW16 is port (
   CLK :    in std_logic;
   CLR :    in std_logic;
   IPV :    in std_logic;
   OPREC :in std_logic;
   OPC :    in std_logic_vector (6 downto 0);                  -- 7-Bit-Opcode
   START : in std_logic;
   A :      out std_logic_vector (24 downto 0);
   IPREQ : out std_logic;
   SREG :  in std_logic_vector(4 downto 0);
   OPV :    out std_logic);
end STW16;
----------------- Architecture Declaration ------------
architecture STW_ARCH of STW16 is
type Sreg0_type is (S0,S1,S2,S3,S4,S5,S6);          -- Zustände für Automaten
```

```
------------------- Signal Declaration ------------------
signal  Sreg0:  Sreg0_type;
begin
------------------- Process Statement -----------------
   d1:  process (CLK)
   begin
----------
   if  CLK'event  and  CLK  =  '1'  then                    -- IF-Schleife Taktflanke
            if  CLR = '1'  then                              -- IF-Schleife Clear
      Sreg0 <= S0;
     else
      case  Sreg0  is
------------------------- S0 ------------------------------
       when  S0  =>                                          -- Ruhezustand
------------------ IF-Schleife START -------------------
            if  START  =  '0'  then
            Sreg0 <= S0;
          elsif  start  =  '1'  then
            Sreg0 <= S1;
          end  if;
------------------------- S1 ------------------------------
       when  S1  =>                                          -- Starten
          Sreg0   <= S2;
------------------------- S2 ------------------------------
       when  S2  =>
          Sreg0   <= S3;
------------------------- S3 ------------------------------
       when  S3  =>
          Sreg0   <= S4;
------------------------- S4 ------------------------------
       when  S4  =>
---------- IF-Schleife Zustand S4 (Anfang) ---------
            if  OPC = "1111100"  then                        -- STOP
            Sreg0 <= S0;
         elsif  OPC = "0000000"  then                        -- NOP
            Sreg0 <= S1;
         elsif  OPC = "0101100"  then                        -- COMP
            Sreg0 <= S1;
         elsif  OPC = "0110000"  then                        -- DEC
            Sreg0 <= S1;
```

```
elsif  OPC = "0110100"  then                                   -- INC
   Sreg0 <= S1;
elsif  OPC = "1000000"  then                                   -- ADD
   Sreg0 <= S1;
elsif  OPC = "1000100"  then                                   -- SUB
   Sreg0 <= S1;
elsif  OPC = "1001000"  then                                   -- AND
   Sreg0 <= S1;
elsif  OPC = "1001100"  then                                   -- OR
   Sreg0 <= S1;
elsif  OPC = "1010000"  then                                   -- XOR
   Sreg0 <= S1;
elsif  OPC = "1011100"  then                                   -- CLR
   Sreg0 <= S1;
elsif  OPC = "1010100"  then                                   -- MOV
   Sreg0 <= S1;
elsif  OPC = "1100000"  then                                   -- CPL
   Sreg0 <= S1;
elsif  OPC = "1101000"  then                                   -- OUTX
   Sreg0 <= S1;
elsif  OPC = "1100100"  then                                   -- INX
   Sreg0 <= S1;
elsif  (OPC = "0111000" and IPV = '1')  then                   -- INR
   Sreg0 <= S5;
elsif  (OPC = "0111000" and IPV = '0')  then                   -- INR
   Sreg0 <= S4;
elsif  (OPC = "0111100" and OPREC = '1')  then                 -- OUTR
   Sreg0 <= S5;
elsif  (OPC = "0111100" and OPREC = '0')  then                 -- OUTR
   Sreg0 <= S4;
elsif  OPC = "0101011"  then                                   -- INM
   Sreg0 <= S5;
elsif  OPC = "0101111"  then                                   -- OUTM
   Sreg0 <= S5;
elsif  OPC = "0100100"  then                                   -- SHR
   Sreg0 <= S5;
elsif  OPC = "0101000"  then                                   -- SHL
   Sreg0 <= S5;
elsif  OPC = "0000110"  then                                   -- LOAD
   Sreg0 <= S5;
```

```
        elsif  OPC = "0001010"  then                                  -- STORE
          Sreg0 <= S5;
---------------------- JUMP-Beding. nicht erfüllt ----------------------
        elsif  (OPC = "0010111" and SREG(4) = '0')  then              -- JC ∧ N-C
          Sreg0 <= S1;
        elsif  (OPC = "0011011" and SREG(3) = '0')  then              -- JZ ∧ N-Z
          Sreg0 <= S1;
        elsif  (OPC = "0011111" and SREG(1) = '0')  then          -- JOV ∧ N-OV
          Sreg0 <= S1;
        elsif  (OPC = "0100011" and SREG(2) = '0')  then              -- JN ∧ N-N
          Sreg0 <= S1;
        elsif  (OPC = "0100111" and SREG(0) = '0')  then          -- JEQ ∧ N-EQ
          Sreg0 <= S1;
---------------------- JUMP-Beding. erfüllt ---------------------------
        elsif  (OPC = "0010111" and SREG(4) = '1')  then                -- JC ∧ C
          Sreg0 <= S5;
        elsif  (OPC = "0011011" and SREG(3) = '1')  then                -- JZ ∧ Z
          Sreg0 <= S5;
        elsif  (OPC = "0011111" and SREG(1) = '1')  then              -- JOV ∧ OV
          Sreg0 <= S5;
        elsif  (OPC = "0100011" and SREG(2) = '1')  then                -- JN ∧ N
          Sreg0 <= S5;
        elsif  (OPC = "0100111" and SREG(0) = '1')  then              -- JEQ ∧ EQ
          Sreg0 <= S5;
        elsif  OPC = "0010011"  then                                    -- JUMP
          Sreg0 <= S5;
        elsif  OPC = "0001111"  then                                    -- CALL
          Sreg0 <= S5;
        elsif  OPC = "1011000"  then                                  -- RETURN
          Sreg0 <= S5;
          end  if;                          -- IF-Schleife Zustand S4 (Ende)
-------------------------------- S5 -----------------------------------
          when  S5  =>
---------------- IF-Schleife Zustand S5  (Anfang) ----------------
        if  OPC = "0100100"  then                                        -- SHR
          Sreg0 <= S6;
        elsif  OPC = "0101000"  then                                     -- SHL
          Sreg0 <= S6;
        elsif  OPC = "0000110"  then                                    -- LOAD
          Sreg0 <= S6;
```

```
            elsif  OPC = "0001010"  then                                -- STORE
              Sreg0 <= S6;
            elsif  (OPC = "0111000")  then                              -- INR
              Sreg0 <= S1;
            elsif  (OPC = "0111100")  then                              -- OUTR
              Sreg0 <= S1;
            elsif  (OPC = "0101011" and IPV = '1')  then                -- INM
              Sreg0 <= S6;
            elsif  (OPC = "0101011" and IPV = '0')  then                -- INM
              Sreg0 <= S5;
            elsif  (OPC = "0101111" and OPREC = '0')  then              -- OUTM
              Sreg0 <= S5;
            elsif  (OPC = "0101111" and OPREC = '1')  then              -- OUTM
            Sreg0 <= S6;
            ----------------
---------------------------- JUMP-Befehle -------------------------------
            elsif  (OPC = "0010111" )  then                             -- JC
              Sreg0 <= S1;
            elsif  (OPC = "0011011" )  then                             -- JZ
              Sreg0 <= S1;
            elsif  (OPC = "0011111" )  then                             -- JOV
              Sreg0 <= S1;
            elsif  (OPC = "0100011" )  then                             -- JN
              Sreg0 <= S1;
            elsif (OPC = "0100111" )  then                              -- JEQ
              Sreg0 <= S1;
            elsif OPC = "0010011"  then                                 -- JUMP
              Sreg0 <= S1;
-------------------------------------------------------------------------
            elsif  OPC = "0001111"  then                                -- CALL
              Sreg0 <= S6;
            elsif  OPC = "1011000"  then                                -- RETURN
              Sreg0 <= S1;
            end  if;                              -- IF-Schleife Zustand S5  (Ende)
-------------------------------------S6 --------------------------------------
              when  S6  =>
---------------- IF-Schleife Zustand S6  (Anfang ) -------------------
            if  OPC = "0000110"  then                                   -- LOAD
              Sreg0 <= S1;
            elsif  OPC = "0001010"  then                                -- STORE
```

```
            Sreg0 <= S1;
         elsif  OPC = "0100100"  then                                       -- SHR
            Sreg0 <= S1;
         elsif  OPC = "0101000"  then                                       -- SHL
            Sreg0 <= S1;
         elsif  OPC = "0101011"  then                                       -- INM
            Sreg0 <= S1;
         elsif  OPC = "0101111"  then                                       -- OUTM
            Sreg0 <= S1;
         elsif  OPC = "0001111"  then                                       -- CALL
            Sreg0 <= S1;
         end  if;
--------------- IF-Schleife Zustand S6  (Ende) --------------------
      when  others  =>  Sreg0  <=  S0;
       end  case;
            end  if;                                          --IF-Schleife Taktflanke
    end  if;                                                  --IF-Schleife Clear
  end  process d1;
--------- Signal Assignment Statements for combinatorial Outputs --------------
  A_assignment:
----------------- Ansteuervektor  A(24,......,0) -----------------------
  A <= "0000000000000001000000000"                                      -- A(9)
------------------------------------ S0 ------------------------------------
      when  (Sreg0 = S0 and START = '0')  else                    -- Ruhezustand
"0000000000000001001000110"                                        -- A(9,6,2,1)
      when  (Sreg0 = S0 and START = '1')  else                          -- Start
------------------------------------ S1 ------------------------------------
"0000000000000000010000100"                                          -- A(7,2)
      when  (Sreg0 = S1)  else
------------------------------------ S2 ------------------------------------
"0000000000001000001100000"                                       -- A(12,6,5)
      when  (Sreg0 = S2)  else
------------------------------------ S3 ------------------------------------
"0000101000000000000000000"                                        -- A(20,18)
      when  (Sreg0 = S3 and (OPC(0) = '0' and OPC(1) = '0')) else    -- Reg-Befehl
"0000101000000000010000100"                                     -- A(20,18,7,2)
      when (Sreg0 = S3 and (OPC(0) = '0' and OPC(1) = '1')) else    -- Load/Store
"0000000000000000010000100"                                          -- A(7,2)
      when (Sreg0 = S3 and (OPC(0) = '1' and OPC(1) = '1')) else  -- Adress-Befehl
```

```
---------------------------------- S4 -----------------------------------
"0000000000000000000000000"                                      -- NULL-Vektor
      when (Sreg0 = S4 and OPC = "1111100") else                 -- STOP
"0000000000000000001100000"                                      -- A(6,5)
      when (Sreg0 = S4 and OPC = "0000000") else                 -- NOP
"0001011000000000001100000"                                      -- A(21,19,18,6,5)
      when (Sreg0 = S4 and OPC = "1000000") else                 -- ADD
"0010011000000000001100000"                                      -- A(22,19,18,6,5)
      when (Sreg0 = S4 and OPC = "1000100") else                 -- SUB
"0011011000000000001100000"                                      -- A(22,21,19,18,6,5)
      when (Sreg0 = S4 and OPC = "1001000") else                 -- AND
"0100011000000000001100000"                                      -- A(23,19,18,6,5)
      when (Sreg0 = S4 and OPC = "1001100") else                 -- OR
"0101011000000000001100000"                                      -- A(23,21,19,18,6,5)
      when (Sreg0 = S4 and OPC = "1010000") else                 -- XOR
"0111011100000000001100000"                                      -- A(23,22,21,19,18,17,6,5)
      when (Sreg0 = S4 and OPC = "0110000") else                 -- DEC
"0110011100000000001100000"                                      -- A(23,22,19,18,17,6,5)
      when (Sreg0 = S4 and OPC = "0110100") else                 -- INC
"0000001100000000000000000"                                      -- A(18,17)
      when (Sreg0 = S4 and OPC = "0100100") else                 -- SHR
"0000001100000000000000000"                                      -- A(18,17)
      when (Sreg0 = S4 and OPC = "0101000") else                 -- SHL
"1110001000000000001100000"                                      -- A(24,23,22,18,6,5)
      when (Sreg0 = S4 and OPC = "0101100") else                 -- COMP
"1011011100000000001100000"                                      -- A(24,22,21,19,18,17,6,5)
      when (Sreg0 = S4 and OPC = "1100000") else                 -- CPL
"1111011100000000001100000"                                      -- A(24,23,22,21,19,18,17,6,5)
      when (Sreg0 = S4 and OPC = "1011100") else                 -- CLR
"0000001100000001101000000"                                      -- A(18,17,9,8,6)
      when (Sreg0 = S4 and OPC = "0000110") else                 -- LOAD
"0000000000000001101000000"                                      -- A(9,8,6)
      when (Sreg0 = S4 and OPC = "0001010") else                 -- STORE
"1010011000000000001100000"                                      -- A(24,22,19,18,6,5)
      when (Sreg0 = S4 and OPC = "1010100") else                 -- MOV
"0000011100010001000000000"                                      -- A(19,18,17,13,9)
      when (Sreg0 = S4 and (OPC = "0111000" and IPV='1')) else   -- INR
"0000000100000000100000000"                                      -- A(17,8)
      when (Sreg0 = S4 and (OPC = "0111100" and OPREC = '1')) else -- OUTR
"0000000100000001000000000"                                      -- A(17,9)
```

```
        when (Sreg0 = S4 and (OPC = "0111000" and IPV = '0')) else            -- INR
"0000000000000000000000000"                                          -- NULL-Vektor
        when (Sreg0 = S4 and (OPC = "0111100" and OPREC = '0')) else  -- OUTR
"0000011101010000001100000"                                  -- A(19,18,17,15,13,6,5)
        when (Sreg0 = S4 and OPC="1100100") else                                  -- inx
"0000000100000100101100000"                                          -- A(17,11,8,6,5)
        when (Sreg0 = S4 and OPC="1101000") else                                -- outX
"0000000000000001101000000"                                                -- A(9,8,6)
        when (Sreg0 = S4 and OPC="0101011") else                                 -- inm
"0000000000000001101000000"                                                -- A(9,8,6)
        when (Sreg0 = S4 and OPC="0101111") else                                 - outm
"0000000000000000010011000"                                                -- A(7,4,3)
        when (Sreg0 = S4 and OPC = "0001111") else                                -- call
"0000000000000000000001111"                                              -- A(3,2,1,0)
        when (Sreg0 = S4 and OPC="1011000") else                               -- Return
-------------------------- JUMP-Beding. nicht erfüllt ---------------------
"0000000000000000001100000"                                                  -- A(6,5)
when (Sreg0 = S4 and (OPC = "0010111" and SREG(4) = '0')) else      -- JC ∧ N-C
"0000000000000000001100000"                                                  -- A(6,5)
when (Sreg0 = S4 and (OPC = "0011011" and SREG(3) = '0')) else      -- JZ ∧ N-Z
"0000000000000000001100000"                                                  -- A(6,5)
when (Sreg0 = S4 and (OPC = "0100011" and SREG(2) = '0')) else      -- JN ∧ N-N
"0000000000000000001100000"                                                  -- A(6,5)
when (Sreg0 = S4 and (OPC = "0011111" and SREG(1) = '0')) else -- JOV ∧ N-OV
"0000000000000000001100000"                                                  -- A(6,5)
when (Sreg0 = S4 and (OPC = "0100111" and SREG(0) = '0')) else -- JEQ ∧ N-EQ
------------------------ JUMP-Beding. erfüllt -----------------------------
"0000000000000001110000110"                                      -- A(9,8,6,5,2,1)
when (Sreg0 = S4 and (OPC = "0010111" and SREG(4) = '1')) else          -- JC ∧ C
"0000000000000001110000110"                                      -- A(9,8,6,5,2,1)
when (Sreg0 = S4 and (OPC = "0011011" and SREG(3) = '1')) else          -- JZ ∧ Z
"0000000000000001110000110"                                      -- A(9,8,6,5,2,1)
when (Sreg0 = S4 and (OPC = "0100011" and SREG(2) = '1')) else          -- JN ∧ N
"0000000000000001110000110"                                      -- A(9,8,6,5,2,1)
when (Sreg0 = S4 and (OPC = "0011111" and SREG(1) = '1')) else      -- JOV ∧ OV
"0000000000000001110000110"                                      -- A(9,8,6,5,2,1)
when (Sreg0 = S4 and (OPC = "0100111" and SREG(0) = '1')) else      --JEQ ∧ EQ
"0000000000000001110000110"                                      -- A(9,8,6,5,2,1)
when (Sreg0 = S4 and OPC = "0010011") else                                -- JUMP
```

```
------------------------------------ S5 ---------------------------------------
"0000001100010001001100000"                               -- A(18,17,13,9,6,5)
        when (Sreg0 = S5 and OPC = "0111000") else                      -- INR
"0000000100000010101100000"                                 -- A(17,10,8,6,5)
        when (Sreg0 = S5 and OPC = "0111100") else                     -- OUTR
"0000000000100001000000000"                                        -- A(14,9)
        when (Sreg0 = S5 and (OPC = "0101011" and IPV = '1')) else      -- INM
"0000000000000001000000000"                                           -- A(9)
        when (Sreg0 = S5 and (OPC = "0101011" and IPV = '0')) else      -- INM
"0000000000000011100000000"                                      -- A(10,9,8)
        when (Sreg0 = S5 and (OPC = "0101111" and OPREC = '1')) else  -- OUTM
"0000000000000001110000000"                                       -- A(9,8,7)
        when (Sreg0 = S5 and (OPC = "0101111" and OPREC = '0')) else  -- OUTM
"1000000111000000000000000"                                -- A(24,18,17,16)
        when (Sreg0 = S5 and OPC = "0100100") else                      -- SHR
"1001001110000000000000000"                             -- A(24,21,18,17,16)
        when (Sreg0 = S5 and OPC = "0101000") else                      -- SHL
"0000001100000000010000000"                                     -- A(18,17,7)
        when (Sreg0 = S5 and OPC = "0000110") else                     -- LOAD
"0000000100100000100000000"                                     -- A(17,14,8)
        when (Sreg0 = S5 and OPC = "0001010") else                    -- STORE
"0000000000000001100000110"                                     -- A(9,8,2,1)
        when (Sreg0 = S5 and OPC = "0001111") else                     -- CALL
"0000000000000000001100000"                                         -- A(6,5)
        when (Sreg0 = S5 and OPC = "1011000") else                   -- RETURN
---------------------------- JUMP-Befehle ----------------------------------
0000000000000000001100000"  -- A(6,5)
        when (Sreg0 = S5 and OPC = "0010111") else                       -- JC
"0000000000000000001100000"                                         -- A(6,5)
        when (Sreg0 = S5 and OPC = "0011011") else                       -- JZ
"0000000000000000001100000"                                         -- A(6,5)
        when (Sreg0 = S5 and OPC = "0100011") else                       -- JN
"0000000000000000001100000"                                         -- A(6,5)
        when (Sreg0 = S5 and OPC = "0011111") else                      -- JOV
"0000000000000000001100000"                                         -- A(6,5)
        when (Sreg0 = S5 and OPC = "0100111") else                      -- JEQ
"0000000000000000001100000"                                         -- A(6,5)
        when (Sreg0 = S5 and OPC = "0010011") else                     -- JUMP
```

```
------------------------------------ S6 ----------------------------------------
"0000000000100001001100000"                              -- A(14,9,6,5)
        when (Sreg0 = S6 and OPC = "0101011") else       -- INM
"0000000000000011101100000"                              -- A(10,9,8,6,5)
        when (Sreg0 = S6 and OPC = "0101111") else       -- OUTM
"0000011100010001101100000"                     -- A(19,18,17,13,9,8,6,5)
        when (Sreg0 = S6 and OPC = "0000110") else       -- LOAD
"0000000000000000001100000"                              -- A(6,5)
        when (Sreg0 = S6 and OPC = "0001010") else       -- STORE
"0000000000000000001100000"                              -- A(6,5)
        when (Sreg0 = S6 and OPC = "0001111") else       -- CALL
"0000011110000000001100000"                         -- A(19,18,17,16,6,5)
        when (Sreg0 = S6 and OPC = "0100100") else       -- SHR
"0000011110000000001100000"                         -- A(19,18,17,16,6,5)
        when (Sreg0 = S6 and OPC = "0101000") else       -- SHL
"0000000000000000001100000";                             -- A(6,5)
-----------------------
----------------------- Ein- und Ausgabeprotokoll --------------------------
   OPV  <= '0'  when (Sreg0 = S0 and START  =  '0') else          -- Output Valid
       '1'  when (Sreg0 = S4 and (OPC = "0111100" and OPREC = '0')) else -- OUTR
       '1'  when (Sreg0 = S5 and (OPC = "0101111" and OPREC = '0')) else -- OUTM
       '0';

   IPREQ  <=  '0'  when (Sreg0 = S0 and START  =  '0') else       -- Input Request
       '1'  when (Sreg0 = S4 and (OPC = "0111000" and IPV  = '0')) else     -- INR
       '1'  when (Sreg0 = S5 and (OPC = "0101011" and IPV = '0')) else      -- INM
       '0';
end  STW_ARCH;
----------------------
```

6 Das erweiterte Mikroprozessor-System (MPU16B_S)

Das digitale System soll genau wie das System MPU16A_S strukturiert werden:
- Mikroprozessor (MPU16B)
- Synchroner statischer RAM-Speicher

Wie schon angekündigt soll die MPU16A, die als Grundmodell entworfen wurde, erweitert und für bestimmte Anwendungen angepasst werden. Da der Befehlssatz und die Adressierung beim Grundmodell relativ begrenzt sind, liegt es auf der Hand, an diesen Stellen Verbesserungen vorzunehmen.
Daraus ergeben sich Änderungen in folgenden Punkten:
- Befehlssatz
- Adressierung

Der 7-Bit-Opcode für den Befehlssatz hat beim Grundmodell MPU16A nur wenig Befehle und viele nichtbelegte Opcodes, so dass hier auf einfache Weise neue Befehle eingefügt werden können. Die Adressierung besteht nur aus einer direkten 16-Bit-Adressierung und kann ebenfalls leicht erweitert werden. Es macht jedoch keinen Sinn, möglichst viele Reserveplätze auszufüllen, um zu einem umfangreichen Befehlssatz zu kommen, sondern die Fragestellung muss sein: welche Eigenschaften soll der Prozessor für eine bestimmte Anwendung haben. Hier kommt auch die Eigenschaft des applikationsspezifischen Prozessors zum Tragen. An dieser Stelle wird einfach die Annahme gemacht, dass der Prozessor für industrielle Steuerungen eingesetzt werden soll. Aus dieser Anwendung ergeben sich die Bedingungen, dass der Befehlssatz der vorhandenen Registerbefehle ausreicht, die Adressierung jedoch verbessert werden sollte.

6.1 Adressierungsarten für den 16-Bit-Prozessor

Aus der Vielzahl der Adressierungsarten werden hier nur Typen diskutiert, die für die MPU16A ohne große Änderungen verwendet werden können. Es sollen außerdem nur einfache Adressierungen gewählt werden, die für RISC-Strukturen typisch sind. Zu den bereits vorhandenen Adressierungsarten sollen weitere betrachtet werden:
- Register indirekte Adressierung
- Immediate (unmittelbare) Adressierung
- Relative Adressierung

Register indirekte Adressierung

Die Kürzel der Maschinenbefehle für die Register indirekte Adressierung sollen durch ein angehängtes 'I' gekennzeichnet werden.

Load- und Store-Befehle

LOADI RD, (RA)
RD ← (adr:RA)

STOREI (RA), RD
(adr:RA) ← RD

OPC (15:9)							RD (8:6)			RA (5:3)					
													X	X	X
15						9	8		6	5		3			0

Im Register RA steht beim Load-Befehl die Speicheradresse, deren Inhalt in das Zielregister RD geladen werden soll. Beim Store-Befehl wird der Inhalt des Registers RD in die Speicheradresse geladen, die im Register RA steht. Die letzten drei Bit im Befehlswort sind don't-care-Werte.

Input- und Output-Befehle

INMI (RA), IPR (IPR: Input-Register)
(adr:RA) ← IPR

OUTMI OPR, (RA) (OPR: Output-Register)
OPR ← (adr:RA)

OPC (15:9)										RA (5:3)					
							X	X	X				X	X	X
15						9				5		3			0

Beim Input-Befehl wird der Inhalt des Input-Registers in die Speicheradresse geladen, die im Register RA steht. Beim Output-Befehl wird der Inhalt der Speicheradresse geladen, die im Register RA steht. Die don't-care-Werte sind wieder mit den Kreuzen gekennzeichnet.

Jump-Befehle

JUMPI RA
PC ← PC + 1 Sprungbedingung nicht erfüllt
PC ← adr:RA Sprungbedingung erfüllt

Im Register RA steht die Sprungadresse, die in den Program-Counter (PC) geladen wird, wenn die Sprungbedingung erfüllt ist. Ist die Sprungbedingung nicht erfüllt, wird der Program-Counter inkrementiert und zeigt auf den nächsten Maschinenbefehl. Das Befehlsformat ist das gleiche wie zuvor bei den Input- und Output-Befehlen.

Call-Befehl

CALLI RA
PC ← adr:RA, ST ← PC + 1 (ST: Register-Stack)

Der Register indirekte Call-Befehl hat das gleiche Format wie die obigen Jump-Befehle. Call-Befehle werden jedoch immer ausgeführt und die Rücksprungadresse muss im Register-Stack zwischengespeichert werden.

Unmittelbare Adressierung

Bei dieser Adressierungsart wird eine Konstante mit einem Registerinhalt verknüpft und in ein Zielregister geladen. Unter der Voraussetzung, dass das 16-Bit-Befehlsformat erhalten bleibt, muss ein 16-Bit-Wort als Konstante an das Befehlsformat angehängt werden. Eine mögliche Realisierung zeigt das folgende Befehlsformat für Register-Befehle:

ADDU RD, RA + CONST
RD ← RA + CONST

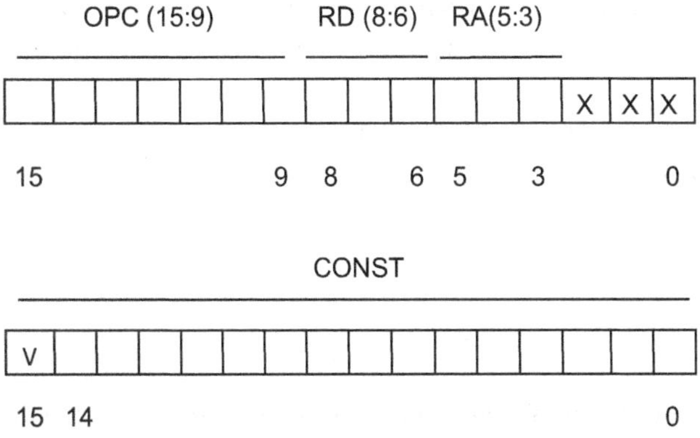

Es soll die Konstante CONST zum Inhalt des Registers RA addiert werden und ins Zielregister RD geladen werden. Die Konstante kann dabei auch ein negatives Vorzeichen haben. Die Kürzel der Maschinenbefehle für die unmittelbare Adressierung werden durch ein angehängtes 'U' gekennzeichnet.

Für die Jump-Befehle bedeutet die unmittelbare Adressierung, dass ein Offset zur Sprungadressse addiert wird, so dass folgende Form entsteht:

JUMPU	RA, CONST	
PC ←	PC + 1	Sprungbedingung nicht erfüllt
PC ←	RA + CONST	Sprungbedingung erfüllt

Befehlsformat für Jump-Befehle (unmittelbare Adressierung):

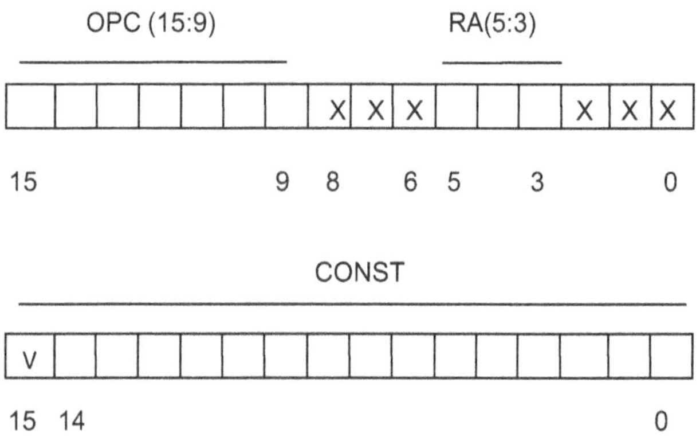

Relative Adressierung

Bei der relativen Adressierung wird die Adresse jedes Operanden innerhalb eines Maschinenprogramms durch Addition einer Basisadresse B mit der Programmadresse D berechnet. Es entsteht so eine effektive Operandenadresse, die im Speicher verschiebbar ist.

Die effektive Adresse A ergibt sich in der folgenden Form:

$$A = B + D$$

A: effektive Adresse
B: Basisadresse
D: Distanz

Im Adressregister A steht beim Load-Befehl die effektive Adresse, deren Inhalt in das Register RD geladen wird. Beim Store-Befehl wird der Inhalt des Registers RD in die Speicherzelle geladen, deren effektive Adresse im Register A steht. Das Befehlsformat hat dabei die gleiche Form wie bei der Register indirekten Adressierung. Für den Fall, dass die Basisadresse B = 0 ist, wird die Distanzadresse zur direkten Adresse.

Für die Load- und Store-Befehle hat die relative Adressierung folgende Form:

Load-Befehl:	LOAD RD, (A) RD ← (adr: A)	A = B + D
Store-Befehl:	STORE (A), RD (adr: A) ← RD	A = B + D

Die Adressierungsart geht in die Maschinenbefehle selbst nicht ein. Die Adresszuweisung erfolgt bei der relativen Adressierung nicht durch ein einfaches Adressregister, sondern über ein Adresswerk, das die effektive Adresse für jeden Speicherzugriff berechnet.

6.2 Realisierung des erweiterten 16-Bit-Mikroprozessors (MPU16B)

Der Prozessor soll so erweitert werden, dass die Adressierung verbessert wird. Aus den vorgestellten Adressierungsarten wird als Erweiterung die Register indirekte Adressierung ausgewählt. Der Befehlssatz wird dabei in der Form erweitert, dass bereits vorhandene Befehle mit neuen Adressierungsarten hinzukommen. In Tabelle 6.1 ist der erweiterte Befehlssatz der MPU16B aufgelistet. Es wurde dabei die noch freie Befehlsgruppe OPC(1:0) = 01 für die Register indirekten Befehle verwendet. Es sind gegenüber dem Grundmodell MPU16A 11 Befehle hinzugekommen. Es wird sich zeigen, dass durch diese Erweiterung die Maschinenprogramme kürzer sind und die Ausführung von Anwenderprogrammen beschleunigt wird. Es soll durch diese Erweiterung auch demonstriert werden, dass durch die Strukturierung des Prozessors in Operationswerk und Steuerwerk Änderungen relativ leicht durchgeführt werden können.
Die Erweiterung der Adressierung hat zur Folge, dass für diesen Fall nur Änderungen im Steuerwerk notwendig sind, das Operationswerk bleibt also davon unberührt. Der Grund ist, dass das 16-Bit-Befehlsformat für die Register-Adressierung der MPU16A schon vorhanden ist und dadurch keine Hardware-Änderungen im Operationswerk mehr notwendig sind. Im Steuerwerk sind jedoch umfangreiche Änderungen notwendig.

Abkürzungen

ST: Register-Stack
PC: Program-Counter
MR: Memory-Register
m: 16-Bit-Adresse
(m): Inhalt von ADR m
IPR: Input-Register mit Eingabeprotokoll
OPR: Output-Register mit Ausgabeprotokoll
IPX: Input-Register ohne Eingabeprotokoll

OPX: Output-Register ohne Ausgabeprotokoll
RA, RB, RD: Arbeitsregister R0,……,R7

Tab. 6.1: Befehlssatz des MPU16B

Befehl	**Mnemonic**	**Bedeutung**	**Flags**				
OPC(6:0)			**C**	**Z**	**N**	**OV**	**EQ**
Register-Befehle							
0000000	NOP	PC ← PC + 1					
0100100	SHR RD	RD ← SHR(RA)		x	x		
0101000	SHL RD	RD ← SHL(RA)		x	x		
0110000	DEC RD	RD ← RA – 1		x	x		
0110100	INC RD	RD ← RA + 1		x	x		
0111000	INR RD	RD ← IPR		x	x		
0111100	OUTR RD	OPR ← RD					
1000000	ADD RD, RA, RB	RD ← RA + RB	x	x	x	x	
1000100	SUB RD, RA, RB	RD ← RA – RB	x	x	x	x	
1001000	AND RD, RA, RB	RD ← RA AND RB		x	x		
1001100	OR RD, RA, RB	RD ← RA OR RB		x	x		
1010000	XOR RD, RA, RB	RD ← RA XOR RB		x	x		
1010100	MOV RD, RB	RD ← RB		x	x		
1011000	RETURN	PC ← ST					
1011100	CLR RD	RD = 0		x			
0101100	COMP RA, RB	RA EQ RB		x	x		x
1100000	CPL RD	RD ← not (RA)		x	x		
1100100	INX RD	RD ← IPX		x	x		
1101000	OUTX RD	OPX ← RD					
1111100	STOP	Programm-Ende					
Register indirekte Befehle							
0000101	INMI (RA)	(adr:RA) ← IPR					
0001001	OUTMI (RA)	OPR ← (adr:RA)					
0001101	LOADI RD, (RA)	RD ← (adr:RA)		x	x		
0010001	STOREI (RA), RD	(adr:RA) ← RD					
0010101	JUMPI (RA)	PC ← (adr:RA)					
0011001	JCI (RA)	C = 1 : PC ← (adr:RA)	x				
0011101	JZI (RA)	Z = 1 : PC ← (adr:RA)		x			
0100001	JOVI (RA)	OV = 1 : PC ← (adr:RA)				x	

Befehl	Mnemonic	Bedeutung	Flags				
OPC(6:0)			**C**	**Z**	**N**	**OV**	**EQ**
0100101	JNI (RA)	N = 1 : PC ← (adr:RA)			x		
0101001	JEQI (RA)	EQ = 1 : PC ← (adr:RA)					x
0101101	CALLI (RA)	PC ← (adr:RA)					
Load-/Store Befehle							
0000110	LOAD RD, (m)	RD ← (m)		x	x		
0001010	STORE (m), RD	(m) ← RD					
Adress-Befehle							
0001111	CALL m	ST ← PC, PC ← m					
0010011	JUMP m	PC ← m					
0010111	JC m	C = 1 : PC ← m	x				
0011011	JZ m	Z = 1 : PC ← m		x			
0011111	JOV m	OV = 1: PC ← m				x	
0100011	JN m	N = 1 : PC ← m			x		
0100111	JEQ m	EQ = 1: PC ← m					x
0101011	INM (m)	(m) ← IPR					
0101111	OUTM (m)	OPR ← (m)					

Befehlsgruppe

OPC(1:0) Funktion

----

0 0	Register-Befehle
0 1	Register indirekte Befehle
1 0	LOAD/STORE
1 1	Adress-Befehle

Befehlsformat

MR(15:9)	: OPC(6:0)
MR(8:6)	: RD(2:0)
MR(5:3)	: RA(2:0)
MR(2:0)	: RB(2:0)

Flags

C	: Carry-Flag
Z	: Zero-Flag
N	: Negativ-Flag
OV	: Overflow-Flag
EQ	: Equal-Flag
x	: Flags gültig

6.3 Realisierung des Steuerwerkes der MPU16B

Die neuen Register indirekten Befehle gemäß Tabelle 6.1 sollen in das neue Steuerwerk der MPU16B übernommen werden. Dazu ist es am einfachsten, wenn man das vorhandene Steuerwerk der MPU16A als Ausgangsbasis verwendet. Es gibt dabei mehrere Möglichkeiten, das Steuerwerk zu erstellen:

- Änderungen in die Automatentabelle des MPU16A-Steuerwerks einfügen
- Änderungen in den Automatengraph des MPU16A-Steuerwerks einfügen
- Änderungen in den Source-Code des MPU16A-Steuerwerks einfügen

Ziel dieser Aktionen ist es, zu einem VHDL-Modell für das Steuerwerk zu kommen. Kleine Änderungen können direkt im VHDL-Code vorgenommen werden. Bei den vorliegenden Erweiterungen empfiehlt es sich jedoch, die Änderungen zunächst in die Automatentabelle oder den Automatengraphen einzutragen. Hier soll mit der Automatentabelle gearbeitet werden. Im Folgenden wird auf die Realisierung des Steuerwerkes für die Erweiterungen näher eingegangen. Tab. 6.2 zeigt die Automatentabelle für das erweiterte Steuerwerk. Die Änderungen gegenüber der MPU16A sind mit einem (/) gekennzeichnet.

Der zugehörige Automatengraph ist in kompakter Form in Abb. 6.1 dargestellt. Die Bezeichnungen in der Automatentabelle sind die gleichen wie in Tabelle 4.6 in Kap. 4. Die erweiterten Befehle bekommt das Steuerwerk als Eingangssignale in Form des Opcodes OPC(6:0). Die Steuersignale werden vom Steuerwerk in Form des Ansteuervektors A(24:0) ausgegeben. Die Erweiterung des Befehlssatzes der Register indirekten Befehle hat somit nur eine Änderung des Opcodes und der Automatentabelle zur Folge. Es sind keine Änderungen im Operationswerk notwendig. Die zweite Spalte in der Automatentabelle (Bedingungen/Datentransfer) gibt für jede elementare Transferoperation den zugehörigen Datentransfer an. Dadurch können Änderungen im Befehlsablauf relativ leicht vorgenommen werden.

Die eingetragenen Änderungen in der Automatentabelle können direkt in den VHDL-Code des Steuerwerkes der MPU16A übernommen werden. Dabei kann man so vorgehen, dass man für jede Mikrooperation in dem zugehörigen Automatenzustand eine Signalzuweisung vorsieht. Die Signalzuweisungen werden in dem VHDL-Modell innerhalb eines Prozesses als **case - when**-Anweisungen sowie durch nebenläufige Signalzuweisungen als **when - else**-Anweisungen realisiert.

Der Automatengraph in Abb. 6.1 ist in vereinfachter Form dargestellt. Änderungen können in dieser Form nur sehr schwer durchgeführt werden. Er gibt jedoch einen guten Überblick über die Zustände und Zustandsübergänge des Mealy-Automaten. Wenn mit dem Automatengraphen gearbeitet werden soll, so müssen die durchnumerierten Zustandsübergänge explizit in einen FSM-Editor übernommen werden. Die Ansteuertabelle für die Version MPU16B ist die gleiche wie bei der MPU16A, da sich das Operationswerk nicht ändert (siehe Kap. 4, Tabelle 4.5).

Tab. 6.2: Automatentabelle für die MPU16B

Nr.	Bedingungen/Datentransfer	Eingangsvektor X	Z	V	A(24:0)
1	N - Start/SYSBUS ← IPR_D	N-Start	S0	S0	A(9)
2	Start/PC_Q ← SYSBUS	Start	S0	S1	A(2,1)
	SYSBUS ← IPR_D				A(9)
	AR_Q ← SYSBUS				A(6)
3	xxx/PC_Q ← PC_Q + 1	xxxxx	S1	S2	A(2)
	MR_Q ← MR_D				A(7)
4	xxx/IR_Q ← MR_Q(15:9)	xxxxx	S2	S3	A(12)
	AR_Q ← PC_Q				A(6,5)
5	**Register-Befehl**	OPC(1:0) = 00	S3	S4	
	SREG ← Flags				A(18)
	RA, RB, RD ← MR_Q(8:0)				A(20)
6	**Load-/Store-Befehl**	OPC(1:0) = 10	S3	S4	
	MR_Q ← MR_D				A(7)
	PC_Q ← PC_Q + 1				A(2)
	RA,RB,RD ← MR_Q(8:0)				A(20)
7	**Adress-Befehl**	OPC(1:0) = 11	S3	S4	
	MR_Q ← MR_D				A(7)
	PC_Q ← PC_Q + 1				A(2)
/8	**Register indirekter Befehl**	OPC(1:0) = 01	S3	S4	
	RA,RB,RD ← MR_Q(8:0)				A(20)
9	STOP/NV	OPC = STOP	S4	S0	Null-Vektor
10	NOP/AR_Q ← PC_Q	OPC = NOP	S4	S1	A(6,5)
11	COMP/AR_Q ← PC_Q	OPC = COMP	S4	S1	A(6,5)
	COMP Q_A, Q_B				A(24 :22)
	SREG ← Flags				A(18)
12	ADD/AR_Q ← PC_Q	OPC = ADD	S4	S1	A(6,5)
	ADD A_Q ← Q_A, Q_B				A(21)
	Q_RI ← AKKU_B				A(19)
	SREG ← Flags				A(18)
13	SUB/AR_Q ← PC_Q	OPC = SUB	S4	S1	A(6,5)
	SUB A_Q ← Q_A, Q_B				A(22)
	SREG ← Flags				A(18)
	Q_RI ← AKKU_B				A(19)
14	AND/AR_Q ← PC_Q	OPC = AND	S4	S1	A(6,5)

Nr.	Bedingungen/Datentransfer	Eingangsvektor X	Z	V	A(24:0)
	AND A_Q ← Q_A, Q_B				A(22,21)
	SREG ← Flags				A(18)
	Q_RI ← AKKU_B				A(19)
15	OR/AR_Q ← PC_Q	OPC = OR	S4	S1	A(6,5)
	OR A_Q ← Q_A, Q_B				A(23)
	SREG ← Flags				A(18)
	Q_RI ← AKKU_B				A(19)
16	XOR/AR_Q ← PC_Q	OPC = XOR	S4	S1	A(6,5)
	XOR A_Q ← Q_A, Q_B				A(23,21)
	SREG ← Flags				A(18)
	Q_RI ← AKKU_B				A(19)
17	DEC/AR_Q ← PC_Q	OPC = DEC	S4	S1	A(6,5)
	DEC A_Q ← Q_A – 1				A(23:21)
	SREG ← Flags				A(18)
	Q_RI ← AKKU_B				A(19)
	RA ← RD				A(17)
18	INC/AR_Q ← PC_Q	OPC = INC	S4	S1	A(6,5)
	INC A_Q ← Q_A + 1				A(23,22)
	SREG ← Flags				A(18)
	Q_RI ← AKKU_B				A(19)
	RA ← RD				A(17)
19	CPL/AR_Q ← PC_Q	OPC = CPL	S4	S1	A(6,5)
	CPL A_Q ← not(Q_A)				A(24,22,21)
	SREG ← Flags				A(18)
	Q_RI ← AKKU_B				A(19)
	RA ← RD				A(17)
20	CLR/AR_Q ← PC_Q	OPC = CLR	S4	S1	A(6,5)
	CLR A_Q ← '0'				A(24:21)
	SREG ← Flags				A(18)
	Q_RI ← AKKU_B				A(19)
	RA ← RD				A(17)
21	MOV/AR_Q ← PC_Q	OPC = MOV	S4	S1	A(6,5)
	MOV A_Q ← Q_B				A(24,22)
	SREG ← Flags				A(18)
	Q_RI ← AKKU_B				A(19)
22	INR ∧ IPV/	OPC = INR ∧ IPV	S4	S5	A(19)

Nr.	Bedingungen/Datentransfer	Eingangsvektor X	Z	V	A(24:0)
	Q_RI ← AKKU_B				
	SYSBUS ← IPR_D				A(9)
	AKKU_B ← SYSBUS				A(13)
	SREG ← Flags				A(18)
	RA ← RD				A(17)
23	INX/AR_Q ← PC_Q	OPC = INX	S4	S1	A(6,5)
	SREG ← Flags				A(18)
	Q_RI ← AKKU_B				A(19)
	RA ← RD				A(17)
	SYSBUS ← IPX_D				A(15)
	AKKU_B ← SYSBUS				A(13)
24	INR ∧ N-IPV/RA ← RD	OPC = INR ∧ N-IPV	S4	S4	A(17) IPREQ = 1
	SYSBUS ← IPR_D				A(9)
25	OUTR ∧ OPREC/ SYSBUS ← A_Q	OPC = OUTR ∧ OPREQ	S4	S5	A(8)
	RA ← RD				A(17)
26	OUTR ∧ N-OPREC/NV	OPC = OUTR ∧ N-OPREQ	S4	S4	Null-Vektor OPV = 1
27	OUTX/AR_Q ← PC_Q	OPC = OUTX	S4	S1	A(6,5)
	RA ← RD				A(17)
	OPX_Q ← SYSBUS				A(11)
	SYSBUS ← A_Q				A(8)
28	JC ∧ N-C/AR_Q ← PC_Q	OPC = JC ∧ N-C	S4	S1	A(6,5)
29	JZ ∧ N-Z/AR_Q ← PC_Q	OPC = JZ ∧ N-Z	S4	S1	A(6,5)
30	JN ∧ N-N/AR_Q ← PC_Q	OPC = JN ∧ N-N	S4	S1	A(6,5)
31	JOV ∧ N-OV/ AR_Q ← PC_Q	OPC = JOV ∧ N-OV	S4	S1	A(6,5)
32	JEQ ∧ N-EQ/ AR_Q ← PC_Q	OPC = JEQ ∧ N-EQ	S4	S1	A(6,5)
/33	JCI ∧ N-C/AR_Q ← PC_Q	OPC = JCI ∧ N-C	S4	S1	A(6,5)
/34	JZI ∧ N-Z/AR_Q ← PC_Q	OPC = JZI ∧ N-Z	S4	S1	A(6,5)
/35	JNI ∧ N-N/AR_Q ← PC_Q	OPC = JNI ∧ N-N	S4	S1	A(6,5)
/36	JOVI ∧ N-OV/AR_Q ← PC_Q	OPC = JOVI ∧ N-OV	S4	S1	A(6,5)
/37	JEQI ∧ N-EQ/	OPC = JEQI ∧ N-EQ	S4	S1	A(6,5)

Nr.	Bedingungen/Datentransfer	Eingangsvektor X	Z	V	A(24:0)
	AR_Q ← PC_Q				
38	JC ∧ C/PC_Q ← SYSBUS	OPC = JC ∧ C	S4	S5	A(2,1)
	SYSBUS ← MR_Q				A(9,8)
	MR_Q ← MR_D				A(7)
39	JZ ∧ Z/PC ← SYSBUS	OPC = JZ ∧ Z	S4	S5	A(2,1)
	SYSBUS ← MR_Q				A(9,8)
	MR_Q ← MR_D				A(7)
40	JN ∧ N/PC_Q ← SYSBUS	OPC = JN ∧ N	S4	S5	A(2,1)
	SYSBUS ← MR_Q				A(9,8)
	MR_Q ← MR_D				A(7)
41	JOV ∧ OV/ PC_Q ← SYSBUS	OPC = JOV ∧ OV	S4	S5	A(2,1)
	SYSBUS ← MR_Q				A(9,8)
	MR_Q ← MR_D				A(7)
42	JEQ ∧ EQ/ PC_Q ← SYSBUS	OPC = JEQ ∧ EQ	S4	S5	A(3,2)
	SYSBUS ← MR_Q				A(9,8)
	MR_Q ← MR_D				A(7)
43	JUMP/PC_Q ← SYSBUS	OPC = JUMP	S4	S5	A(2,1)
	SYSBUS ← MR_Q				A(9,8)
	MR_Q ← MR_D				A(7)
/44	JCI ∧ C/PC_Q ← SYSBUS	OPC = JCI ∧ C	S4	S5	A(2,1)
	SYSBUS ← A_Q				A(8)
/45	JZI ∧ Z/PC ← SYSBUS	OPC = JZI ∧ Z	S4	S5	A(2,1)
	SYSBUS ←A_Q				A(8)
/46	JNI ∧ N/PC_Q ← SYSBUS	OPC = JNI ∧ N	S4	S5	A(2,1)
	SYSBUS ← A_Q				A(8)
/47	JOVI ∧ OV/ PC_Q ← SYSBUS	OPC = JOVI ∧ OV	S4	S5	A(2,1)
	SYSBUS ← A_Q				A(8)
/48	JEQI ∧ EQ/ PC_Q ← SYSBUS	OPC = JEQI ∧ EQ	S4	S5	A(3,2)
	SYSBUS ← A_Q				A(8)
/49	JUMPI/PC_Q ← SYSBUS	OPC = JUMPI	S4	S5	A(2,1)
	SYSBUS ← A_Q				A(8)
50	CALL/ST_Q ← PC_Q	OPC = CALL	S4	S5	A(4,3)

Nr.	Bedingungen/Datentransfer	Eingangsvektor X	Z	V	A(24:0)
	MR_Q ← MR_D				A(7)
/51	CALLI/ST_Q ← PC_Q	OPC = CALLI	S4	S5	A(4,3)
	SYSBUS ← A_Q				A(8)
52	RETURN/PC_Q ← ST_Q	OPC = RETURN	S4	S5	A(3:0)
53	SHR/RA ← RD	OPC = SHR	S4	S5	A(17)
54	SHL/RA ← RD	OPC = SHL	S4	S5	A(17)
55	INM/AR_Q ← SYSBUS	OPC = INM	S4	S5	A(6)
	SYSBUS ←MR_Q				A(9,8)
/56	INMI/AR_Q ← SYSBUS	OPC = INMI	S4	S5	A(6)
	SYSBUS ← A_Q				A(8)
57	OUTM/AR_Q ← SYSBUS	OPC = OUTM	S4	S5	A(6)
	SYSBUS ← MR_Q				A(9,8)
/58	OUTMI/AR_Q ← SYSBUS	OPC = OUTMI	S4	S5	A(6)
	SYSBUS ← A_Q				A(8)
59	LOAD/AR_Q ← SYSBUS	OPC = LOAD	S4	S5	A(6)
	SYSBUS ← MR_Q				A(9,8)
/60	LOADI/AR_Q ← SYSBUS	OPC = LOADI	S4	S5	A(6)
	SYSBUS ← A_Q				A(8)
61	STORE/AR_Q ← SYSBUS	OPC = STORE	S4	S5	A(6)
	SYSBUS ← MR_Q				A(9,8)
/62	STOREI/ AR_Q ← SYSBUS	OPC = STOREI	S4	S5	A(6)
	SYSBUS ← A_Q				A(8)
63	CALL/PC_Q ← SYSBUS	OPC = CALL	S5	S6	A(2,1)
	SYSBUS ← MR_Q				A(9,8)
/64	CALLI/PC_Q ← SYSBUS	OPC = CALLI	S5	S6	A(2,1)
	SYSBUS ← A_Q				A(8)
65	RETURN/AR_Q ← PC_Q	OPC = RETURN	S5	S1	A(6,5)
66	INM ∧ N-IPV/ SYSBUS ← IPR_D	OPC = INM ∧ N- IPV	S5	S5	A(9) IPREQ = 1
67	INM ∧ IPV/ SYSBUS ← IPR_D	OPC = INM ∧ IPV	S5	S6	A(9)
	RAM_Q ← SYSBUS				A(14)
/68	INMI ∧ N-IPV/ SYSBUS ← IPR_D	OPC = INMI ∧ N- IPV	S5	S5	A(9) IPREQ = 1
/69	INMI ∧ IPV/	OPC = INMI ∧ IPV	S5	S6	A(9)

Nr.	Bedingungen/Datentransfer	Eingangsvektor X	Z	V	A(24:0)
	SYSBUS ← IPR_D				
	RAM_Q ← SYSBUS				A(14)
70	OUTM ∧ N-OPREC/ SYSBUS ← MR_Q	OPC = OUTM ∧ N- OPREQ	S5	S5	A(9,8) OPV = 1
	MR_Q ← MR_D				A(7)
71	OUTM ∧ OPREC/ SYSBUS ← MR_Q	OPC = OUTM ∧ OPREQ	S5	S6	A(9,8)
	OPR_Q ← SYSBUS				A(10)
/72	OUTMI ∧ N-OPREC/ SYSBUS ← MR_Q	OPC = OUTMI ∧ N-OPREQ	S5	S5	A(9,8) OPV = 1
	MR_Q ← MR_D				A(7)
/73	OUTMI ∧ OPREC/ SYSBUS ← MR_Q	OPC = OUTMI ∧ OPREQ	S5	S6	A(9,8)
	OPR_Q ← SYSBUS				A(10)
74	STORE/SYSBUS ← A_Q	OPC = STORE	S5	S6	A(8)
	RAM_Q ← SYSBUS				A(14)
	RA ← RD				A(17)
/75	STOREI/RA ← RD	OPC = STOREI	S5	S6	A(17)
76	LOAD/MR_Q ← MR_D	OPC = LOAD	S5	S6	A(7)
	RA ← RD				A(17)
	SREG ← Flags				A(18)
/77	LOADI/MR_Q ← MR_D	OPC = LOADI	S5	S6	A(7)
	SREG ← Flags				A(18)
78	INR/AR_Q ← PC_Q	OPC = INR	S5	S1	A(6,5)
	SYSBUS ← IPR_D				A(9)
	AKKU_B ← SYSBUS				A(13)
	SREG ← Flags				A(18)
	RA ← RD				A(17)
	Q_RI ← AKKU_B				A(19)
79	OUTR/AR_Q ← PC_Q	OPC = OUTR	S5	S1	A(6,5)
	RA ← RD				A(17)
	OPR_Q ← SYSBUS				A(10)
	SYSBUS ← A_Q				A(8)
80	SHR/RA ← RD	OPC = SHR	S5	S6	A(17)
	Q_SH ← SHR(Q_A)				A(24)
	SREG ← Flags				A(18)

Nr.	Bedingungen/Datentransfer	Eingangsvektor X	Z	V	A(24:0)
	A_Q ← Q_SH				A(16)
81	SHL/RA ← RD	OPC = SHL	S5	S6	A(17)
	Q_SH ← SHL(Q_A)				A(24,21)
	SREG ← Flags				A(18)
	A_Q ← Q_SH				A(16)
82	JC v JCI/AR_Q ← PC_Q	OPC = JC v JCI	S5	S1	A(6,5)
83	JZ v JZI/AR_Q ← PC_Q	OPC = JZ v JZI	S5	S1	A(6,5)
84	JN v JNI/AR_Q ← PC_Q	OPC = JN v JNI	S5	S1	A(6,5)
85	JOV v JOVI/AR_Q ← PC_Q	OPC = JOV v JOVI	S5	S1	A(6,5)
86	JEQ v JEQI/AR_Q ← PC_Q	OPC = JEQ v JEQI	S5	S1	A(6,5)
87	JUMP/AR_Q ← PC_Q	OPC = JUMP	S5	S1	A(6,5)
/88	JUMPI/AR_Q ← PC_Q	OPC = JUMPI	S5	S1	A(6,5)
89	STORE/AR_Q ← PC_Q	OPC = STORE	S6	S1	A(6,5)
/90	STOREI/AR_Q ← PC_Q	OPC = STOREI	S6	S1	A(6,5)
	SYSBUS ← A_Q				A(8)
	RA ← RD				A(17)
	RAM_Q ← SYSBUS				A(14)
91	CALL/AR_Q ← PC_Q	OPC = CALL	S6	S1	A(6,5)
/92	CALLI/AR_Q ← PC_Q	OPC = CALLI	S6	S1	A(6,5)
93	INM/AR_Q ← PC_Q	OPC = INM	S6	S1	A(6,5)
	SYSBUS ← IPR_D				A(9)
	RAM_Q ← SYSBUS				A(14)
/94	INMI/AR_Q ← PC_Q	OPC = INMI	S6	S1	A(6,5)
	SYSBUS ← IPR_D				A(9)
	RAM_Q ← SYSBUS				A(14)
95	LOAD/AR_Q ← PC_Q	OPC = LOAD	S6	S1	A(6,5)
	SYSBUS ← MR_Q				A(9,8)
	Q_RI ← AKKU_B				A(19)
	AKKU_B ← SYSBUS				A(13)
	RA ← RD				A(17)
	SREG ← Flags				A(18)
/96	LOADI/AR_Q ← PC_Q	OPC = LOADI	S6	S1	A(6,5)
	SYSBUS ← MR_Q				A(9,8)
	Q_RD ← AKKU_B				A(19)
	AKKU_B ← SYSBUS				A(13)
	SREG ← Flags				A(18)

Nr.	Bedingungen/Datentransfer	Eingangsvektor X	Z	V	A(24:0)
97	OUTM/AR_Q ← PC_Q	OPC = OUTM	S6	S1	A(6,5)
	SYSBUS ← MR_Q				A(9,8)
	OPR_Q ← SYSBUS				A(10)
/98	OUTMI/AR_Q ← PC_Q	OPC = OUTMI	S6	S1	A(6,5)
	SYSBUS ← MR_Q				A(9,8)
	OPR_Q ← SYSBUS				A(10)
99	SHR/AR_Q ← PC_Q	OPC = SHR	S6	S1	A(6,5)
	Q_RI ← AKKU_B				A(19)
	SREG ← Flags				A(18)
	RA ← RD				A(17)
	A_Q ← Q_SH				A(16)
100	SHL/AR_Q ← PC_Q	OPC = SHL	S6	S1	A(6,5)
	Q_RI ← AKKU_B				A(19)
	SREG ← Flags				A(18)
	RA ← RD				A(17)
	A_Q ← Q_SH				A(16)

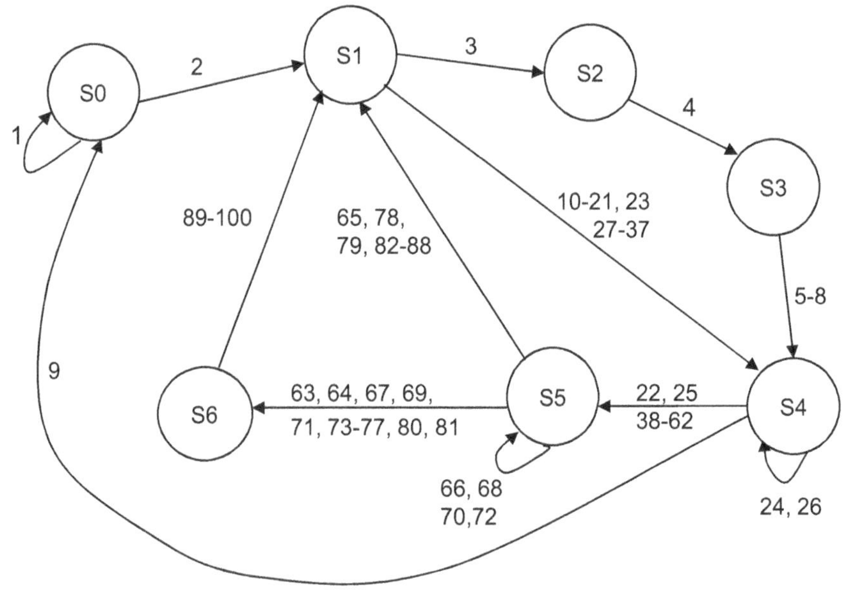

Abb. 6.1: Vereinfachter Automatengraph für das Steuerwerk der MPU16B

7 Das 16-Bit-Mikroprozessor-System (MPU16P_S)

Das digitale 16-Bit-System soll nach dem Prinzip des Befehls-Pipelining aufgebaut und in der folgenden Form strukturiert werden:

- Mikroprozessor (MPU16P)
- Synchroner statischer RAM-Speicher
  a) Speicherbereich für Instruktionen (RAMA)
  b) Speicherbereich für Daten (RAMB)

Der RAM-Speicher ist aufgeteilt in einen Instruktionsbereich und einen Datenbereich und kann getrennt adressiert werden. Für den RAM-Speicher soll sowohl das Lesen als auch das Schreiben taktabhängig sein.
Der Entwurf des 16-Bit-Mikroprozessors MPU16P soll als eine Erweiterung des MPU16A betrachtet werden. Die Strukturierung des Prozessors in Operationswerk und Steuerwerk soll dabei erhalten bleiben. Dadurch können die notwendigen Änderungen sowohl im Operationswerk als auch im Steuerwerk leichter nachvollzogen werden. Für das Befehls-Pipelining sind umfangreiche Änderungen im Operationswerk und Steuerwerk notwendig. Lediglich der Befehlssatz vom MPU16A bleibt erhalten.

7.1 Das Pipeline-Prinzip

Das Pipelining, das hier betrachtet werden soll, wird auch als Phasen- oder Befehls-Pipelining bezeichnet. Die Basis dieses Konzeptes besteht darin, mehrere Instruktionen in verschiedenen Befehlsphasen gleichzeitig zu verarbeiten. Es handelt sich bei dieser Eigenschaft um eine Parallelverarbeitung auf Instruktionsebene. Dadurch wird eine deutlich beschleunigte Befehlsverarbeitung im Prozessor erreicht. Das Prinzip funktioniert nur dann reibungslos, wenn die Funktionseinheiten der Hardware unabhängig voneinander arbeiten. Für das Pipelining wird allgemein ein deutlich höherer Hardware-Aufwand benötigt als für die sequenzielle Befehlsverarbeitung. In den Abb. 7.1 a) und b) ist das Prinzip der Befehlsverarbeitung mit und ohne Pipelining dargestellt. Es wird für die Darstellung die vereinfachte Annahme gemacht, dass alle Befehlsphasen den gleichen Zeitaufwand benötigen. Die Befehlsphasen werden auch als Pipelinestufen bezeichnet. Die Befehle sollen jeweils aus vier Pipelinestufen bestehen. Ohne Pipelining wird jeder Befehl sequenziell verarbeitet, ein neuer Befehl kann erst begonnen werden, wenn der alte ausgeführt wurde. Daraus ergibt sich eine schlechte Nutzung der Hardware-Einheiten, es ist immer nur jeweils eine Funktionseinheit aktiv. Beim Pipeline-Prinzip wird während eines Taktzyklus des Prozessors nur jeweils eine Teilaufgabe bearbeitet. Es werden jedoch die Teilaufgaben unterschiedlicher Befehle gleichzeitig verarbeitet. Es ergibt sich somit eine Parallelverarbeitung für unterschiedliche Befehle. Die gesamte Befehlsverarbeitung wird dadurch deutlich gesteigert [11, 15]

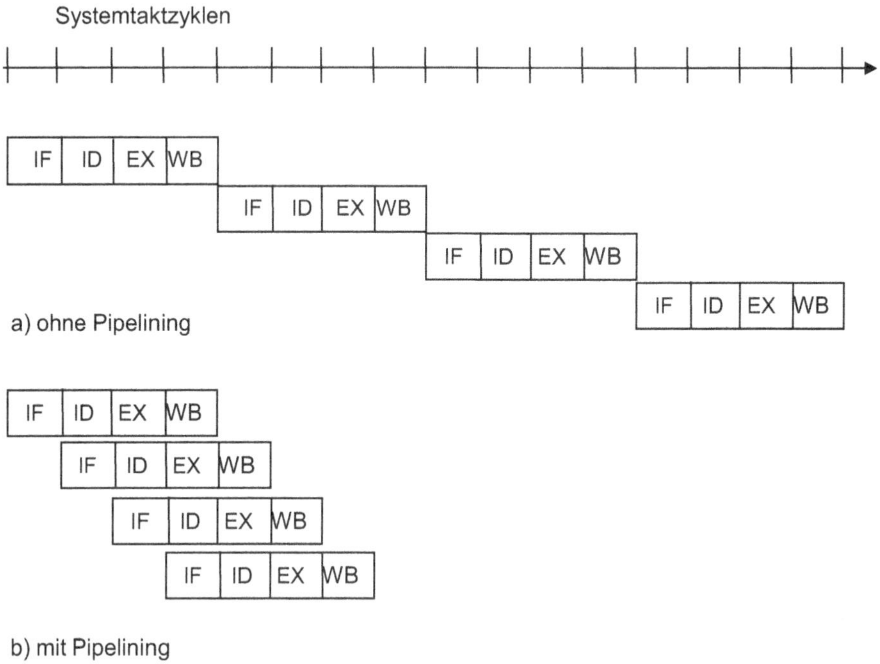

Abb. 7.1: Befehlsverarbeitung beim Pipelining
a) ohne Pipelining
b) mit Pipelining

IF: Instruction Fetch
Die nächste zu verarbeitende Instruktion wird aus dem Arbeitsspeicher gelesen und in einem internen Register (Instruktionsregister) gespeichert.
ID: Instruction Decode
Der Opcode der Instruktion wird dekodiert und die notwendigen Daten für die Befehlsausführung in internen Registern zwischengespeichert.
EX: Execute
In der Ausführungsphase wird der dekodierte Befehl ausgeführt. Die Zwischenergebnisse werden in Pipeline-Registern gespeichert.
WB: Write Back
In dieser Phase werden die Ergebnisse in den Arbeitsspeicher oder in den Akkumulator-Registersatz zurückgeschrieben.

Für die Geschwindigkeitssteigerung (speedup) der Befehlsverarbeitung kann anhand folgender Beziehung eine Abschätzung für homogene Pipelinestufen, d. h. gleicher Zeitaufwand für alle Befehlsphasen, gemacht werden.

$$\textbf{speedup} = \frac{n * k}{k + n - 1}$$

k : Pipelinestufen, n : Anzahl der Befehle

Wenn die Anzahl der Befehle n groß gegenüber den Pipelinestufen k wird, ergibt sich eine Steigerung der Befehlsverarbeitung mit dem Faktor k. Das bedeutet, dass im Idealfall der Durchsatz um den Faktor k gegenüber der sequenziellen Verarbeitung gesteigert werden kann.
Für die Hardware-Ressourcen bedeutet das Pipelining, dass genügend Funktionseinheiten vorhanden sein müssen, um die Teilaufgaben ausführen zu können. Um Daten zwischen den einzelnen Befehlsphasen weiterzuleiten und zwischen zu speichern, sind interne Register notwendig, die auch als Pipeline-Register bezeichnet werden.

7.2 Entwurf eines 16-Bit-Mikroprozessors mit Befehls-Pipelining

Der Schwerpunkt des Entwurfs soll auf der Erweiterung des 16-Bit-Mikropozessors MPU16A liegen, der nach dem Prinzip des Befehls-Pipelining arbeiten soll. Ein weiterer Schwerpunkt soll eine problemlose Änderung der Eigenschaften des Prozessors sein, um ihn an neue Anwendungen anzupassen. Im Folgenden werden zunächst die gewünschten Eigenschaften definiert.

Adressformat
Für die Adressierung des RAM-Arbeitsspeichers ist ein 14-Bit-Format vorgesehen. Der Adressbereich reicht entsprechend von 0 bis 16 K. Es wird nur eine direkte Speicheradressierung mit absoluten Adressen verwendet. Für einen größeren Adressbereich bzw. andere Adressierungsarten können die Befehlsformate leicht geändert werden.

Datenformat
Das Datenformat besteht durchgehend aus einem 16-Bit-Operanden, wobei das oberste Bit (MSB) als Vorzeichen reserviert ist. Negative Operanden werden als Zweier-Komplement dargestellt.

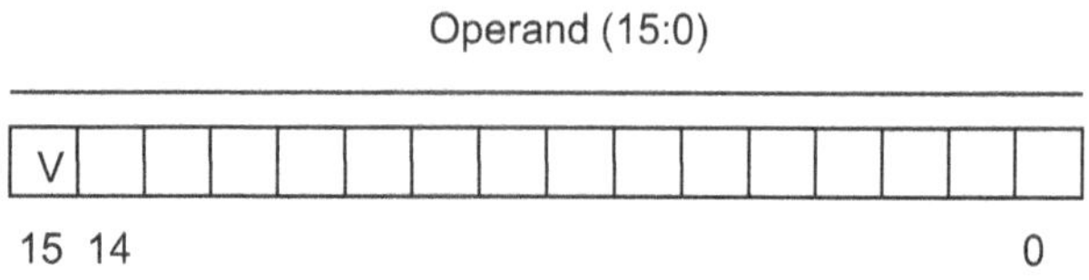

Daten: Bit 0,……,14
Vorzeichen V: Bit 15

Befehlsformat

Das Befehlsformat wird unterteilt in

- Registerbefehle
- Load/Store-Befehle
- Adressbefehle

Das Befehlsformat besteht aus einem 24-Bit-Vektor, der den Opcode, die Registeradressen sowie die Speicheradressen enthält. Für die Registerbefehle werden die Speicheradressen nicht benötigt. Der RAM-Arbeitsspeicher ist in einen Instruktionsspeicher und in einen Datenspeicher aufgeteilt. Für die Adressierung wird jeweils ein 14-Bit-Format verwendet. Soll der Adressbereich erweitert werden, so sind nur Änderungen für die Speicheradressierung notwendig.

Registerbefehle

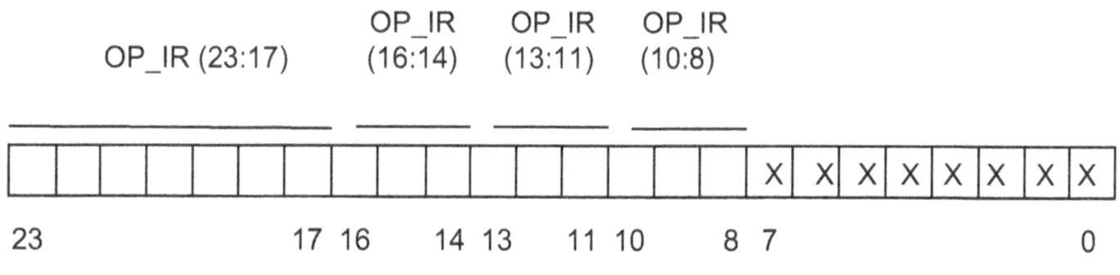

OP_IR(23:17): Opcode OPC(6:0)
OP_IR(16:14): RD(2:0) Zielregister RD
OP_IR(13:11): RA(2:0) Register RA
OP_IR(10:8): RB(2:0) Register RB
OP_IR(7:0): don't-care-Werte x
RD, RA, RB: Arbeitsregister
RD, RA, RB: Registerauswahl R0,……,R7

Für den 7-Bit-Opcode können insgesamt $2^7 = 128$ Befehle definiert werden. Für die Arbeitsregister RD, RA und RB können jeweils acht 16-Bit-Register adressiert werden. Diese Befehlsstruktur folgt einer RISC-Architektur, in der 3-Adress-Befehle verwendet werden können. Die Reihenfolge der Abarbeitung für Register-Befehle muss genau festgelegt werden, da sie in die Registerstruktur der Akku-Einheit eingeht. Für einen 3-Adress-Befehl wird die Reihenfolge der Abarbeitung wie folgt festgelegt:

OPC RD $\leftarrow$ RA, RB

Der Operationscode OPC verknüpft die Inhalte der Register RA und RB miteinander und legt das Ergebnis im Zielregister RD ab.
Auf Einzelheiten in der Registerstruktur wird beim Entwurf des Operationswerkes näher eingegangen.

Load-/Store-Befehle

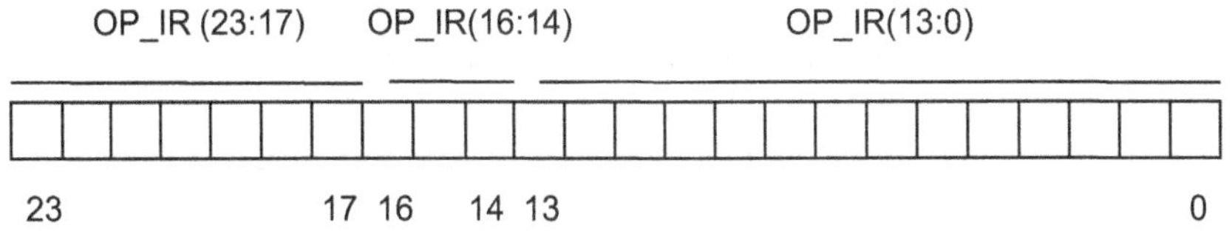

OP_IR(23:17) : Opcode OPC(6:0)
OP_IR(16:14) : RD(2:0) Zielregister RD
OP_IR(13:0) : 14-Bit-Adresse ADR(13:0)

Das Befehlsformat besteht aus dem 7-Bit-Opcode, dem 3-Bit-Zielregister RD und einer 14-Bit- Adresse.

Adressbefehle

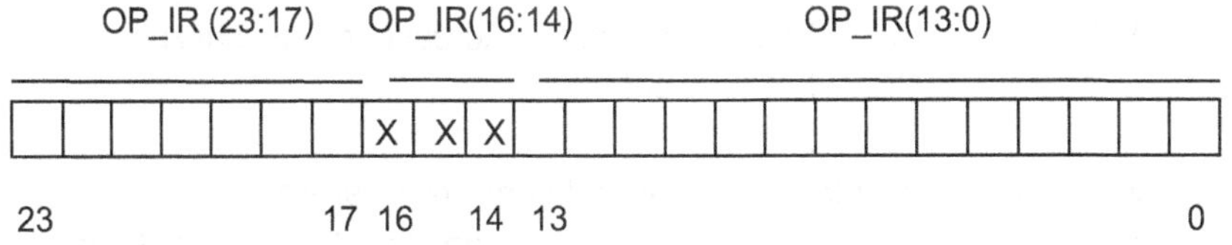

OP_IR(23:17): Opcode OPC(6:0)
OP_IR(16:14): don't–care-Werte x
OP_IR(13:0): 14-Bit-Adresse ADR(13:0)

Das Befehlsformat besteht bei der direkten Adressierung aus dem 7-Bit-Opcode und einer 14-Bit-Adresse. Die restlichen 3 Bit des Befehlswortes OP_IR(16:14) werden nicht genutzt und sind don't-care-Werte.

Adressierung
Folgende Adressierungsarten werden verwendet:

- Register-Register: Register-Befehle, Input-/Output-Befehle
- Register-Speicher: Load/Store-Befehle, Input-/Output-Befehle
- Speicher: Jump-Befehle

Register-Register-Adressierung
Registerbefehle innerhalb der Akkumulator-Einheit (Akku-Einheit).
Das Befehlsformat besteht nur aus einem Befehlswort: Opcode und den Registern RA, RB und RD. Dabei kann man zwischen Ein- und Mehr-Adressbefehlen unterscheiden, z. B.

Inkrement	RD	: Ein-Adress-Befehl
Addiere	RD ← RA, RB	: Drei-Adress-Befehl

Register-Befehle zwischen Input- und Output-Register und einem Zielregister RD in der Akku-Einheit.

RD	←	Input-Register	: Dateneingabe
Output-Register	←	RD	: Datenausgabe

Es wird jeweils nur das Register RD adressiert, das zweite Register ist durch den Befehl vorgegeben, d. h. es handelt sich um eine implizite Adressierung.

Register-Speicher-Adressierung
Load-/Store-Befehle:
Es wird entweder ein Zielregister RD mit Daten aus dem Arbeitsspeicher geladen (Load-Befehl), oder es wird der Inhalt eines Zielregisters RD in dem Arbeitsspeicher unter der Adresse m abgelegt (Store-Befehl).

RD	←	m	: Load-Befehl (m: Adresse im Speicher)
m	←	RD	: Store-Befehl

Befehle zwischen Input- und Output-Register und dem Arbeitsspeicher.

m	←	Input-Register	: Dateneingabe, m: Adresse im Speicher
Output-Register	←	m	: Datenausgabe

Speicheradressierung

Es handelt sich dabei um Jump-Befehle. Es wird nur eine Speicheradresse m bestimmt, wobei nur die direkte 14-Bit-Adressierung verwendet wird.

PC ←	PC + 1	: Sprungbedingung nicht erfüllt, PC : Program-Counter
PC ←	m	: Sprungbedingung erfüllt

Registerstruktur

Es existieren acht 16-Bit Register, die als Arbeitsregister verwendet werden können. Mit diesem Registerblock von nur acht Registern können mit Hilfe von Datenselektoren, d. h. Multiplexern und Demultiplexern, Drei-Adress-Befehle ausgeführt werden. Die Registerstruktur für die entsprechenden Befehle wurde bereits in Kap. 4 bei dem Entwurf einer 16-Bit-Register-Einheit erläutert.

Statusregister

Das Statusregister ist ein 5-Bit Register. Die Statusflags haben folgende Bedeutung:

- EQ-Flag: Vergleichsflag zwischen den Registern RA und RB
- OV-Flag: Overflow-Flag für das Zielregister RD
- NEG-Flag: Prüft, ob das Zielregister RD einen negativen Wert hat.
- ZERO-Flag: Prüft, ob das Zielregister RD Null ist.
- Carry-Flag: Zeigt einen Ausgangsübertrag für das Zielregister RD an.

Register-Stack

Als Register-Stack soll der verkettete Registerblock des 16-Bit Prozessors MPU16A verwendet werden.

Akkumulatorstruktur

Die 16-Bit Akku-Einheit soll entsprechend dem vorgegebenen Befehlspipelining erweitert werden. Mit dem 7-Bit-Opcode lassen sich 128 Befehle kodieren. In Tabelle 7.1 ist der Befehlssatz der MPU16P zusammengestellt. Der Befehlssatz besteht aus 20 Registerbefehlen, den Load- und Store-Befehlen und 9 Adressbefehlen, so dass 97 Kombinationen für den Opcode nicht genutzt werden, d. h. es sind ungültige Opcodes. Ungültige Opcodes werden wie NOP-Befehle (No Operation) interpretiert. Bei NOP-Befehlen wird keine Operation ausgeführt, es entsteht nur eine Verzögerung in der Befehlsfolge des Maschinenprogramms. In der zweiten Spalte der Tabelle sind die Kürzel (Mnemonics) und in Spalte drei die Bedeutung der einzelnen Befehle aufgelistet. Der Befehlssatz ist von der 16-Bit-Version des MPU16A übernommen worden. Auch die Bedeutung der Flags ist gleich geblieben. Bei einem Vergleich der Prozessortypen MPU16A und MPU16P werden die Vorteile der Pipeline-Verarbeitung durch die beschleunigte Befehlsverarbeitung deutlich sichtbar.

Tab. 7.1: Befehlssatz des Mikroprozessors MPU16P

Befehl	**Mnemonic**	**Bedeutung**	**Flags**				
OPC(6:0)			**C**	**Z**	**N**	**OV**	**EQ**
Register-Befehle							
0000000	NOP	PC ← PC + 1					
0100100	SHR RD	RD ← SHR(RA)		x	x		
0101000	SHL RD	RD ← SHL(RA)		x	x		
0110000	DEC RD	RD ← RA – 1		x	x		
0110100	INC RD	RD ← RA + 1		x	x		
0111000	INR RD	RD ← IPR		x	x		
0111100	OUTR RD	OPR ← RD					
1000000	ADD RD,RA, RB	RD ← RA + RB	x	x	x	x	
1000100	SUB RD, RA, RB	RD ← RA – RB	x	x	x	x	
1001000	AND RD, RA, RB	RD ← RA AND RB		x	x		
1001100	OR RD, RA, RB	RD ← RA OR RB		x	x		
1010000	XOR RD, RA, RB	RD ← RA XOR RB		x	x		
1010100	MOV RD, RB	RD ← RB		x	x		
1011000	RETURN	PC ← ST					
1011100	CLR RD	RD = 0		x			
0101100	COMP RA, RB	RA EQ RB		x	x		x
1100000	CPL RD	RD ← not (RA)		x	x		
1100100	INX RD	RD ← IPX		x	x		
1101000	OUTX RD	OPX ← RD					
1111100	STOP	Programm-Ende					
Load-/Store Befehle							
0000110	LOAD RD, m	RD ← (m)		x	x		
0001010	STORE m, RD	(m) ← RD					
Adress-Befehle							
0010011	JUMP m	PC ← m					
0010111	JC m	C = 1 : PC ← m	x				
0011011	JZ m	Z = 1 : PC ← m		x			
0011111	JOV m	OV = 1: PC ← m				x	
0100011	JN m	N = 1 : PC ← m			x		
0100111	JEQ m	EQ = 1: PC ← m					x
0101011	INM m	(m) ← IPR					
0101111	OUTM m	OPR ← (m)					

Befehl	Mnemonic	Bedeutung	Flags				
OPC(6:0)			C	Z	N	OV	EQ
0001111	CALL m	ST ← PC, PC ← m					

Erläuterungen zu Tabelle 7.1

ST: Register-Stack
PC: Programm-Counter
m: 14 Bit-Adresse
(m): Inhalt von ADR m
IPR: Input-Register mit Eingabeprotokoll
OPR: Output-Register mit Ausgabeprotokoll
IPX: Input-Register ohne Eingabeprotokoll
OPX: Output-Register ohne Ausgabeprotokoll
RA, RB, RD: Arbeitsregister
NOP: No Operation
SHR, SHL: Shift right, Shift left
DEC, INC: Dekrement, Inkrement
INR, INX: Input mit Register IPR, IPX und Zielregister RD
INM, OUTM: Input, Output mit Register IPR, OPR und Speicher
OUTR, OUTX: Output OPR, OPX
COMP, CPL: Compare, Complement
CALL: Aufruf Unterprogramm
JC, JN, JZ: Sprungbefehle
JEQ, JUMP: Sprungbefehle
RETURN: Rücksprung aus Unterprogramm

Flags:

C: Carry-Flag
Z: Zero-Flag
N: Negativ-Flag
OV: Overflow-Flag
EQ: Equal-Flag
x: Flags gültig

Bestimmung der Befehlsphasen

Beim Befehlsablauf des 16-Bit-Prozessors MPU16P mit Pipelining gibt es gravierende Änderungen gegenüber des Prozessors MPU16A. Die einzelnen Befehlsphasen werden wie folgt festgelegt:

IF: Instruction Fetch: Die nächste zu verarbeitende Instruktion wird aus dem RAM-Speicher (RAMA) gelesen und im Instruction- Register IR gespeichert.

ID: Instruction Decode: Der Opcode der Instruktion wird dekodiert und die notwendigen Daten für die Befehlsausführung in internen Registern (Pipeline-Registern) zwischengespeichert.

DF: Data Fetch: In dieser Phase werden Daten vom Datenspeicher (RAMB) geholt.

EX: Execute: In der Ausführungsphase wird der dekodierte Befehl ausgeführt. Die notwendigen Daten werden in Pipeline-Registern gespeichert.

WB: Write Back: In dieser Phase werden die Ergebnisse in den Arbeitsspeicher oder in den Akkumulator-Registersatz zurückgeschrieben.

WC: Wait Cycle: In dieser Phase wird ein Wartezyklus eingebaut. Er wird immer dann in die Pipeline eingebaut, wenn benötigte Daten für die Befehlsverarbeitung noch nicht vorliegen. Die einfachste Methode besteht darin, einen Wartezyklus einzubauen, um Pipeline-Konflikte zu vermeiden.

Befehlsphasen der MPU16P

Zunächst wird die Startadresse des Maschinenprogramms ins Input-Register IPR geladen. Diese Phase wird nur beim Starten des Maschinenprogramms durchlaufen und dann nicht mehr benötigt. Sie ist in den Befehlsphasen nicht eingezeichnet. Für die folgenden Darstellungen der einzelnen Befehle nach dem Pipeline-Prinzip wird die Annahme gemacht, dass zwei gleiche Befehle nacheinander ausgeführt werden sollen. Das sind i. d. R. erschwerte Bedingungen, da z. B. die Arbeitsregister rechtzeitig den aktuellen Wert haben müssen.

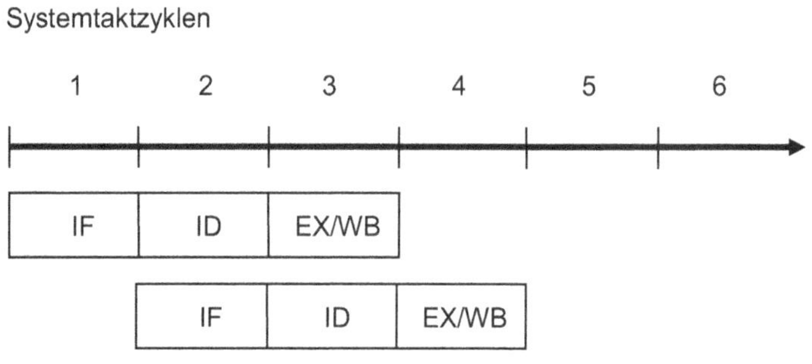

Abb. 7.2: Registerbefehle1 (alle Akku-Befehle)

Die Registerbefehle1 laufen alle in der Akkumulator-Einheit ab. Für diese Befehle werden drei Befehlsphasen für die Pipeline benötigt, die in drei Taktzyklen ablaufen. Für jeden CPU-Takt kann ein neuer Befehl aufgerufen werden. Durch die parallele Bearbeitung mehrerer Befehle in verschiedenen Phasen wird erreicht, dass für jeden

Befehl nur ein CPU-Takt benötigt wird. Ein Verzögern der Pipeline ist für diese Befehlsgruppe nicht notwendig, da die notwendigen Daten in den Arbeitsregistern rechtzeitig vorliegen. Am Ende der ID-Phase werden die aktuellen Daten des vorherigen Befehls benötigt. Das Beispiel für die Registerbefehle1 in Abb. 7.2 dient der Erläuterung. Es sollen zwei Additionsbefehle ausgeführt werden.

ADD R0, R0, R1 ; R0 = R0 + R1
ADD R3, R0, R1 ; R3 = R0 + R1

Beim ersten Additionsbefehl ist das Ergebnis im Zielregister R0 nach drei Taktzyklen. Bei der zweiten Addition muss das Register R0 bereits den aktuellen Wert aus der ersten Addition haben, wenn die EX/WB-Phase beginnt.
Man erkennt an der Darstellung in Abb. 7.2, dass diese Bedingung erfüllt ist.

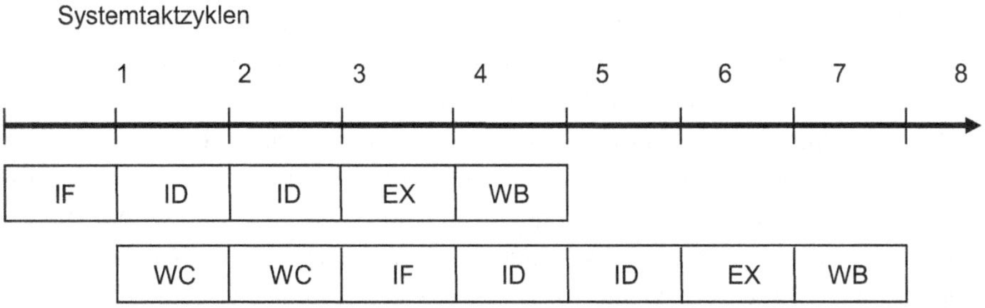

Abb. 7.3: Registerbefehle2 (SHR, SHL)

Die Registerbefehle2 benötigen fünf Taktzyklen für die einzelnen Befehlsphasen der Shift-Befehle. Bevor ein neuer Befehl aufgerufen werden kann, müssen Wartezyklen WC (Wait Cycles) eingebaut werden. In Abb. 7.3 ist zu erkennen, dass zwei Wartezyklen für die Pipeline notwendig sind. Die ID-Phase ist hier auf zwei Befehlsphasen verteilt. Für den aktuellen Befehl werden die Registerdaten am Ende der ersten ID-Phase benötigt. Diese Bedingung ist erfüllt, da zu diesem Zeitpunkt die WB-Phase (Write Back) des vorherigen Befehls abgeschlossen ist. Ohne die Wartezyklen kommt es zu Pipeline-Konflikten. Pipeline-Konflikte werden auch als Pipeline-Hasards bezeichnet. Das folgende Beispiel soll den Fall erläutern. Es wird nacheinander ein shift-right-Befehl (SHR) und ein shift-left-Befehl (SHL) aufgerufen.

SHR R3
SHL R3

Beim ersten shift-Befehl wird das Register R3 verändert. Der zweite Befehl darf erst ausgeführt werden, wenn sich R3 aus dem ersten Befehl nicht mehr verändert. Ansonsten liefert Register R3 beim zweiten Befehl einen falschen Wert.
An der Darstellung ist auch zu erkennen, dass ein neuer Befehl nach drei Taktzyklen aufgerufen werden kann.

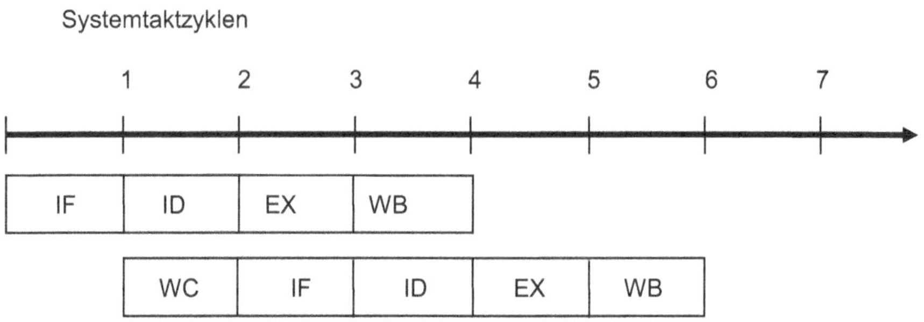

Abb. 7.4: Registerbefehle3 (INX, INR)

Die Registerbefehle3 in Abb. 7.4 sind Input-Befehle, bei denen Daten vom Input-Register IPR oder IPX in ein Zielregister im Akkumulator geladen werden. Es sind Befehle, die mit (IPR) und ohne (IPX) Bestätigung für das Eingabeprotokoll verarbeitet werden. Bei der Eingabe über das Input-Register IPX werden für den Befehl vier Befehlsphasen benötigt. Bei der Eingabe über das Input-Register IPR werden wegen der Eingabebestätigung mindestens vier Befehlsphasen benötigt. In die Pipeline muss mindestens ein Wartezyklus eingebaut werden. Der nächste Befehl kann erst aus dem Instruktionsspeicher (RAMA) gelesen werden, wenn die EX-Phase des Inputbefehls ausgeführt wird. Der nächste Befehl kann somit frühestens nach zwei Taktzyklen aufgerufen werden.

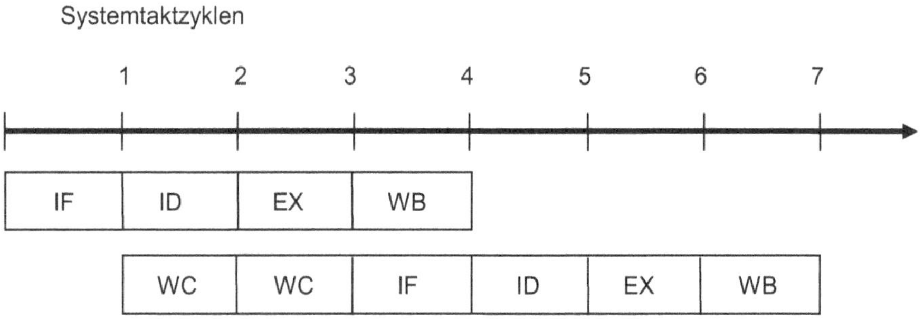

Abb. 7.5: Registerbefehle4 (OUTX, OUTR, INM, OUTM)

Bei den Registerbefehlen4 in Abb. 7.5 handelt es sich zum einen um analoge Output-Befehle zu den Registerbefehlen3 und zum anderen um Ein- und Ausgabebefehle mit dem Arbeitsspeicher. Bei dem Output-Befehl OUTX werden zwei Wartezyklen WC benötigt. Bei den restlichen Befehlen sind es mindestens zwei Wartezyklen wegen der Ein- und Ausgabeprotokolle. Ein neuer Befehl kann also frühestens nach drei Taktzyklen begonnen werden.

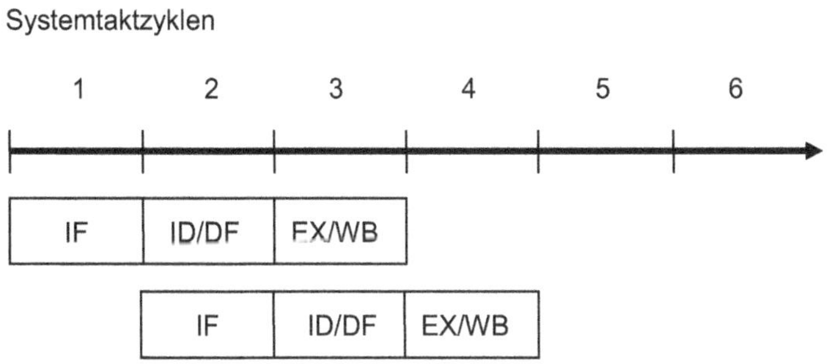

Abb. 7.6: Adressbefehle1 (LOAD, STORE)

Die Adressbefehle1 (Abb. 7.6) sind LOAD- bzw. STORE-Befehle, die drei Befehlsphasen benötigen. Man kommt hier ohne Wartezyklen aus. Die notwendigen Registerdaten für den laufenden Befehl werden am Ende der ID/DF-Phase benötigt. Für den Befehlstyp sollen zwei Beispiele betrachtet werden.

```
LOAD R0, 200 ;      ADR: 200
LOAD R1, 205 ;      ADR: 205
```

Nach drei Taktzyklen hat das Register R0 des ersten LOAD-Befehls den korrekten Wert aus der Speicheradresse 200. Bereits einen Takt später hat das Register R1 des zweiten LOAD-Befehls den aktuellen Wert aus Adresse 205. Im eingeschwungenen Zustand der Pipeline haben nach jedem Taktzyklus der LOAD- und STORE-Befehle die Arbeitsregister das korrekte Datum. Die dazu notwendigen Register- und Speicheradressen werden in Pipeline-Registern zwischengespeichert.

Beim zweiten Beispiel ist ein STORE-Befehl mit einem ADD-Befehl verknüpft.

```
ADD R6, R0, R1 ;    R6 = R0 + R1
STORE R6, 206 ;     ADR: 206
```

Beim Additionsbefehl hat das Register R6 nach drei CPU-Takten den korrekten Wert. Der STORE-Befehl benötigt nach zwei Takten den aktuellen Wert von R6. Diese Bedingung ist erfüllt, so dass nach drei Taktzyklen des STORE-Befehls der Arbeitsspeicher in Adresse 206 den richtigen Wert hat. Der Arbeitsspeicher hat also einen Takt später das Datum von Register R6. Nach jedem Taktzyklus kann ein neuer Befehl aufgerufen werden.

Für die Befehlsgruppe in Abb. 7.7 werden zwei Befehlsphasen und ein Wartezyklus benötigt. Ein neuer Befehl kann erst begonnen werden, wenn der laufende Befehl ausgeführt ist, d. h. nach zwei Taktzyklen.

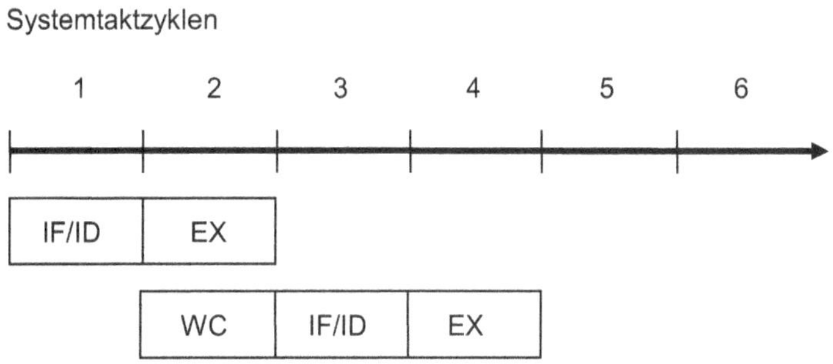

Abb. 7.7: Adressbefehle2 (CALL, RETURN)

Die Startadresse des Unterprogramms muss rechtzeitig im Programmzähler PC sein. Das gleiche gilt für den RETURN-Befehl. Damit es zu keinen Konflikten kommt, muss ein Wartezyklus eingebaut werden. Der Befehlstyp wird sequenziell ausgeführt, d. h. die Pipeline bringt hier keine Vorteile.

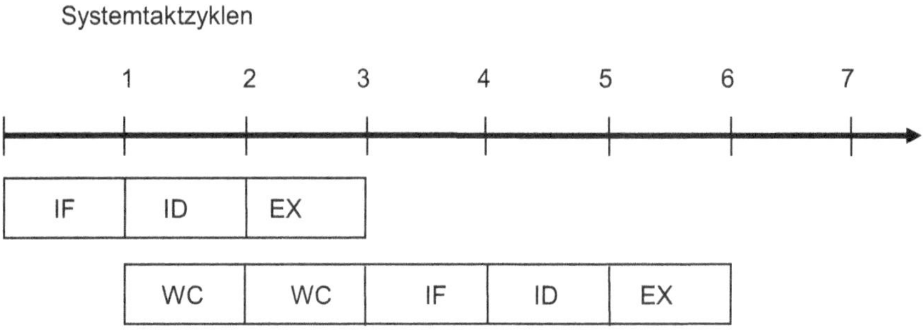

Abb. 7.8: Adressbefehle3 (JC, JZ, JEQ, JOV, JN)

Zu dieser Befehlsgruppe gehören JUMP-Befehle mit einer Sprungbedingung. Für die Ausführung jedes Befehls sind drei Befehlsphasen notwendig. Für die Pipeline werden zwei Wartezyklen WC benötigt. Ein neuer JUMP-Befehl kann nach drei Taktzyklen aufgerufen werden. In jedem Fall muss die jeweilige Statusflag abgeprüft werden. Ist die Sprungbedingung erfüllt, muss im Programmzähler PC rechtzeitig die neue Sprungadresse vorliegen. Ansonsten behält der Programmzähler seine Adresse für den nächsten Befehl. Die Befehlsausführung ist unabhängig davon, ob die Sprungbedingung erfüllt ist oder nicht. Die Darstellung in Abb. 7.8 zeigt, dass ein neuer Befehl erst begonnen werden kann, wenn der laufende Befehl ausgeführt wurde. Die JUMP-Befehle werden wie die vorhergehende Befehlsgruppe sequenziell ausgeführt.

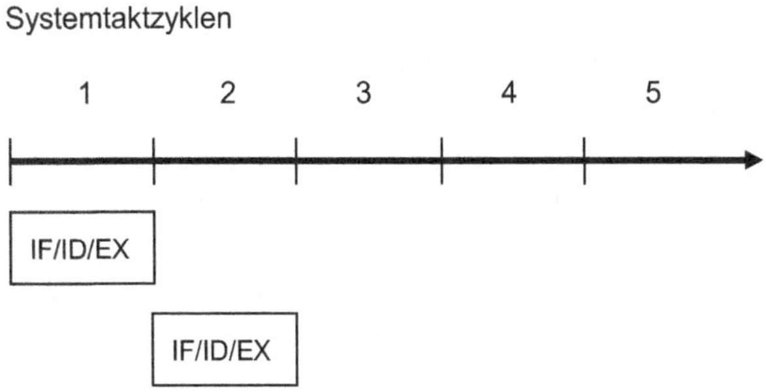

Abb. 7.9: Register-/Adressbefehle (NOP, STOP, JUMP)

Diese Befehlsgruppe in Abb. 7.9 benötigt nur eine Befehlsphase. Nach jedem Taktzyklus kann ein neuer Befehl aufgerufen werden. Der JUMP-Befehl ohne Sprungbedingung benötigt in diesem Fall nur eine Befehlsphase.

Ein- und Ausgabe von externen Daten

Die Ein- und Ausgabe von externen Daten läuft beim MPU16P wie beim MPU16A ab, d. h. sie werden über ein asynchrones Protokoll abgewickelt, oder direkt ohne Ein- und Ausgabebestätigung über die Input- und Output-Register IPX und OPX. Der Datenaustausch zwischen CPU und Speicher hat sich jedoch geändert, da jetzt der RAM-Speicher in einen Datenbereich und einen Instruktionsbereich aufgeteilt ist.

Datenaustausch zwischen CPU und Speicher

Bei dem Datenaustausch handelt es sich entweder um „reine" Daten oder um Instruktionen. Die Zuordnung wird durch die unterschiedliche Adressierung getroffen. Die Taktsignale CLK_RAMA und CLK_RAMB sind identisch und werden mit CLK_RAM bezeichnet.

Transfer von Daten:

Datenspeicher: RAMB
Adresse: ADRB

RAMB ← REG: Schreibzugriff

- Prozessor liest Befehl mit Schreibzugriff (STORE-Befehl).
- Befehl wird abgearbeitet und Prozessor setzt das Steuersignal WR_ENB = 1
- Mit der ersten Taktflanke von CLK_RAM werden die Daten vom Register REG in den RAMB-Speicher mit der aktuellen Adresse ADRB geladen.

REG ← RAMB: Lesezugriff

- Prozessor liest Befehl mit Lesezugriff (LOAD-Befehl)
- Befehl wird abgearbeitet und Prozessor setzt das Steuersignal WR_ENB = 0
- Mit der ersten Taktflanke von CKL_RAM werden die Daten vom RAMB-Speicher mit der aktuellen Adresse ADRB in das interne Register REG geladen.

Das interne Register REG ist ein Arbeitsregister R0,..., R7 im Akkumulator. Die folgende Darstellung (Abb. 7.10) verdeutlicht den Ablauf für die Schreib- und Lesezugriffe auf den Speicher.

| 1 | Lesezugriff WR_ENB = 0: Daten werden mit dem Taktsignal CLK_RAM in ein internes Arbeitsregister geladen.

| 2 | Schreibzugriff WR_ENB = 1: Daten können in den Speicher übernommen werden. Die Datenübernahme erfolgt mit dem Taktsignal CLK_RAM mit der aktuellen Adresse ADRB in den RAMB-Bereich.

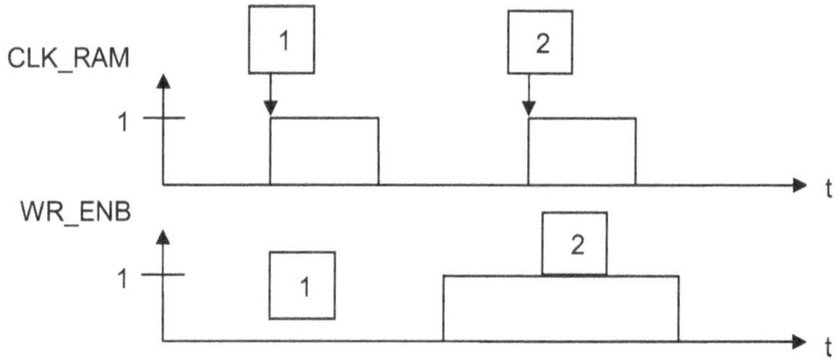

Abb. 7.10: Datenaustausch: MPU16P ←→ RAMB

Transfer von Instruktionen:
Programmspeicher: RAMA
Adresse: ADRA

IR- Register ← RAMA: Lesezugriff

- Prozessor liest Befehl mit Lesezugriff (Instruction Fetch).
- Befehl wird abgearbeitet und es gilt: Steuersignal WR_ENA = 0
- Mit der ersten Taktflanke von CLK_RAM werden die Instruktionen vom RAMA-Speicher mit der aktuellen Adresse ADRA in das Instruktion-Register IR geladen.

Die Darstellung in Abb. 7.11 verdeutlicht den Ablauf für die Zugriffe auf den Speicher.

1 Lesezugriff: WR_ENA = 0: Instruktionen werden mit dem Taktsignal CLK_RAM und der Adresse ADRA in das Instruktions-Register IR geladen.

Schreibzugriff: Dieser Befehl wird nicht ausgeführt, d. h. die Instruktionen werden nur gelesen und nicht verändert.

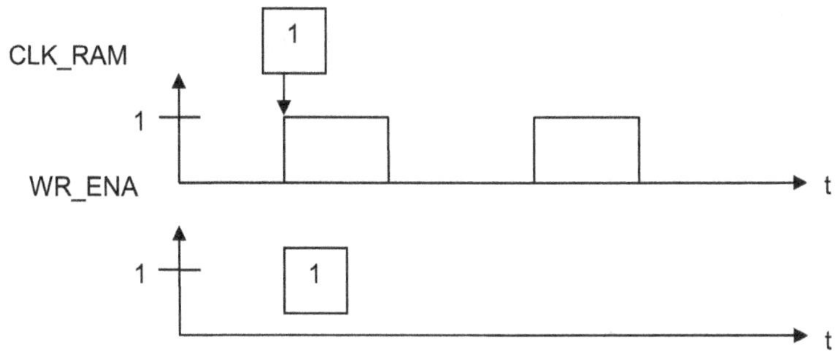

Abb. 7.11: Datenaustausch: MPU16P ←→ RAMA

Abb. 7.12 zeigt den Funktionsblock des Mikroprozessor-Systems (MPU16P_S) mit den Signalen für die Ein- und Ausgänge. Die zuvor besprochenen Änderungen gegenüber der alten 16-Bit-Version MPU16A_S sind eingezeichnet. Die größten Änderungen ergeben sich durch den erweiterten RAM-Speicher und durch die geänderte Adressierung.

Die Daten- und Adressbusse in Abb. 7.12 sind dick eingezeichnet und haben folgende Bedeutung:

---------------------- Programmspeicher RAMA --------------------

Adressbus ADDR1:	ADRA_Q	→	ADRA
Datenbus PROG_B:	DOUTA	→	IR_D
Dateneingang DINA:	GND	→	DINA

---------------- Datenspeicher RAMB -----------------

Adressbus ADDR2:	ADRB_Q	→	ADRB
Datenbus DATEN_B:	DOUTB	→	DATA_B
Datenbus DIN_B:	AKKU_Q	→	DINB

Der Programmspeicher wird nur gelesen und nicht verändert. Deshalb ist der Dateneingang DINA auf GND gelegt. Entsprechend wird der zugehörige Write-Enable-

Eingang WEA nicht aktiviert und ebenfalls auf GND gelegt. Die Adressierung des RAM-Speichers ist auf 14 Bit ausgelegt, d. h. das Befehlsformat ist ein 24-Bit-Vektor. Für eine Erweiterung der Adressbreite kann das Befehlsformat leicht geändert werden. Die anderen Ein- und Ausgangssignale haben die gleiche Bedeutung wie beim MPU16A Mikroprozessor.

Wie angekündigt soll die Strukturierung des Prozessors in Steuerwerk und Operationswerk erhalten bleiben, so dass der Lösungsansatz für den Entwurf des Operationswerkes direkt aus der 16-Bit-Version MPU16A übernommen werden kann. Es sind jedoch größere Änderungen in beiden Schaltwerken notwendig.

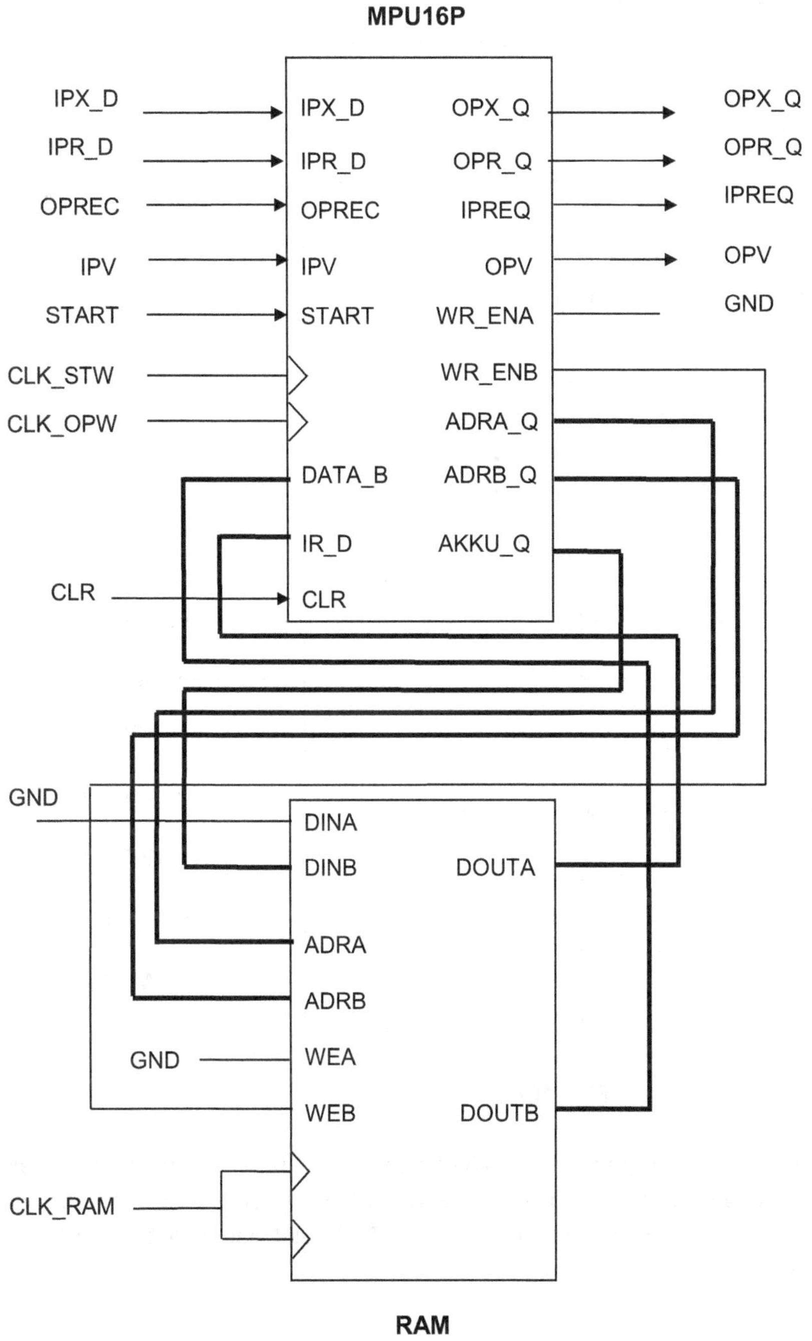

Abb. 7.12: Mikroprozessor-System (MPU16P_S)

7.3 Realisierung der MPU16P

Die Strukturierung des Mikroprozessors erfolgt in die Komponenten:

- Operationswerk (OPW)
- Steuerwerk (STW)

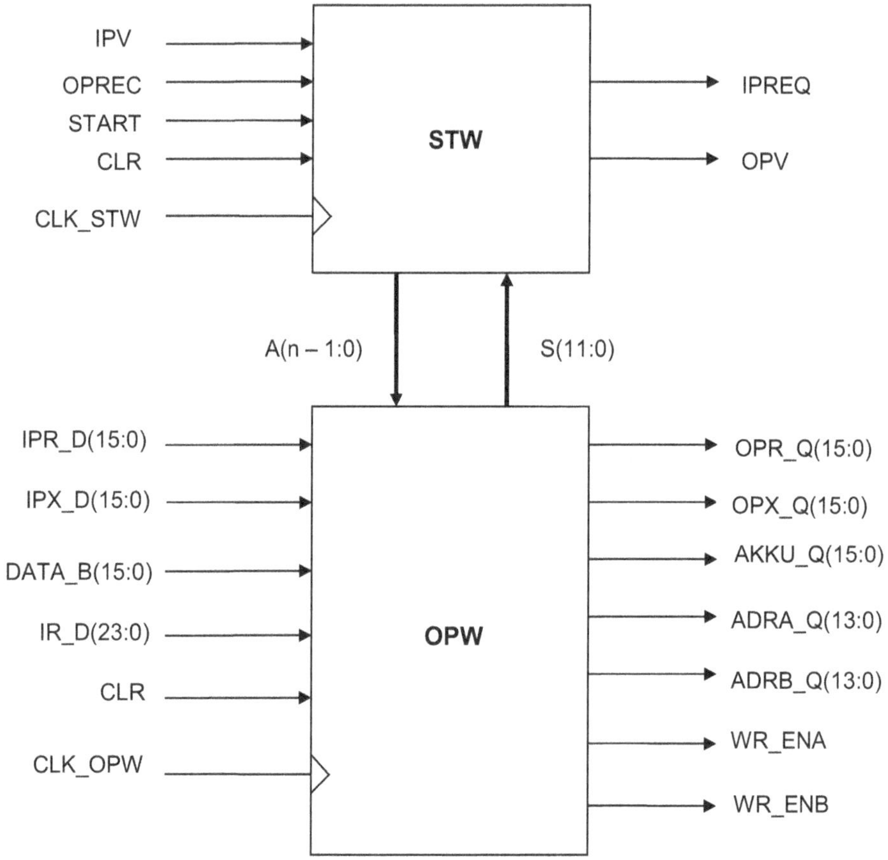

Abb. 7.13: Mikroprozessor MPU16P

Die Ein- und Ausgangssignale des 16-Bit-Prozessors mit den veränderten Bitbreiten sind im Folgenden aufgelistet. Die Größe des Ansteuervektors A(n–1:0) ist unbekannt und muss noch bestimmt werden. Abb. 7.13 zeigt das zugehörige Blockdiagramm des Prozessors.

Bezeichnungen der Signale

A(n – 1:0):	n Bit breiter Ansteuervektor
S(11:0):	12 Bit breiter Statusvektor
IR_D(23:0):	Dateneingang Instruction-Register IR
IPR_D(15:0):	Dateneingang Inputregister IPR
OPR_Q(15:0):	Datenausgang Outputregister OPR
IPX_D(15:0):	Dateneingang Inputregister IPX
OPX_Q(15:0):	Datenausgang Outputregister OPX
ADRA_Q(13:0):	Datenausgang Adressierung RAMA
ADRB_Q(13:0):	Datenausgang Adressierung RAMB
AKKU_Q(15:0):	Datenausgang Operationswerk
DATA_B(15:0):	Dateneingang für Daten vom RAMB
IPV:	Input Valid (Eingabe gültig)
IPREQ:	Input Request (Aufforderung zur Eingabe)
OPREC:	Output Recognized (Ausgabe erkannt)
OPV:	Output Valid (Ausgabe gültig)
CLR:	Clear Eingang
START:	Programm starten
WR_ENA:	Write-Enable für RAMA (GND)
WR_ENB:	Write-Enable für RAMB
CLK_STW:	Takteingang für STW
CLK_OPW:	Takteingang für OPW

7.3.1 Entwurf des 16-Bit-Operationswerkes

Da für den Entwurf des Prozessors wieder die Strukturierung in Steuerwerk und Operationswerk gelten soll, kann der Ansatz aus Kap. 2 für die Schnittstelle zwischen beiden Schaltwerken weiterhin verwendet werden. Es gilt dabei auch wieder, dass der 12-Bit-Statusvektor S(11:0) bereits bekannt ist und nur der Ansteuervektor A, d. h. die Steuersignale vom Steuerwerk zum Operationswerk bestimmt werden müssen. Aus den Vorgaben für den Entwurf des Mikroprozessors mit Befehls-Pipelining können formal die notwendigen Hardware-Ressourcen für das Operationswerk abgeleitet werden. Es werden folgende Komponenten benötigt:

16-Bit-Program-Counter:	PC
16-Bit-Address-Register:	AR
24-Bit-Instruction-Register:	IR
16-Bit-Register-Stack:	STACK
16-Bit-Akku-Einheit:	AKKU
16-Bit-Input-Register:	IPR, IPX
16-Bit-Output-Register:	OPR, OPX

Für den gesteuerten Datentransfer sollen Multiplexer, Demultiplexer und Tri-State-Treiber verwendet werden. Zwischen den einzelnen Befehlsphasen entstehen Teilergebnisse, die in Pipeline-Registern gespeichert werden müssen. Das Operationswerk ist anders strukturiert als bei den 12- und 16-Bit Vorgängermodellen. Hier müssen wegen der Pipeline mehr Multiplexer und Demultiplexer eingesetzt werden. Die Grundstruktur kann jedoch von den vorhandenen Operationswerken übernommen werden. Der bisher verwendete interne Datenbus (SYSBUS) wird nicht mehr verwendet, da der Arbeitsspeicher jetzt in einen Befehls- und Datenbereich mit getrennter Adressierung aufgespalten ist.
In Abb. 7.14 ist der Funktionsblock des Operationswerkes mit allen Ein- und Ausgängen dargestellt. Bis auf den Ansteuervektor A sind die Bitbreiten für alle Ein- und Ausgangssignale bekannt. Der Ansteuervektor ist etwas dicker eingezeichnet um anzudeuten, dass er noch bestimmt werden muss. Der Statusvektor S ist ein 12-Bit-Vektor und setzt sich zusammen aus dem 7-Bit-Operations-Code und den fünf Status-Flags. Er ist in den 5-Bit-Vektor SREG für die Statusflags und den 7-Bit-Opcode OPC aufgeteilt. Die einzelnen Statusflags werden dem Vektor SREG zugeordnet. Sie haben die gleiche Bedeutung wie bei der 16-Bit-Version MPU16A und sind im Folgenden noch einmal aufgelistet:

SREG(0): EQ-Flag: Vergleichsflag zwischen den Registern RA und RB.
SREG(1): OV-Flag: Overflow-Flag für das Zielregister RD
SREG(2): NEG-Flag: Prüft, ob das Zielregister RD negativ ist.
SREG(3): ZERO-Flag: Prüft, ob das Zielregister RD Null ist.
SREG(4): Carry-Flag: Zeigt einen Ausgangsübertrag für das Zielregister RD an.

Der 7-Bit-Opcode OPC und der Vektor SREG sind Ausgangssignale und werden mit dem Steuerwerk verbunden. Das 24-Bit-Eingangssignal IR_D enthält das Befehlsformat vom Instruktions-Bereich des RAM-Speichers und wird über den Datenbus PROG_B mit dem Ausgang DOUTA des RAMs verbunden. Der 16-Bit-Dateneingang DATA_B wird über den Datenbus DATEN_B mit dem Ausgang DOUTB des RAMs verbunden. Die Adressierung des Speichers erfolgt über die Ausgänge ADRA_Q und ADRB_Q des Operationswerkes über die Adressbusse ADDR1 und ADDR2. Daten aus der Akkumulator-Einheit (AKKU_Q) werden über den Datenbus DIN_B zum RAM-Eingang DINB geleitet. Für den Schreibzugriff auf den Speicher muss das Write Enable Bit WR_ENB gesetzt sein.

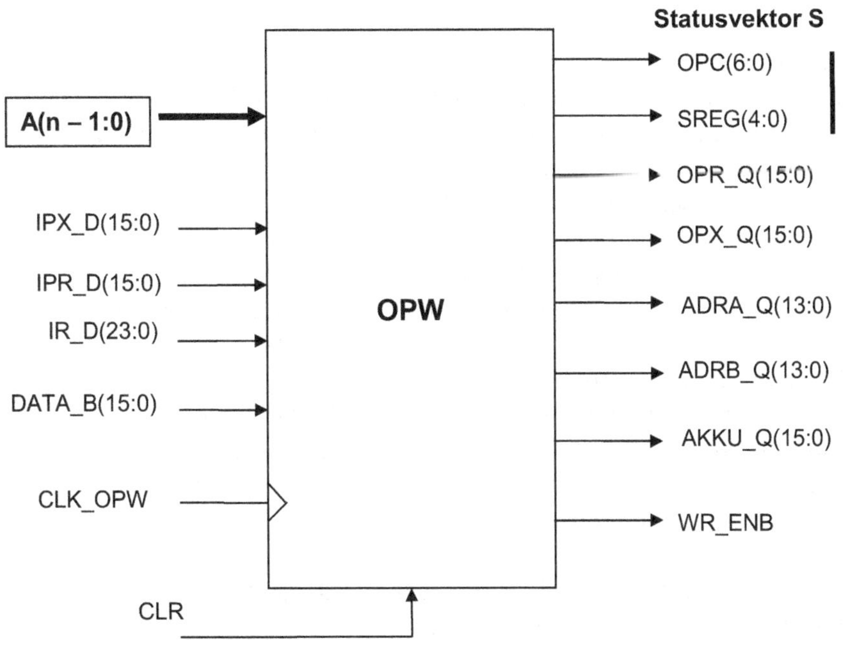

Abb. 7.14: Operationswerk der MPU16P

Bestimmung des Ansteuervektors A(n – 1: 0)

Wie bereits in Kap. 2 ausgeführt, kann man die zu schaltenden Datenwege und Teilfunktionen im Operationswerk in eine Ansteuertabelle eintragen und den Ansteuervektor bitweise zuordnen. Die vollständige Ansteuertabelle ergibt einen Ansteuervektor von A(25:0), d. h. eine Bitbreite von n = 26. Mit Hilfe der Ansteuertabelle kann nun ein Blockdiagramm für das Operationswerk erstellt werden. Die Vorgehensweise ist dabei die gleiche wie beim Entwurf des 16-Bit-Prozessors MPU16A. Die Darstellung des Blockdiagramms auf einer Seite wird jedoch zu unübersichtlich, so dass darauf verzichtet wird. Moderne Software-Tools für den Schaltungsentwurf bieten die Möglichkeit, die Blockdiagramme aus dem Source-Code zu generieren. Im Anhang befinden sich Blockdiagramme für den 16-Bit-Prozessor MPU16P, die nach dieser Methode erstellt wurden. Tab. 7.2 zeigt die so erstellte Ansteuertabelle. Die Tabelle ist aus Platzgründen in zwei Teile aufgeteilt. Die erste Hälfte enthält den Ansteuervektor A(12:0) und die zweite Hälfte A(25:13). Die Mikrooperationen in der Ansteuertabelle sind durchnumeriert und haben folgende Bedeutung:

1) Datentransfer: Input-Register IPR Eingang → Ausgang
2) Programmzähler PC wird geladen

3) Programmzähler PC wird inkrementiert
4) Speicheradresse in Register-Stack laden (PUSH-Befehl)
5) Speicheradresse aus Register-Stack holen (POP-Befehl)
6) Datentransfer: Input-Register IPX Eingang → IPR1→ IPR2 (Pipeline)
7) Datentransfer: JUMP-Adresse ADR1 → Eingang Programmzähler PC_D
8) Datentransfer: STACK-Adresse ST_Q → Eingang Programmzähler PC_D
9) Datentransfer Adresse A_MR1 → JUMP-Adresse ADR1
10) Datentransfer MUX1 (MUX-OUT) → Eingang AKKU_B
11) Datentransfer: IPR2 (Pipeline-Register) → MUX_1 (MUX2, OUT)
12) Datentransfer: Output-Register Eingang OPR_D → Ausgang OPR_Q
13) Datentransfer: Programmzähler PC_Q → Register-Stack ST_D
14) Datentransfer: DINB (RAMB) → Ausgang DOUTB
15) Datentransfer: Adresse A_MR2 → Adresse ADRB_Q (RAMB)
16) Datentransfer: DATA_B (RAMB) → Eingang Output-Register OPR_D
17) Datentransfer: Q_SH (Schieberegister) → AKKU-Ausgang A_Q
18) Datentransfer: Zielregister RD → Register RA
19) Statusflags SREG werden aktiviert
20) Datentransfer: Eingang AKKU_B → Ausgang Zielregister Q_RI
21) Datentransfer: AKKU_Q2 → Output-Register OPX_Q
22) Addition: (Q_A + Q_B) → AKKU-Ausgang A_Q (ADD)
23) Subtraktion: (Q_A – Q_B) → AKKU-Ausgang A_Q (SUB)
24) AND-Funktion: (Q_A and Q_B) → AKKU-Ausgang A_Q (AND)
25) OR-Funktion: (Q_A or Q_B) → AKKU-Ausgang A_Q (OR)
26) XOR-Funktion: (Q_A xor Q_B) → AKKU-Ausgang (A_Q) (XOR)
27) Inkrement von Q_A (Register-Einheit) → AKKU-Ausgang (A_Q) (INC)
28) Dekrement von Q_A (Register-Einheit) → AKKU-Ausgang (A_Q) (DEC)
29) Schieben rechts Q_A (Register-Einheit) → AKKU-Ausgang (A_Q) (SHR)
30) Schieben links Q_A (Register-Einheit) → AKKU-Ausgang (A_Q) (SHL)
31) Datentransfer: Register-Einheit (Q_B) → AKKU-Ausgang (A_Q) (MOV)
32) Komplement von Q_A (Register-Einheit) → AKKU-Ausgang (A_Q) (CPL)
33) Datentransfer: Q_A (Register-Einheit) → AKKU-Ausgang (A_Q) konstant
34) Datentransfer: Q_A (Register-Einheit) → AKKU-Ausgang (A_Q) konstant
35) Vergleich von Q_A und Q_B (Register-Einheit) (COMP)
36) Q_A (Register-Einheit) → AKKU-Ausgang (A_Q) auf Null (CLR)
37) Datentransfer: Register IPR1 (Pipeline) → Ausgang AKKU_Q
38) Datentransfer: Q_A (Register-Einheit) → AKKU-Ausgang (A_Q) konstant

Tab. 7.2: (1) Ansteuertabelle der MPU16P

Ansteuervektor A(12:0)														
Nr	**12**	**11**	**10**	**9**	**8**	**7**	**6**	**5**	**4**	**3**	**2**	**1**	**0**	**Funktion/ Datentransfer**
1													1	IPR_Q ← IPR_D
2											1	1		PC_Q ← PC_D
3											1			PC_Q ← PC_Q + 1
4									1	1				ST_Q ← ST_D
5										1				ST_Q (+) ← ST_Q
6								1						IPR2 ← IPX_D
7							1							PC_D ← ADR1
8						1	1							PC_D ← ST_Q
9					1									ADR1 ← A_MR1
10				1										AKKU_B ← MUX_1
11			1											MUX_1 ← IPR2
12		1												OPR_Q ← OPR_D
13	1													ST_D ← PC_Q

Bezeichnungen in der Ansteuertabelle

PC_D, PC_Q: Program-Counter PC Eingang/Ausgang
IPR_D, IPR_Q: Input-Register IPR Eingang/Ausgang
IPX_D, IPX_Q: Input-Register IPX Eingang/Ausgang
OPR_D, OPR_Q: Output-Register OPR Eingang/Ausgang
OPX_D, OPX_Q: Output-Register OPX Eingang/Ausgang
AKKU_B: Akku-Einheit Eingang
A_Q: Akku-Einheit Ausgang
Q_A, Q_B: ALU-Eingang
Q_SH: Ausgang Schiebe-Register (Akku-Einheit)
Q_RI: Register-Einheit Zielregister RI, RI = R0,..........,R7
RA, RB, RD: Arbeitsregister A, B, D Eingänge (Akku-Einheit)
SREG: Ausgang Statusregister
ST_D, ST_Q: Register-Stack Eingang/Ausgang
AKKU_Q: Ausgang Operationswerk

Tab. 7.2: (2) Ansteuertabelle der MPU16P

Ansteuervektor A(25:13)														
Nr	**25**	**24**	**23**	**22**	**21**	**20**	**19**	**18**	**17**	**16**	**15**	**14**	**13**	**Funktion/ Datentransfer**
14													1	DOUTB ← DINB
15												1		ADRB_Q ← A_MR2
16											1			OPR_D ← DATA_B
17										1				A_Q ← Q_SH
18									1					RA ← RD
19								1						SREG ← Flags
20							1							Q_RI ← AKKU_B
21						1								OPX_Q ← AKKU_Q2
22					1									A_Q ← Q_A + Q_B
23				1										A_Q ← Q_A - Q_B
24				1	1									A_Q ← Q_A & Q_B
25			1											A_Q ← Q_A v Q_B
26			1		1									A_Q ← Q_A # Q_B
27			1	1										A_Q ← Q_A + 1
28			1	1	1									A_Q ← Q_A – 1
29		1												A_Q ← SHR(Q_A)
30		1			1									A_Q ← SHL(Q_A)
31		1		1										A_Q ← Q_B
32		1		1	1									A_Q ← NOT(Q_A)
33		1	1											A_Q ← Q_A
34		1	1		1									A_Q ← Q_A
35		1	1	1										Q_A EQ Q_B
36		1	1	1	1									A_Q ← '0'
37	1													AKKU_Q ← IPR1
38														A_Q ← Q_A

Bezeichnungen in der Ansteuertabelle (Fortsetzung)

DOUTB:	Ausgang RAMB-Speicher Daten-Bereich
DINB:	Eingang RAMB-Speicher Daten
ADRB_Q:	RAMB-Speicher Adresse Daten-Bereich
DATA_B:	Dateneingang vom OPW (vom RAMB-Speicher)
IPR1, IPR2:	Input-Register, Pipeline
A_MR1, A_MR2:	Interne Adressen im OPW
ADR1:	Interne Adressen im OPW
AKKU_Q2:	Interne Daten im OPW
MUX_1:	Interne Signale im OPW

Bei der Verwendung von Multiplexer und Demultiplexer ist zu beachten, dass auch in den Grundpositionen (Steuereingang S = 0) Datenwege durchgeschaltet werden. Die Bezeichnungen der einzelnen Signale sind die gleichen wie bei der VHDL-Modellierung des Operationswerkes. Die durchgeschalteten Datenwege können so leichter wiedererkannt werden. Die folgenden Datenwege sind im Operationswerk in den Grundpositionen bereits durchgeschaltet:

AKKU_Q2	→ AKKU_B	: MUX 2:1
AKKU_Q1	→ AKKU_Q	: MUX 2:1
OPR_1	→ OPR_D	: MUX 2:1
AKKU_Q2	→ OPR_1	: DMUX 1:2
PC_Q	→ ADRA_Q	: DMUX 1:2
IPR_Q	→ PC_D	: MUX 4:1
DATA_B	→ MUX_1	: MUX 2:1
Q_A	→ A_Q	: ALU
A_MR1	→ A_MR2	: DMUX 1:2

16-Bit-Akkummulator-Einheit der MPU16P

Die Akkumulator-Einheit für den MPU16P hat die gleichen Ein- und Ausgangssignale wie bei der 16-Bit-Version MPU16A, d. h. das Blockdiagramm hat sich nicht geändert (siehe Entwurf der 16-Bit-Akkumulatoreinheit in Kap. 4). Intern sind jedoch Änderungen notwendig. Für das Pipelining werden zusätzlich Register benötigt (Pipeline-Register), die notwendige Daten für die einzelnen Befehlsphasen zwischenspeichern. Auf Einzelheiten wird beim VHDL-Entwurf des Operationswerkes noch eingegangen. Hier lassen sich auch Blockdiagramme für die verschiedenen Hierarchieebenen des Entwurfs mit Hilfe der Entwicklungstools erstellen.

7.3.2 Entwurf des Steuerwerkes der MPU16P

Das Steuerwerk soll genau wie bei dem 16-Bit-Prozessor MPU16A nach dem Mealy-Modell erstellt werden. Das VHDL-Modell für das Steuerwerk mit den Ein- und Ausgangssignalen hat sich gegenüber der 16-Bit-Vorgängerversion nicht geändert (s. Abb. 4.11). Intern haben sich jedoch durch das Pipelining größere Änderungen ergeben. Wie bereits beschrieben, gibt es auch hier wieder die Möglichkeit, das Steuerwerk mit Hilfe einer Automatentabelle oder eines Automatengraphen zu erstellen. Hier soll wieder mit der Tabelle gearbeitet werden. Tab. 7.3 zeigt die Automatentabelle für den MPU16P. Der Aufbau der Tabelle ist formal wieder wie bei den bereits beschriebenen Steuerwerken. Der Ansteuervektor A ist um ein Bit gewachsen, d. h. er ist jetzt 26 Bit breit.

In Abb. 7.15 ist der Automatengraph in kompakter Form zu sehen. Es ergeben sich vier Zustände S0 bis S3 für den Mealy-Automaten. Mit Hilfe eines FSM-Editors kann der Automatengraph mit den Zuständen und Zustandsübergängen auch direkt in den Editor eingetragen werden. Die Netzlisten sowie der VHDL-Code für die Schaltung des Steuerwerkes können dann mit Hilfe von Software-Tools generiert werden.

In der ersten Spalte der Automatentabelle sind die Zustandsübergänge durchnumeriert. Diese Numerierungen sind im Automatengraph in Abb. 7.15 für die Übergangsbedingungen eingetragen. Jeder Maschinenbefehl setzt sich aus mehreren elementaren Transferoperationen zusammen. Diese Operationen realisieren den Datentransfer zwischen den Funktionsblöcken oder führen Teilfunktionen in den Funktionsblöcken aus. Diese Aktionen sind in der zweiten Spalte dargestellt und sind als Kommentar für den Datentransfer mit aufgeführt. Ein vorangestelltes „N“ vor einem Ausdruck soll eine Negation des Ausdrucks angeben.

Der Eingangsvektor X setzt sich zusammen aus dem 7-Bit-Opcode OPC(6:0) für den jeweiligen Befehl, dem 5-Bit-Statusvektor SREG(4:0), den Signalen IPV und OPREC für das Ein- und Ausgabeprotokoll und dem Start-Signal zum Starten des Maschinenprogramms. Der Ausgangsvektor Y enthält den 26-Bit-Ansteuervektor A(25:0) für die Ansteuerung der Mikrooperationen und den Signalen IPREQ und OPV für das Ein- und Ausgabeprotokoll. Bei den Input-Befehlen (INR und INM) wird für das Eingabeprotokoll das Signal IPREQ = 1 vom Steuerwerk gesetzt. Bei den Output-Befehlen (OUTR und OUTM) wird das Steuersignal OPV = 1 gesetzt. Sie sind in der Spalte des Ansteuervektors A mit angegeben. In der Spalte für den Ansteuervektor sind nur die Bitpositionen angegeben, die ungleich Null sind. Die Codierung für die Zustände Z und Folgezustände V des Steuerwerkes ist nicht explizit angegeben, sondern nur mit S0 bis S3 bezeichnet. Hier wird i. a. die „One-Hot“- oder binäre Codierung gewählt. Im Automatengraph in Abb 7.15 sind in dieser kompakten Darstellung einzelne Zustandsübergänge relativ unübersichtlich, für den Gesamtüberblick der vorhandenen Zustände ist er dennoch gut geeignet.

Tab. 7.3: Automatentabelle der MPU16P

Nr.	Bedingungen/Datentransfer	Eingangsvektor X	Z	V	A(25:0)
1	N-Start/IPR_Q ← IPR_D	N-Start	S0	S0	A(0)
2	Start/PC_Q ← PC_D	Start	S0	S1	A(2,1)
	IPR_Q ← IPR_D				A(0)
3	STOP/NV	OPC = STOP	S1	S0	Null-Vektor
4	NOP/PC_Q ← PC_Q + 1	OPC = NOP	S1	S1	A(2)
5	LOAD/PC_Q ← PC_Q + 1	OPC = LOAD	S1	S1	A(2)
	AKKU_B ← MUX_1				A(9)
	ADRB_Q ← A_MR2				A(14)
	SREG ← Flags				A(18)
	Q_RI ← AKKU_B				A(19)
6	STORE/PC_Q ← PC_Q + 1	OPC = STORE	S1	S1	A(2)
	AKKU_B ← MUX_1				A(9)
	DOUTB ← DINB				A(13)
	ADRB_Q ← A_MR2				A(14)
	RA ← RD				A(17)
7	ADD/PC_Q ← PC_Q + 1	OPC = ADD	S1	S1	A(2)
	SREG ← Flags				A(18)
	Q_RI ← AKKU_B				A(19)
	ADD A_Q ← Q_A, Q_B				A(21)
8	SUB/PC_Q ← PC_Q + 1	OPC = SUB	S1	S1	A(2)
	SREG ← Flags				A(18)
	Q_RI ← AKKU_B				A(19)
	SUB A_Q ← Q_A, Q_B				A(22)
9	AND/PC_Q ← PC_Q + 1	OPC = AND	S1	S1	A(2)
	SREG ← Flags				A(18)
	Q_RI ← AKKU_B				A(19)
	AND A_Q ← Q_A, Q_B				A(22,21)
10	OR/PC_Q ← PC_Q + 1	OPC = OR	S1	S1	A(2)
	SREG ← Flags				A(18)
	Q_RI ← AKKU_B				A(19)
	OR A_Q ← Q_A, Q_B				A(23)
11	XOR/PC_Q ← PC_Q + 1	OPC = XOR	S1	S1	A(2)
	SREG ← Flags				A(18)
	Q_RI ← AKKU_B				A(19)
	XOR A_Q ← Q_A, Q_B				A(23,21)
12	DEC/PC_Q ← PC_Q + 1	OPC = DEC	S1	S1	A(2)

Nr.	Bedingungen/Datentransfer	Eingangsvektor X	Z	V	A(25:0)
	RA ← RD				A(17)
	SREG ← Flags				A(18)
	Q_RI ← AKKU_B				A(19)
	DEC A_Q ← Q_A, Q_B				A(23:21)
13	INC/PC_Q ← PC_Q + 1	OPC = INC	S1	S1	A(2)
	RA ← RD				A(17)
	SREG ← Flags				A(18)
	Q_RI ← AKKU_B				A(19)
	INC A_Q ← Q_A, Q_B				A(23,22)
14	COMP/PC_Q ← PC_Q + 1	OPC = COMP	S1	S1	A(2)
	SREG ← Flags				A(18)
	COMP A_Q ← Q_A, Q_B				A(24:22)
15	CPL/PC_Q ← PC_Q + 1	OPC = CPL	S1	S1	A(2)
	RA ← RD				A(17)
	SREG ← Flags				A(18)
	Q_RI ← AKKU_B				A(19)
	CPL A_Q ← Q_A, Q_B				A(24,22,21)
16	CLR/PC_Q ← PC_Q + 1	OPC = CLR	S1	S1	A(2)
	RA ← RD				A(17)
	SREG ← Flags				A(18)
	Q_RI ← AKKU_B				A(19)
	CLR A_Q ← Q_A, Q_B				A(24:21)
17	MOV/PC_Q ← PC_Q + 1	OPC = MOV	S1	S1	A(2)
	RA ← RD				A(17)
	Q_RI ← AKKU_B				A(19)
	MOV A_Q ← Q_A, Q_B				A(24,22)
18	CALL/PC_Q ← PC_Q + 1	OPC = CALL	S1	S2	A(2)
	ST_Q ← ST_D				A(4,3)
	PC_D ← ADR1				A(6)
	ADR1 ← A_MR1				A(8)
	ST_D ← PC_Q				A(12)
19	RETURN/ST_Q(+) ← ST_Q	OPC = RETURN	S1	S2	A(3)
	PC_D ← ST_Q				A(7,6)
20	JUMP/PC_Q ← PC_D	OPC = JUMP	S1	S1	A(2,1)
	PC_D ← ADR1				A(6)
	ADR1 ← A_MR1				A(8)
21	JZ/PC_D ← ADR1	OPC = JZ	S1	S2	A(6)
	ADR1 ← A_MR1				A(8)

Nr.	Bedingungen/Datentransfer	Eingangsvektor X	Z	V	A(25:0)
22	JN/PC_D ← ADR1	OPC = JN	S1	S2	A(6)
	ADR1 ← A_MR1				A(8)
23	JC/PC_D ← ADR1	OPC = JC	S1	S2	A(6)
	ADR1 ← A_MR1				A(8)
24	JOV/PC_D ← ADR1	OPC = JOV	S1	S2	A(6)
	ADR1 ← MR1				A(8)
25	JEQ/PC_D ← ADR1	OPC = JEQ	S1	S2	A(6)
	ADR1 ← A_MR1				A(8)
26	SHR/RA ← RD	OPC = SHR	S1	S2	A(17)
	SREG ← Flags				A(18)
27	SHL/RA ← RD	OPC = SHL	S1	S2	A(17)
	SREG ← Flags				A(18)
28	INR ∧ N-IPV	OPC = INR ∧ N-IPV	S1	S1	IPREQ = 1
	IPR_Q ← IPR_D				A(0)
	AKKU_B ← MUX_1				A(9)
	MUX_1 ← IPR2				A(10)
	Q_RI ← AKKU_B				A(19)
29	INR ∧ IPV/IPR_Q ← IPR_D	OPC = INR ∧ IPV	S1	S2	A(0)
	AKKU_B ← MUX_1				A(9)
	MUX_1 ← IPR2				A(10)
	Q_RI ← AKKU_B				A(19)
30	INM ∧ N-IPV	OPC = INM ∧ N-IPV	S1	S1	IPREQ = 1
	IPR_Q ← IPR_D				A(0)
	DOUTB ← DINB				A(13)
	ADRB_Q ← A_MR2				A(14)
31	INM ∧ IPV/IPR_Q ←IPR_D	OPC = INM	S1	S2	A(0)
	DOUTB ← DINB				A(13)
	ADRB_Q ← A_MR2				A(14)
32	INX/IPR2 ← IPX_D	OPC = INX	S1	S2	A(5)
	AKKU_B ← MUX_1				A(9)
	MUX_1 ← IPR2				A(10)
	Q_RI ← AKKU_B				A(19)
33	OUTX/AKKU_B ← MUX_1	OPC = OUTX	S1	S2	A(9)
	RA ← RD				A(17)
34	OUTR/AKKU_B ← MUX_1	OPC = OUTR	S1	S2	A(9)
	RA ← RD				A(17)
35	OUTM/NV	OPC = OUTM	S1	S2	Null-Vektor

Nr.	Bedingungen/Datentransfer	Eingangsvektor X	Z	V	A(25:0)
36	CALL/PC_Q ← PC_D	OPC = CALL	S2	S1	A(2,1)
	PC_D ← ADR1				A(6)
	ADR1 ← A_MR1				A(8)
37	RETURN/PC_Q ← PC_D	OPC = RETURN	S2	S1	A(2,1)
	PC_D ← ST_Q				A(7,6)
	ADR1 ← A_MR1				A(8)
38	JZ/PC_D ← ADR1	OPC = JZ	S2	S3	A(6)
	ADR1 ←A_MR1				A(8)
39	JN/PC_D ← ADR1	OPC = JN	S2	S3	A(6)
	ADR1 ← A_MR1				A(8)
40	JC/PC_D ← ADR1	OPC = JC	S2	S3	A(6)
	ADR1 ← A_MR1				A(8)
41	JOV/PC_D ← ADR1	OPC = JOV	S2	S3	A(6)
	ADR1 ← A_MR1				A(8)
42	JEQ/PC_D ← ADR1	OPC = JEQ	S2	S3	A(6)
	ADR1 ← A_MR1				A(8)
43	SHR/A_Q ← Q_SH	OPC = SHR	S2	S3	A(16)
	RA ← RD				A(17)
	SREG ← Flags				A(18)
	Q_RI ← AKKU_B				A(19)
	A_Q ← SHR(Q_A)				A(24)
44	SHL/A_Q ← Q_SH	OPC = SHL	S2	S3	A(16)
	RA ← RD				A(17)
	SREG ← Flags				A(18)
	Q_RI ← AKKU_B				A(19)
	A_Q ← SHL(Q_A)				A(24,21)
45	INR ∧ IPV/PC_Q ← PC_Q +1	OPC = INR ∧ IPV	S2	S1	A(2)
	AKKU_B ← MUX_1				A(9)
	MUX_1 ← IPR2				A(10)
	Q_RI ← AKKU_B				A(19)
46	INM ∧ IPV/IPR_Q ← IPR_D	OPC = INM ∧ IPV	S2	S3	A(0)
	ADRB_Q ← A_MR2				A(14)
	AKKU_Q ← IPR1				A(25)
47	INX/PC_Q ← PC_Q + 1	OPC = INX	S2	S1	A(2)
	IPR2 ← IPX_D				A(5)
	AKKU_B ← MUX_1				A(9)
	MUX_1 ← IPR2				A(10)
	Q_RI ← AKKU_B				A(19)

Nr.	Bedingungen/Datentransfer	Eingangsvektor X	Z	V	A(25:0)
48	OUTX/AKKU_B ← MUX_1	OPC = OUTX	S2	S3	A(9)
	RA ← RD				A(17)
49	OUTR ∧ N-OPREC/ AKKU_B ← MUX_1	OPC = OUTR ∧ N-OPREC	S2	S2	A(9) OPV = 1
	RA ← RD				A(17)
50	OUTR ∧ OPREC/ AKKU_B ← MUX_1	OPC = OUTR ∧ OPREC	S2	S3	A(9)
	OPR_Q ← OPR_D				A(11)
	RA ← RD				A(17)
51	OUTM ∧ N-OPREC/ ADRB_Q ← A_MR2	OPC = OUTM ∧ N-OPREC	S2	S2	A(14) OPV = 1
52	OUTM ∧ OPREC/ OPR_Q ← OPR_D	OPC = OUTM ∧ OPREC	S2	S3	A(11)
	ADRB_Q ← A_MR2				A(14)
	OPR_D ← DATA_B				A(15)
53	INM/PC_Q ← PC_Q + 1	OPC = INM	S3	S1	A(2)
	ADRB_Q ← A_MR2				A(14)
	AKKU_Q ← IPR1				A(25)
54	OUTX/PC_Q ← PC_Q + 1	OPC = OUTX	S3	S1	A(2)
	AKKU_B ← MUX_1				A(9)
	RA ← RD				A(17)
	OPX_Q ← AKKU_Q2				A(20)
55	OUTR/PC_Q ← PC_Q + 1	OPC = OUTR	S3	S1	A(2)
	AKKU_B ← MUX_1				A(9)
	OPR_Q ← OPR_D				A(11)
56	OUTM/PC_Q ← PC_Q + 1	OPC = OUTM	S3	S1	A(2)
	OPR_Q ← OPR_D				A(11)
	ADRB_Q ← A_MR2				A(14)
	OPR_D ← DATA_B				A(15)
57	JZ ∧ N-Z/PC_Q ← PC_Q + 1	OPC = JZ ∧ N-Z	S3	S1	A(2)
	PC_D ← ADR1				A(6)
	ADR1 ← A_MR1				A(8)
58	JZ ∧ Z/PC_Q ← PC_D	OPC = JZ ∧ Z	S3	S1	A(2,1)
	PC_D ← ADR1				A(6)
	ADR1 ← A_MR1				A(8)
59	JC ∧ N-C/PC_Q ← PC_Q + 1	OPC = JC ∧ N-C	S3	S1	A(2)
	PC_D ← ADR1				A(6)
	ADR1 ← A_MR1				A(8)

Nr.	Bedingungen/Datentransfer	Eingangsvektor X	Z	V	A(25:0)
60	JC ∧ C PC_Q ← PC_D	OPC = JC ∧ C	S3	S1	A(2,1)
	PC_D ← ADR1				A(6)
	ADR1 ← A_MR1				A(8)
61	JOV ∧ N-OV/ PC_Q ← PC_Q + 1	OPC = JOV ∧ N-OV	S3	S1	A(2)
	PC_D ← ADR1				A(6)
	ADR1 ← MR1				A(8)
62	JOV ∧ OV/PC_Q ← PC_D	OPC = JOV ∧ OV	S3	S1	A(2,1)
	PC_D ← ADR1				A(6)
	ADR1 ← A_MR1				A(8)
63	JEQ ∧ N-EQ/ PC_Q ← PC_Q + 1	OPC = JEQ ∧ N-EQ	S3	S1	A(2)
	PC_D ← ADR1				A(6)
	ADR1 ← A_MR1				A(8)
64	JEQ ∧ EQ/ PC_Q ← PC_D	OPC = JEQ ∧ EQ	S3	S1	A(2,1)
	PC_D ← ADR1				A(6)
	ADR1 ← A_MR1				A(8)
65	SHR/PC_Q ← PC_Q + 1	OPC = SHR	S3	S1	A(2)
	A_Q ← Q_SH				A(16)
	RA ← RD				A(17)
	SREG ← Flags				A(18)
	Q_RI ← AKKU_B				A(19)
	A_Q ← SHR(Q_A)				A(24)
66	SHL/PC_Q ← PC_Q + 1	OPC = SHL	S3	S1	A(2)
	A_Q ← Q_SH				A(16)
	RA ← RD				A(17)
	SREG ← Flags				A(18)
	Q_RI ← AKKU_B				A(19)
	A_Q ← SHL(Q_A)				A(24,21)

Bezeichnungen zu Tabelle 7.3

Z:	Zustandsvektor
V:	Folgezustandsvektor
A(25:0):	Ansteuervektor
A(24:21):	Steuereingang für ALU
OPC(6:0):	7-Bit-Opcode

RA, RB, RD:	Arbeitsregister
AKKU_B:	Eingang Akku-Einheit
A_Q:	Ausgang Akku-Einheit
AKKU_Q:	Ausgang Operationswerk
Q_RI:	Ausgang Akku-Register
SREG(4:0):	Ausgang Status-Register
Q_SH:	Ausgang Schiebe-Register
Q_A, Q_B:	Dateneingänge ALU
OPV:	Output Valid
IPREQ:	Input Request
IPV:	Input Valid
OPREC:	Output Recognized
PC_D, PC_Q:	Ein/Ausgang Program-Counter
IPR_D, OPR_Q:	Ein/Ausgang Output-Register IPR
IPX_D, OPX_Q:	Ein/Ausgang Output-Register IPX
IPR1, IPR2:	Interne Daten im OPW (Pipeline-Register)
A_MR1, A_MR2:	Interne Daten im OPW
MUX_1, ADR1:	Interne Daten im OPW
DINA, DOUTA:	Ein/Ausgang RAMA-Speicher
DINB, DOUTB:	Ein/Ausgang RAMB-Speicher
ADDR1, ADDR2:	Adressbusse RAMA-, RAMB-Speicher
NV:	Nullvektor A
AKKU_Q2:	Interne Daten im OPW

Die Zustandsübergänge im Automatengraph sind durchnumeriert und geben die Zahlen in der ersten Spalte in der Automatentabelle (Tabelle 7.3) an. Beim Arbeiten mit einem FSM-Editor müssen die Werte für den Datentransfer aus der Automatentabelle explizit eingegeben werden. Der Automatengraph hat gegenüber den 16-Bit-Vorgängerversionen MPU16A und MPU16B eine sehr einfache Form angenommen. Es gibt nur noch vier Zustände, wobei S0 den Ruhezustand darstellt. Alle Akkumulator-Befehle laufen im Zustand S1 ab. Im eingeschwungenen Zustand der Pipeline kann für diese Befehlstypen nach jedem Taktzyklus ein neuer Befehl aufgerufen werden. Für die restlichen Befehle kann nach drei Taktzyklen ein neuer Befehl aufgerufen werden. Es existieren maximal fünf Befehlsphasen (SHR, SHL). Bei den Input- und Output-Befehlen mit Bestätigung für das Protokoll (IPV, OPREC) kann sich die Befehlsausführung entsprechend verzögern.
Der Automatengraph in der vereinfachten Form kann nur einen Gesamtüberblick des Automaten geben. Bei der Verwendung eines FSM-Editors können jedoch Einzelheiten des Graphen anschaulich dargestellt werden.

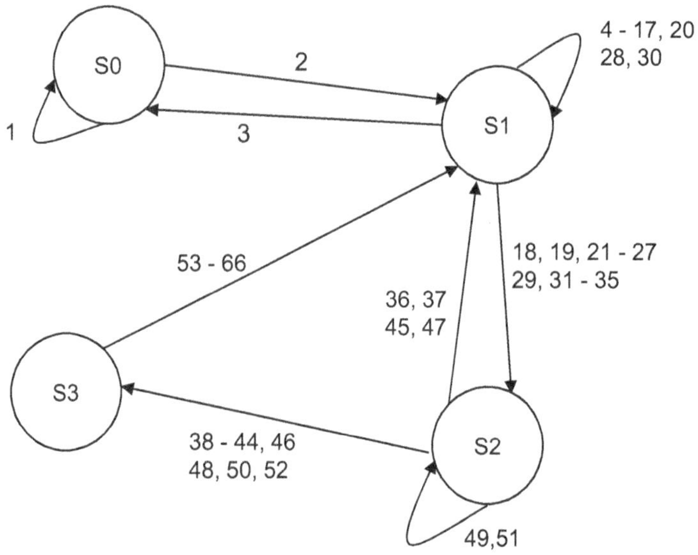

Abb. 7.15: Vereinfachter Automatengraph für das Steuerwerk der MPU16P

8 Modellierung des 16-Bit-Mikroprozessor-Systems

Das Mikroprozesssor-System ist in die folgenden Komponenten strukturiert:

- Mikroprozessor (MPU16P)
- Synchroner statischer RAM-Speicher
  1) Speicherbereich für Instruktionen (RAMA)
  2) Speicherbereich für Daten (RAMB)

Der Funktionsblock für diese Strukturierung ist bereits in Abbildung 7.12 dargestellt. Es sind alle notwendigen Ein- und Ausgangssignale in das Diagramm eingezeichnet. Der Mikroprozessor und der Arbeitsspeicher bekommen ein getrenntes Taktsignal, weil sie mit einer Verzögerung getaktet werden müssen. Der Prozessor bekommt sein Taktsignal um die Zeit Tv später als der RAM-Speicher. Die Verzögerung ist notwendig, weil das Adressieren des Speichers und das Auslesen des Speicherinhaltes nicht gleichzeitig passieren können. Der Speicherzugriff für das Lesen und Schreiben ist bei dem RAM taktabhängig. Die optimale Verzögerungszeit Tv sowie die Zeitabhängigkeiten der einzelnen Komponenten können mit der Timing-Simulation oder einer Timing-Analyse ermittelt werden. Im Folgenden ist der VHDL-Code für die Module des Mikroprozessor-Systems nach der Structural-Methode angegeben.

8.1 VHDL-Code für die Beschreibung des Systems MPU16P_S

```
--------------------------------------------------
--      16-Bit-Mikroprozessor-System MPU16P_S
--      Pipeline-System
--      Modul: MPU16P_S.VHD
--      RAM-Speicher: RAM24:
--      12-Bit ADR   (2 Bit Reserve für 14-Bit-Adresse)
--------------------------------------------------
library ieee;
use work.mpu16_pack.all;
use ieee.std_logic_1164.all;
use ieee.std_logic_arith.all;
use ieee.std_logic_unsigned.all;
-------------- Entity Declaration --------------
entity MPU16P_S is port (
   OPR_Q    : out std_logic_vector (15 downto 0);
   IPR_D    : in std_logic_vector (15 downto 0);
   OPX_Q    : out std_logic_vector (15 downto 0);
```

```
    IPX_D     : in std_logic_vector (15 downto 0);
    CLK_IN    : in std_logic;
    CLR       : in std_logic;
    START     : in std_logic;
    IPREQ     : out std_logic;
    IPV       : in std_logic;
    OPV       : out std_logic;
    OPREC     : in std_logic);
end MPU16P_S;
--------------- Architecture Declaration ------------------
architecture MPU16_ARCH of MPU16P_S is
--------------- Component Declaration -------------------
component MPU16P port (                               --Mikroprozessor MPU16P
    OPR_Q     : out std_logic_vector (15 downto 0);
    IPR_D     : in std_logic_vector (15 downto 0);
    OPX_Q     : out std_logic_vector (15 downto 0);
    IPX_D     : in std_logic_vector (15 downto 0);
    IR_D      : in std_logic_vector (23 downto 0);
    ADRA_Q    : out std_logic_vector (11 downto 0);
    DATA_B    : in std_logic_vector (15 downto 0);
    ADRB_Q    : out std_logic_vector (11 downto 0);
    AKKU_Q    : out std_logic_vector (15 downto 0);
    CLK_STW   : in std_logic;
    CLR       : in std_logic;
    CLK_OPW   : in std_logic;
    WR_ENA    : out std_logic;
    WR_ENB    : out std_logic;
    IPV       : in std_logic;
    START     : in std_logic;
    OPREC     : in std_logic;
    IPREQ     : out std_logic;
    OPV       : out std_logic);
end component;
------------
component RAM24 port (                                --12/24-Bit-RAM-Speicher
    DINA      : in std_logic_vector (23 downto 0);
    ADDRA     : in std_logic_vector (11 downto 0);
    DOUTA     : out std_logic_vector (23 downto 0);
    WEA       : in std_logic;
    CLKA      : in std_logic;
```

```
  DINB      : in std_logic_vector (23 downto 0);
  ADDRB     : in std_logic_vector (11 downto 0);
  DOUTB     : out std_logic_vector (23 downto 0);
  WEB       : in std_logic;
  CLKB      : in std_logic);
end component;
-----------
component CLK_MOD port (                            --Frequenzteiler + Delay
  CLK     : in std_logic;
  CLR     : in std_logic;
  CLK_1   : out std_logic;
  CLK_2   : out std_logic);
end component;
-------------
component CLK_F2 port (                             --Frequenzteiler f/2
  CLK     : in std_logic;
  CLR     : in std_logic;
  CLK_A   : out std_logic);
end component;
---------------- Signal Declaration -----------------
signal WR_ENA      : std_logic;
signal WR_ENB      : std_logic;
signal PROG_B      : std_logic_vector (23 downto 0);        --Datenbus RAMA
signal DATEN_B     : std_logic_vector (15 downto 0);        --Datenbus RAMB
signal DIN_B       : std_logic_vector (15 downto 0);        --Datenbus RAMB
signal ADDR1       : std_logic_vector (11 downto 0);        --Adressbus RAMA
signal ADDR2       : std_logic_vector (11 downto 0);        --Adressbus RAMB
signal CLK_1       : std_logic;
signal CLK_2       : std_logic;
signal CLK_25M     : std_logic;
signal GND8_2      : std_logic_vector (7 downto 0);
signal GND8_3      : std_logic_vector (7 downto 0);
signal GND24       : std_logic_vector (23 downto 0);
---------------
begin
--------------- Signal Assignment -----------------
GND8_2  <= "00000000";                                   -- 8-Bit-Ground
GND8_3  <= "00000000";                                   -- 8-Bit-Ground
GND24   <= "000000000000000000000000";                   -- 24-Bit-Ground
---------
```

```
mpu : MPU16P port map(                                 --Mikroprozessor MPU16P
   OPR_Q      => OPR_Q,
   IPR_D      => IPR_D,
   OPX_Q      => OPX_Q,
   IPX_D      => IPX_D,
   IR_D       => PROG_B,                               -- Datenbus RAMA
   WR_ENA     => WR_ENA,                               -- Write Enable RAMA
   WR_ENB     => WR_ENB,                               -- Write Enable RAMB
   CLR        => CLR,
   CLK_STW    => CLK_2,
   CLK_OPW    => CLK_2,
   START      => START,
   ADRA_Q     => ADDR1,                                -- 12-Bit-ADR RAMA
   DATA_B     => DATEN_B,                              -- Datenbus RAMB
   ADRB_Q     => ADDR2,                                -- 12-Bit-ADR RAMB
   AKKU_Q     => DIN_B,                                -- Datenbus RAMB
   IPV        => IPV,
   IPREQ      => IPREQ,
   OPV        => OPV,
   OPREC      => OPREC);
-------------------
blockram1 : RAM24 port map(                            -- RAM-Speicher
   DINA(23 downto 0)     => GND24,
   DINB(15 downto 0)     => DIN_B(15 downto 0),        -- Datenbus RAMB
   DINB(23 downto 16)    => GND8_2,                    -- 8-Bit-Ground
   ADDRA  => ADDR1,                                    -- Adressbus RAMA
   ADDRB  => ADDR2,                                    -- Adressbus RAMB
   DOUTA  => PROG_B,                                   -- Datenbus RAMA
   DOUTB(15 downto 0)   => DATEN_B(15 downto 0),       -- Datenbus RAMB
   DOUTB(23 downto 16) => GND8_3,                      -- 8-Bit-Ground
   WEA  => WR_ENA,                                     -- Write Enable RAMA
   WEB  => WR_ENB,                                     -- Write Enable RAMB
   CLKA => CLK_1,
   CLKB => CLK_1);
------ Frequenzangabe für Timing-Simulation (Testbench) -----------------
clk_mod_a: CLK_MOD port map(                           --Frequenzteiler mit Delay
   CLK    =>  CLK_25M,                                 -- 25 MHZ
   CLR    =>  CLR,
   CLK_1  =>CLK_1,                                     -- 12.5 MHZ
   CLK_2  => CLK_2);                                   -- 12.5 MHZ + Delay
```

```
--------------------
clk_f2a : CLK_F2 port map(                          -- fa = fi/2
   CLK     => CLK_IN,                               --50 MHZ
   CLR     => CLR,
   CLK_A => CLK_25M);
end MPU16_ARCH;
----------------------
```

8.2 VHDL-Code für die Beschreibung der MPU16P

Das Blockschaltbild für den Mikroprozessor ist in Kap.7 in Abb. 7.13 dargestellt. Die Strukturierung erfolgt wie bereits besprochen in das Steuerwerk (STW) und das Operationswerk (OPW). Der Ansteuervektor A wurde in Kap.7 ebenfalls bestimmt mit einer Bitbreite von n = 26. Der zugehörige VHDL-Code für den MPU16P ist im Folgenden aufgelistet.

```
---------------------------------------------------------
--      16-Bit-Mikroprozessor-System MPU16P_S
--      Pipeline-System
--      Modul: MPU16P.VHD
---------------------------------------------------------
library ieee;
use ieee.std_logic_1164.all;
use ieee.std_logic_arith.all;
use ieee.std_logic_unsigned.all;
use ieee.numeric_std.all;
---------------- Entity Declaration ----------------
entity MPU16P is port (
   OPR_Q     : out std_logic_vector (15 downto 0);
   IPR_D     : in std_logic_vector (15 downto 0);
   OPX_Q     : out std_logic_vector (15 downto 0);
   IPX_D     : in std_logic_vector (15 downto 0);
   IR_D      : in std_logic_vector (23 downto 0);
   ADRA_Q    : out std_logic_vector (11 downto 0);
   DATA_B    : in std_logic_vector (15 downto 0);
   ADRB_Q    : out std_logic_vector (11 downto 0);
   AKKU_Q    :out std_logic_vector (15 downto 0);
   CLK_STW : in std_logic;
   CLR       : in std_logic;
   CLK_OPW: in std_logic;
   WR_ENA    : out std_logic;
```

```
  WR_ENB  : out std_logic;
  START   : in std_logic;
  IPREQ   : out std_logic;
  IPV     : in std_logic;
  OPV     : out std_logic;
  OPREC   : in std_logic);
end MPU16P;
--------------- Architecture Declaration -----------------
architecture MPU16_ARCH of MPU16P is
------------- Component Declaration --------------------
component STW16_P port (                                   --16-Bit-Steuerwerk
  CLK     : in std_logic;
  CLR     : in std_logic;
  IPV     : in std_logic;
  OPREC   : in std_logic;
  OPC     : in std_logic_vector (6 downto 0);              -- Opcode
  START   : in std_logic;
  A       : out std_logic_vector (25 downto 0);            -- Ansteuervektor
  IPREQ   : out std_logic;
  SREG    : in std_logic_vector(4 downto 0);               -- Status-Flags
  OPV     : out std_logic);
end component;
------------------------
component OPW16_P port (                                   --16-Bit-Operationswerk
  IPR_D   : in std_logic_vector (15 downto 0);
  IPX_D   : in std_logic_vector (15 downto 0);
  DATA_B  : in std_logic_vector (15 downto 0);             -- Daten von RAMB
  AKKU_Q  : out std_logic_vector (15 downto 0);            -- AKKU_OUT
  OPC     : out std_logic_vector (6 downto 0);
  AR2     : out std_logic_vector (15 downto 0);
  AR1     : out std_logic_vector (15 downto 0);
  IR_D    : in std_logic_vector (23 downto 0);
  OPR_Q   : out std_logic_vector (15 downto 0);
  OPX_Q   : out std_logic_vector (15 downto 0);
  A       : in std_logic_vector (25 downto 0);             -- Ansteuervektor
  SREG    : out std_logic_vector(4 downto 0);              --Status-Flags
  CLK     : in std_logic;
  CLR     : in std_logic;
  WR_ENB  : out std_logic);                                --Write Enable RAMB
end component;
```

```
------------------- Signal Declaration -------------------
signal SREG_ST     : std_logic_vector(4 downto 0);
signal A           : std_logic_vector (25 downto 0);
signal STW_IR      : std_logic_vector (6 downto 0);
signal GND4_1      : std_logic_vector (3 downto 0);
signal GND4_2      : std_logic_vector (3 downto 0);
--------
begin
---------- Signal Assignment ---------------
  WR_ENA <= '0';                                    -- Write Enable RAMA
  GND4_1  <= "0000";                                -- 4-Bit-Ground
  GND4_2  <= "0000";
-------- Component Instances --------------
stw : STW16_P port map (                            -- 16-Bit-Steuerwerk
  A        => A,                                    -- Ansteuervektor
  OPC      => STW_IR,                               -- Opcode
  CLR      => CLR,
  CLK      => CLK_STW,
  IPV      => IPV,
  IPREQ    => IPREQ,
  SREG     => SREG_ST,                              -- Status-Flags
  OPV      => OPV,
  OPREC    => OPREC,
  START    => START);
---------------
opw : OPW16_P port map (                            -- 16-Bit-Operationswerk
  IPR_D      => IPR_D,
  IPX_D      => IPX_D,
  IR_D       =>  IR_D,                              -- Opcode von RAMA
  AR1(11 downto 0)  => ADRA_Q(11 downto 0),         -- 12-Bit-Adresse
  AR1(15 downto 12) => GND4_1,                      -- 4-Bit-Ground
  OPR_Q      => OPR_Q,
  OPX_Q      => OPX_Q,
  A          => A,                                  -- Ansteuervektor
  DATA_B     => DATA_B,                             -- Daten von RAMB
  AR2(11 downto 0)  => ADRB_Q(11 downto 0),         -- 12-Bit-Adresse
  AR2(15 downto 12) => GND4_2,                      -- 4-Bitground
  OPC        => STW_IR,                             -- Opcode
  AKKU_Q     => AKKU_Q,                             -- AKKU_OUT
  CLK        => CLK_OPW,
```

```
  CLR       => CLR,
  SREG      => SREG_ST,                               -- Status-Flags
  WR_ENB  => WR_ENB);                                 -- Write Enable RAMB
end MPU16_ARCH;
------------------------
```

8.2.1 VHDL-Code für das 16-Bit-Operationswerk

Die Ein- und Ausgangssignale für das Operationswerk sind in Kap. 7 in dem Blockdiagramm Abb. 7.14 eingezeichnet. Es ist eine Erweiterung der 16-Bit-Version des Prozessors MPU16A. Durch das Pipeline-Prinzip sind größere Änderungen notwendig. Im Folgenden ist der VHDL-Code aufgelistet.

```
-------------------------------------------------------
--      16-Bit-Mikroprozessor-System MPU16P_S
--      Pipeline-System
--      Modul: OPW16_P.VHD
-------------------------------------------------------
--      Program Counter PC
--      CLK_EN   LOAD    Funktion
--      -----------------------------------------------
--      0        0       Q = const.
--      0        1       Q = const.
--      1        0       Q = Q + 1
--      1        1       Q = DIN
--
--      Register-Stack
--      CE       S       Funktion
--      -----------------------------------------------
--      0        0       Q const
--      0        1       Q const
--      1        0       POP    Q = QOUT
--      1        1       PUSH  Q = DIN
--
library ieee;
use work.mpu16_pack.all;
use ieee.std_logic_1164.all;
use ieee.std_logic_arith.all;
use ieee.std_logic_unsigned.all;
---------------- Entity Declaration ----------------
entity OPW16_P is port (
  AR2        : out std_logic_vector (15 downto 0);                -- ADR RAMB
```

```
  AR1       : out std_logic_vector (15 downto 0);             -- ADR RAMA
  IPR_D     : in std_logic_vector (15 downto 0);
  OPR_Q     : out std_logic_vector (15 downto 0);
  IPX_D     : in std_logic_vector (15 downto 0);
  OPX_Q     : out std_logic_vector (15 downto 0);
  DATA_B    : in std_logic_vector (15 downto 0);              -- Daten RAMB
  AKKU_Q    : out std_logic_vector (15 downto 0);             -- AKKU_OUT
  OPC       : out std_logic_vector (6 downto 0);              -- Opcode
  OP_IR     : in std_logic_vector (23 downto 0);              -- IR-Register
  A         : in std_logic_vector (25 downto 0);              -- Ansteuervektor
  WR_ENB    : out std_logic;                                  -- Write Enable RAMB
  CLK       : in std_logic;
  CLR       : in std_logic;
  SREG      : out std_logic_vector(4 downto 0));              -- Status-Flags
end OPW16_P;
---------- Architecture Declaration --------------
architecture OPW_ARCH of OPW16_P is
--------- Component Declaration ---------------
component CNT16_1 port (                                      -- Programmzähler PC
  Q_OUT     : inout std_logic_vector (15 downto 0);
  D_IN      : in std_logic_vector (15 downto 0);
  CLK       : in std_logic;
  CLK_EN    : in std_logic;
  LOAD      : in std_logic;
  CLR       : in std_logic);
end component;
----------------
component MUX2A port (                                        -- MUX 2:1
  MUX_OUT : out std_logic_vector (15 downto 0);
  A : in std_logic_vector (15 downto 0);
  B : in std_logic_vector (15 downto 0);
  SEL : in std_logic);
end component;
-----------------
component AKKU16_P  port (                                    -- 16-Bit-AKKU-Einheit
  B         : in std_logic_vector (15 downto 0);              -- AKKU-Input
  R_ADR     : in std_logic_vector (8 downto 0);               -- Register-Adressen
  A_Q       : out std_logic_vector (15 downto 0);             -- AKKU-Output
  S_ALU     : in std_logic_vector(3 downto 0);                -- Steuereingang ALU
  S_AKKU    : in std_logic_vector(3 downto 0);                -- Steuereingang AKKU
```

```
  SREG      : out std_logic_vector(4 downto 0);            -- Status-Flags
  CLK       : in std_logic;
  CLR       : in std_logic);
end component;
-----------------
component STACK16_A port (                                 -- Register-Stack
  DIN   : in std_logic_vector (15 downto 0);               -- Dateneingang
  QOUT  : inout std_logic_vector (15 downto 0);            -- Datenausgang
  CLK   : in std_logic;
  CLR   : in std_logic;
  S     : in std_logic;
  CE    : in std_logic);
end component;
-----------------
component REG16_A port (                                   -- 16-Bit-Register
  D    : in std_logic_vector (15 downto 0);
  Q    : out std_logic_vector (15 downto 0);
  CE   : in std_logic;
  CLK  : in std_logic;
  CLR  : in std_logic);
end component;
-----------------
component MUX4_1 port (                                    -- MUX 4:1
  SEL : in std_logic_vector (1 downto 0);
  MUX_OUT : out std_logic_vector (15 downto 0);
  A : in std_logic_vector (15 downto 0);
  B : in std_logic_vector (15 downto 0);
  C : in std_logic_vector (15 downto 0);
  D : in std_logic_vector (15 downto 0));
end component;
-----------------
component  REG7_A port (                                   -- 7-Bit-Register
  D    : in std_logic_vector (6 downto 0);
  Q    : out std_logic_vector (6 downto 0);
  CE   : in std_logic;
  CLK  : in std_logic;
  CLR  : in std_logic);
end component;
-----------------
component  INV_A  Port (                                   -- Inverter
```

```
  I  : in std_logic;
  O : out std_logic);
end component;
-----------------
component  DMUX1_2 port (                        -- DEMUX 1:2
  A    : in std_logic_vector (15 downto 0);
  Q1  : out std_logic_vector (15 downto 0);
  Q2  : out std_logic_vector (15 downto 0);
  SEL: in std_logic);
end component;
------------------
component  Buf16  port (                         -- 16-Bit-Buffer
  I  : in  std_logic_vector (15 downto 0);
  O : out std_logic_vector (15 downto 0));
end component;
------------------
component TBUF16_A port (                        -- 16-Bit-Tri-State-Buffer
  D    : in std_logic_vector (15 downto 0);
  Q    : out std_logic_vector (15 downto 0);
  EN  : in std_logic);
end component;
-------------------
component  FDC_A port (                          -- D-Flip-Flop
  CLK  : in std_logic;
  CLR  : in std_logic;
  D      : in std_logic;
  Q      : out std_logic);
end component;
------------------ Signal Declaration ---------------------
signal AKKU_B        : std_logic_vector (15 downto 0);
signal AKKU_Q2      : std_logic_vector (15 downto 0);
signal AKKU_Q1      : std_logic_vector (15 downto 0);
signal IPR_Q          : std_logic_vector (15 downto 0);
signal IPR_1          : std_logic_vector (15 downto 0);
signal IPX_1          : std_logic_vector (15 downto 0);
signal IPR1           : std_logic_vector (15 downto 0);
signal OPR_1         : std_logic_vector (15 downto 0);
signal OPR_D         : std_logic_vector (15 downto 0);
signal OPX_1         : std_logic_vector (15 downto 0);
signal IPR2           : std_logic_vector (15 downto 0);
```

```
signal ADR1        : std_logic_vector (15 downto 0);
signal OP_AR       : std_logic_vector (15 downto 0);
signal ST_D        : std_logic_vector (15 downto 0);
signal PC_D        : std_logic_vector (15 downto 0);
signal MUX_1       : std_logic_vector(15 downto 0);
signal A_MR2       : std_logic_vector(15 downto 0);
signal A_MR1       : std_logic_vector(15 downto 0);
signal GND_ST      : std_logic_vector (15 downto 0);
signal GND2        : std_logic_vector (1 downto 0);
signal VC1         : std_logic;
signal CLK_INV     : std_logic;
signal CA0         : std_logic;
signal CA1         : std_logic;
signal CA2         : std_logic;
signal CA3         : std_logic;
signal CB0C        : std_logic;
signal CB1C        : std_logic;
signal CB2C        : std_logic;
signal CB3C        : std_logic;
signal AREG_EN1    : std_logic;
signal AREG_EN2    : std_logic;
signal SREG_EN1    : std_logic;
signal SREG_EN2    : std_logic;
signal AST13       : std_logic;
signal A13         : std_logic;
signal A16         : std_logic;
signal A16_S       : std_logic;
signal AST9        : std_logic;
signal A9          : std_logic;
signal AST10       : std_logic;
signal A10         : std_logic;
signal ST_Q        : std_logic_vector (15 downto 0);
signal PC_Q        : std_logic_vector (15 downto 0);
----------------
begin
---------------- Signal Assignment ----------------
VC1      <= '1';
GND_ST   <= "0000000000000000";                    -- 16-Bit-Ground
GND2     <= "00";                                  -- 2-Bit-Ground
------------ Component Instances -----------------
```

```
opw_cnt16 : CNT16_1 port map (                    -- Programmzähler PC
  Q_OUT   => PC_Q,
  D_IN    => PC_D,
  CLK     => CLK_INV,
  CLK_EN  => A(2),                                      -- Ansteuervektor
  LOAD    => A(1),                                      -- Ansteuervektor
  CLR     => CLR);
------------------------
opw_dmux1_2:  DMUX1_2 port map (                   -- DEMUX ADR/Stack
    A       => PC_Q,
    Q1      => OP_AR,
    Q2      => ST_D,
    SEL     => A(12));                                  -- Ansteuervektor
--------------------------
akku_1 : AKKU16_P port map (                             -- AKKU-Einheit
  B => AKKU_B,                                             -- AKKU-Input
  R_ADR(8 downto 6) => OP_IR(16 downto 14),              -- Register RD
  R_ADR(5 downto 3) => OP_IR(13 downto 11),              -- Register RA
  R_ADR(2 downto 0) => OP_IR(10 downto 8),               -- Register RB
  A_Q => AKKU_Q2,                                          -- AKKU Output
  CLK => CLK,
  CLR => CLR,
  S_ALU(0)   => CB0C,                -- Steuereingänge ALU, verzögert
  S_ALU(1)   => CB1C,
  S_ALU(2)   => CB2C,
  S_ALU(3)   => CB3C,
  S_AKKU(0) => A16_S,                                -- AKKU_Q <-- Q_SH
  S_AKKU(1) => A(17),                                     -- RA <-- RD
  S_AKKU(2) => SREG_EN2,                                      -- A(18)
  S_AKKU(3) => AREG_EN2,                                      -- A(19)
  SREG        => SREG);
-----------------
opw_stack:  STACK16_A port map (                      -- Register-Stack
  DIN     => ST_D,
  QOUT  => ST_Q,
  CLK     => CLK,
  CLR     => CLR,
  S        => A(4),                                     -- Ansteuervektor
  CE       => A(3));                                    -- Ansteuervektor
opw_reg16_7 : REG16_A port map (                        -- AKKU OUTPUT
```

```
  D    => AKKU_Q2,
  Q    => AKKU_Q1,
  CE   => VC1,
  CLK  => CLK_INV,
  CLR  => CLR);
-------------------
opw_m2a_0 : MUX2A port map (                    -- MUX 2:1 vor AKKU-Einheit
  A          => AKKU_Q2,
  B          => MUX_1,
  MUX_OUT    => AKKU_B,
  SEL        => Ast9);
------------------
opw_mux41 : MUX4_1 port map (                          -- MUX 4:1 vor PC
  SEL(1)     => A(7),                                  -- Ansteuervektor
  SEL(0)     => A(6),                                  -- Ansteuervektor
  MUX_OUT    => PC_D,
  A    => IPR_Q,
  B    => ADR1,
  C    => GND_ST,
  D    => ST_Q);
--------------------
opw_reg16_0 : REG16_A port map (                   -- Input-Register IPR
  D    => IPR_D,
  Q    => IPR_Q,
  CE   => A(0),                                        -- Ansteuervektor
  CLK  => CLK,
  CLR  => CLR);
------------------
opw_reg16_4 : REG16_A port map (                     -- Pipeline-Register
  D    => IPR_1,
  Q    => IPR1,
  CE   => VC1,
  CLK  => CLK,
  CLR  => CLR);
-------------------
opw_reg16_5 : REG16_A port map (                     -- Pipeline-Register
  D    => IPR1,
  Q    => IPR2,
  CE   => VC1,
  CLK  => CLK,
```

```
  CLR => CLR);
------------------
opw_m2a_3a : MUX2A port map (                -- MUX 2:1 für IPR und AK_OUT
  A    => AKKU_Q1,
  B    => IPR1,
  MUX_OUT => AKKU_Q,
  SEL=> A(25));                                          -- Ansteuervektor
--------------------
opw_reg16_1x : REG16_A port map (                     -- Input-Register IPX
  D     => IPX_D,
  Q     => IPX_1,
  CE    => A(5),                                         -- Ansteuervektor
  CLK   => CLK,
  CLR   => CLR);
--------------------
opw_m2a_2 : MUX2A port map (                      -- MUX 2:1 für IPR und IPX
  A          => IPR_Q,
  B          => IPX_1,
  MUX_OUT    => IPR_1,
  SEL        => A(5));                                   -- Ansteuervektor
-----------------
opw_m2a_1 : MUX2A port map (                 -- MUX 2:1 für IPR und DATA_B
  A          => DATA_B,
  B          => IPR2,
  MUX_OUT    => MUX_1,
  SEL        => Ast10);
------------------
opw_m2a_3 : MUX2A port map (                              -- MUX 2:1 für OPR
  A          => OPR_1,
  B          => DATA_B,
  MUX_OUT    => OPR_D,
  SEL        => A(15));                                  -- Ansteuervektor
------------------
opw_reg16_3 : REG16_A port map (                     -- Output-Register OPR
  D     => OPR_D,
  Q     => OPR_Q,
  CE    => A(11),                                        -- Ansteuervektor
  CLK   => CLK,
  CLR   => CLR);
opw_reg16_2x : REG16_A port map (                    -- Output-Register OPX
```

```
  D    => OPX_1,
  Q    => OPX_Q,
  CE   => A(20),                                  -- Ansteuervektor
  CLK  => CLK,
  CLR  => CLR);
------------------
opw_dmux2_3: DMUX1_2 port map (                   -- DEMUX 1:2 AKKU_OUT
  A    => AKKU_Q2,
  Q1   => OPR_1,
  Q2   => OPX_1,
  SEL  => A(20));                                 -- Ansteuervektor
------------------
opw_reg6_1a : REG7_A port map (                   -- Instruction-Register
  D(6) => OP_IR(23),
  D(5) => OP_IR(22),
  D(4) => OP_IR(21),
  D(3) => OP_IR(20),
  D(2) => OP_IR(19),
  D(1) => OP_IR(18),
  D(0) => OP_IR(17),
  Q    => OPC,                                    -- 7-Bit-Opcode
  CE   => VC1,
  CLK  => CLK,
  CLR  => CLR );
-------------------
opw_reg16_1 : REG16_A port map (                  -- Adress-Register 1
  D(13 downto 0) => OP_IR(13 downto 0),
  D(15 downto 14) => GND2,
  Q    => A_MR1,
  CE   => VC1,
  CLK  => CLK,
  CLR  => CLR);
-------------------
opw_reg16_r1 : REG16_A port map (                 -- Adress-Register 2
  D    => A_MR2,
  Q    => AR2,
  CE   => A(14),                                  -- Ansteuervektor
  CLK  => CLK,
  CLR  => CLR);
opw_dmux2_1: DMUX1_2 port map (                   -- DEMUX ADDR2
```

```
  A     => A_MR1,
  Q1    => A_MR2,
  Q2    => ADR1,
  SEL   => A(8));                                     -- Ansteuervektor
------------------
OPW_inv_1 : INV_A  Port map(                          -- Inverter
  I   => CLK,
  O   => CLK_INV );
----------------
opw_fdc_sh1 : FDC_A port map (          -- Pipeline-Register Q_SH → A_Q
  D     => A(16),                                     -- Ansteuervektor
  Q     => A16,
  CLK  => CLK,
  CLR  => CLR);
----------------
opw_fdc_sh2 : FDC_A port map (                        -- Pipeline-Register
  D     => A16,
  Q     => A16_S,
  CLK  => CLK,
  CLR  => CLR);
-----------------
opw_fdc_a_1 : FDC_A port map (                       -- Pipeline-Reg ALU(0)
  D     => A(21),                                     -- Ansteuervektor
  Q     => CA0,
  CLK  => CLK,
  CLR  => CLR);
----------------
Opw_fdc_a_2 : FDC_A port map (                       -- Pipeline-Reg ALU(0)
  D     => CA0,
  Q     => CB0C,
  CLK  => CLK,
  CLR  => CLR);
---------------
opw_fdc_a_3 : FDC_A port map (                       -- Pipeline-Reg ALU(1)
  D     => A(22),                                     -- Ansteuervektor
  Q     => CA1,
  CLK  => CLK,
  CLR  => CLR);
-----------------
opw_fdc_a_4 : FDC_A port map (                       -- Pipeline-Reg ALU(1)
```

```
  D    => CA1,
  Q    => CB1C,
  CLK  => CLK,
  CLR  => CLR);
----------------
opw_fdc_a_5 : FDC_A port map (                  -- Pipeline-Reg ALU(2)
  D    => A(23),                                -- Ansteuervektor
  Q    => Ca2,
  CLK  => CLK,
  CLR  => CLR);
----------------
Opw_fdc_a_6 : FDC_A port map (                  -- Pipeline-Reg ALU(2)
  D    => CA2,
  Q    => CB2C,
  CLK  => CLK,
  CLR  => CLR);
-----------------
Opw_fdc_a_7 : FDC_A port map (                  -- Pipeline-Reg ALU(3)
  D    => A(24),                                -- Ansteuervektor
  Q    => CA3,
  CLK  => CLK,
  CLR  => CLR);
------------------
opw_fdc_a_8 : FDC_A port map (                  -- Pipeline-Reg ALU(3)
  D    => CA3,
  Q    => CB3C,
  CLK  => CLK,
  CLR  => CLR);
-------------------
  opw_Buf16_2 : Buf16 port map (                -- ADR RAMA
  I  => OP_AR,
  O  => AR1);
-------------------
opw_fdc_a_9 : FDC_A port map (                  -- Pipeline-Register
  D    => A(19),                                -- Ansteuervektor
  Q    => AREG_EN1,
  CLK  => CLK,
  CLR  => CLR);
-----------------
opw_fdc_a_10 : FDC_A port map (                 -- Pipeline-Register
```

```
  D     => AREG_EN1,
  Q     => AREG_EN2,
  CLK  => CLK,
  CLR  => CLR);
-----------------
opw_fdc_a_11 : FDC_A port map (                    -- Pipeline-Register
  D     => A(9),                                    -- Ansteuervektor
  Q     => A9,
  CLK  => CLK,
  CLR  => CLR);
-----------------
opw_fdc_a_12 : FDC_A port map (                    -- Pipeline-Register
  D     => A9,
  Q     => AST9,
  CLK  => CLK,
  CLR  => CLR);
-----------------
opw_fdc_a_15 : FDC_A port map (                    -- Pipeline-Register
  D     => A(10),                                   -- Ansteuervektor
  Q     => A10,
  CLK  => CLK,
  CLR  => CLR);
------------------
opw_fdc_a_16 : FDC_A port map (                    -- Pipeline-Register
  D     => A10,
  Q     => AST10,
  CLK  => CLK,
  CLR  => CLR);
-------------------
opw_fdc_a_17 : FDC_A port map (                    -- Pipeline-Register
    D     => A(18),                                 -- Ansteuervektor
    Q     => SREG_EN1,
    CLK  => CLK,
    CLR  => CLR);
-------------------
opw_fdc_a_18 : FDC_A port map (                    -- Pipeline-Register
  D     => SREG_EN1,
  Q     => SREG_EN2,
  CLK  => CLK,
  CLR  => CLR);
```

```
------------------
opw_fdc_a_19 : FDC_A port map (                   -- Pipeline-Register
   D     => A(13),                                 -- Ansteuervektor
   Q     => AST13,
   CLK => CLK,
   CLR => CLR);
------------------
opw_fdc_a_20 : FDC_A port map (                   -- Pipeline-Register
   D     => AST13,
   Q     => A13,
   CLK => CLK,
   CLR => CLR);
------------------
opw_fdc_a_21 : FDC_A port map (                   -- Pipeline-Register
   D     => A13,
   Q     => WR_RAM2,
   CLK => CLK_INV,
   CLR => CLR);
end OPW_ARCH;
-----------------
```

8.2.1.1 VHDL-Code für die 16-Bit-Akkumulator-Einheit

Die AKKU-Einheit besteht im Wesentlichen aus den Funktionsblöcken ALU, den Statusregistern und den Arbeitsregistern in der Register-Einheit. In der ALU und den Statusregistern sind keine Änderungen notwendig, d. h. sie können von der 16-Bit-Version der MPU16A übernommen werden. Die wesentlichen Änderungen müssen für das Pipelining in der Register-Einheit vorgenommen werden. Der folgende VHDL-Code beschreibt die Akkumulator-Einheit mit den entsprechenden Änderungen.

```
----------------------------------------------------------
--       16-Bit-Mikroprozessor-System MPU16P_S
--       Pipelining
--       Modul: AKKU16_P.VHD
----------------------------------------------------------
--       Q_RI     <-- AKKU_B       : S_AKKU(3) : A(19)
--       SREG     <-- FLAGS        : S_AKKU(2) : A(18)
--       RA       <-- RD           : S_AKKU(1) : A(17)
--       A_Q      <-- Q_SH         : S_AKKU(0) : A(16)
--
```

```
library ieee;
use work.mpu16_pack.all;
use ieee.std_logic_1164.all;
use ieee.std_logic_arith.all;
use ieee.std_logic_unsigned.all;
------------------ Entity Declaration -------------------------
entity AKKU16_P is port (
   B          : in std_logic_vector (15 downto 0);          -- AKKU-Input
   R_ADR      : in std_logic_vector (8 downto 0);           -- Register-Adressen
   A_Q        : out std_logic_vector (15 downto 0);         -- AKKU-Output
   CLK        : in std_logic;
   CLR        : in std_logic;
   S_ALU      : in std_logic_vector(3 downto 0);            -- Steuereingang ALU
   S_AKKU     : in std_logic_vector(3 downto 0);            -- Steuereingang AKKU
   SREG       : out std_logic_vector(4 downto 0));          -- Status-Flags
end AKKU16_P;
------------------ Architecture Declaration -----------------
architecture AKKU16_ARCH of AKKU16_P is
----------------- Component Declaration -------------------
component ALU16 port (
   A     : in std_logic_vector (15 downto 0);               -- Input A ALU
   B     : in std_logic_vector (15 downto 0);               -- Input B ALU
   F     : out std_logic_vector (15 downto 0);              -- Output F ALU
   CIN   : in std_logic;                                    -- Eingangsübertrag
   S     : in std_logic_vector(3 downto 0);                 -- Steuereingang ALU
   DOUT : out std_logic;                                    -- Ausgangsübertrag ALU
   N     : out std_logic;                                   -- Status-Flags ALU
   Z     : out std_logic;
   EQ    : out std_logic;
   OV    : out std_logic);
end component;
-----------------
component STATUSREG_A port (                                -- Register Status-Flags
   D     : in std_logic_vector(4 downto 0);
   Q     : out std_logic_vector(4 downto 0);
   CE    : in std_logic;
   CLR   : in std_logic;
   CLK   : in std_logic);
end component;
-----------------
```

```
component AKKU16_REG1 port (                          -- Register-Einheit
   B_AC       : in std_logic_vector(15 downto 0);
   Q_A        : inout std_logic_vector(15 downto 0);
   Q_B        : out std_logic_vector(15 downto 0);
   Q_SH       : inout std_logic_vector(15 downto 0);
   RA         : in std_logic_vector (2 downto 0);
   RB         : in std_logic_vector (2 downto 0);
   RD         : in std_logic_vector(2 downto 0);
   S_ALU      : in std_logic_vector(3 downto 0);
   CE         : in std_logic;
   CLK        : in std_logic;
   CLR        : in std_logic;
   R_AKKU     : in std_logic_vector(1 downto 0));
end component;
-----------------
component INV_A  Port (                               -- Inverter
   I    : in std_logic;
   O    : out std_logic);
end component;
-----------------
component ST_INC port (                  -- Modul für Inkrement Akku Ci
   S    : in std_logic_vector ( 3 downto 0);
   SA   : out std_logic);
end component;
-----------------
component MUX2A port (                                -- MUX 2:1
    MUX_OUT : out std_logic_vector (15 downto 0);
    A : in std_logic_vector (15 downto 0);
    B : in std_logic_vector (15 downto 0);
    SEL : in std_logic);
end component;
-------------------- Signal Declaration --------------------
signal VC1          : std_logic;
signal MUX_A        : std_logic_vector(15 downto 0);
signal MUX_B        : std_logic_vector(15 downto 0);
signal Q_SH         : std_logic_vector(15 downto 0);
signal F_ALU        : std_logic_vector(15 downto 0);
signal CARRY        : std_logic;
signal ZERO         : std_logic;
signal NEG          : std_logic;
```

```
signal OV           : std_logic;
signal EQ           : std_logic;
signal CIN_1        : std_logic;
signal CLK_INV      : std_logic;
begin
------------------ Signal Assignment -----------------
  VC1 <= '1';
--------------- Component Instances ----------------
akku16_alu16 : ALU16 port map (                          -- 16-Bit-ALU
  A    => MUX_A,                                         -- ALU Input A
  B    => MUX_B,                                         -- ALU Input B
  F    => F_ALU,                                         -- ALU-OUT
  CIN => CIN_1,
  S    => S_ALU,                                         -- Steuereingang ALU
  Z    => ZERO,
  DOUT => CARRY,
  N    => NEG,
  OV   => OV,
  EQ   => EQ);
-------------
akku16_reg : AKKU16_REG1 port map (                      -- Register-Einheit
  B_AC => B,                                             -- Input AKKU
  Q_A   => MUX_A,                                        -- ALU Input A
  Q_B   => MUX_B,                                        -- ALU Input B
  Q_SH => Q_SH,                                          -- Schieberegister I/O
  R_AKKU(1) => S_AKKU(3),                                -- Ansteuervektor A(19)
  R_AKKU(0) => S_AKKU(1),                                -- Ansteuervektor A(17)
  RD => R_ADR(8 downto 6),                               -- Register RD
  RA => R_ADR(5 downto 3),                               -- Register RA
  RB => R_ADR(2 downto 0),                               -- Register RB
  S_ALU => S_ALU,                                        -- Steuereingang ALU
  CLK   => CLK,
  CE    => VC1,
  CLR   => CLR);
---------------
mux2_sh1 : MUX2A port map (
  MUX_OUT => A_Q,                                        -- AKKU-OUT
  A     => F_ALU,                                        -- ALU Output
  B     => Q_SH,                                         -- Schieberegister I/O
  SEL  => S_AKKU(0));                                    -- Ansteuervektor A(16)
```

```
----------------
akku16_inv_1 : INV_A  Port map(
   I  => CLK,
   O => CLK_INV );
-----------------
akku16_SREG0 : STATUSREG_A port map (                    -- Status-Flags
   D(4)  => CARRY,
   D(3)  => ZERO,
   D(2)  => NEG,
   D(1)  => OV,
   D(0)  => EQ,
   Q      => SREG,
   CLR  => CLR,
   CLK  => CLK_INV,
   CE    => S_AKKU(2));                              -- Ansteuervektor A(18)
----------------
akku16_INC : ST_INC port map (                        -- Modul für Inkrement
   S   => S_ALU,
   SA => CIN_1);
end AKKU16_ARCH;
-----------------
```

8.2.1.2 VHDL-Code für die 16-Bit-Register-Einheit

```
------------------------------------------------------------
--        16-Bit-Mikroprozessor-System MPU16P_S
--        Pipelining
--        Modul: AKKU16_REG1.VHD
------------------------------------------------------------
library ieee;
use work.mpu16_pack.all;
use ieee.std_logic_1164.all;
------------------ Entity Declaration --------------------
entity AKKU16_REG1 is port (
   B_AC        : in std_logic_vector (15 downto 0);
   RA          : in std_logic_vector (2 downto 0);
   RB          : in std_logic_vector (2 downto 0);
   RD          : in std_logic_vector(2 downto 0);
   S_ALU       : in std_logic_vector(3 downto 0);
   Q_A         : inout std_logic_vector (15 downto 0);
   Q_B         : out std_logic_vector (15 downto 0);
```

```
  Q_SH     : inout std_logic_vector (15 downto 0);
  CE       : in std_logic;
  CLK      : in std_logic;
  CLR      : in std_logic;
  R_AKKU   : in std_logic_vector(1 downto 0));
end AKKU16_REG1;
---------------- Architecture Declaration -----------------
architecture AKKU16_ARCH of AKKU16_REG1 is
--------------- Component Declaration -------------------
component SHLR16_4S port (                    -- 16-Bit-Schieberegister
  D    : in std_logic_vector(15 downto 0);
  Q    : inout std_logic_vector(15 downto 0);
  S    : in std_logic_vector(3 downto 0);
  CLK  : in std_logic;
  CLR  : in std_logic;
  CE   : in std_logic);
end component;
----------------
component MUX8_1 port (                                   -- MUX 8:1
  SEL : in std_logic_vector(2 downto 0);           -- Datenbreite 16 Bit
  A,B,C,D,E,F,G,H : in std_logic_vector(15 downto 0);
  MUX_OUT : out std_logic_vector(15 downto 0));
end component;
-------------------
component MUX2_3 port (                                   -- MUX 3:1
  A          : in std_logic_vector ( 2 downto 0);   -- Datenbreite 3 Bit
  B          : in std_logic_vector ( 2 downto 0);
  MUX_OUT: out std_logic_vector ( 2 downto 0);
  S0         : in std_logic);
end component;
-----------------
component REG16_A port (
  D      : in std_logic_vector (15 downto 0);
  Q      : out std_logic_vector (15 downto 0);
  CE     : in std_logic;
  CLK    : in std_logic;
  CLR    : in std_logic);
end component;
-----------------
```

```
component DEMUX8_1V port (                                   -- DEMUX 1:8
  MUX_IN    : in std_logic_vector(15 downto 0);              -- Datenbreite 16 Bit
  MUX_OUT   :out MUX16_type;                                 -- aus package Datei
  SEL       : in std_logic_vector(2 downto 0));
end component;
-----------------
component DEMUX8_1A port (                                   -- DEMUX 1:8
  MUX_IN    : in std_logic ;                                 -- Datenbreite 1 Bit
  MUX_OUT   : out std_logic_vector(7 downto 0);
  SEL       : in std_logic_vector(2 downto 0));
end component;
----------------
component REG3_A port (                                      -- 3-Bit-Register
  CLK  : in std_logic;
  CLR  : in std_logic;
  D    : in std_logic_vector(2 downto 0);
  CE   : in std_logic;
  Q    : out std_logic_vector(2 downto 0));
end component;
-----------------
component INV_A Port (                                       -- Inverter
  I  : in std_logic;
  O : out std_logic);
end component;
----------------- Signal Declaration -----------------
signal RD_1 : std_logic_vector (2 downto 0);
signal RD_2 : std_logic_vector (2 downto 0);
signal RA_1 : std_logic_vector (2 downto 0);
signal RA_2 : std_logic_vector (2 downto 0);
signal RB_1 : std_logic_vector (2 downto 0);
signal RB_2 : std_logic_vector (2 downto 0);
signal Q_RD : std_logic_vector (2 downto 0);
signal RA_Q : std_logic_vector (2 downto 0);
signal Q_RA : std_logic_vector(2 downto 0);
signal Q_RB : std_logic_vector(2 downto 0);
signal Q_R0 : std_logic_vector(15 downto 0);
signal Q_R1 : std_logic_vector(15 downto 0);
signal Q_R2 : std_logic_vector(15 downto 0);
signal Q_R3 : std_logic_vector(15 downto 0);
signal Q_R4 : std_logic_vector(15 downto 0);
```

```
signal Q_R5 : std_logic_vector(15 downto 0);
signal Q_R6 : std_logic_vector(15 downto 0);
signal Q_R7 : std_logic_vector(15 downto 0);
signal CE0 : std_logic;
signal CE1 : std_logic;
signal CE2 : std_logic;
signal CE3 : std_logic;
signal CE4 : std_logic;
signal CE5 : std_logic;
signal CE6 : std_logic;
signal CE7 : std_logic;
signal D0 : std_logic_vector(15 downto 0);
signal D1 : std_logic_vector(15 downto 0);
signal D2 : std_logic_vector(15 downto 0);
signal D3 : std_logic_vector(15 downto 0);
signal D4 : std_logic_vector(15 downto 0);
signal D5 : std_logic_vector(15 downto 0);
signal D6 : std_logic_vector(15 downto 0);
signal D7 : std_logic_vector(15 downto 0);
signal CLK_INV : std_logic;
signal VC1 : std_logic;
begin
------------------ Signal Assignments -----------------
  VC1 <= '1';
---------------- Component Instances ----------------
akku16_mux0 : MUX8_1 port map (                      -- MUX 8:1 ALU-Input A
   A => Q_R0,                                           -- Datenbreite 16 Bit
   B => Q_R1,
   C => Q_R2,
   D => Q_R3,
   E => Q_R4,
   F => Q_R5,
   G => Q_R6,
   H => Q_R7,
   SEL(2 downto 0) => Q_RA(2 downto 0),              -- Adress-Register RA
   MUX_OUT => Q_A);
------------------
akku16_mux1 : MUX8_1 port map (                      -- MUX 8:1 ALU Input B
   A => Q_R0,                                           -- Datenbreite 16 Bit
   B => Q_R1,
```

```
  C => Q_R2,
  D => Q_R3,
  E => Q_R4,
  F => Q_R5,
  G => Q_R6,
  H => Q_R7,
  SEL(2 downto 0) => Q_RB(2 downto 0),          -- Adress-Register RB
  MUX_OUT => Q_B);
---------------- RD ----------------
akku16_reg3_0 : REG3_A port map (              -- Pipeline-Register RD
  CLK  => CLK,
  CLR  => CLR,
  CE   => VC1,
  D    => RD,
  Q    => RD_1);
------------------
 akku16_reg3_1 : REG3_A port map (             -- Pipeline-Register RD
  CLK  => CLK,
  CLR  => CLR,
  CE   => VC1,
  D    => RD_1,
  Q    => RD_2);
----------------------
 akku16_reg3_2 : REG3_A port map (             -- Pipeline-Register RD
  CLK  => CLK,
  CLR  => CLR,
  CE   => VC1,
  D    => RD_2,
  Q    => Q_RD);                                -- Adress-Register RD
--------------- RA -----------------
akku16_reg3_3 : REG3_A port map (              -- Pipeline-Register RA
  CLK  => CLK,
  CLR  => CLR,
  CE   => VC1,
  D    => RA,
  Q    => RA_Q);
---------------------
akku16_mux2_1 : MUX2_3 port map (              -- MUX 2:1 RD --> RA
  MUX_OUT => RA_1,
  A  => RA_Q,
```

```
  B => RD_1,
  S0 => R_AKKU(0));                          -- Ansteuervektor A(17)
--------------------
akku16_reg3_4 : REG3_A port map (            -- Pipeline-Register RA
  CLK => CLK,
  CLR => CLR,
  CE  => VC1,
  D   => RA_1,
  Q   => RA_2);
-------------------
akku16_reg3_5 : REG3_A port map (            -- Pipeline-Register RA
  CLK => CLK,
  CLR => CLR,
  CE  => VC1,
  D   => RA_2,
  Q   => Q_RA);
----------------- RB -----------------
akku16_reg3_6 : REG3_A port map (            -- Pipeline-Register RB
  CLK => CLK,
  CLR => CLR,
  CE  => VC1,
  D   => RB,
  Q   => RB_1);
-------------------
akku16_reg3_7 : REG3_A port map (            -- Pipeline-Register RB
  CLK => CLK,
  CLR => CLR,
  CE  => VC1,
  D   => RB_1,
  Q   => RB_2);
------------------
akku16_reg3_8 : REG3_A port map (            -- Pipeline-Register RB
  CLK => CLK,
  CLR => CLR,
  CE  => VC1,
  D   => RB_2,
  Q   => Q_RB);
-------------------
reg_a0 : REG16_A port map (                  -- Register 0, Akku-Einheit
  CLK => CLK_INV,
```

```
  CLR => CLR,
  CE  => CE0,
  D   => D0,
  Q   => Q_R0);
-------------------
reg_a1 : REG16_A port map (                    -- Register 1, Akku-Einheit
  CLK => CLK_INV,
  CLR => CLR,
  CE  => CE1,
  D   => D1,
  Q   => Q_R1);
--------------------
reg_a2 : REG16_A port map (                    -- Register 2, Akku-Einheit
  CLK => CLK_INV,
  CLR => CLR,
  CE  => CE2,
  D   => D2,
  Q   => Q_R2);
---------------------
reg_a3 : REG16_A port map (                    -- Register 3, Akku-Einheit
  CLK => CLK_INV,
  CLR => CLR,
  CE  => CE3,
  D   => D3,
  Q   => Q_R3);
---------------------
reg_a4 : REG16_A port map (                    -- Register 4, Akku-Einheit
  CLK => CLK_INV,
  CLR => CLR,
  CE  => CE4,
  D   => D4,
  Q   => Q_R4);
---------------------
reg_a5 : REG16_A port map (                    -- Register 5, Akku-Einheit
  CLK => CLK_INV,
  CLR => CLR,
  CE  => CE5,
  D   => D5,
  Q   => Q_R5);
---------------------
```

```
reg_a6 : REG16_A port map (                    -- Register 6, Akku-Einheit
  CLK  => CLK_INV,
  CLR  => CLR,
  CE   => CE6,
  D    => D6,
  Q    => Q_R6);
---------------------
reg_a7 : REG16_A port map (                    -- Register 7, Akku-Einheit
  CLK  => CLK_INV,
  CLR  => CLR,
  CE   => CE7,
  D    => D7,
  Q    => Q_R7);
---------------------
akku16_demux8_1 : DEMUX8_1V port map (              -- Demultiplexer 1:8
  MUX_IN => B_AC,                                   -- Datenbreite 16 Bit
  MUX_OUT(0) => D0,
  MUX_OUT(1) => D1,
  MUX_OUT(2) => D2,
  MUX_OUT(3) => D3,
  MUX_OUT(4) => D4,
  MUX_OUT(5) => D5,
  MUX_OUT(6) => D6,
  MUX_OUT(7) => D7,
  SEL(2 downto 0) => Q_RD(2 downto 0),              -- Adress-Register RD
---------------------
akku16_demux8_1a : DEMUX8_1A port map (             -- Demultiplexer 1:8
  MUX_IN => R_AKKU(1),                         -- AREG, Datenbreite 1 Bit
  MUX_OUT(0) => CE0,
  MUX_OUT(1) => CE1,
  MUX_OUT(2) => CE2,
  MUX_OUT(3) => CE3,
  MUX_OUT(4) => CE4,
  MUX_OUT(5) => CE5,
  MUX_OUT(6) => CE6,
  MUX_OUT(7) => CE7,
  SEL(0) => Q_RD(0),                                -- Adress-Register RD
  SEL(1) => Q_RD(1),
  SEL(2) => Q_RD(2));
---------------------
```

```
SHLR16_1A : SHLR16_4S port map (                -- 16-Bit-Schieberegister
  D    => Q_A,
  Q    => Q_SH,
  S    => S_ALU,
  CE   => CE,
  CLK  => CLK,
  CLR  => CLR);
----------------------
OPW_inv_1 : INV_A  Port map(                    -- Inverter
  I   => CLK,
  O   => CLK_INV );
end AKKU16_ARCH;
---------------------
```

8.2.2 Realisierung des 16-Bit-Steuerwerkes als VHDL-Modell

Der VHDL-Code für das Steuerwerk des MPU16P ist als Mealy-Modell nach der Behavioral-Methode erstellt. Der Source-Code des Steuerwerkes ist genau so strukturiert wie beim MPU16A Mikroprozessor (siehe Kap. 5). Auch die fünf Statusflags SREG(4:0) sind erhalten geblieben. Das Steuerwerk hat jedoch im Gegensatz zum MPU16A nur noch vier Zustände. Dadurch ist der Automat etwas übersichtlicher geworden. Die Akkumulator-Befehle mit Ausnahme der Shift-Befehle benötigen für das Pipelining nur den einen S1-Zustand (siehe Automatengraph Abb. 7.15). Die Zwischenergebnisse für die einzelnen Befehlsphasen werden in Pipeline-Registern im Operationswerk gespeichert. In diesem Fall kann bei jedem CPU-Takt ein neuer Befehl aus dem Arbeitsregister (RAMA) aufgerufen werden. Die restlichen Befehle benötigen maximal drei CPU-Takte. Bei den Ein- und Ausgabebefehlen, die mit Hilfe eines Ein- und Ausgabeprotokolls arbeiten, können Verzögerungen eintreten, da der Prozessor auf die jeweilige Bestätigung warten muss (Input Valid IPV bzw. Output Recognized OPREC). Auch die Load- und Store-Befehle benötigen nur einen CPU-Takt. Die notwendigen Zwischenergebnisse für die drei Befehlsphasen werden in Pipeline-Registern gespeichert.

Verhaltensbeschreibung für das 16-Bit-Steuerwerk

```
--------------------------------------------------------
--      16-Bit-Mikroprozessor-System MPU16P_S
--      Modul: STW16_P.VHD
--------------------------------------------------------
--      Status-Register SREG
--      SREG(0) :   EQ-Flag
--      SREG(1) :   OV-Flag
```

```
--      SREG(2) :   NEG-Flag
--      SREG(3) :   ZERO-Flag
--      SREG(4) :   CARRY-Flag
----------------------------------------------------------
library ieee;
use ieee.std_logic_1164.all;
use ieee.std_logic_arith.all;
use ieee.std_logic_unsigned.all;
------------------ Entity Declaration ------------------
entity STW16_P is port (
   CLK     : in std_logic;
   CLR     : in std_logic;
   IPV     : in std_logic;
   OPREC   : in std_logic;
   OPC     : in std_logic_vector (6 downto 0);                -- Opcode
   START   : in std_logic;
   A       : out std_logic_vector (25 downto 0);              -- Ansteuervektor
   IPREQ   : out std_logic;
   SREG    : in std_logic_vector(4 downto 0);                 -- Status-Flags
   OPV     : out std_logic);
end STW16_P;
--------------- Architecture Declaration --------------
architecture STW_ARCH of STW16_P is
type Sreg0_type is (S0,S1,S2,S3);
----------------- Signal Declaration -------------------
signal Sreg0: Sreg0_type;
begin
----------------- Process Statement ------------------
   d1: process (CLK)
   begin
      if (CLK'event and CLK = '1')          then
         if CLR = '1'                       then           -- CLR synchron
            Sreg0 <= S0;
         else
            case Sreg0 is
---------------------- Zustand S0 ----------------------
           when S0 =>
                 if START = '0'             then           -- Anfangszustand
                    Sreg0 <= S0;
                 elsif START = '1'          then
```

```
          Sreg0 <= S1;
        end if;
---------------------- Zustand S1 ---------------------
      when S1 =>
        if OPC = "1111100"        then                    -- stop
          Sreg0 <= S0;
        elsif OPC = "0000000"     then                    -- nop
          Sreg0 <= S1;
        elsif OPC = "0101100"     then                    -- comp
          Sreg0 <= S1;
        elsif OPC = "0110000"     then                    -- dec
          Sreg0 <= S1;
        elsif OPC = "0110100"     then                    -- inc
          Sreg0 <= S1;
        elsif OPC = "1000000"     then                    -- add
          Sreg0 <= S1;
        elsif OPC = "1000100"     then                    -- sub
          Sreg0 <= S1;
        elsif OPC = "1001000"     then                    -- and
          Sreg0 <= S1;
        elsif OPC = "1001100"     then                    -- or
          Sreg0 <= S1;
        elsif OPC = "1010000"     then                    -- xor
          Sreg0 <= S1;
        elsif OPC = "1011100"     then                    -- clr
          Sreg0 <= S1;
        elsif OPC = "1010100"     then                    -- mov
          Sreg0 <= S1;
        elsif OPC = "1100000"     then                    -- cpl
          Sreg0 <= S1;
-------------------------------------------------------------
        elsif OPC = "0010011"     then                    -- jump
          Sreg0 <= S1;
        elsif OPC = "0011011"     then                    -- jz
          Sreg0 <= S2;
        elsif OPC = "0100011"     then                    -- jn
          Sreg0 <= S2;
        elsif OPC = "0011111"     then                    -- jov
          Sreg0 <= S2;
        elsif OPC = "0010111"     then                    -- jc
```

```
     Sreg0 <= S2;
   elsif OPC = "0100111"        then                      -- jeq
     Sreg0 <= S2;
------------------------------------------------------------
   elsif OPC = "0000110"        then                      -- load
     Sreg0 <= S1;
   elsif OPC = "0001010"        then                      -- store
     Sreg0 <= S1;
------------------------------------------------------------
   elsif (OPC = "0111000" and IPV = '0') then             -- inr
     Sreg0 <= S1;
   elsif (OPC = "0111000" and IPV = '1') then             -- inr
     Sreg0 <= S2;
------------------------------------------------------------
   elsif OPC = "0101011"        then                      -- inm
     Sreg0 <= S2;
------------------------------------------------------------
   elsif OPC = "0101111"        then                      -- outm
     Sreg0 <= S2;
------------------------------------------------------------
   elsif OPC = "0111100"        then                      -- outr
     Sreg0 <= S2;
------------------------------------------------------------
   elsif OPC = "1101000"        then                      -- outx
     Sreg0 <= S2;
   elsif OPC = "1100100"        then                      -- inx
     Sreg0 <= S2;
------------------------------------------------------------
   elsif OPC= "0100100"         then                      -- shr
     Sreg0 <= S2;
   elsif OPC = "0101000"        then                      -- shl
     Sreg0 <= S2;
------------------------------------------------------------
   elsif OPC = "0001111"        then                      -- call
     Sreg0 <= S2;
   elsif OPC = "1011000"        then                      -return
     Sreg0 <= S2;
   else
     Sreg0 <= S1;                                 -- illegal Opcode
   end if;
```

```
------------------------ Zustand S2 -------------------
        when S2 =>
              if OPC = "0011011"          then                         -- jz
                Sreg0 <= S3;
              elsif OPC = "0100011"       then                         -- jn
                Sreg0 <= S3;
              elsif OPC = "0011111"       then                         -- jov
                Sreg0 <= S3;
              elsif OPC = "0010111"       then                         -- jc
                Sreg0 <= S3;
              elsif OPC = "0100111"       then                         -- jeq
                Sreg0 <= S3;
---------------------------------------------------------
              elsif OPC = "0100100"       then                         -- shr
                Sreg0 <= S3;
              elsif OPC = "0101000"       then                         -- shl
                Sreg0 <= S3;
---------------------------------------------------------
              elsif (OPC = "0101011" and IPV = '0') then               -- inm
                Sreg0 <= S2;
              elsif (OPC = "0101011" and IPV = '1') then               -- inm
                Sreg0 <= S3;
---------------------------------------------------------
              elsif OPC = "0111000"       then                         -- inr
                Sreg0 <= S1;
              elsif OPC = "1100100"       then                         -- inx
                Sreg0 <= S1;
---------------------------------------------------------
              elsif OPC = "0001111"       then                         -- call
                Sreg0 <= S1;
              elsif OPC = "1011000"       then                         -- return
                Sreg0 <= S1;
---------------------------------------------------------
              elsif OPC = "1101000"       then                         -- outx
                Sreg0 <= S3;
              elsif (OPC = "0111100" and OPREC = '0')  then            -- outr
                Sreg0 <= S2;
              elsif (OPC = "0111100" and OPREC = '1')  then            -- outr
                Sreg0 <= S3;
---------------------------------------------------------
```

```
            elsif (OPC = "0101111" and OPREC = '0') then                -- outm
              Sreg0 <= S2;
            elsif (OPC = "0101111" and OPREC = '1') then                -- outm
              Sreg0 <= S3;
            end if;
----------------------- Zustand S3 -------------------
        when S3 =>
            if OPC = "0011011"           then                           -- jz
              Sreg0 <= S1;
            elsif OPC = "0100011"        then                           -- jn
              Sreg0 <= S1;
            elsif OPC = "0011111"        then                           -- jov
              Sreg0 <= S1;
            elsif OPC = "0010111"        then                           -- jc
              Sreg0 <= S1;
            elsif OPC = "0100111"        then                           -- jeq
              Sreg0 <= S1;
            elsif OPC = "0100100"        then                           -- shr
              Sreg0 <= S1;
            elsif OPC = "0101000"        then                           -- shl
              Sreg0 <= S1;
            elsif (OPC = "0111100")      then                           -- outR
              Sreg0 <= S1;
            elsif (OPC = "0101111")      then                           -- outm
              Sreg0 <= S1;
            elsif OPC = "0101011"        then                           -- inm
              Sreg0 <= S1;
            elsif OPC = "1101000"        then                           -- outx
              Sreg0 <= S1;
            end if;
        when others =>
              Sreg0 <= S1;                                    -- illegal Opcode
      end case;
     end if;
    end if;
  end process d1;
----------------------
-- signal assignment statements for combinatorial outputs
------------ Ansteuervektor  A(25,......,0) ------------
```

```
  A_assignment:
  A <=  "00000000000000000000000001"                                 -- A(0)
        when (Sreg0 = S0 and start = '0')          else
          "00000000000000000000000111"                             -- A(2,1,0)
        when (Sreg0 = S0 and start = '1')          else
------------------------- S1 ---------------------------
          "00000000000000000000000000"                   -- A(), Nullvektor
        when (Sreg0 = S1 and OPC = "1111100")      else               -- stop
          "00000000000000000000000100"                                -- A(2)
        when (Sreg0 = S1 and OPC = "0000000")      else                -- nop
--------------------------
          "00000011000100001000000100"                     -- A(19,18,14,9,2)
        when (Sreg0 = S1 and OPC = "0000110")      else               -- load
          "00000000100110001000000100"                     -- A(17,14,13,9,2)
        when (Sreg0 = S1 and OPC = "0001010")      else              -- store
--------------------------
          "00001011000000000000000100"                      -- A(21,19,18,2)
        when (Sreg0 = S1 and OPC = "1000000")      else                -- add
          "00010011000000000000000100"                      -- A(22,19,18,2)
        when (Sreg0 = S1 and OPC = "1000100")      else                -- sub
          "00011011000000000000000100"                   -- A(22,21,19,18,2)
        when (Sreg0 = S1 and OPC = "1001000")      else                -- and
          "00100011000000000000000100"                      -- A(23,19,18,2)
        when (Sreg0 = S1 and OPC = "1001100")      else                 -- or
          "00101011000000000000000100"                   -- A(23,21,19,18,2)
        when (Sreg0 = S1 and OPC = "1010000")      else                -- xor
          "00111011100000000000000100"             -- A(23,22,21,19,18,17,2)
        when (Sreg0 = S1 and OPC = "0110000")      else                -- dec
          "00110011100000000000000100"                -- A(23,22,19,18,17,2)
        when (Sreg0 = S1 and OPC = "0110100")      else                -- inc
          "01110001000000000000000100"                   -- A(24,23,22,18,2)
        when (Sreg0 = S1 and OPC = "0101100")      else               -- comp
          "01011011100000000000000100"             -- A(24,22,21,19,18,17,2)
        when (Sreg0 = S1 and OPC = "1100000")      else                -- cpl
          "01111011100000000000000100"          -- A(24,23,22,21,19,18,17,2)
        when (Sreg0 = S1 and OPC = "1011100")      else                -- clr
          "01010010100000000000000100"                   -- A(24,22,19,17,2)
        when (Sreg0 = S1 and OPC = "1010100")      else                -- mov
--------------------------
```

```
    "00000000000001000101011100"                              -- A(12,8,6,4,3,2)
    when (Sreg0 = S1 and OPC = "0001111")      else                      -- call
     "000000000000000000101000110"                                -- A(8,6,2,1)
    when (Sreg0 = S2 and OPC = "0001111")      else                      -- call
---------------------------
     "000000000000000000011001000"                                  -- A(7,6,3)
    when (Sreg0 = S1 and OPC = "1011000")      else                    -- return
     "000000000000000000011000110"                                -- A(7,6,2,1)
    when (Sreg0 = S2 and OPC = "1011000")      else                    -- return
---------------------------
     "000000000000000000101000110"                                 - -A(8,6,2,1)
    when (Sreg0 = S1 and OPC = "0010011")      else                      -- jump
--------------------------
     "000000000000000000101000000"                                     -- A(8,6)
    when (Sreg0 = S1 and (OPC = "0011011"))  else                           -- jz
     "000000000000000000101000000"                                     -- A(8,6)
    when (Sreg0 = S2 and (OPC = "0011011"))  else                           -- jz
     "000000000000000000101000100"                                   -- A(8,6,2)
    when (Sreg0 = S3 and (OPC = "0011011" and SREG(3) = '0')) else    -- jz
     "000000000000000000101000110"                                -- A(8,6,2,1)
    when (Sreg0 = S3 and (OPC = "0011011" and SREG(3) = '1')) else    -- jz
-------------------------
     "000000000000000000101000000"                                     -- A(8,6)
    when (Sreg0 = S1 and OPC = "0100011")      else                         -- jn
     "000000000000000000101000000"                                     -- A(8,6)
    when (Sreg0 = S2 and OPC = "0100011")      else                         -- jn
     "000000000000000000101000100"                                   -- A(8,6,2)
    when (Sreg0 = S3 and (OPC = "0100011" and SREG(2 = '0')) else     -- jn
     "000000000000000000101000110"                                -- A(8,6,2,1)
    when (Sreg0 = S3 and (OPC = "0100011" and SREG(2) = '1')) else    -- jn
------------------------
     "000000000000000000101000000"                                     -- A(8,6)
    when (Sreg0 = S1 and OPC = "0010111")      else                         -- jc
     "000000000000000000101000000"                                     -- A(8,6)
    when (Sreg0 = S2 and OPC = "0010111")      else                         -- jc
     "000000000000000000101000100"                                   -- A(8,6,2)
    when (Sreg0 = S3 and (OPC = "0010111" and SREG(4) = '0')) else     --jc
     "000000000000000000101000110"                                -- A(8,6,2,1)
    when (Sreg0 = S3 and (OPC = "0010111" and SREG(4) = '1')) else    -- jc
-------------------------
```

```
      "00000000000000000101000000"                              -- A(8,6)
    when (Sreg0 = S1 and OPC = "0011111")     else              -- jov
      "00000000000000000101000000"                              -- A(8,6)
    when (Sreg0 = S2 and OPC = "0011111")     else              -- jov
      "00000000000000000101000100"                              -- A(8,6,2)
    when (Sreg0 = S3 and (OPC = "0011111" and SREG(1) = '0')) else  -- jov
      "00000000000000000101000110"                              --A (8,6,2,1)
    when (Sreg0 = S3 and (OPC = "0011111" and SREG(1) = '1')) else  -- jov
--------------------------
      "00000000000000000101000000"                              -- A(8,6)
    when (Sreg0 = S1 and OPC = "0100111")     else              -- jeq
      "00000000000000000101000000"                              -- A(8,6)
    when (Sreg0 = S2 and OPC = "0100111")     else              -- jeq
      "00000000000000000101000100"                              -- A(8,6,2)
    when (Sreg0 = S3 and (OPC = "0100111" and SREG(0) = '0')) else  -- jeq
      "00000000000000000101000110"                              -- A(8,6,2,1)
    when (Sreg0 = S3 and (OPC = "0100111" and SREG(0) = '1')) else  -- jeq
--------------------------
      "00000001100000000000000000"                              -- A(18,17)
    when (Sreg0 = S1 and OPC = "0100100")     else              -- shr
      "01000011110000000000000000"                    --A (24,19,18,17,16)
    when (Sreg0 = S2 and OPC = "0100100")     else              -- shr
      "01000011110000000000000100"                   -- A(24,19,18,17,16,2)
    when (Sreg0 = S3 and OPC = "0100100")     else              -- shr
--------------------------
      "00000001100000000000000000"                              -- A(18,17)
    when (Sreg0 = S1 and OPC = "0101000")     else              -- shl
      "01001011110000000000000000"                 -- A(24,21,19,18,17,16)
    when (Sreg0 = S2 and OPC = "0101000")     else              -- shl
      "01001011110000000000000100"               -- A(24,21,19,18,17,16,2)
    when (Sreg0 = S3 and OPC = "0101000")     else              -- shl
--------------------------
      "00000010000000011000000001"                         -- A(19,10,9,0)
    when (sreg0 = S1 and (OPC = "0111000"))  else               -- inr
      "00000010000000011000000100"                         -- A(19,10,9,2)
    when (sreg0 = S2 and (OPC = "0111000"))  else               -- inr
--------------------------
      "00000000000110000000000001"                           -- A(14,13,0)
    when (sreg0 = S1 and (OPC = "0101011"))  else               -- inm
      "10000000000100000000000001"                           -- A(25,14,0)
```

```
        when (sreg0 = S2 and (OPC = "0101011" and IPV = '1')) else        -- inm
          "1000000000010000000000000100"                              -- A(25,14,2)
        when (sreg0 = S3 and (OPC = "0101011"))  else                     -- inm
------------------------------
          "0000001000000000011000100000"                              -- A(19,10,9,5)
        when (sreg0 = S1 and (OPC = "1100100"))  else                     -- inx
          "0000001000000000011000100100"                              -- A(19,10,9,5,2)
        when (sreg0 = S2 and (OPC = "1100100"))  else                     -- inx
----------------------------
          "0000000010000000010000000000"                              -- A(17,9)
        when (Sreg0 = S1 and OPC = "1101000")    else                     -- outx
          "0000000010000000010000000000"                              -- A(17,9)
        when (Sreg0 = S2 and OPC = "1101000")    else                     -- outx
          "0000010010000000010000000100"                              -- A(20,17,9,2)
        when (Sreg0 = S3 and OPC = "1101000")    else                     -- outx
-------------------------------
          "0000000010000000010000000000"                              --A (17,9)
        when (Sreg0 = S1 and OPC = "0111100")    else                     -- outr
          "0000000010000000010000000000"                              -- A(17,9)
        when (Sreg0 = S2 and OPC = "0111100")    else                     -- outr
          "0000000010000010100000000100"                              -- A(17,11,9)
        when (sreg0 = S2 and (OPC = "0111100" and OPREC = '1')) else     -- outr
          "0000000000000010100000000100"                              -- A(11,9,2)
        when (sreg0 = S3 and (OPC = "0111100"))  else                     -- outr
----------------------------------
          "0000000000000000000000000000"                              -- A(), Null-Vektor
        when (Sreg0 = S1 and OPC = "0101111")    else                     -- outm
          "0000000000010000000000000000"                              -- A(14)
        when (Sreg0 = S2 and OPC = "0101111")    else                     --outm
          "0000000000110010000000000000"                              -- A(15,14,11)
        when (sreg0 = S2 and (OPC = "0101111" and OPREC = '1')) else     -- outm
          "0000000000110010000000000100"                              -- A(15,14,11,2)
        when (sreg0 = S3 and (OPC = "0101111"))  else                     -- outm
          "0000000000000000000000000000";                             -- A(), Nullvektor
----------------------------------
```

```
-------------- Ein- und Ausgabeprotokoll --------------------------
  OPV_assignment:
  OPV <='0' when (Sreg0 = S0 and START = '0')          else
       '1' when (Sreg0 = S2 and (OPC = "0111100"))     else          -- outr
       '1' when (Sreg0 = S2 and (OPC = "0101111"))     else          -- outm
       '0';
---------------------
  IPREQ_assignment:
  IPREQ <= '0' when(Sreg0 = S0 and START = '0')        else
       '1' when (Sreg0 = S1 and (OPC = "0111000"))     else          -- inr
       '1' when (Sreg0 = S2 and (OPC = "0101011"))     else          -- inm
       '0';
end STW_ARCH;
---------------------
```

9 Speichermodelle

Es sollen nur Modelle betrachtet werden, die nach dem RAM-Prinzip arbeiten (RAM: Random Access Memory), es sind Speicher mit wahlfreiem Schreib- und Lesezugriff. Sie lassen sich grob unterteilen in asynchrone und synchrone Speicher, in denen die Schreib- und Lesezugriffe ohne (asynchron) oder mit einem Taktsignal (synchron) gesteuert werden. Für alle RAM-Speicher gilt, dass beim Abschalten der Betriebsspannung die gespeicherte Information verloren geht. Im Folgenden sollen synchrone statische RAMs (SSRAMs) betrachtet werden mit folgenden Eigenschaften:

- Schreiben taktabhängig, Lesen taktunabhängig
- Schreiben taktabhängig, Lesen taktabhängig

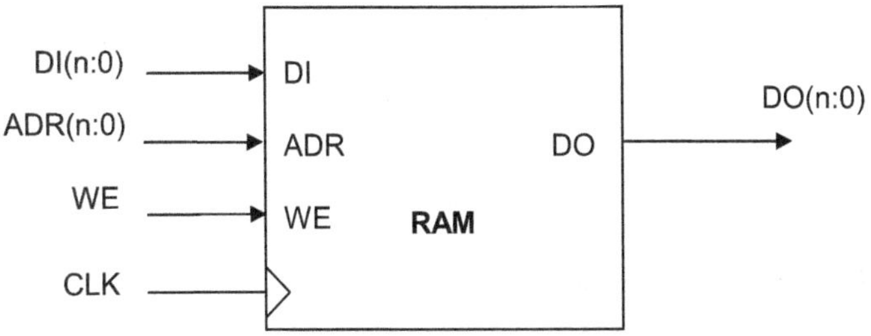

Abb. 9.1: Synchrones statisches RAM (SSRAM)

Abbildung 9.1 zeigt den Funktionsblock für den Fall, dass nur ein Steuersignal WE für den Schreib-Lese-Modus existiert. Für den Steuereingang WE gilt:

WE = 1 : Schreibzugriff
WE = 0 : Lesezugriff

Für die RAMs existieren oft noch weitere Steuereingänge wie z. B. OE (Output Enable) oder CE (Chip Enable), um den Datentransfer besser synchronisieren zu können. Die Steuereingänge können als „aktiv high“ oder „aktiv low“ geschaltet sein. Hier ist der Write-Enable-(WE)-Eingang als „aktiv high“ geschaltet. In den Abbildungen 9.2 und 9.3 ist das zeitliche Verhalten der beiden Speichertypen dargestellt. Es wurde nur das funktionale Verhalten ohne Verzögerungszeiten der Bausteine betrachtet. In Abb. 9.2 erfolgt das Schreiben taktabhängig mit der ansteigenden Taktflanke. Das Lesen erfolgt asynchron, d. h. sobald eine Adresse ADR am Eingang anliegt, wird der entsprechende Speicherinhalt am Ausgang DO ausgegeben.

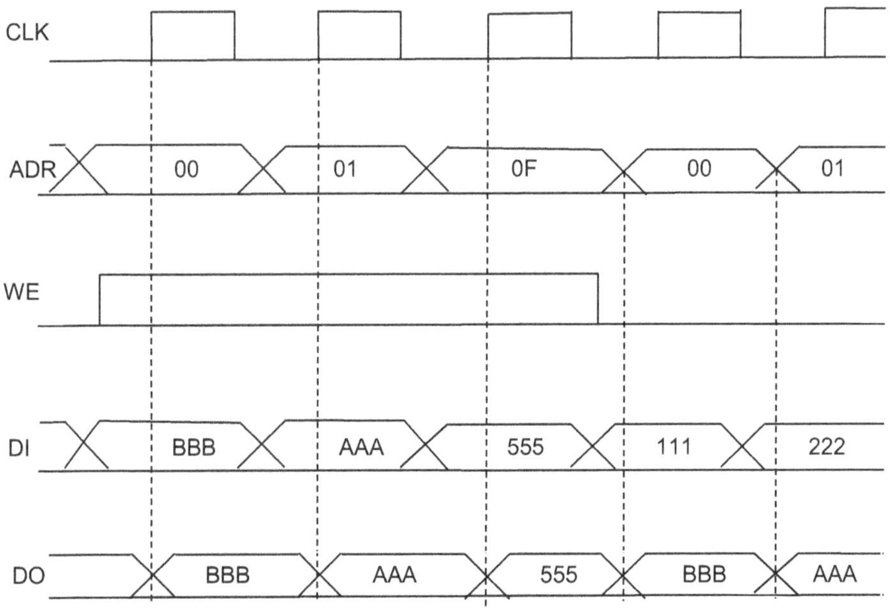

Abb. 9.2: synchrones Schreiben, asynchrones Lesen

In Abb. 9.3 erfolgt das Schreiben und Lesen taktabhängig. Wird ein neuer Wert ins RAM geschrieben, so kann der Wert frühestens nach dem Eintreffen der nächsten Taktflanke am Ausgang DO gelesen werden.

Beim Einsatz von programmierbarer Logik werden die RAMs i. a. im FPGA mit untergebracht. Dazu werden verschiedene Möglichkeiten angeboten: die Speicher werden entweder aus den vorhandenen konfigurierbaren Logik-Blöcken als Speicherelemente konfiguriert, oder es existieren auf dem FPGA bereits Speicher-Ressourcen in Form von Speicherblöcken, die je nach gewünschter Speichergröße konfiguriert werden können.

Für kleinere Speicherblöcke werden oft die Speicherelemente als LUT-Struktur (LUT: Look Up Table) aufgebaut. Eine LUT ist formal eine Funktionstabelle, mit der logische Funktionen dargestellt werden können. Wird eine LUT als Speicherelement aufgebaut, so können damit RAM-Speicher realisiert werden. Ein LUT-Element mit vier Eingängen kann z. B. als RAM aufgebaut werden, in dem 16 x 1 Bit gespeichert werden können. Die Eingänge der LUT-Elemente wirken dabei als Adress-Eingänge. Mit den vier Eingängen können über einen Decoder 16 1-Bit-Speicher adressiert werden. Die 1-Bit-Speicher können mit D-Flip-Flops realisiert werden. Wird ein Registerblock von 16 Registern mit einer Datenbreite von 8 Bit benötigt, so kann der Registerblock aus 8 LUT-Elementen aufgebaut werden.

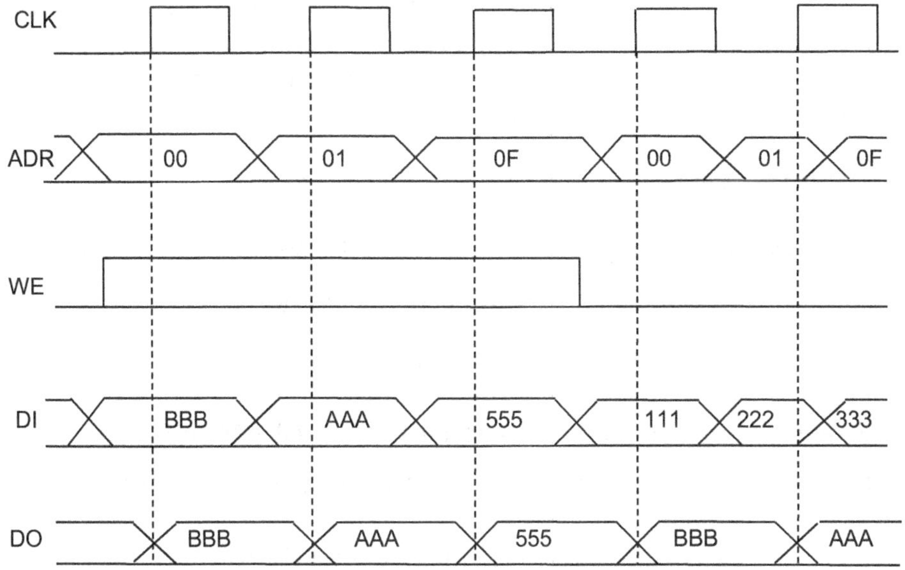

Abb. 9.3: synchrones Schreiben, synchrones Lesen

Größere FPGAs besitzen meistens Speicherblöcke, die separat von den Logik-Blöcken angeordnet sind und die direkt als Speicher eingesetzt werden können.
Die Kenngrößen von Speicherblöcken sind:

m: Breite einer Speicherzelle
N: Anzahl der Zellen (Speichertiefe)
n: Adressbreite

Die Breite der Speicherzellen ist meistens in binärer Form so organisiert, dass sie als Zweier-Potenz auftritt, d. h. m = 1, 2, 4, 8,.... Als Abschätzung für den benötigten Speicherblock kann folgende Beziehung verwendet werden:

$$N(m) = 2^{n} / m$$

Zellbreite: m = 1, 2, 4, 8,....
n = Adressbreite

Ein Speicherblock von 4096 x 1Bit-Zellen kann z. B. in folgender Form organisiert werden:

m = 8 N(8) = 512 (8-Bit-Zellen)
n = 12

m = 16 N(16) = 256 (16-Bit-Zellen)
n = 12

Der Speicherzugriff erfolgt im ersten Fall Byte-orieniert und im zweiten Fall Wort-orientiert. Voraussetzung ist, dass die Speicher sich entsprechend konfigurieren lassen. Ist die kleinste Speichereinheit 1 Byte, so kann die Zellenbreite m als Vielfaches a eines Bytes angegeben werden:

$$N(m) = 2^n / m \qquad m = \text{Byte} * a = 8 * a$$

Bei einem Speicherbaustein von 1 MBit und einer Zellenbreite von m = 32 gilt:

$n = 20; a = 4 \qquad N(32) = 2^{20} / 32 = 32768$ (32-Bit-Zellen)

Der Speicherzugriff erfolgt in diesem Fall auf 32-Bit-Zellen.

9.1 Realisierung eines RAM-Speichers als VHDL-Modell

RAMs können in vielen Varianten als VHDL-Modell erstellt werden. Hier sollen zwei Varianten diskutiert werden:

- Entwickeln des VHDL-Codes mit Hilfe eines VHDL-Editors
- Generieren des VHDL-Codes mit einem Core-Generator

Beim Einsatz eines VHDL-Editors soll nur Standard-VHDL mit den entsprechenden Standard-Bibliotheken verwendet werden, damit der Source-Code unabhängig vom Entwicklungssystem ist. Der VHDL-Editor ist ein Texteditor, bei dem die Schlüsselwörter in VHDL farbig dargestellt werden. Das RAM soll folgende Eigenschaften haben:

- Schreiben taktabhängig
- Lesen taktunabhängig
- Datenbreite 12 Bit
- Adressbereich 8 Bit

Für die Modellierung des RAMs in VHDL kann ein Datentyp definiert werden, der die Speichermatrix beschreibt. Die Syntax für die Verwendung des Datentyps lautet in diesem Fall:

```
---------------------------Array Datentyp ------------------------------------------------
type RAM12 is array (255 downto 0) of std_logic_vector(11 downto 0);
-------------------------------------------------------------------------------------------
```

Der Datentyp besteht aus einer Matrix von 256 Vektoren mit einer Breite von 12 Bit. Die Ein- und Ausgangssignale für das RAM zeigt der Funktionsblock in Abb. 9.4. Der Write-Enable-(WE)-Eingang steuert den Schreib-Lese-Modus:

WE = 1 => Speichern eines 12 Bit Wertes

WE = 0 => Lesen eines 12 Bit Wertes

Die Eigenschaften beschreiben ein statisches synchrones RAM (SSRAM). Das entsprechende VHDL-Modell hat die unten gezeigte Form.

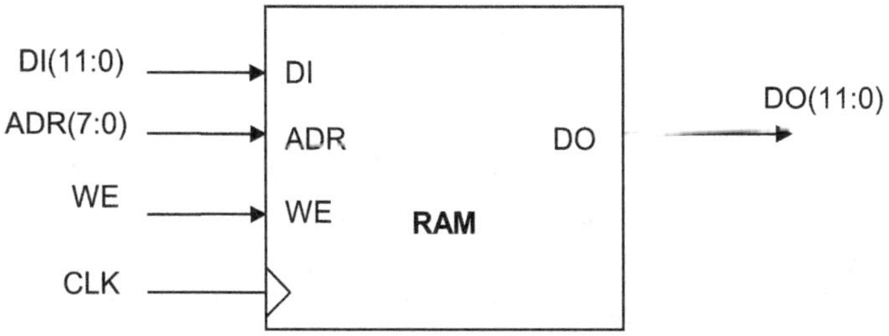

Abb. 9.4: Funktionsblock des statischen synchronen RAMs

```
----------------------------------------------------------------
--      VHDL-Code für das 12-Bit-RAM
----------------------------------------------------------------
library  ieee;
use  ieee.std_logic_1164.all;
use  ieee.std_logic_arith.all;
use  ieee.std_logic_unsigned.all;
-------------------- Entity Declaration -------------------
entity  RAM_1  is  port (
        CLK :  in  std_logic;
        D :  in  std_logic_vector(11 downto 0);
        WE :  in  std_logic;
        ADR :  in  std_logic_vector(7 downto 0);
        SPO :  out  std_logic_vector(11 downto 0));
end  RAM_1;
----------------- Architecture Declaration ------------
architecture  RAM_ARCH  of  RAM_1  is
type  RAM_SP  is  array (255 downto 0)  of  std_logic_vector (11 downto 0);
------------------- Signal Declaration ------------------
signal  RAM256: RAM_SP;
begin
------------------- Process Statement ------------------
        d1:  process (CLK)
        begin
                if  (CLK'event  and  CLK  =  '1')  then
                        if  WE  =  '1'  then
                        RAM256 (conv_integer(ADR))  <=  D;
```

```
                end if;
            end if;
        end process d1;
            SPO <= RAM256 (conv_integer(ADR));
end RAM_ARCH;
-----------------------
```

Für die Adressierung der Speichermatrix wird die 8-Bit-Adresse ADR in einen Integer-Wert umgerechnet. Dazu kann man eine eigene Funktion erstellen oder die vorhandene Funktion aus der Standard-Bibliothek „conv_integer(vector)" verwenden, die den 8-Bit-Vektor ADR in einen Integer-Wert umrechnet. Der VHDL-Code beschreibt ein taktabhängiges Schreiben und ein taktunabhängiges Lesen. Die **process** -Anweisung und die anschließende Signalzuweisung wirken dabei wie eine Modellierung von zwei Prozessen, d. h. die Anweisungen werden nebenläufig ausgeführt. Bei der Modellierung der RAMs muss man folgende Punkte beachten:

- Funktionale Simulation des Modells
- Synthetisierbarkeit des Modells
- Timing-Simulation des Modells
- Hardware-Ressourcen

Es lassen sich viele VHDL-Modelle für RAM-Speicher erstellen, für die eine funktionale Simulation erfolgreich durchgeführt werden kann. Die Modelle sind jedoch oft nicht synthetisierbar. Es gibt in VHDL gewisse Standardregeln, die Aussagen über die Synthetisierbarkeit machen [11, 13]. Im Einzelfall muss man jedoch immer das VHDL-Modell mit dem vorhandenen Synthese-Tool überprüfen. Synthese-Tools und die vorhandenen Hardware-Ressourcen sind i. a. aufeinander abgestimmt. In diesem Fall greift das Synthese-Tool während des Synthesevorgangs auf die Baustein-Bibliotheken und die Ziel-Hardware zurück.

Eine Timing-Simulation kann nur durchgeführt werden, wenn das VHDL-Modell synthetisierbar ist und eine Netzliste mit den zugehörigen Verzögerungszeiten existiert. Soll das erstellte RAM-Modell als Arbeitsspeicher für die Prozessoren MPU12 oder MPU16 verwendet werden, so muss das VHDL-Modell entsprechend erweitert werden. Das RAM muss zunächst initialisiert werden mit den Anfangswerten und den Maschinenbefehlen für den Prozessor.

9.2 Realisierung eines RAM-Speichers mit Initialisierung

Die Initialisierung des RAMs kann in folgender Form vorgenommen werden:

- Daten und Source-Code in den Editor eingeben
- Daten und Source-Code in ein externes Datenfile eingeben

Hier soll zunächst die erste Form verwendet werden. Der folgende VHDL-Code zeigt den Aufbau des RAM-Speichers mit Hilfe eines Editors. Das Eingangssignal LOAD steuert das Laden des RAMs, indem das **array** MEM_DATA mit Werten initialisiert wird. Während der Programmausführung ist ein Lese- und Schreibzugriff auf den Speicher möglich [21].

Struktur für ein 12-Bit-RAM mit Initialisierung

```
library  ieee;
use  ieee.std_logic_1164.all;
use  ieee.std_logic_arith.all;
use  ieee.std_logic_unsigned.all;
-------------- Entity Declaration -------------------------
entity  RAM12_1  is
 port (
   ADR:   in  std_logic_vector (6 downto 0);
   DO:    out std_logic_vector (11 downto 0);
   DI:    in  std_logic_vector (11 downto 0);
   LOAD:  in  std_logic;
   WE:    in  std_logic;
   CLK:   in  std_logic);
end  RAM12_1;
----------------- Architecture Declaration -------------
architecture  RAM_ARCH  of  RAM12_1  is
-----------------
type  MEM_DATA  is  array (127 downto 0)  of  std_logic_vector (11 downto 0);
begin
------------------- Process Statement ------------------
        INI:  process  (LOAD, ADR, CLK, DI)
        variable  VD:  MEM_DATA;
        begin
        if  LOAD  =  '1'  then
------- Daten des 12-Bit-RAM  (Initialisierung) -------
   VD(0) := ------------ 12-Bit-Datum (binär) --------;              -- Adresse 0H
      .......
   VD(127) := --------- 12-Bit-Datum (binär) --------;           -- Adresse 127H
---------------------------------------------------------------
        else
                if (CLK'event  and  CLK = '1') then
                      if   WE  =  '1'  then
                      VD (conv_integer (ADR)) := DI;            -- Daten ins RAM
```

```
                end if;                          -- schreiben
            end if;
        end if;
    DO <= VD (conv_integer (ADR));               -- Daten aus RAM
        end process INI;                         -- lesen
end RAM_ARCH;
```

Die zweite Möglichkeit für die Initialisierung eines RAMs über ein externes Datenfile soll hier mit Hilfe eines IP-Core-Generators gezeigt werden.

9.3 Erstellung eines VHDL-Modells mit einem IP-Core-Generator

Wie schon in der Einleitung erwähnt, werden IP-Cores (IP: Intellectual Property) immer häufiger in neuen Schaltungen als Funktionsblöcke eingesetzt, um Entwicklungszeit und -kosten zu minimieren. Dabei können IP-Cores unterschieden werden in:

- Hard IPs
- Soft IPs
- IP-Core-Generatoren

Hard IPs besitzen ein fest vorgegebenes Layout und Timing und feste Hardware-Schnittstellen. Sie sind in Bezug auf Geschwindigkeit, Platzbedarf und Leistungsaufnahme optimiert und daher Halbleiterhersteller- und Technologie-abhängig. Die Soft IPs basieren auf einer synthetisierbaren Beschreibung in einer Hardware-Beschreibungssprache (meist VHDL oder Verilog) und sind in der Regel Hersteller- und Technologie-unabhängig. Sie stehen entweder vorkompiliert oder als Source-Code zur Verfügung. Durch die Verwendung solcher IP-Cores kann ein Entwickler viel Zeit und Arbeit sparen, da große Teile seines Entwurfs bereits fertig spezifiziert und getestet sind. Doch nicht nur IP-Cores von Fremdanbietern können einfach in Systeme eingebunden werden, auch eigene Teilentwürfe sind wieder verwendbar und können mehrfach in verschiedenen Systemen eingesetzt werden, man bezeichnet das auch als „Design-Reuse“.
IP-Cores müssen einen hohen Qualitätsstandard erfüllen, damit sie den Schaltungsentwurf wirklich vereinfachen und beschleunigen können, d. h. sie müssen ein vorhersehbares Verhalten liefern und gut dokumentiert sein. Eine geeignete Auswahl wird meistens schon vom FPGA-Hersteller angeboten, die allerdings oft auf ein bestimmtes FPGA oder eine FPGA-Baureihe abgestimmt und optimiert ist.
Fertige IP-Cores gibt es inzwischen für viele Anwendungen. So werden Bus-Schnittstellen, DSP-Funktionen (Digital Signal Processing), Telekommunikations- und Multimedia-Anwendungen sowie komplette Prozessoren in dieser Form angeboten. IP-Generatoren sind Software-Tools, mit denen man Module wie Addierer,

Multiplizierer, Speicher, usw. erstellen kann. In die einfach zu bedienenden Tools werden dazu die notwendigen Parameter für die Module eingegeben und das Modul wird generiert. Diese Generatoren werden von den einzelnen FPGA-Herstellern vertrieben, so z. B. der Core-Generator von Xilinx, der die Möglichkeit bietet, Module wie Standard-Bus-Schnittstellen, Speicherelemente, DSPs, mathematische Funktionen, usw. zu erstellen und an ein beliebiges System anzupassen.

Viele IP-Cores sind aber nicht kostenlos, sondern werden zum Kauf angeboten. Will man einen IP-Core verändern oder weiterentwickeln, so muss der dazugehörige Quellcode zusätzlich erworben werden. Abb. 9.5 zeigt ein vereinfachtes Diagramm für den Designfluss eines IP-Core-Generators von Xilinx [22]. Man kann sich zunächst die angebotenen Module in der IP-Core-Bibliothek anschauen und eine Auswahl treffen. Dann kann das Modul generiert und in die eigene Schaltung eingebunden werden (Implementation).

Auf Einzelheiten im Design-Fluss und der Entwicklungssoftware von Xilinx wird im Anhang (verwendete Entwicklungstools) eingegangen. Im allgemeinen Fall wird für ein Schaltungs-Design sowohl eine Funktionale-Simulation als auch eine Timing-Simulation durchgeführt. Für die Timing-Simulation wird eine Netzliste mit den Verzögerungszeiten (Implementation Netlist) benötigt. Bei dem hier betrachteten IP-Core-Generator von Xilinx sind die erstellten VHDL-Modelle Technologie-abhängig, d. h. sie sind an die FPGA-Bausteine von Xilinx angepasst. Beim Generieren eines IP-Cores muss daher immer ein entsprechender FPGA-Baustein mit angegeben werden. Dafür ergeben sich große Vorteile bei der Optimierung des Systems, da die IP-Cores bereits die Hardware-Ressourcen optimal ausnutzen [23].

9.4 Realisierung eines RAM-Speichers mit einem IP-Core-Generator

Entsprechend dem Flussdiagramm Abb. 9.5 für den Umgang mit einem IP-Core-Generator wird als erstes der IP-Core-Generator gestartet. In der Core-Bibliothek kann das gewünschte Modul ausgewählt werden. Hier sollen nur die synchronen RAM-Speicher mit den zuvor besprochenen Eigenschaften betrachtet werden.

Die Generierung des RAM-Speichers erfolgt dabei in drei Schritten:

- Daten in den Texteditor eingeben
- Erstellen eines Datenfiles
- Generieren des RAM-Speichers

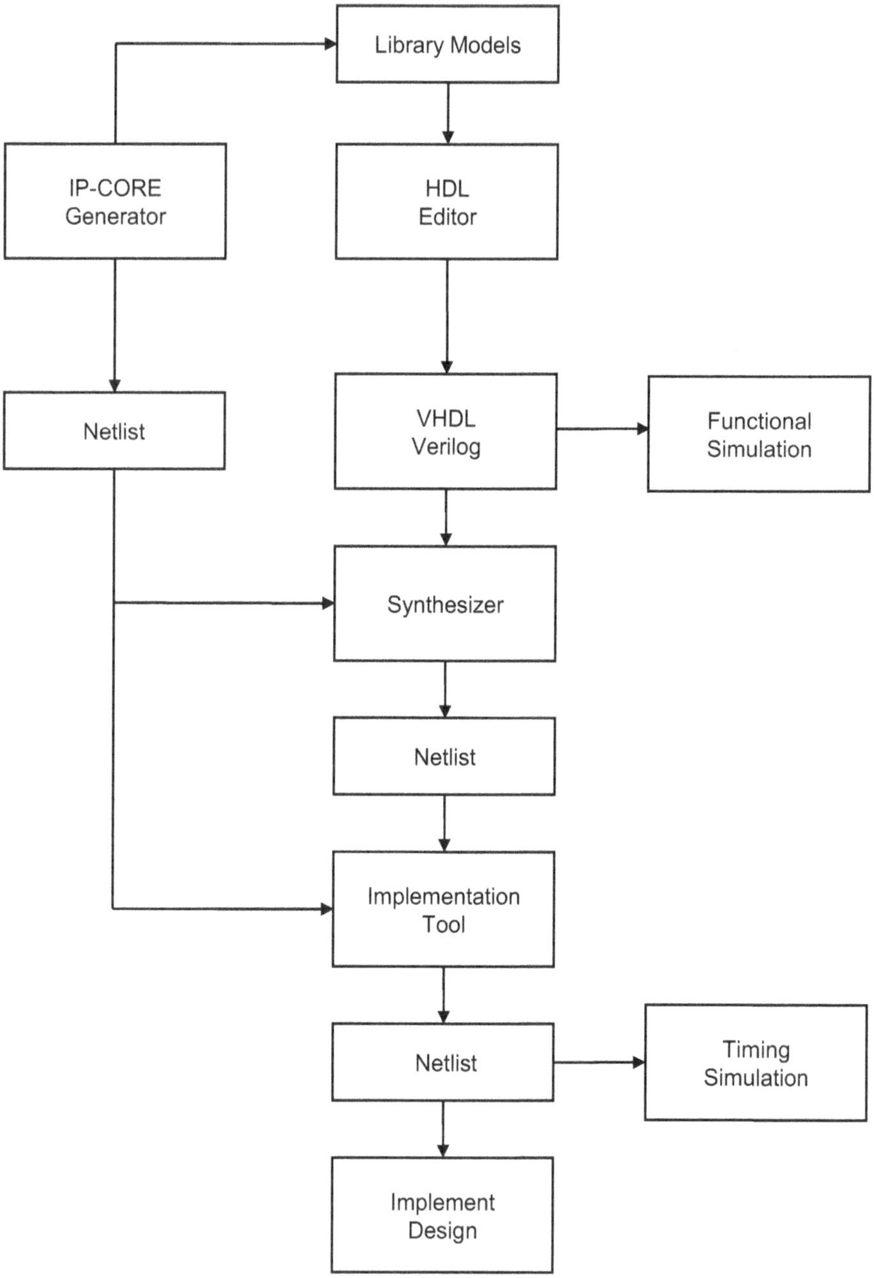

Abb. 9.5: IP-Core-Generator-Design-Flow [22]

Mit Hilfe eines Texteditors werden die Anfangsadresse und das Maschinenprogramm für die CPU eingegeben. Dann wird ein Datenfile mit dem entsprechenden Format erstellt. Für den Xilinx IP-Core-Generator hat das Datenfile das Format:

filename.coe

Als nächstes wird der RAM-Speicher generiert. Der Core-Generator liefert eine fertige Netzliste für den RAM-Speicher mit der entsprechenden Initialisierung. Der Core-Generator ist in diesem Fall an die Hardware-Ressourcen angepasst, d. h. es werden bei der Generierung des RAMs die reservierten Speicherblöcke der FPGA-Bausteine verwendet [22]. Die Arbeitspeicher für die MPU12- und MPU16-Prozessoren sind als VHDL-Modelle sowohl mit einem VHDL-Editor (Standard VHDL) als auch mit einem IP-Core-Generator erstellt worden.

Solange das Prozessorsystem (CPU mit Speicher) nur in einer funktionalen Simulation getestet wird, ist man unabhängig von der Ziel-Hardware und das Prozessorsystem kann beliebig groß gemacht werden, d. h. es ist nur abhängig von der Leistungsfähigkeit der Entwicklungssoftware (siehe VHDL-Modell RAM). Beim Umgang mit programmierbarer Logik wird jedoch stets die Ziel-Hardware mit betrachtet.

10 Testmethoden digitaler Schaltungen

Da der Entwurf digitaler Schaltungen auf fast allen Abstraktionsebenen mit Hilfe von Entwicklungstools erfolgt, besteht die Notwendigkeit, die i. a. automatisch erzeugten Realisierungen mit der geforderten Spezifikation bzw. der Anforderungsliste zu vergleichen. Die hier betrachteten Testmethoden sollen grob in zwei Bereiche unterteilt werden:

- Software-Methoden
- Hardware-Methoden

Zum ersten Fall gehören allgemein Verifikationsmethoden, die eine Überprüfung der funktionalen und zeitlichen Eigenschaften des Entwurfs vornehmen. Im zweiten Fall sind es experimentelle Tests, die im Fall eines FPGA-Entwurfs den programmierten Baustein mit Hilfe eines Test-Boards auf seine Funktionsfähigkeit überprüfen. Verifikationsmethoden können eingeteilt werden in:

- Funktionale Verifikation
- Formale Verifikation

Erstere werden auch als nicht formale Methoden oder Validierung bezeichnet. Zu ihnen gehören:

- Überprüfung der Design-Dokumentation
- Simulation

Die Überprüfung der Entwurfsdokumente, auch als Audit bezeichnet, ist eine Überprüfung der gestellten Anforderungen an den Entwurf. Es werden dabei neben reinen Textbeschreibungen auch graphische Beschreibungen wie z. B. Fluss- und Blockdiagramme eingesetzt. Bei komplexen Entwürfen werden diese Überprüfungen nur für die oberen Abstraktionsebenen vorgenommen, da für die RT- und Logikebene zu viele Detailkenntnisse notwendig sind. Die Effektivität dieser Methode hängt auch davon ab, ob die Entwurfsdokumente von nicht beteiligten Entwicklern überprüft werden. Ein großer Teil der Entwurfsentwicklung fällt auf die Verifikation des Entwurfs. Man versucht deshalb, die Testmethoden mit Hilfe der formalen Verifikation zu verbessern. Hier sollen schon am Anfang des Entwurfs mit Hilfe mathematischer Beweise und geeigneter Modelle Entwurfsfehler entdeckt werden. Auch die Modellprüfung (Model Checking) gehört in den Bereich der formalen Verifikation. Zum Thema formale Verifikationsmethoden wird auf die Literatur verwiesen.

10.1 Simulation

Die Simulation stellt das wichtigste Testverfahren für digitale Schaltungen dar. Sie kann auf allen Abstraktionsebenen durchgeführt werden. Durch die Vorgabe von Testvektoren (Stimuli) auf die Eingänge der Schaltung können Signalverläufe simuliert werden. Die Auswertung der Simulationsergebnisse erfolgt im einfachsten Fall durch Vergleichen der erhaltenen Ausgangswerte mit den Sollwerten. So können Schaltungsfehler schon in einem sehr frühen Entwurfsstadium erkannt werden. Wie wichtig eine frühe Fehlererkennung ist, zeigt eine Darstellung in Abb. 10.1.

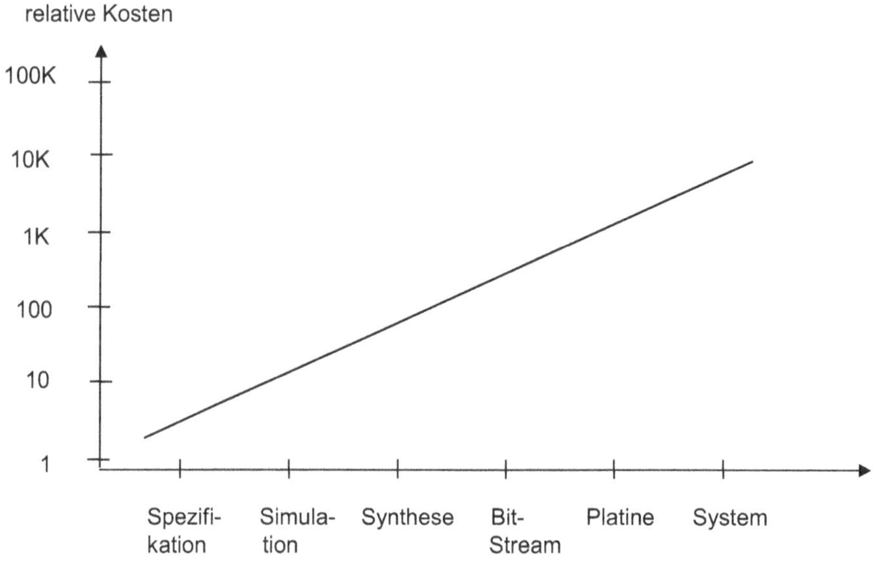

Abb. 10.1: Kosten der Fehlerbeseitigung [23]

Dieser Sachverhalt wird auch als Zehnerregel bezeichnet. Auf der Ordinate sind die Designkosten als Zehnerpotenzen aufgetragen und auf der Abszisse die einzelnen Entwurfsstadien.

Die Darstellung zeigt deutlich die Bedeutung einer frühen Fehlererkennung. Es besteht bei komplexen Systemen auch eine Diskrepanz zwischen Designkomplexität und der Simulatorleistung. Die Anzahl der benötigten Testvektoren steigt exponenziell mit der Anzahl der Gatter.

Die Simulation digitaler Systeme kann grob eingeteilt werden in:

- Funktionale Simulation
- Timing-Simulation

Im ersten Fall handelt es sich um eine VHDL-Simulation, die nur die logischen Funktionen der Schaltung berücksichtigt. Schaltungsstrukturen und Zeitabhängigkeiten bleiben unberücksichtigt. Hier können auch Simulationen durchgeführt werden, die keinen synthetisierbaren VHDL-Code haben. Synthese-Tools benötigen jedoch einen synthetisierbaren VHDL-Code. Abb. 10.2 zeigt einen vereinfachten Designfluss mit drei verschiedenen Simulationspunkten. Neben der funktionalen Simulation können noch sog. Post-Synthesis- und Post-Layout-Simulationen durchgeführt werden.

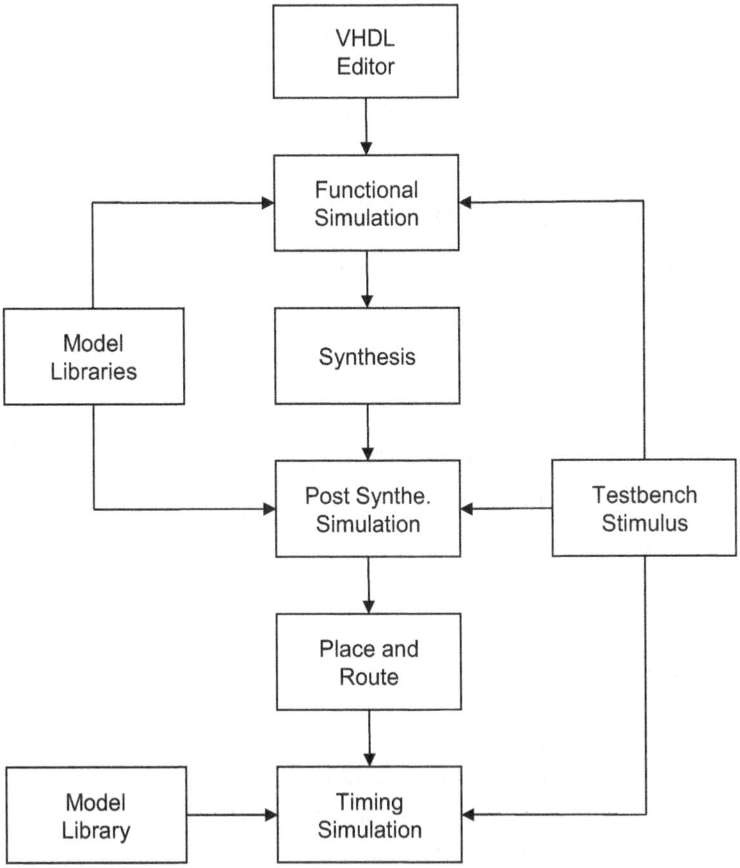

Abb. 10.2: Simulationspunkte für das HDL-Design [13]

Die Post-Synthesis-Simulation ist nach der Synthese möglich und enthält schon Zeitabhängigkeiten aufgrund fest vorgegebener Verzögerungen der logischen Gatter.
Nach dem „Place-and-Route" ist eine Post-Layout-Simulation möglich, die auch als Timing-Simulation bezeichnet wird. Hier wird eine Netzliste mit berechneten Verzöge-

rungszeiten für die Gatter und deren Verbindungen verwendet. Die Zeitabhängigkeiten für die verwendeten logischen Bausteine werden den Herstellerbibliotheken (Model Libraries) entnommen.
Die hier verwendeten Simulatoren sind ereignisgesteuert. Ein Ereignis ist dabei die Änderung eines Signals. In einer Gatternetzliste können sich die Ausgangssignale nur ändern, wenn sich ein Signal am Eingang ändert, ansonsten bleiben die Ausgänge konstant. Mit dieser Methode kann die Berechnung der Signale für den Simulationslauf deutlich beschleunigt werden. Bei der Simulation einer Schaltung kann mit Hilfe einer sog. Testbench die Testumgebung deutlich verbessert werden.
Die Testbench stellt dabei eine Testumgebung dar, die in VHDL erstellt werden kann. Ein weiterer Vorteil ist, dass die gleiche Testbench für die unterschiedlichen Simulationspunkte im Entwurf verwendet werden kann. Im Folgenden soll das Arbeiten mit einer Testbench näher erläutert werden.

10.2 Simulation mit Hilfe einer Testbench

In Abb. 10.3 ist die Struktur einer Testbench dargestellt.

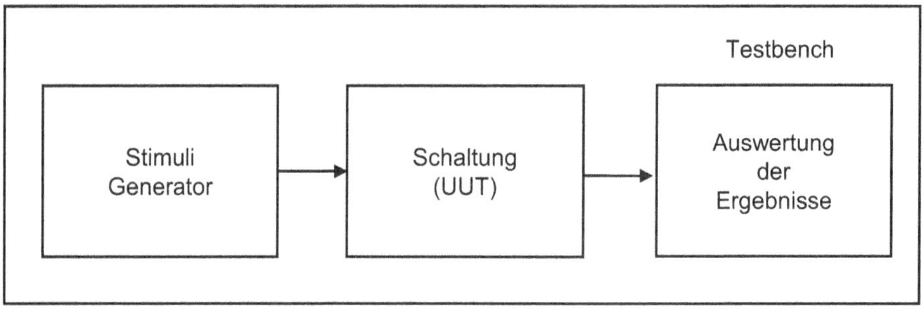

Abb. 10.3: Struktur einer Testbench

Sie besteht aus den drei Bereichen:
- Erzeugung der Testvektoren (Stimuligenerator)
- Schaltung die getestet werden soll (Unit Under Test: UUT)
- Analyse bzw. Auswertung der Ergebnisse

Das VHDL-Modell einer Testbench ist eine Kombination aus einer Verhaltens- und einer Strukturbeschreibung. Der Programmaufbau ist im Folgenden dargestellt:

Struktur einer Testbench

```
library  ieee;
use  ieee.std_logic_1164.all;
use  ieee.std_logic_unsigned.all;
------------------------ Entity Declaration ----------------------------
entity  TESTBENCH  is
------------- eine Testbench hat keine Ports ----------------------
end TESTBENCH;
----------------- Architecture Declaration ----------------------------
architecture  TESTBENCH_ARCH  of  TESTBENCH  is
-----------------
----------------- Component Declaration (UUT) --------------------
component  comp_name
port (..............);
............;
end component;
---------------------------- Signal Declaration ----------------------
begin
----------------------- Signal Assignments -------------------------
---------------- Component Instances (UUT) ----------------------
UUT:  comp_name  port map (
                sig1 => ,
                sig2 => ,
                .............,
                sign => );
-------------------- Process Stimuli-Generator ---------------------
stimuli_gen :  process (CLK, CLR,.......)
begin
-------- Clock- und Reset-Bedingungen angeben ----------------
end  process  stimuli_gen;
-------------------- Process Testlauf --------------------------------
testlauf :  process
begin
---------- Bedingungen für den Testlauf angeben ----------------

wait;    -------------- Ende des Testlaufs ---------------------------
end  process testlauf;
------------
```

```
---------------- Concurrent Signal Assignments --------------------
------------------ Process Response Checker ----------------------
checker :  process (sig1, sig2,.........)
begin
-------------------- Abfrage Ergebnisse ------------------------------
                    assert  condition
                    [report  message_string]
                    [severity  severity_level];
end  process  checker;
end  TESTBENCH_ARCH;
-------------
```

Eine Testbench ist ein ganz normales VHDL-Programm mit der Ausnahme, dass es keine **port**-Anweisungen gibt. Sie stellt eine nach außen abgeschlossene Testumgebung dar. Die Testbench kann eine oder mehrere **component**-Anweisungen enthalten. Die Testbedingungen sowie die Clock- und Reset-Bedingungen werden in Form einer Verhaltensbeschreibung realisiert. Diese Testbedingungen können als **process**-Anweisungen wie in obigem Beispiel, oder in Form von Concurrent-Statements geschrieben werden. Für die Analyse und Auswertung der Ergebnisse kann die **assert**-Anweisung eingesetzt werden. Es werden Ergebnisse verglichen und die Ergebnisse des Vergleichs können als Meldung (report) oder als **severity**-Anweisung ausgegeben werden. Die **severity**-Anweisung hat als vordefinierten Aufzählungstyp im **package** std die Elemente: note, warning, error, failure.

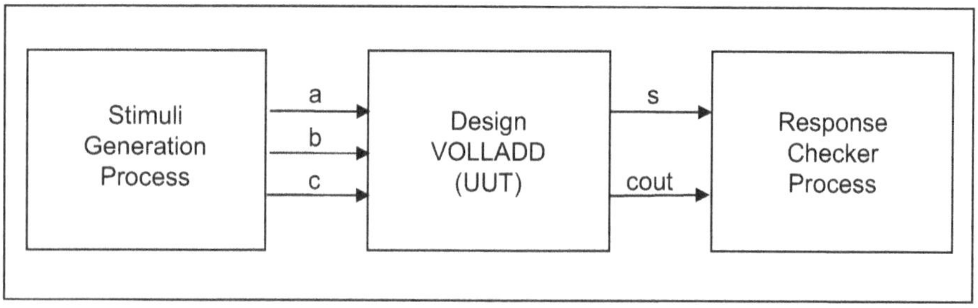

Abb. 10.4: Testbench ADD_TB

Um das Arbeiten mit einer Testbench etwas deutlicher zu machen, soll im Folgenden ein einfaches Beispiel betrachtet werden. Es soll eine Testbench für einen 1-Bit-Volladdierer erstellt werden. Abb. 10.4 zeigt die zugehörige Struktur als Blockdiagramm. Die Schaltung hat die Eingangssignale a, b und c und die Ausgangssignale s und cout. Die Eingangssignale werden mit Testvektoren belegt, die in einer **process**-

Anweisung erzeugt werden. Die Ausgangssignale werden ebenfalls innerhalb einer **process**-Anweisung ausgewertet.
Das zu testende Design ist der einfache 1-Bit-Volladdierer. Der Vollständigkeit halber ist der VHDL-Code für den Addierer auch angegeben. Hier gibt es wieder eine ganze Reihe von Möglichkeiten, die **architecture** des Addierers zu beschreiben. In diesem Fall ist eine Verhaltensbeschreibung mit Concurrent-Statements verwendet worden.

```
-----------------------------------------------------------------
--      1-Bit-Volladdierer
-----------------------------------------------------------------
library ieee;
use ieee.std_logic_1164.all;
use ieee.std_logic_arith.all;
use ieee.std_logic_unsigned.all;
---------------- Entity Declaration ------------------------
entity VOLLADD is
  Port (
        a : in std_logic;
        b : in std_logic;
        c : in std_logic;
        s : out std_logic;
        cout : out std_logic);
end VOLLADD;
-------------- Architecture Declaration -------------------
architecture VOLLADD_ARCH of VOLLADD is
begin
        s <= a xor b xor c;
        cout <= (a and b) or (a and c) or (b and c);
end VOLLADD_ARCH;
--------------------
```

Der VHDL-Code für die Testbench ADD_TB des 1-Bit-Volladdierers ist im Folgenden angegeben.

```
-----------------------------------------------------------------
--      Testbench für 1-Bit-Volladdierer
-----------------------------------------------------------------
library ieee;
use ieee.std_logic_1164.all;
use ieee.std_logic_unsigned.all;
use ieee.numeric_std.all;
```

```
-------------------- Entity Declaration ------------------------
entity  ADD_TB  is
end  ADD_TB;
----------------- Architecture Declaration --------------------
architecture  ADD_TB_ARCH  of  ADD_TB  is
-------------- Component Declaration (UUT) ---------------
component  VOLLADD
port(
        a :  in  std_logic;
        b :  in  std_logic;
        c :  in  std_logic;
        s :  out  std_logic;
        cout :  out  std_logic);
end  component;
------------------ Signal Declaration ---------------------------
signal  clk, clr, s, cout :  std_logic;
signal  q : std_logic_vector(2 downto 0);
signal  resp_s, uut_s :  std_logic_vector (1 downto 0);
signal  v1, v2, v3 :  std_logic_vector (1 downto 0);
constant  clk_period :  time  := 100 ns;
begin
--------------- Component Instances (UUT) ----------------
uut:  VOLLADD  port  map(
                a  =>  q(0),
                b  =>  q(1),
                c  =>  q(2),
                s  =>  s,
                cout  =>  cout);
------------------- Process Statement -------------------------
clk_gen :  process
                begin
                clk <= '0';
                wait  for  clk_period/2;
                clk <= '1';
                wait  for  clk_period/2;
        end  process clk_gen;
-------------------- Process Statement ------------------------
stimuli_gen :  process  (clk, clr)
                begin
                if  clr  =  '1'  then
```

```
                q <= "000";
                elsif  clk'event  and  clk  =  '1'  then
                q <= q + 1;
                end  if;
        end  process stimuli_gen;
------------------- Process Statement --------------------------
test :  process
                begin
                clr <= '1';
                wait  for  clk_period;
                clr <= '0';
                wait;
        end  process test;
------------- Concurrent Signal Assignments ----------------
                v1(1)  <=  '0';
                v2(1)  <=  '0';
                v3(1)  <=  '0';
                v1(0)  <=  q(0);
                v2(0)  <=  q(1);
                v3(0)  <=  q(2);
                uut_s  <=  (cout, s);
------------------- Process Statement --------------------------
check :  process (v1, v2, v3)
                begin
                resp_s  <=  v1 + v2 + v3;
------------------- Abfrage-Ergebnis ----------------------------
                assert  (uut_s  =  resp_s)                     -- Ergebnisse richtig?
                report  "Additionsfehler......";
        end  process check;
end  ADD_TB_ARCH;
--------------------------
```

Das zu testende Design erscheint in der Schaltung als Komponente mit dem Namen VOLLADD. Im Prozess „clk_gen" wird das Clock-Signal mit einer Periode von 100 ns generiert. Der Prozess läuft kontinuierlich, er hat keine **wait-**Anweisung und keine „sensitivity list". Im Prozess „stimuli_gen" werden die Testvektoren (Stimuli) erzeugt. Dabei wird der 3-Bit-Vektor q(2:0) beim Eintreffen des Clock-Signales (Vorderflanke) jedes Mal inkrementiert. Für diese arithmetische Addition wird das **package** std_logic_unsigned benötigt, da bit- oder std_logic-Vektoren nicht mit einem arithmetischen Operator verknüpft werden können. Bei der Bedingung clr = '1' wird der Vektor q(2:0) gelöscht. Im Prozess „test" wird am Anfang ein Reset durchgeführt und nach einer Taktperiode wird der Reset gesperrt und der Prozess geht in einen Wartezustand. Im Prozess „check" wird die arithmetische Addition gebildet (resp_s) und mit dem Ergebnis des 1-Bit-Volladdierers (uut_s) verglichen. Im Fall eines Fehlers wird die Meldung „Additionsfehler" auf dem Monitor ausgegeben. Für den Simulationslauf kann eine konstante Zeit vorgegeben werden oder es werden Abbruchbedingungen definiert. Als Abbruchbedingungen können folgende Kriterien verwendet werden:

- alle Stimulidaten abgearbeitet
- keine Signaländerungen mehr
- Unterbrechungspunkt (Breakpoint)

Im obigen Beispiel für die Testbench existieren keine Abbruchbedingungen, in diesem Fall müssen konstante Simulationszeiten vorgegeben werden, ansonsten läuft die Simulation kontinuierlich weiter.
Die Stimulidaten können auch in eine sog. Stimulidatei eingegeben werden (siehe auch DO-File). Diese Dateien können dann gemeinsam mit einer Testbench bei der Simulation verwendet werden. Einige digitale Simulatoren bieten auch das automatische Generieren von Testbenches an. In dem Fall müssen die Testbenches an die Testbedingungen angepasst werden.

10.3 Testen des 12-Bit-Mikroprozessor-Systems (MPU12_S)

Der Entwurf des Mikroprozessor-Systems soll nach der Simulations-Methode getestet werden:

- Funktionale Simulation
- Timing-Simulation

Die Simulationen werden mit Hilfe einer Testbench durchgeführt. Die Simulationsdaten werden i. a. als zeitabhängige Logikpegel dargestellt, die auch als „wave-Form"-Darstellung bezeichnet wird. Im obigen Beispiel des 1-Bit-Volladdierers kann die „wave-Form"-Darstellung auf korrekte Werte noch leicht überprüft werden. Die Ergebnisse der Addition werden außerdem in der Testbench überwacht und im Fehlerfall wird eine Meldung ausgegeben. Bei kleineren Designs werden diese zeitabhängigen Darstellungen meistens manuell überprüft, ähnlich dem Arbeiten mit Logikanalysatoren. Bei komplexen Schaltungen ist die optische Kontrolle am Monitor oft nur für einzelne Komponenten sinnvoll. In diesem Fall ist die Verwendung von Testbenches in Verbindung mit Stimulidateien sehr hilfreich. Die VHDL-Beschreibung des 1-Bit-Volladdierers und die zugehörige Simulation können der Logikebene im Y-Diagramm zugeordnet werden (siehe Kap. 1.2). Wie schon angedeutet müssen die Komponenten für den gesamten Mikroprozessorentwurf simuliert werden. Die Simu-

lationen werden dabei auf allen Abstraktionsebenen bis hinunter zur Logikebene durchgeführt.
Sind alle Komponenten erstellt, kann der Entwurf auf der Systemebene sowie der Algorithmischen Ebene getestet werden. Zu diesem Zweck werden Testprogramme erstellt, mit deren Hilfe die Funktionsfähigkeit des Prozessors sowie die Ein- und Ausgabeprotokolle überprüft werden sollen. Die Testprogramme werden als Maschinenprogramme in hexadezimaler oder binärer Form erstellt und vom Prozessor abgearbeitet. Im RAM müssen die Daten in binärer Form gespeichert sein. Für das Laden des RAMs mit dem Maschinencode gibt es grob zwei Möglichkeiten:

- Daten in den VHDL-Code des RAMs einsetzen
- Einlesen der Daten aus einer externen Datei

Hier wird die erste Form gewählt. Das folgende Listing zeigt ein Beispiel für den VHDL-Code des RAMs mit der Initialisierung für ein Testprogramm. Das Testprogramm (test1) ist sehr einfach gehalten mit nur 13 Befehlen, darunter Addition-, Subtraktion-, Speicher- und Sprungbefehle.
Der RAM-Speicher besteht aus dem Datentyp **array** mit der Adressierung von 0 bis 127 und der Datenbreite von 12 Bit. Der Adressierungsbereich von 7 Bit ist für die einfachen Testprogramme ausreichend. Beim VHDL-Code ist noch zu beachten, dass die Adressierung für den Opcode in hexadezimaler Form, die Numerierung des Datentyps **array** aber in dezimaler Form angegeben ist (127 downto 0). Der Programmaufbau für das RAM ist der gleiche wie bereits in Kap. 9 bei den RAM-Modellen erläutert. Der RAM-Speicher ist aufgeteilt in einen Datenbereich und Source-Code-Bereich:

Datenbereich:	0 bis 47 DEZ	/ 0 bis 2F Hex
Sourcecode-Bereich:	48 bis 127 DEZ	/ 30 bis 7F Hex

Der Sourcecode für das Testprogramm ist als Maschinenprogramm in binärer und hexadezimaler Form angegeben sowie als Kürzel (Mnemonic).

```
---------------------------------------------------------------------
--        VHDL-Code für 12-Bit-RAM mit Initialisierung
---------------------------------------------------------------------
library  ieee;
use  ieee.std_logic_1164.all
use  ieee.std_logic_arith.all;
use  ieee.std_logic_unsigned.all;
--------------------- Entity Declaration --------------------------
entity  RAM12_1  is
  port (
    ADR:  in  std_logic_vector(6 downto 0);
```

```
    DO:   out  std_logic_vector (11 downto 0);
    DI:   in  std_logic_vector (11 downto 0);
    LOAD:   in  std_logic;
    WE:  in  std_logic;
    CLK:  in  std_logic);
end  RAM12_1;
-------------------- Architecture Declaration ---------------------
architecture  RAM_ARCH  of  RAM12_1  is
----------------
type  MEM_DATA  is array  (127 downto 0)  of  std_logic_vector (11 downto 0);
----------------
begin
-------------------- Process Statement ---------------------------
              process  (LOAD, ADR, CLK, DI)
              variable  VD:  MEM_DATA;
              begin
       if  LOAD =  '1'  then
-------------------- Testprogramm: test1 -------------------------
-------------- Daten-Bereich : 0 bis 47 (2FH) -------------------
--                 Binär                          Hex
     VD(0)  := "001100110011";          -- 333
     VD(1)  := "010001000100";          -- 444
     VD(2)  := "000000000000";          -- 000
     VD(3)  := "000000000000";          -- 000
     VD(4)  := "000100010001";          -- 111
     VD(5)  := "000001010101";          -- 055
     VD(6)  := "000000000000";          -- 000
---------- Sourcecode-Bereich : 48 bis 127 (7FH) --------------
--                 Binär                          Hex          Kürzel
     VD(48)  := "111100000000";          -- F00         LOAD A, 00
     VD(49)  := "110000000001";          -- C01         ADD A, 01
     VD(50)  := "000100000010";          -- 102         STORE  02, A
     VD(51)  := "000000000010";          -- 002         OUTPUT O, 02
     VD(52)  := "010000111000";          -- 438         JUMP Z, 38
     VD(53)  := "110100000010";          -- D02         SUB A, 02
     VD(54)  := "010001010101";          -- 455         JUMP Z, 55
     VD(55)  := "001100000000";          -- 300         STOP
     VD(56)  := "001100000000";          -- 300         STOP
     VD(85)  := "111100000100";          -- F04         LOAD A, 04
     VD(86)  := "110000000101";          -- C05         ADD A, 05
```

```
    VD(87) := "000100000110";        -- 106       STORE 06, A
    VD(88) := "001100000000";        -- 300       STOP
----------------------------------------------------------------------
       else
              if (CLK'event and CLK = '1') then
                     if WE = '1' then
                     VD (conv_integer(ADR)) := DI;        -- in RAM Schreiben
                     end if;
              end if;
       end if;
    DO <= VD (conv_integer(ADR));                          -- aus RAM lesen
              end process;
end RAM_ARCH;
-----------------
```

Die Testbench für das Mikroprozessor-System (MPU12_S) ist im Folgenden aufgelistet.

```
---------------------------------------------------------------------------
-- Testbench für das Mikroprozessor-System (MPU12_S)
---------------------------------------------------------------------------
library ieee;
use ieee.std_logic_1164.all;
use ieee.std_logic_unsigned.all;
use ieee.numeric_std.all;
---------------------- Entity Declaration ----------------------------
entity MPU12_TB1 is                                         -- entity ohne
end MPU12_TB1;                                              -- port-Signale
-----------------
architecture MPU_TB_ARCH of MPU12_TB1 is
------- Component Declaration: Unit Under Test (UUT) --------
component MPU12_S
port (
       IPR_D  : in std_logic_vector (11 downto 0);
       CLK    : in std_logic;
       CLR    : in std_logic;
       IPV    : in std_logic;
       START  : in std_logic;
       LOAD   : in std_logic;
       OPREC  : in std_logic;
       OPR_Q  : out std_logic_vector (11 downto 0);
```

```
        IPREQ   : out  std_logic;
        OPV     : out  std_logic);
end  component;
------------ Configuration for Functional Simulation ---------------
 for  UUT:  MPU12_S   use  entity  WORK.MPU12_S (MPU12_ARCH);
-----------------------------------------------------------------------------
--------------- Configuration for Timing Simulation ----------------
-- for  UUT:  MPU12_S   use  entity  WORK.MPU12_S (STRUCTURE);
-----------------------------------------------------------------------------
-------------------------- Signal Declaration ---------------------------
        signal  CLK      :  std_logic;
        signal  CLR      :  std_logic;
        signal  IPV      :  std_logic;
        signal  START    : std_logic;
        signal  LOAD     :  std_logic;
        signal  OPREC    :  std_logic;
        signal  IPR_D    :  std_logic_vector(11 downto 0);
        signal  OPR_Q    :  std_logic_vector (11 downto 0);
        signal  IPREQ    :  std_logic;
        signal  OPV      :  std_logic;
begin
----------------- Component Instances (UUT) ----------------------
UUT:  MPU12_S   port map (
        OPR_Q  => OPR_Q,
        IPR_D  => IPR_D,
        CLK    => CLK,
        CLR    => CLR,
        IPV    => IPV,
        START  => START,
        LOAD   => LOAD,
        OPREC   => OPREC,
        IPREQ  => IPREQ,
        OPV    => OPV);
-------------------- Anfangsbedingung --------------------------------
clr_in :  process
        begin
        IPV   <=  '0';
        CLR  <=  '1';
        wait  for 15 ns;
        CLR  <=  '0';
```

```
        wait for 3 ns;
        IPR_D <= "000000110000";        -- Startadresse Maschinenprogr. 30H
        wait;                                       -- wait-Anweisung konstant
end process clr_in;
-------------------- Initialisierung des RAM12 -------------------------
ram_load : process
        begin
        LOAD <= '0';
        wait for 20 ns;
        LOAD <= '1';
        wait for 150 ns;
        LOAD <= '0';
        wait;                                       -- wait-Anweisung konstant
end process ram_load;
----------------------Testprogramm: test1 ------------------------------
------------------ Daten : 12-Bit   Startadresse : 0 ------------------
--   ADR         Daten(Binär)      (Hex)
--   00          001100110011      333
--   01          010001000100      444
--   02          000000000000      000
--   03          000000000000      000
--   04          000100010001      111
--   05          000001010101      055
--   06          000000000000      000
---------------- Opcode: Startadresse 30H = 48DEZ ---------------
--   ADR         Opcode(Binär)     (Hex)      Funktion
--   30          111100000000      F00        LOAD A,00
--   31          110000000001      C01        ADD A,01
--   32          000100000010      102        STORE 02,A
--   33          000000000010      002        OUTPUT O,02
--   34          010000111000      438        JUMP Z,38
--   35          110100000010      D02        SUB A,02
--   36          010001010101      455        JUMP Z,55
--   37          001100000000      300        STOP (Fehler1)
--   38          001100000000      300        STOP (Fehler2)
----------------- Sprungadresse 55H = 85DEZ -----------------------
--   55          111100000100      F04        LOAD A,04
--   56          110000000101      C05        ADD A,05
--   57          000100000110      106        STORE 06,A
--   58          001100000000      300        STOP (Programmende)
```

```
-------------- Clockgenerator T = 50 ns -----------------
clk_gen : process
        begin
        CLK <= '0';
        wait  for 25 ns;
        CLK <= '1';
        wait  for  25 ns;
end  process clk_gen;
-------------------- Programmstart ------------------------
start_in : process
        begin
        START <= '0';
        wait  for 260 ns;
        START <= '1';
        wait  for 150 ns;
        START <= '0';
        wait;                                           -- wait-Anweisung konstant
end  process  start_in;
--------- Ausgabe Output-Register OPR --------------
out_in : process
        begin
        OPREC <= '0';
        wait  for 2410 ns;
        OPREC <= '1';
        wait  for 100 ns;
        OPREC <= '0';
        wait;                                           -- wait-Anweisung konstant
        end  process  out_in;
end  MPU_TB_ARCH;
-------------------
```

Das Testprogramm (test1) ist als Kommentar in die Testbench eingefügt. Für die Simulationsdauer ist in der Testbench keine Begrenzung angegeben, d. h. es muss eine konstante Simulationszeit vorgegeben werden. Die Simulationszeit sowie weitere Parameter z. B. für die „wave-Form"-Darstellung können auch in einer Stimulidatei festgelegt werden.
Die gesamte Testumgebung für das Mikroprozessor-System ist als Funktionsblock in Abb. 3.1 (Kap. 3) dargestellt. Das CLK-Signal in der Testbench ist das Eingangstaktsignal des Taktgebers CLK_MOD. Mit Hilfe der Timing-Analyse können die Taktsignale mit den notwendigen Verzögerungen leicht angepasst werden:

CLK_1 → CLK_OPW (ohne Verzögerung)
CLK_2 → CLK_STW (mit Verzögerung)
CLK_3 → CLK_RAM (ohne Verzögerung)

Für die Verzögerung ist eine Zeit von einer viertel Periode (T/4) gewählt. Diese Verzögerung wird mit dem VHDL-Modul CLK_MOD realisiert. Diese Verzögerung ist notwendig, weil das RAM zuerst die aktuelle Adresse benötigt, bevor ein Speicherinhalt gelesen werden kann. Für den Taktgeber CLK_MOD wird nur ein verzögerter Taktausgang benötigt, der Ausgang CLK_3 ist in diesem Fall nicht notwendig. Der CLK-Eingang für das RAM wird mit dem Taktsignal CLK_1 verbunden.

Ausführung der Simulationen
Für die beschriebene Testumgebung wurden folgende Simulationen durchgeführt:
- Funktionale Simulation
- Timing-Simulation

Sowohl die funktionale als auch die Timing-Simulation wurden mit dem Software-Tool ModelSim von Mentor Graphics in Verbindung mit der ISE-Software von Xilinx durchgeführt [25, 26]. Für beide Simulationen wurde die oben beschriebene Testbench (MPU12_TB1) verwendet. Es müssen lediglich die Konfigurationsanweisungen für die richtige **architecture** angegeben werden.
Für die funktionale Simulation wird folgende Anweisung in der Testbench vorgenommen:

```
------------- Konfigurationsanweisung für funktionale Simulation ---------------
for UUT: MPU12_S use entity WORK.MPU12_S (MPU12_ARCH);
```

Dabei ist WORK die default-Bibliothek, MPU12_S der Entity-Name des zu testenden Designs und MPU12_ARCH der Architecture-Name.
Für die Timing-Simulation ist folgender Eintrag in der Testbench notwendig:

```
------------- Konfigurationsanweisung für Timing-Simulation --------------------
for UUT: MPU12_S use entity WORK.MPU12_S (STRUCTURE)
```

Es wird also nur eine Änderung in der Beschreibung der **architecture** mit der Bezeichnung STRUCTURE vorgenommen. Die nicht benötigte Konfigurationsanweisung kann im Editor einfach als Kommentar editiert werden. Für den Umgang mit Konfigurationsanweisungen siehe auch Kap. 1 „Einführung in VHDL". Die VHDL-Netzliste mit der **architecture** STRUCTURE kann erst nach dem „Place-and-Route"

erstellt werden. Die Netzliste enthält alle Verzögerungen für die verwendeten logischen Bauteile und die Verbindungsleitungen.
Wie schon am Anfang des Kap. 10 (Testmethoden) angedeutet, wird die meiste Zeit des Entwurfs für das Testen benötigt. Hier stehen die Testmethoden im Vordergrund, es werden daher nur Beispiele für Testprogramme betrachtet. Die Tests sollen den Befehlssatz des Prozessors sowie die Ein- und Ausgabeprotokolle des Systems überprüfen. Bezogen auf die Abstraktionsebenen des Entwurfs können dabei die Testprogramme der Systemebene und der Algorithmischen Ebene zugeordnet werden. Um Aussagen über die Funktionsfähigkeit eines komplexen digitalen Systems machen zu können, müssen sehr umfangreiche Tests auf allen Hierarchieebenen durchgeführt werden.

10.4 Testen des 16-Bit-Mikroprozessor-Systems (MPU16A_S)

Das digitale System soll nach folgenden Methoden getestet werden:

- Funktionale Simulation
- Timing-Simulation
- Hardwaretest (Demo-Board)

Das Mikroprozessor-System ist als Funktionsblock in Kap. 4 in Abb. 4.3 dargestellt. Die Simulationen werden wie bei der 12-Bit-Version mit Hilfe von Testbenches durchgeführt. Für die Erstellung des RAMs und dem Laden von Testprogrammen wird ein IP-Core-Generator von Xilinx [22] verwendet. Dadurch können die FPGA-Ressourcen besser genutzt werden, außerdem ist der Umgang mit dem Testboard einfacher und übersichtlicher (siehe auch Kap. 9). Die Testprogramme werden als Maschinenprogramme aus dem Befehlssatz der MPU16A erstellt. Die Programme können mit einem Texteditor in einem hexadezimalen oder binären Format erstellt werden. Das coe-Datenfile (coefficient file) hat folgende Form:

name.coe

Einen Auszug dieser Dateien in Binär- und Hexformat ist im Folgenden zu sehen:

16-Bit-Binärformat

```
---------------------------------------------------
MEMORY_INITIALIZATION_RADIX=2;
MEMORY_INITIALIZATION_VECTOR=
0000000000000000,
0000000000000010,
0000000000000000,
0000110000000000,
0000000100000101,
```

```
0000000100000110,
0000000100000101,
0000110001000000,
..................................,
0000000000000000;
----------------------------
```

16-Bit-Hexformat

```
----------------------------
MEMORY_INITIALIZATION_RADIX = 16
MEMORY_INITIALIZATION_VECTOR =
0000,
0002,
0010,
0ccd,
f00b,
.........,
;adr 50
0c00,
0200,
0c40,
0201,
.......,
3333,
0011,
b00c,
f800;
----------
```

Die Daten werden durch Leerzeichen oder Kommas getrennt. Ein Semikolon am Anfang einer Zeile wird als Kommentar interpretiert. Leere Adressen werden mit Nullen aufgefüllt. Am Ende des Datenfiles muß ein Semikolon stehen. Das Arbeiten mit dem Hex-Datenfile ist etwas überschaubarer als im binären Format. Die Datenfiles können direkt editiert werden, indem die Daten und Befehle entsprechend eingesetzt werden. Der IP-Core-Generator stellt meistens auch einen sog. Memory-Editor mit einer etwas komfortableren Bedienung zur Verfügung. Mit Hilfe des IP-Core-Generators können die Maschinenprogramme in das RAM geladen werden. Im Folgenden wird ein Testprogramm (test_pro1, Tabelle 10.1) als Beispiel betrachtet, das die Funktionsfähigkeit des Mikroprozessor-Systems überprüfen soll. Es enthält Befehle für die Ein- und Ausgabe von Daten, Load-, Store- und Jump-Befehle sowie Registerbefehle. Die Datei ist hier als WORD-Dokument in Form einer Tabelle erstellt.

Tab. 10.1: Testprogramm test_pro1

ADR	Opcode	Mnemonic/Daten	Bemerkungen
0			
01		0002	
;10			Startadresse
10	0c00	LOAD R0	R0 = 3311
11	0200	ADR	
12	0c40	LOAD R1	R1 = 1133
13	0201	ADR	
14	7840	OUTR R1	OPR = 1133
15	0cc0	LOAD R3	R3 = 2211
16	0203	ADR	
17	d0c0	OUTX R3	OPX = 2211
18	0c80	LOAD R2	R2 = 1122
19	0202	ADR	
1a	5803	COMP R0, R3	R0 = 3311, R3 = 2211, ungleich
1b	4e00	JEQ	Jump nicht ausführen
1c	0060	ADR	
1d	1e00	CALL	Aufruf Unterprogramm
1e	0050	ADR	Startadresse Unterprogramm
1f	78c0	OUTR R3	OPR = 3333
20	5803	COMP R0, R3	R0 = 3333, R3 = 3333, gleich
21	4e00	JEQ	Jump ausführen
22	0060	ADR	
23	f800	STOP	Fehlerstop1
;50			Startadresse Unterprogramm
50	5802	COMP R0, R2	R0 = 3311, R2 = 1122, ungleich
51	904b	AND R1, R1, R3	R1 = 0011
52	9848	OR R1, R1, R0	R1 = 3311
53	a0da	XOR R3, R3, R2	R3 = 3333
54	0c00	LOAD R0	R0 = 3333
55	0204	ADR	
56	b000	RETURN	
57	f800	STOP	Fehlerstop2
;60			Sprungadresse
60	7800	OUTR R0	OPR = 3333
61	1400	STORE R0	M(0205) = 3333
62	0205	ADR	

ADR	Opcode	Mnemonic/Daten	Bemerkungen
63	c840	INX R1	R1 = 0007, IPX = 0007
64	8001	ADD R0, R0, R1	R0 = 333a
65	6800	INC R0	R0 = 333b
66	4800	SHR R0	R0 = 199d
67	5040	SHL R1	R1 = 000e
68	6080	DEC R2	R2 = 1121
69	d000	OUTX R0	OPX = 199d
6a	1e00	CALL	Aufruf Unterprogramm
6b	0100	ADR	Startadresse Unterprogramm
6c	0cc0	LOAD R3	R3 = 3311
6d	0200	ADR	
6e	48c0	SHR R3	R3 = 1988
6f	50c0	SHL R3	R3 = 3310
70	7040	INR R1	R1 = 0010, IPR = 0010
71	80c1	ADD R3, R0, R1	R3 = 19ad
72	d0c0	OUTX R3	OPX = 19ad
73	f800	STOP	Programmende
;100			Startadresse Unterprogramm
100	0cc0	LOAD R3	R3 = 0002
101	0001	ADR	
102	60c0	DEC R3	Dekrement
103	3600	JZ	R3 = 0 ?
104	0107	ADR	
105	2600	JUMP	unbedingter Sprung
106	0102	ADR	
107	b000	RETURN	
108	f800	STOP	Unterprogr. Ende
;200			Datenadressen
200		3311	
201		1133	
202		1122	
203		2211	
204		3333	
205		0011	

In der ersten Spalte ist die Adressierung in Hex-Format eingetragen. Leere Adressen sind durch Nullen zu ergänzen. In der zweiten Spalte steht der Opcode des jeweiligen Befehls und bei Adressbefehlen auch die zugehörige Adresse. Der Adressbereich ist bei den Testprogrammen auf 12-Bit reduziert. Das hat den Vorteil, dass die Datenfiles mit dem verwendeten IP-Core-Generator und der ISE Entwicklungssoftware ohne große Wartezeiten erstellt wurden. Die Adressierung ist jedoch für 16-Bit ausgelegt. In der dritten Spalte ist das Kürzel (Mnemonic) für den jeweiligen Befehl eingetragen. In der zweiten Spalte ist genau das Befehlsformat, das für das Datenfile in Hex-Format benötigt wird. In der letzten Spalte sind die Bemerkungen zu den Operationen angegeben. Für das angegebene Testprogramm wurden die funktionale und die Timing-Simulation durchgeführt. Die Timing-Simulation kann nur durchgeführt werden, wenn vorher für das VHDL-Modell das Synthese-Tool und die „Verdrahtung", d. h. das PAR-Tool (Place and Route) angewendet wurden. Zur Timing-Simulation siehe auch Abb. 10.2 in Kap. 10).

Durchführung der Tests mit dem Demo-Board

Im Fall des Hardwaretests wird ein Testboard verwendet, mit dem der FPGA-Entwurf verifiziert werden soll. Abb. 10.5 zeigt die vereinfachte Testanordnung für das Arbeiten mit dem Demo-Board. Für das Testboard wurde ein Spartan-3-Board von Xilinx verwendet [24]. Das Board besitzt neben Dip-Schaltern, Tastern, LED- und 7-Segment-Anzeigen ein elektrisch löschbares Flash-PROM für das Konfigurationsprogramm. Für das Board wird ein Spartan-3-FPGA mit 200 K Gates (Typ: XC3S200) von Xilinx verwendet. Die Zuordnungen für die Ein- und Ausgangspins vom Testboard zum FPGA werden in einem sog. Constraint-File festgelegt.
Ein Constraint-File ist ein einfaches Textfile, in dem die gewünschten Verbindungen zum FPGA editiert werden können.

Das Constraint-File hat das Format: **name.ucf**

Das Testen mit dem Demo-Board läuft grob in drei Schritten ab:

- Erstellen des Konfigurationsprogramms (Bitstream)
- Laden des FPGAs mit dem Bitstream
- Starten des Testprogramms auf dem Demo-Board

Als Entwicklungssystem wurde die ISE-Software von Xilinx verwendet. Das Konfigurationsprogramm kann erst erstellt werden, wenn der „Place-and-Route"-Prozess abgeschlossen ist. Anschließend kann der Bitstream in das FPGA in die dafür reservierten RAM-Zellen geladen werden.

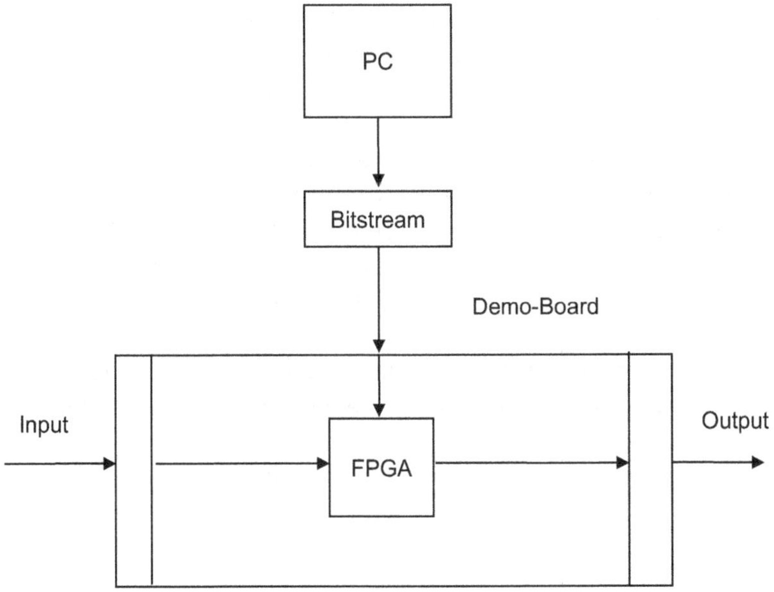

Abb. 10.5: vereinfachter Testaufbau

Das Flash-PROM kann als Speicher für das Konfigurationsprogramm verwendet werden. Dadurch ist man unabhängig vom Entwicklungssystem, nachdem das Flash-PROM geladen ist, außerdem ist der Speicherinhalt nicht flüchtig. Das Starten der Testprogramme kann mit Hilfe von Dip-Schaltern oder Tastern des Demo-Boards realisiert werden. Für den Hardwaretest werden zwei Beispiele näher betrachtet:

- ein einfacher 8-Bit-Dualaddierer
- eine Schrittmotor-Steuerung

Die Testanordnung mit dem Demo-Board zeigt die Darstellung in Abb. 10.6. Mit Hilfe des 8-Bit-Dip-Schalters können die Startadresse für das Maschinenprogramm sowie weitere 8-Bit-Sollwerte in das Input-Register IPR eingegeben werden. Mit der Reset-Taste können alle Register im FPGA gelöscht werden. Mit der Prog-Taste kann das Konfigurationsprogramm vom Flash-PROM in das FPGA geladen werden. Die Tasten IPV (Input Valid) und OPREC (Output Recognized) sind für die Bestätigung der externen Daten-Ein- und Ausgabe. Es existieren außerdem ein Input- und Output-Register IPX und OPX, die keine Ein- und Ausgabebestätigung benötigen. Mit der Taste Start kann das Maschinenprogramm gestartet werden. Das Testprogramm add8_1 für den 8-Bit-Dualaddierer ist in Tabelle 10.2 angegeben. Bedient wird der Addierer über den 8-Bit-Dip-Schalter und die angegebenen Taster auf dem Demo-Board.

Die Datenausgabe für den 8-Bit-Addierer wird über das Output-Register OPX, das außerdem mit einer Sieben-Segment-Anzeige verbunden ist, angezeigt. Das Testprogramm beginnt bei der Startadresse 80 Hex. Nach dem Startsignal wartet das Programm auf eine Eingabe für das Input-Register IPR. Es kann ein 8-Bit-Operand über den Dip-Schalter eingegeben werden (Operand 1). Als Eingabebestätigung wird die Taste IPV betätigt. Der eingegebene Wert wird ins Output-Register OPX geladen und an der Sieben-Segment-Anzeige ausgegeben. Die Anzeige erfolgt im Hex-Format. Das Gleiche wiederholt sich für den Operanden 2. Das Ergebnis der Addition wird im Register R0 und im Output-Register OPX abgelegt und an der Sieben-Segment-Anzeige ausgegeben.
An den LEDs werden Programmzustände angezeigt. Damit die eingegebenen Werte abgelesen werden können, müssen Verzögerungen existieren. Diese Verzögerungen werden in einem Unterprogramm realisiert.
Das Unterprogramm wird jeweils mit dem CALL-Befehl aufgerufen und bei der Adresse 100H gestartet.

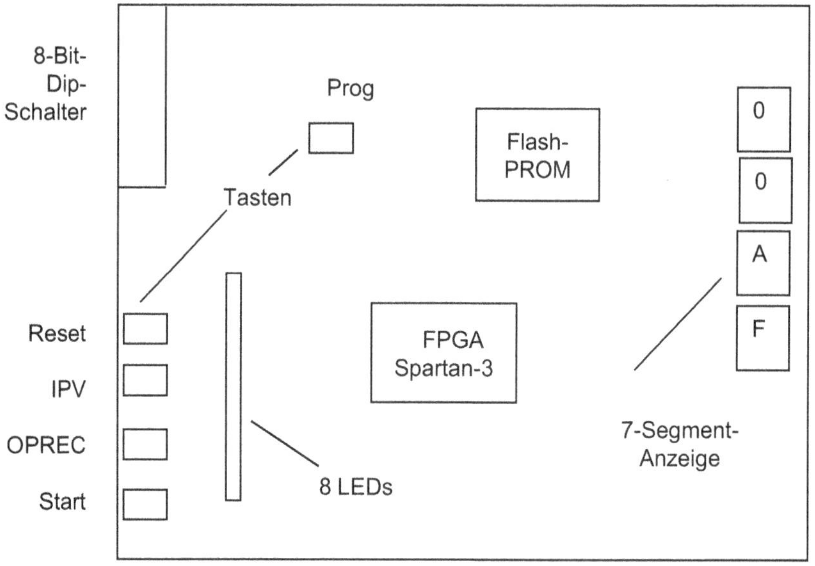

Abb. 10.6: Testanordnung Demo-Board [24]

Bezeichnungen (Demo-Board)

Prog:	Program-Taste, Laden des Konfigurationsprogramms
Reset:	Reset-Taste, globales Reset
IPV:	IPV-Taste, Input Valid
OPREC:	OPREC-Taste, Output Recognized

Start: Start-Taste, Starten des Maschinenprogramms

FPGA: Spartan-3, Typ: XC3S200 von Xilinx

Tab. 10.2: Testprogramm add8_1 für den 8-Bit-Dualaddierer

ADR	Opcode	Mnemonic/Daten	Bemerkungen
0	0000		
1	0000		
2	FFFF		Loop1, 64 K Dekrement
3	0006		Loop2, 6 Dekrement
;80			Startadresse
80	0c00	LOAD R0	R0 = 0000
81	0000	ADR	
82	7040	INR R1	IPR = R1, Operand 1
83	1e00	CALL	Aufruf Unterprogramm
84	0100	ADR_U	Startadresse Unterprogramm
85	d040	OUTX R1	OPX = R1
86	1e00	CALL	Aufruf Unterprogramm
87	0100	ADR_U	Startadresse Unterprogramm
88	7000	INR R0	IPR = R0, Operand 2
89	1e00	CALL	Aufruf Unterprogramm
8a	0100	ADR_U	Startadresse Unterprogramm
8b	d000	OUTX R0	OPX = R0
8c	1e00	CALL	Aufruf Unterprogramm
8d	0100	ADR_U	Startadresse Unterprogramm
8e	8001	ADD R0, R0, R1	R0 ← R0 + R1
8f	1e00	CALL	Aufruf Unterprogramm
90	0100	ADR_U	Startadresse Unterprogramm
91	d000	OUTX R0	OPX = R0, Ergebnis
92	2600	JUMP	Unbedingter Sprung
94	f800	STOP	
;100			Startadresse Unterprogramm
100	0c80	LOAD R2	R2 = 0006
101	0003	ADR	
102	0cc0	LOAD R3	R3 = FFFF
103	0002	ADR	
104	60c0	DEC R3	Loop1, 64 K Dekrement
105	3600	JZ	R3 = 0 ?
106	010a	ADR	

ADR	Opcode	Mnemonic/Daten	Bemerkungen
107	2600	JUMP	Unbedingter Sprung
108	0104	ADR	
109	f800	STOP	
10a	6080	DEC R2	Loop2, 6 Dekrement
10b	3600	JZ	R2 = 0 ?
10c	0110	ADR	
10d	2600	JUMP	Unbedingter Sprung
10e	0102	ADR	
10f	f800	STOP	
110	b000	RETURN	
111	f800	STOP	

Schrittmotor-Steuerung

In Abb. 10.7 ist der vereinfachte Aufbau der Schrittmotor-Steuerung dargestellt. Der Testaufbau enthält folgende Komponenten:

- Spartan-3-Demo-Board
- Controller-Karte für Schrittmotor-Ansteuerung
- Bipolarer Schrittmotor 12V
- Netzteil für 12V Gleichspannung

Die Controller-Karte ist für die Leistungsansteuerung des Schrittmotors notwendig, da die Ausgänge des Demo-Boards nicht so hoch belastet werden können. Der bipolare Schrittmotor wird über Taktimpulse in einem Frequenzbereich von 50 bis 600 Hz angesteuert. In den Wicklungen des Schrittmotors muss eine rotierende Polarität für die Drehung des Rotors erzeugt werden.

Diese Ansteuerung sowie die Anpassung der Taktimpulse werden mit VHDL-Modulen realisiert. Die Controller-Karte bewirkt lediglich eine Leistungsverstärkung. Die vorliegende Schrittmotor-Steuerung soll in einer vereinfachten Form mit einer konstanten Taktfrequenz arbeiten, d. h. es wird auf sog. Start- und Stoprampen verzichtet.

In der Tab. 10.3 ist ein Beispiel für ein Testprogramm (step11) angegeben. Das Maschinenprogramm ist in einen Datenbereich und einen Source-Code-Bereich aufgeteilt. Der Datenbereich enthält die Sollwerte für die Schrittmotor-Ansteuerung sowie Konstanten für das Programm. Das Programm wird über die Taste IPV (Input Valid) gestartet, die Eingabe ist in diesem Fall beliebig. Anschließend werden die Sollwerte nacheinander eingelesen und über das Output-Register OPX ausgegeben. Die Sollwerte sind im Hexformat angegeben.

Tab. 10.3: Testprogramm step11

ADR	Opcode	Mnemonic/Daten	Bemerkungen
0	0000		
1	1000		OPX(12), CE
2	0000		
3	0000		
4	0000		
5	4000		OPX(14), Start
6	FFFF		Loop
7	0003		Loop
8	0010		Loop
9	0064	ADR1/Sollw.1	Sollwert: 0.5 Umdrehung rechts
A	2064	ADR2/Sollw.2	Sollwert: 0.5 Umdrehung links
B	00c8	ADR3/Sollw.3	Sollwert: 1 Umdrehung rechts
C	20c8	ADR4/Sollw.4	Sollwert: 1 Umdrehung links
D	012c	ADR5/Sollw.5	Sollwert: 1.5 Umdrehung rechts
E	212c	ADR6/Sollw.6	Sollwert: 1.5 Umdrehung links
F	0190	ADR7/Sollw.7	Sollwert: 2 Umdrehungen rechts
10	2190	ADR8/Sollw.8	Sollwert: 2 Umdrehungen links
11	0320	ADR9/Sollw.9	Sollwert: 4 Umdrehungen rechts
12	2320	ADR10/Sollw.10	Sollwert: 4 Umdrehungen links
;80			Startadresse
80	0c00	LOAD R0	Sollwert einlesen/sollw.1
81	0009	ADR1	
82	7040	INR R1	Befehl hat nur Start-Funktion
83	1e00	CALL	
84	0100	ADR_U1	ADR Unterprogramm1
85	1e00	CALL	
86	0200	ADR_U2	ADR Unterprogramm2
87	0c00	LOAD R0	Sollwert einlesen/Sollw.2
88	000a	ADR2	
89	1e00	CALL	
8a	0100	ADR_U1	ADR Unterprogramm1
8b	1e00	CALL	
8c	0200	ADR_U2	ADR Unterprogramm2
8d	0c00	LOAD R0	Sollwert einlesen/Sollw.3
8e	000b	ADR3	
8f	1e00	CALL	

ADR	Opcode	Mnemonic/Daten	Bemerkungen
90	0100	ADR_U1	ADR Unterprogramm1
91	1e00	CALL	
92	0200	ADR_U2	ADR Unterprogramm2
93	0c00	LOAD R0	Sollwert einlesen/Sollw.4
94	000c	ADR4	
95	1e00	CALL	
96	0100	ADR_U1	ADR Unterprogramm1
97	1e00	CALL	
98	0200	ADR_U2	ADR Unterprogramm2
99	0c00	LOAD R0	Sollwert einlesen/Sollw.5
9a	000d	ADR5	
9b	1e00	CALL	
9c	0100	ADR_U1	ADR Unterprogramm1
9d	1e00	CALL	
9e	0200	ADR_U2	ADR Unterprogramm2
9f	0c00	LOAD R0	Sollwert einlesen/Sollw.6
A0	000e	ADR6	
A1	1e00	CALL	
A2	0100	ADR_U1	ADR Unterprogramm1
A3	1e00	CALL	
A4	0200	ADR_U2	ADR Unterprogramm2
A5	0c00	LOAD R0	Sollwert einlesen/Sollw.7
A6	000f	ADR7	
A7	1e00	CALL	
A8	0100	ADR_U1	ADR Unterprogramm1
A9	1e00	CALL	
Aa	0200	ADR_U2	ADR Unterprogramm2
Ab	0c00	LOAD R0	Sollwert einlesen/Sollw.8
Ac	0010	ADR8	
Ad	1e00	CALL	
Ae	0100	ADR_U1	ADR Unterprogramm1
Af	1e00	CALL	
B0	0200	ADR_U2	ADR Unterprogramm2
B1	0c00	LOAD R0	Sollwert einlesen/Sollw.9
B2	0011	ADR9	
B3	1e00	CALL	
B4	0100	ADR_U1	ADR Unterprogramm1
B5	1e00	CALL	

ADR	Opcode	Mnemonic/Daten	Bemerkungen
B6	0200	ADR_U2	ADR Unterprogramm2
B7	0c00	LOAD R0	Sollwert einlesen/Sollw.10
B8	0012	ADR10	
B9	1e00	CALL	
Ba	0100	ADR_U1	ADR Unterprogramm1
Bb	1e00	CALL	-
Bc	0200	ADR_U2	ADR Unterprogramm2
Bd	2600	JUMP	Unbedingter Sprung
Be	0080	ADR	
;100			Startadresse Unterprogramm1
100	0c40	LOAD R1	R1 = 1000, CE
101	0001	ADR	
102	8001	ADD R0,R0,R1	
103	d000	OUTX R0	Sollwert und CE ausgeben
104	0cc0	LOAD R3	R3 = FFFF
105	0006	ADR	
106	60c0	DEC R3	Dekrement R3
107	3600	JZ	R3 = 0 ?
108	010c	ADR	
109	2600	JUMP	Unbedingter Sprung
10a	0106	ADR	
10b	f800	STOP	
10c	0d00	LOAD R4	R4 = 4000, Start
10d	0005	ADR	
10e	8004	ADD R0, R0, R4	
10f	d000	OUTX R0	Sollwert und Start ausgeben
110	0c80	LOAD R2	R2 = 0010/ 0020
111	0008	ADR	
112	0cc0	LOAD R3	R3 = FFFF
113	0006	ADR	
114	60c0	DEC R3	Dekrement R3
115	3600	JZ	R3 = 0 ?
116	011a	ADR	
117	2600	JUMP	Unbedingter Sprung
118	0114	ADR	
119	f800	STOP	
11a	6080	DEC R2	Dekrement R2
11b	3600	JZ	R2 = 0 ?

ADR	Opcode	Mnemonic/Daten	Bemerkungen
11c	0120	ADR	
11d	2600	JUMP	Unbedingter Sprung
11e	0112	ADR	
11f	f800	STOP	
120	c840	INX R1	Istwert-Status einlesen
121	0c00	LOAD R0	R0 = 0000
122	0000	ADR	
123	8001	ADD R0, R0, R1	
124	4600	JN	Ist MSB = 1 ? (Soll = Ist)
125	0129	ADR	
126	2600	JUMP	Unbedingter Sprung
127	0120	ADR	
128	f800	STOP	
129	0c00	LOAD R0	R0 = 0000
12a	0000	ADR	
12b	d000	OUTX R0	OPX löschen
12c	b000	RETURN	
12d	f800	STOP	
;200			Startadresse Unterprogramm2
200	0c80	LOAD R2	R2 = 0003
201	0007	ADR	
202	0cc0	LOAD R3	R3 = FFFF
203	0006	ADR	
204	60c0	DEC R3	Dekrement R3
205	3600	JZ	R3 = 0 ?
206	020a	ADR	
207	2600	JUMP	Unbedingter Sprung
208	0204	ADR	
209	f800	STOP	
20a	6080	DEC R2	Dekrement R2
20b	3600	JZ	R2 = 0 ?
20c	0210	ADR	
20d	2600	JUMP	Unbedingter Sprung
20e	0202	ADR	
20f	f800	STOP	
210	b000	RETURN	
211	f800	STOP	

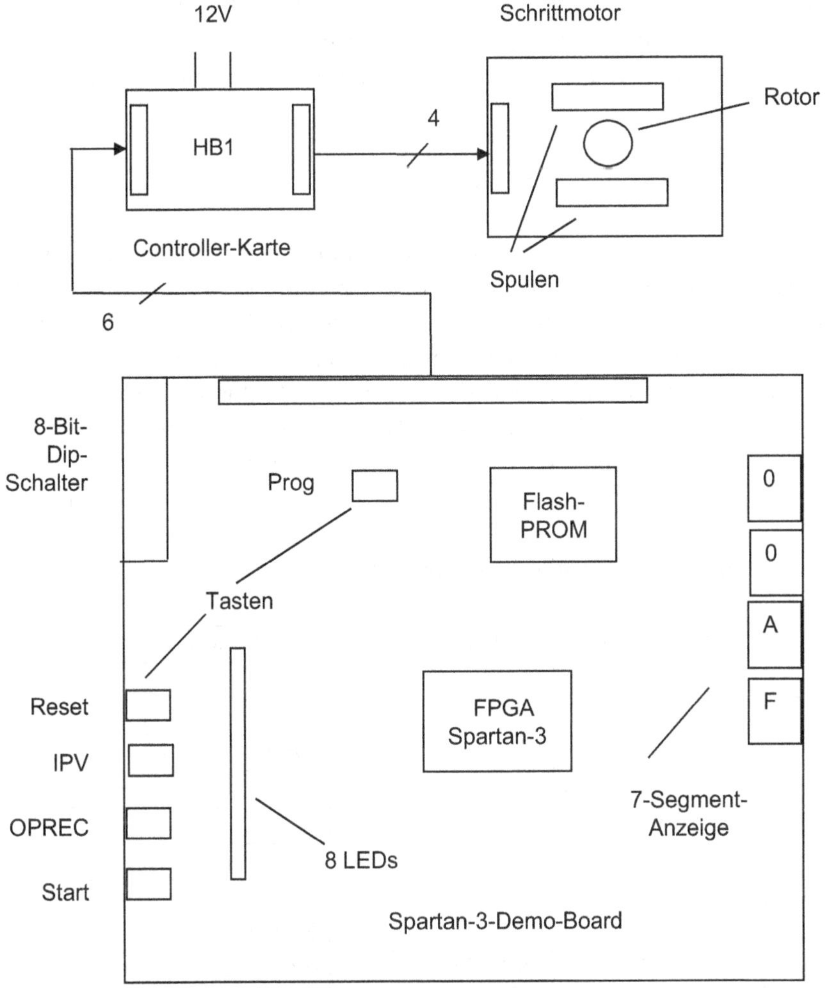

Abb. 10.7: Testaufbau für die Schrittmotor-Steuerung

10.5 Testen des 16-Bit-Mikroprozessor-Systems (MPU16B_S)

Das digitale System soll nach folgenden Methoden getestet werden:

- Funktionale Simulation
- Timing-Simulation
- Hardwaretest (Demo-Board)

Für das Mikroprozessor-System (MPU16B_S) gilt das gleiche Blockdiagramm wie für das System MPU16A_S (Kap. 4, Abb. 4.3). Die Simulationen werden wie bei dem

System MPU16A_S mit Hilfe von Testbenches durchgeführt. Für die Erstellung des RAMs und dem Laden von Testprogrammen wird ein IP-Core-Generator von Xilinx verwendet [22]. Zum Testen des Systems werden zwei Beispiele für Testprogramme betrachtet:

- Testprogramm test_pro4
- Testprogramm step12 (Demo-Board)

Für das erste Testprogramm test_pro4 wird sowohl die funktionale als auch die Timing-Simulation angewendet. In dem Testprogramm sind die erweiterten Befehle des Prozessors (MPU16B) eingebaut. Ein Auszug aus dem Maschinenprogramm ist in Tabelle 10.4 zu sehen. Das gesamte Testprogramm ist im Anhang angegeben. Die Bedingungen für die Timing-Simulation sind in Abb. 10.2 in Kap. 10 aufgelistet. An dieser Stelle ist auch der Baustein für die Hardware Realisierung bekannt. Hier wurde ein Baustein der Spartan-3-Serie der Firma Xilinx eingesetzt.

Tab. 10.4: Auszug aus dem Testprogramm test_pro4

ADR	Opcode/Daten	Mnemonic	Bemerkungen
0			
1	200		
;5			Datenadressen
5	105		
6	250		
7	260		
8	100		
;10			Startadresse
10	0dc0	LOAD R7	R7 = 200
11	0001	ADR	
12	2a38	JUMP (R7)	JUMP (200)
13	f800	STOP	
;200			Sprungadresse
200	0dc0	LOAD R7	R7 = 105
201	0005	ADR	
202	1a38	LOAD R0, (R7)	R0 = 3311
203	69c0	INC R7	R7 = 106
....		....	
20c	0dc0	LOAD R7	R7 = 250
20d	0006	ADR	

ADR	Opcode/Daten	Mnemonic	Bemerkungen
20e	5a38	CALL (R7)	CALL (250)
20f	78c0	OUTR R3	OPR = 3333
;250			ADR Unterprogramm
250	5802	COMP R0, R2	R0 = 3311, R2 = 1122
251	904b	AND R1, R1, R3	R1 = 0011
252	9848	OR R1, R1, R0	R1 = 3311
253	a0da	XOR R3, R3, R2	R3 = 3333
254	0c00	LOAD R0	R0 = 1122
255	0107	ADR	
256	b000	RETURN	
257	f800	STOP	
;260			Sprungadresse
260	7800	OUTR R0	OPR = 1122
261	0dc0	LOAD R7	R7 = 100
262	0008	ADR	
263	2238	STOREI (R7), R0	(100) = 1122
....		....	
28c	d040	OUTX R1	OPX = 0010
28d	f800	STOP	
;100			Datenadressen
100	1111		
101	2222		
102	3333		
103	4444		
104	5555		
....	....		

Das Testprogramm wird bei der Speicheradresse 10H gestartet. Bei dem Load-Befehl wird in Register R7 der Inhalt der Speicheradresse 1 geladen. Bei dem folgenden Jump-Befehl erfolgt eine Register indirekte Adressierung auf die Speicheradresse 200H. Bei dieser Adresse beginnt das Hauptprogramm. In dem Testprogramm sind die wichtigsten Befehle der MPU16B zusammengestellt. In dem Programm sind auch Erläuterungen zu den Befehlen mit angegeben.

Für die bereits verwendete Schrittmotor-Steuerung wurde das Testprogramm step12 erstellt. Es ist das alte Testprogramm step11 mit den erweiterten Adressierungsbefehlen der MPU16B. Das Testen wird wieder mit dem Demo-Board Spartan-3 durch-

geführt. Es sind keine Änderungen auf dem Demo-Board notwendig. Der IP-Core für das Blockram wird lediglich mit dem neuen Testprogramm step12.coe geladen.
Beim Vergleich mit dem Testprogramm step11 ist zu erkennen, dass der Source-Code für das Hauptprogramm durch die neuen Adressierungsbefehle der MPU16B erheblich reduziert werden konnte. Die Steuerung kann außerdem duch die zusätzlichen Adressierungsbefehle variabler gestaltet werden.

10.6 Testen des 16-Bit-Mikroprozessor-Systems (MPU16P_S)

Das digitale System soll nach folgenden Methoden getestet werden:
- Funktionale Simulation
- Timing Simulation

Das Mikroprozessor-System ist in Kap. 7 in Abb. 7.12 dargestellt. Die Simulationen werden wie bei den bereits behandelten Systemen mit Hilfe von Testbenches durchgeführt. Die Testprogramme werden aus dem Befehlssatz des MPU16P erstellt. Der 7-Bit-Opcode ist identisch mit dem Befehlssatz des Prozessors MPU16A. Die Befehlsformate unterscheiden sich jedoch voneinander. Der Prozessor MPU16P hat ein 24-Bit-Befehlsformat, im Gegensatz zum 16-Bit-Befehlsformat des MPU16A. Zum Vergleich der beiden Prozessoren soll das Testprogramm test_pro1 (Tabelle 10.1) verwendet werden. Das Testprogramm muss entsprechend dem 24-Bit-Befehlsformat angepasst werden. Das so geänderte Programm (test_pipe5) ist in Tabelle 10.5 aufgelistet. Das Befehlsformat der Registerbefehle beim MPU16P enthält bei den niederen 8 Bit don't-care-Werte, die nicht genutzt werden. Diese 8 Bit können mit Nullen ergänzt werden. Die Registerbefehle des Mikroprozessors MPU16A können somit direkt für den MPU16P übernommen werden. Der 16-Bit-Opcode wird lediglich durch Anhängen der Nullen zum 24-Bit-Opcode ergänzt. Der gesamte 24-Bit-Opcode für die Befehle ist in der zweiten Spalte angegeben. In der dritten Spalte sind die Mnemonic-Kürzel aufgelistet. In der rechten Spalte sind Erklärungen für die Befehlsausführung angegeben. Für den jeweiligen Befehl ist nur ein Speicherzugriff auf den Programmbereich (RAMA) notwendig. Werden Operanden benötigt, so ist ein extra Speicherzugriff auf den Datenbereich (RAMB) auszuführen. Die beiden Testprogramme führen ansonsten die gleichen Befehle aus. Ein Vergleich der funktionalen Simulation für beide Mikroprozessoren führt zu dem Ergebnis, dass beim MPU16P die Befehlsausführung etwa um den Faktor drei schneller abläuft, d. h. der Speedup-Faktor liegt bei 2.9, wenn man das Testprogramm (test_pipe5) in Tabelle 10.5 zugrunde legt. Es sind 38 Befehle, deren Pipelinestufen zwischen eins und fünf liegen. Das würde im Mittel einer dreistufigen Befehlspipeline entsprechen. Diese Aussage kann jedoch nur als Abschätzung genommen werden. Es muss auch berücksichtigt werden, dass durch die eingebauten Wartezyklen der Beschleunigungsfaktor (Speedup) verringert wird.

Vergleicht man die beiden obigen Testprogramme für die jeweiligen Mikroprozessoren so kommt man zu dem Ergebnis, dass beim MPU16P die Befehle um den Faktor drei schneller abgearbeitet werden.
Das Testprogramm test_pipe5 wurde mit der funktionalen und der Timing-Simulation getestet. Damit die Timing-Simulation durchgeführt werden kann, muss zunächst die Schaltung (MPU16P_S) im FPGA zugeordnet und „verdrahtet" (Place and Route) werden. Es wurde der Baustein XC3s200 der Firma Xilinx verwendet. Die Taktfrequenz für den Prozessor MPU16P betrug 12,5 MHz. Optimierungsgesichtspunkte wurden dabei nicht berücksichtigt.

Tab. 10.5: Testprogramm test_pipe5

ADR	Opcode	Mnemonic/Daten	Bemerkungen
0			
01		0002	
;10			Startadresse
10	0c0200	LOAD R0, 200	R0 = 3311
11	0c4201	LOAD R1, 201	R1 = 1133
12	784000	OUTR R1	OPR = 1133
13	0cc203	LOAD R3, 203	R3 = 2211
14	d0c000	OUTX R3	OPX = 2211
15	0c8202	LOAD R2, 202	R2 = 1122
16	580300	COMP R0, R3	R0 = 3311, R3 = 2211, ungleich
17	4e0060	JEQ, 060	EQ = 0, Jump nicht ausführen
18	1e0050	CALL, 050	Aufruf Unterprogramm
19	78c000	OUTR R3	OPR = 3333
1a	580300	COMP R0, R3	R0 = 3333, R3 = 3333, gleich
1b	4e0060	JEQ, 060	EQ = 1, Jump ausführen
1c	f80000	STOP	Fehlerstop1
;50			Startadresse Unterprogramm
50	580200	COMP R0, R2	R0 = 3311, R2 = 1122, ungleich
51	904b00	AND R1, R1, R3	R1 = 0011
52	984800	OR R1, R1, R0	R1 = 3311
53	a0da00	XOR R3, R3, R2	R3 = 3333

ADR	Opcode	Mnemonic/Daten	Bemerkungen
54	0c0204	LOAD R0, 204	R0 = 3333
55	b00000	RETURN	
56	f80000	STOP	Fehlerstop2
;60			Sprungadresse
60	780000	OUTR R0	OPR = 3333
61	140205	STORE R0, 205	M(0205) = 3333
62	c84000	INX R1	R1 = 0007, IPX = 0007
63	800100	ADD R0, R0, R1	R0 = 333a
64	680000	INC R0	R0 = 333b
65	480000	SHR R0	R0 = 199d
66	504000	SHL R1	R1 = 000e
67	608000	DEC R2	R2 = 1121
68	d00000	OUTX R0	OPX = 199d
69	1e0100	CALL, 100	Aufruf Unterprogramm
6a	0cc200	LOAD R3, 200	R3 = 3311
6b	48c000	SHR R3	R3 = 1988
6c	50c000	SHL R3	R3 = 3310
6d	704000	INR R1	R1 = 0010, IPR = 0010
6e	80c100	ADD R3, R0, R1	R3 = 19ad
6f	d0c000	OUTX R3	OPX = 19ad
70	f80000	STOP	Programmende
;100			Startadresse Unterprogramm
100	0cc001	LOAD R3, 001	R3 = 0002
101	60c000	DEC R3	
102	360104	JZ, 104	R3 = 0?
103	260101	JUMP, 101	unbedingter Sprung
104	b00000	RETURN	
105	f80000	STOP	Fehlerstop3
;200			Adressen für Daten
200		3311	

ADR	Opcode	Mnemonic/Daten	Bemerkungen
201		1133	
202		1122	
203		2211	
204		3333	
205		0011	

Die Simulationen wurden mit dem Simulator ModelSim der Firma Model Technology sowie mit dem Simulator der Firma Xilinx durchgeführt.
Im Anhang befinden sich weitere Testprogramme, die den gesamten Befehlssatz der MPU16P berücksichtigen.

Anhang

A.1 Verwendete Entwicklungssoftware (CAD/CAE-Tools)

Komplexe digitale Systeme werden heutzutage mit Hilfe von leistungsfähigen Entwicklungstools, den so genannten CAD- (Computer Aided Design) bzw. CAE- (Computer Aided Engineering) Tools erstellt. Hier wurde für den gesamten VHDL-Entwurf mit den Entwurfssystemen ISE Design Suite (Versionen 11.1 und 14.4) sowie Vivado 2014.2 der Firma Xilinx gearbeitet. Der darin enthaltene Projekt-Navigator dient der Verwaltung eigener Entwürfe. Vom Project Navigator lassen sich verschiedene Programme wie z. B. den Eingabe-Editor, den Simulator ModelSim (Model Technology), das Synthese-Tools, das „Place-and-Route"-Tool oder den IP-Core-Generator aufrufen. Eine Lehrversion der ISE-Software von Xilinx ist als Webpack im Internet kostenlos erhältlich [25, 26].

Der Simulator

Für den gesamten Prozessorentwurf wurden die Simulatoren ModelSim der Firma Model Technology sowie der Xilinx Simulator verwendet. Der Simulator von Xilinx ist in der ISE Software enthalten. Der Simulator ModelSim kann in die ISE Software integriert werden. Lehrversionen werden dazu von der Firma Model Technology im Internet als Studenten-Versionen angeboten. Mit den Simulatoren kann sowohl die funktionale als auch die Timing-Simulation durchgeführt werden [13]

Es besteht auch die Möglichkeit, mit Hilfe einer Testbench und Stimuli-Dateien zu arbeiten (siehe Kap. 8, Testmethoden). Dadurch kann die Durchführung der Simulation erheblich vereinfacht werden.

A.2 Synthese-Berichte für die 12-Bit-Programmzähler

Im Folgenden sind die Synthese-Auszüge für die Beispiele 1/2 der Program-Counter aus Kap. 3 aufgelistet. Es wird nur ein kleiner Auszug des sehr ausführlichen Berichtes gezeigt. In diesen Berichten kann man erkennen, ob der gewählte VHDL-Code für die vorhandenen Hardware-Ressourcen geeignet ist. Im vorliegenden Beispiel wurde ein programmierbarer Baustein (FPGA) vom Typ Spartan-3 (Xilinx) verwendet. Die Synthese ist die erste Realisierungsstufe beim Schaltungs-Design. Hier können Optimierungsparameter gesetzt und Optimierungsziele vorgegeben werden. Der Auszug aus dem Synthese-Bericht soll zeigen, dass ein VHDL-Modell immer in Verbindung mit der vorhandenen Ziel-Hardware gesehen werden muss.

Auszug aus dem Synthese-Report für Beispiel1 (Kap. 3)

HDL Synthesis

========================

Selected Device : 3s200ft256-5

Number of Slices:	7	out of	1920	0 %
Number of Slice Flip Flops:	12	out of	3840	0 %
Number of 4 input LUTs:	13	out of	3840	0 %
Number of bonded IOBs:	28	out of	173	16 %
Number of GCLKs:	1	out of	8	12 %

==

Timing Summary:

Minimum period: 3.825ns (Maximum Frequency: 261.407 MHz)
Minimum input arrival time before clock: 5.038 ns
Maximum output required time after clock: 6.280 ns

Auszug aus dem Synthese-Report für Beispiel2 (Kap. 3)

HDL Synthesis

========================

Selected Device: 3s200ft256-5

Number of Slices:	19	out of	1920	0 %
Number of Slice Flip Flops:	12	out of	3840	0 %
Number of 4 input LUTs:	34	out of	3840	0 %
Number of bonded IOBs:	28	out of	173	16 %
Number of GCLKs:	1	out of	8	12 %

Timing Summary:

Minimum period: 5.297ns (Maximum Frequency: 188.793 MHz)
Minimum input arrival time before clock: 3.425 ns
Maximum output required time after clock: 6.314 ns

Anmerkungen zu den Syntheseberichten

Bei einem Vergleich der beiden Syntheseberichte der 12-Bit-Counter stellt man folgendes fest:
In Beispiel1 wird der Counter mit einem 12-Bit-Aufwärtszähler (up counter) realisiert. In Beispiel2 wird ein 12-Bit-Register, 12-Bit-Addierer und ein 12-Bit-Multiplexer verwendet. Der Aufwand der Ressourcen ist in Beispiel2 ca. doppelt so hoch wie in Beispiel1. Der Zähler in Beispiel1 kann mit 261 MHz getaktet werden, in Beispiel2 mit

188 MHz. Dieser einfache Vergleich zeigt, dass bei einer Optimierung der Ziel-Hardware die Syntheseberichte immer beachtet werden sollten [25].

A.3 Standardisiertes Logikwertsystem IEEE 1164 [12]

Die folgende Tabelle zeigt die verschiedenen Treiberstärken im neunwertigen Logikwertsystem.

Tab. A.3.1: Treiberstärken

Wert	Bedeutung	Verwendung
'U'	„nicht initialisiert“	Nicht initialisiertes Signal im Simulator.
'X'	„stark unbestimmt“	Simulator erkennt mehr als einen aktiven Signaltreiber (Buskonflikt).
'0'	„starke logische“ '0'	Entspricht '0' eines bit-Signals.
'1'	„starke logische“ '1'	Entspricht '1' eines bit-Signals.
'Z'	„hochohmig“ 'Z'	Tri-State-Zustand
'W'	„schwach unbestimmt“	Simulator erkennt Buskonflikt zwischen 'L' und 'H'
'L'	„schwache logische“ '0'	Ausgang mit Pull-down-Widerstand (Open Source).
'H'	„schwache logische“ '1'	Ausgang mit Pull-up-Widerstand (Open Drain).
'-'	don't-care-Wert	Logikzustand bedeutungslos; kann für Minimierung verwendet werden.

Mit Hilfe der folgenden Tabelle A.3.2 kann die jeweilige Wertzuweisung beim Auftreten verschiedener Treiberstärken auf einer Signalleitung bestimmt werden. Die Auflösungsfunktion ist in Form einer Tabelle gegeben. Die resultierende Treiberstärke auf einer Signalleitung kann aus der Tabelle abgelesen werden. Die zugewiesene Treiberstärke liegt im Schnittpunkt zwischen der waagerechten und senkrechten Linie der beiden einzusetzenden Treiberstärken.

Beispiel:
auf einer Leitung liegen die Treiberstärken: '1' und 'Z'
die resultierende Treiberstärke ist dann: '1'

Tab. A.3.2: Auflösungsfunktion [12]

	U	**X**	**0**	**1**	**Z**	**W**	**L**	**H**	**--**
U	U	U	U	U	U	U	U	U	U
X	U	X	X	X	X	X	X	X	X
0	U	X	0	X	0	0	0	0	X
1	U	X	X	1	1	1	1	1	X
Z	U	X	0	1	Z	W	L	H	X
W	U	X	0	1	W	W	W	W	X
L	U	X	0	1	L	W	L	W	X
H	U	X	0	1	H	W	W	H	X
--	U	X	X	X	X	X	X	X	X

A.4 Tabellen für den Befehlscode des 16-Bit-Prozessors (MPU16A)

Die Befehlsformate sind im Folgenden abgebildet. Bei Befehlen mit einem Zielregister RD = R0,......, R7 können die zugehörigen Opcodes für das Befehlsformat direkt aufgelistet werden. An dem Befehlsformat ist zu erkennen, dass in diesem Fall nur der 7-Bit-Opcode für den Befehl OPC(6:0) und das Zielregister RD(8:6) relevant sind. Die restlichen 6 Bit für RA und RB können beliebige Werte, d. h. don't-care-Werte annehmen. Zur besseren Übersicht werden diese 6 Bit einfach '0' gesetzt. Die Opcodes für diese Befehle sind im Hex-Format in Tabelle A.4.1 zusammengestellt. Die Groß- oder Kleinschreibung ist beliebig.

Befehlsformat (16 Bit) für Registerbefehle mit einem Zielregister RD

OPC (15:9)							RD (8:6)			RA (5:3)			RB (2:0)		
										X	X	X	X	X	X
15						9	8		6	5		3	2		0

OPC(15:9): Opcode für den Befehl
RD(8:6), RA(8:6), RB(2:0): Arbeitsregister
RD, RA, RB: Registerauswahl R0,......,R7

Bei Load- und Store-Befehlen können die Befehlskombinationen ebenfalls direkt bis auf eine 16-Bit-Adresse angegeben werden, wobei die don't-care-Werte auf '0' gesetzt wurden (siehe Tabelle A.4.1).

Load/Store-Befehle (Befehlsformat 16 Bit)

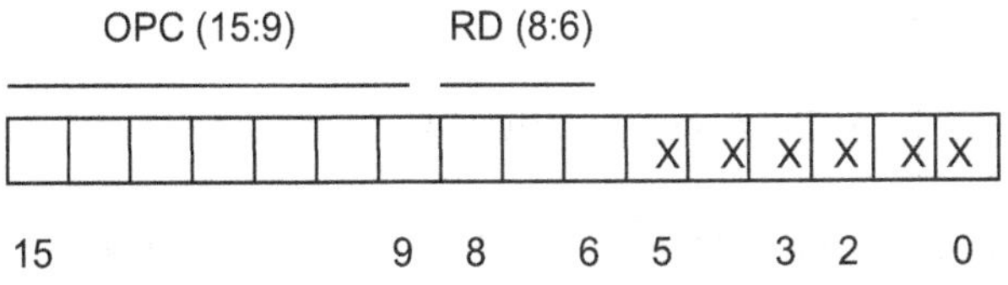

Adresse (16 Bit)

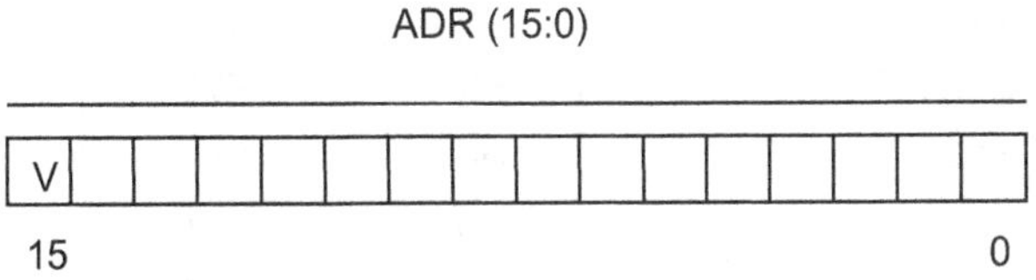

Bei den reinen Adressbefehlen werden nur der 7-Bit-Opcode OPC(6:0) und eine 16-Bit-Adresse benötigt. Die Befehle können ebenfalls direkt bis auf die Adresse angegeben werden. Die restlichen 9 Bit sind in der Tabelle A.4.1 auf '0' gesetzt.

Adress-Befehle (Befehlsformat 16 Bit)

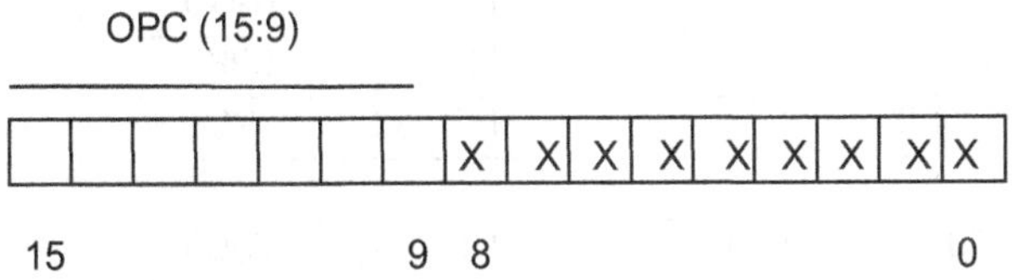

Register-Befehle (Befehlsformat 16 Bit)

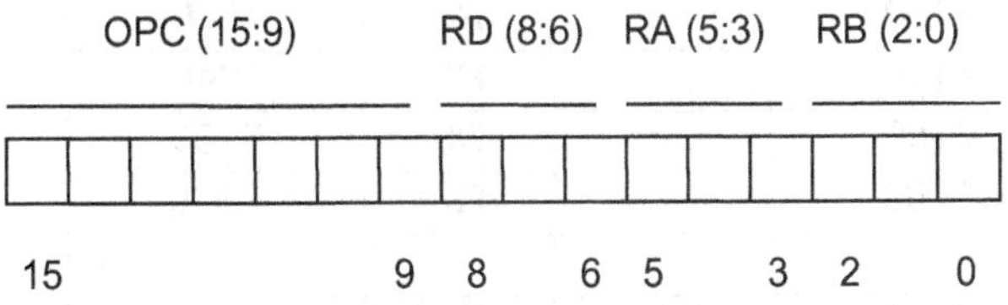

Bei den Registerbefehlen mit 2- oder 3-Registeradressen macht es keinen Sinn, alle Kombinationen für den Opcode anzugeben. Bei 3-Registerbefehlen sind es z. B. 512 Kombinationen pro Befehl. In diesem Fall müssen für jeden Maschinenbefehl die jeweiligen Registeradressen in das unten angegebene Befehlsformat eingesetzt werden.
Für den Mikroprozessor MPU16P können die Registerbefehle direkt übernommen werden, sie werden nur durch zwei Nullen ergänzt.

Tab. A.4.1: (1) Zusammenstellung der Opcodes der MPU16A

Befehl	RD	Opcode(Hex)	Befehl	RD	Opcode(Hex)
SHR	R0	4800	SHL	R0	5000
	R1	4840		R1	5040
	R2	4880		R2	5080
	R3	48C0		R3	50C0
	R4	4900		R4	5100
	R5	4940		R5	5140
	R6	4980		R6	5180
	R7	49C0		R7	51C0
DEC	R0	6000	INC	R0	6800
	R1	6040		R1	6840
	R2	6080		R2	6880
	R3	60C0		R3	68C0
	R4	6100		R4	6900
	R5	6140		R5	6940
	R6	6180		R6	6980
	R7	61C0		R7	69C0
INR	R0	7000	OUTR	R0	7800
	R1	7040		R1	7840
	R2	7080		R2	7880
	R3	70C0		R3	78C0
	R4	7100		R4	7900
	R5	7140		R5	7940
	R6	7180		R6	7980
	R7	71C0		R7	79C0
CLR	R0	B800	CPL	R0	C000

Befehl	RD	Opcode(Hex)	Befehl	RD	Opcode(Hex)
	R1	B840		R1	C040
	R2	B880		R2	C080
	R3	B8C0		R3	C0C0
	R4	B900		R4	C100
	R5	B940		R5	C140
	R6	B980		R6	C180
	R7	B9C0		R7	C1C0

Tab. A.4.1: (2) Zusammenstellung der Opcodes der MPU16A

Befehl	RD	Opcode(Hex)	Befehl	RD	Opcode(Hex)
INX	R0	C800	OUTX	R0	D000
	R1	C840		R1	D040
	R2	C880		R2	D080
	R3	C8C0		R3	D0C0
	R4	C900		R4	D100
	R5	C940		R5	D140
	R6	C980		R6	D180
	R7	C9C0		R7	D1C0
LOAD	RD, m	Opcode, m	STORE	m, RD	Opcode, m
	R0	0C00		R0	1400
	R1	0C40		R1	1440
	R2	0C80		R2	1480
	R3	0CC0		R3	14C0
	R4	0D00		R4	1500
	R5	0D40		R5	1540
	R6	0D80		R6	1580
	R7	0DC0		R7	15C0
Jump-Befehle		Opcode, m	RETURN		Opcode
JUMP m		2600			B000
JC		2E00	STOP		Opcode
JZ		3600			F800
JOV		3E00	NOP		Opcode
JN		4600			0000

Befehl	RD	Opcode(Hex)	Befehl	RD	Opcode(Hex)
JEQ		4E00			
ADR-Befehle		Opcode, m			
INM		5600			
OUTM		5E00			
CALL		1E00			

A.5 Das 12-Bit-Mikroprozessor-System (MPU12_S)

Dieser Abschnitt enthält eine kurze Zusammenfassung mit Erläuterungen zu den Abbildungen A.5.1 bis A.5.5 des FPGA-Entwurfs. Der Entwurf wurde mit dem ISE Project Navigator von Xilinx erstellt [25]. Die Blockdiagramme wurden mit den Tools des Project Navigators generiert. Sie sind eine sehr nützliche Hilfe, den strukturierten Entwurf graphisch darzustellen. Bedingung für die Darstellung als Blockdiagramm ist ein synthetisierbarer VHDL-Code. Es wurde darauf geachtet, das die Bezeichnungen der Blockdiagramme in den abgebildeten Screenshots mit den Bezeichnungen beim jeweiligen Entwurf übereinstimmen. Dadurch ist eine Zuordnung der Funktionsblöcke beim Entwurf und der synthetisierten Schaltung leichter möglich. Die Darstellungen der Screenshots sollen nur einen Überblick über den Umfang und die Struktur des Entwurfs geben. Einzelheiten und Blockinhalte können nur beim Rechnerentwurf mit Hilfe des Monitors erkannt werden.

Blockdiagramm des 12-Bit-Mikroprozessor-Systems

Das Blockdiagramm enthält die Komponenten:
Taktgenerator CLK_MOD (CLK_MOD1)
12-Bit-RAM-Speicher RAM12_2 (RAM12-1A)
12-Bit-Prozessor MPU12 (MPU12_1)

Die Bezeichnungen im Blockdiagramm Abb. A.5.1 geben die instanziierten Komponenten in den VHDL-Modellen an. In Klammern sind die Label angegeben, die im VHDL-Code verwendet werden.

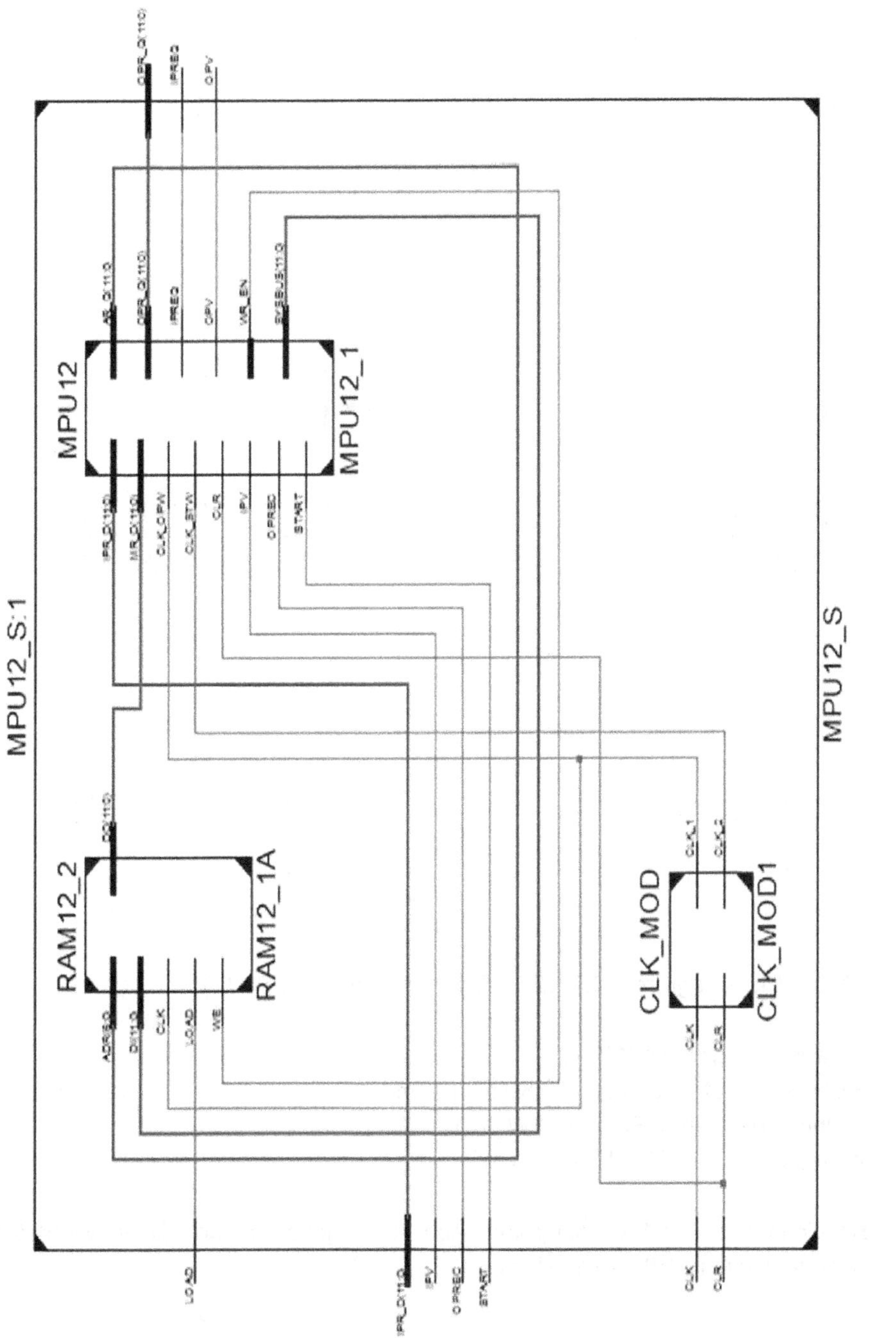

Abb. A.5.1: Blockdiagramm des 12-Bit-Mikroprozessor-Systems (MPU12_S)

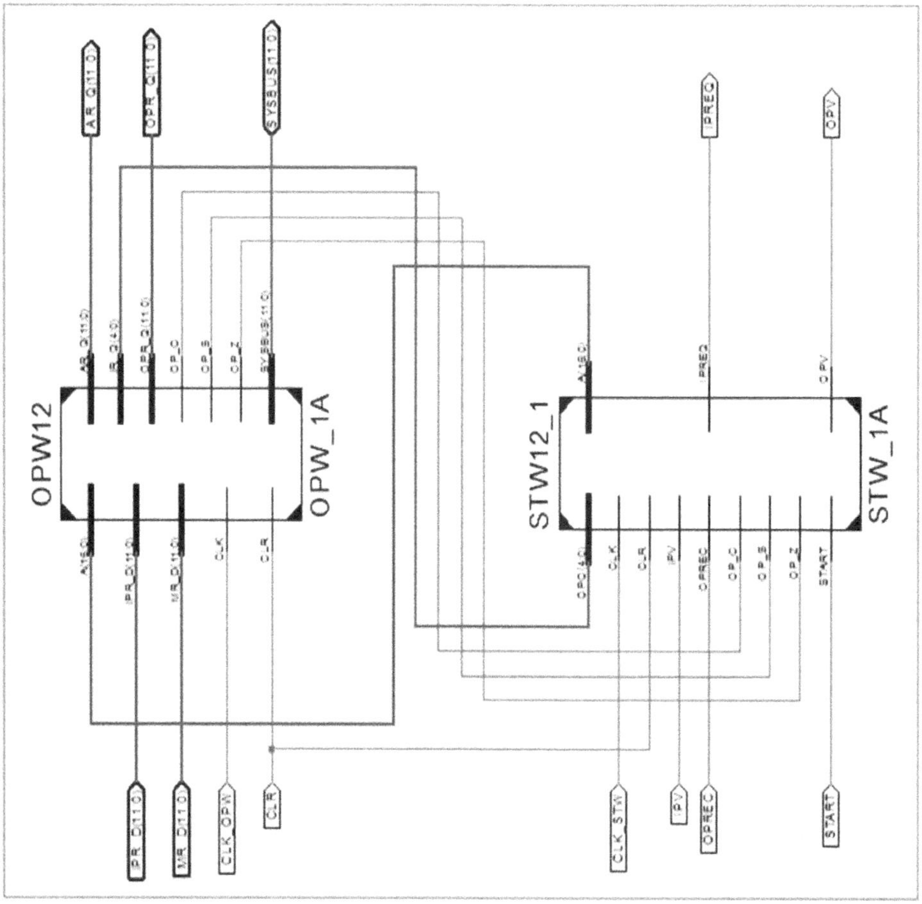

Abb. A.5.2: Blockdiagramm des 12-Bit-Mikroprozessors (MPU12)

Blockdiagramm der MPU12

Der Prozessor ist strukturiert in die Komponenten
12-Bit-Operationswerk OPW12 (OPW_1A)
12-Bit-Steuerwerk STW12_1 (STW_1A)

Die Bezeichnungen im Blockdiagramm Abb. A.5.2 geben wieder die verwendeten Komponenten in den VHDL-Modellen an.

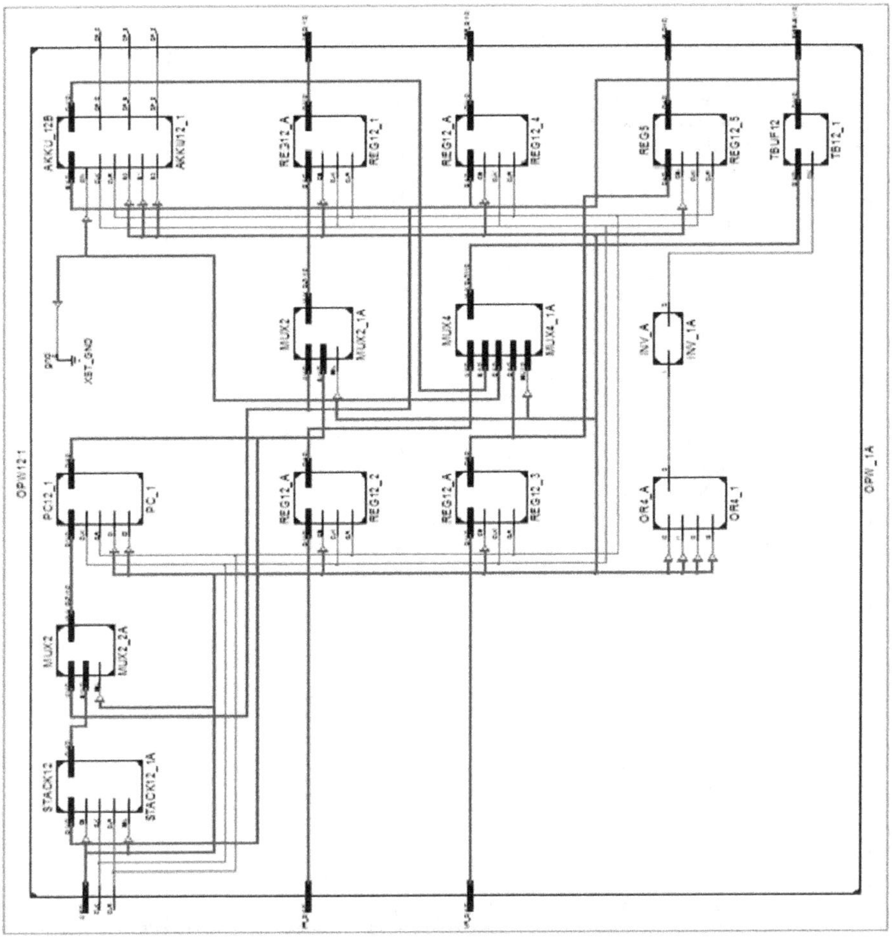

Abb. A.5.3: Blockdiagramm des Operationswerkes der MPU12

Blockdiagramm des Operationswerkes der MPU12

Die Abb. A.5.3 zeigt das Blockdiagramm des Operationswerkes. Die Strukturierung in die angegebenen Funktionsblöcke ist eine Umsetzung des VHDL-Modells mit den instanziierten Komponenten (siehe VHDL-Code des Operationswerkes). Das Blockdiagramm zeigt die eingesetzten Komponenten für das Operationswerk, die im Kapitel 2 beim Entwurf des Operationswerkes behandelt wurden (siehe Abb. 2.19).

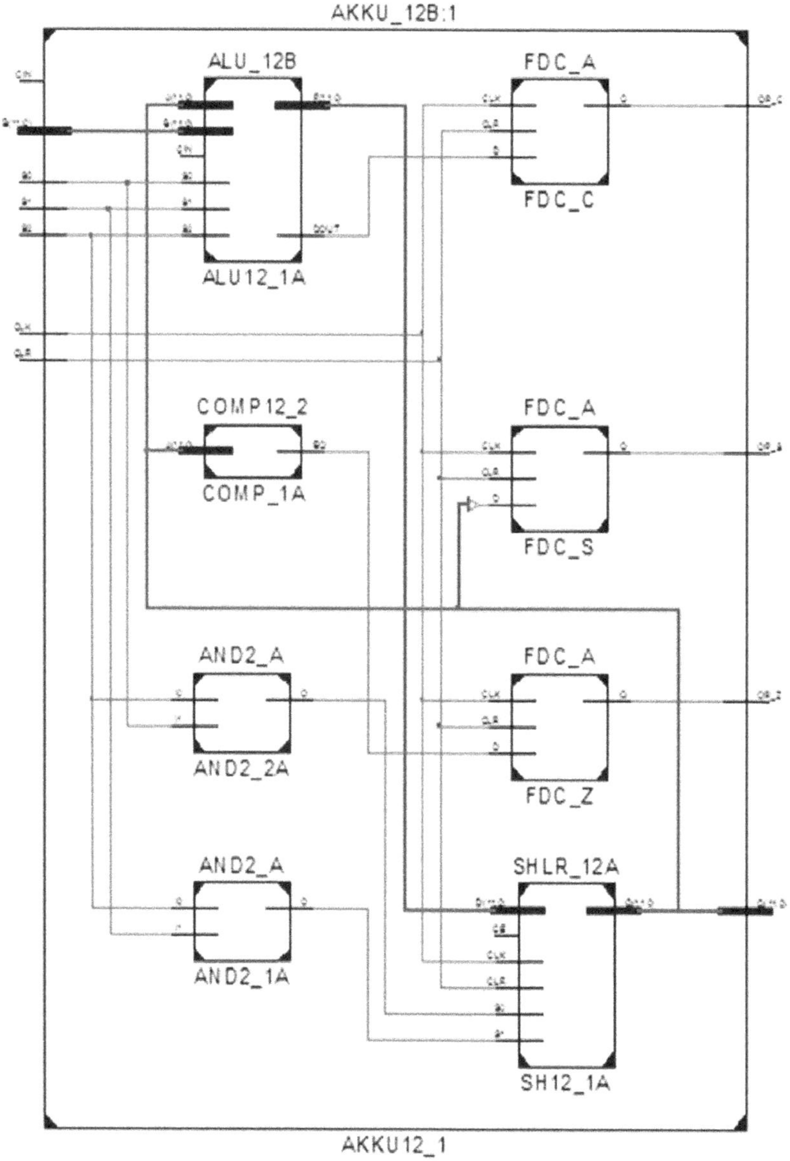

Abb. A.5.4: Blockdiagramm der Akkumulator-Einheit der MPU12

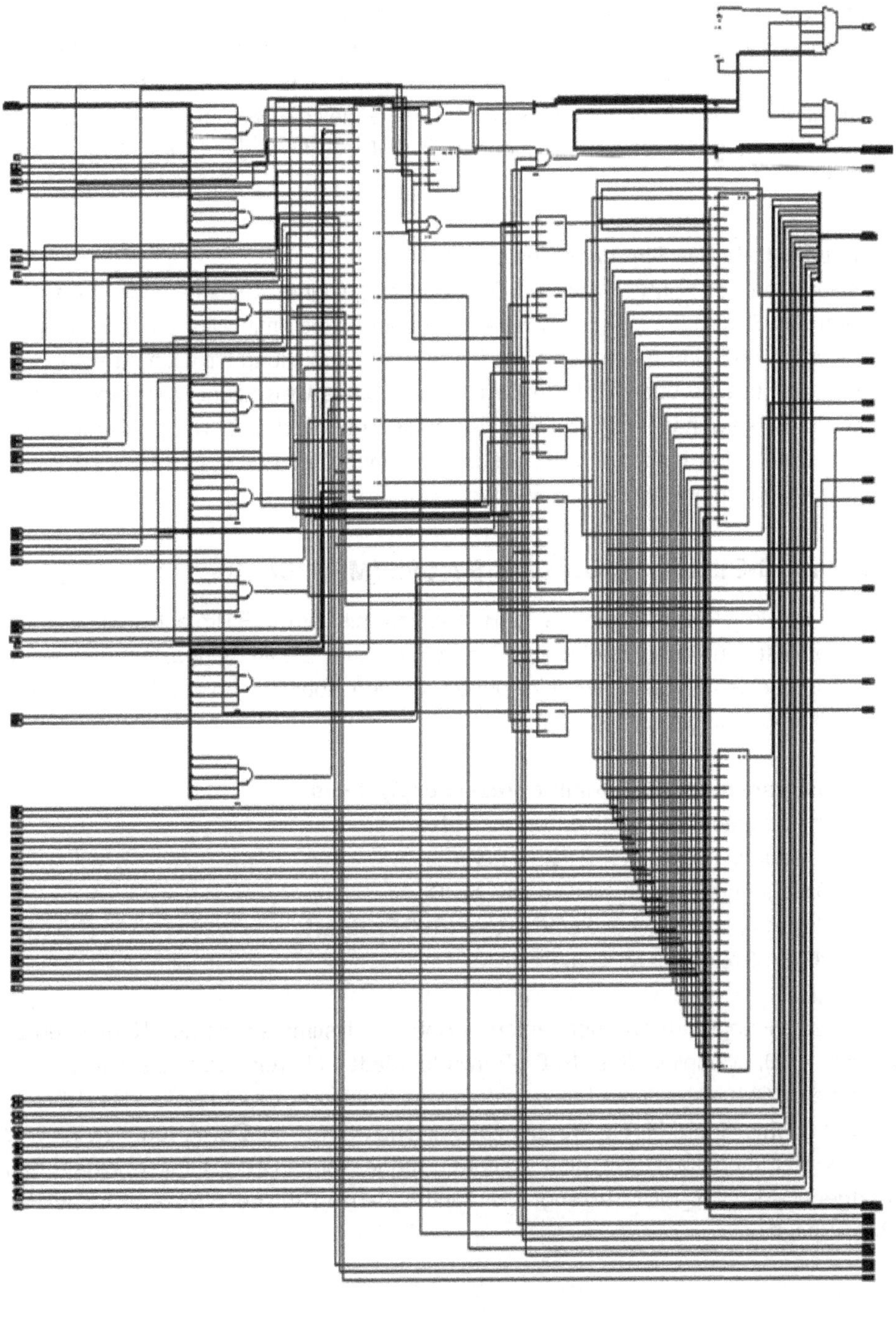

Abb. A.5.5: Blockschaltbild des Steuerwerkes der MPU12

Blockdiagramm der Akkumulator-Einheit der MPU12
Die Abb. A.5.4 zeigt die synthetisierte Schaltung mit den Komponenten der Akkumulator-Einheit, die beim Entwurf in Kap. 2 verwendet wurden (siehe Abb. 2.21). Die Bezeichnungen der Komponenten sind wieder die gleichen wie im VHDL-Modell und können leicht zugeordnet werden (siehe auch VHDL-Entwurf der 12-Bit-Akkumulator-Einheit).

Blockschaltbild des Steuerwerkes der MPU12
Darstellungen der Form in Abb. A.5.5 sind nicht geeignet, Schaltungsdetails zu erkennen. Am Bildschirm können diese Abbildungen jedoch mit Hilfe der Tools vergrößert werden und sind daher sehr nützlich. An der Darstellung ist auch zu erkennen, ob das Layout eine übersichtliche Struktur hat. Diese Umsetzung wird jedoch nicht immer in der gewünschten Form vom Synthese-Tool durchgeführt. Das Syntheseergebnis sollte daher immer anhand des Syntheseberichtes und in Form von generierten Blockdiagrammen kontrolliert werden.

A.6 Das 16-Bit-Mikroprozessor-System (MPU16A_S)

Das 16-Bit-Projekt wurde wie die 12-Bit-Version mit dem ISE Project Navigator von Xilinx erstellt. Für das Projekt sind Blockdiagramme zusammengestellt, um einen Überblick für den FPGA-Entwurf zu geben. Zu den Abbildungen werden im Folgenden einige Anmerkungen gemacht [25].

Blockdiagramm des 16-Bit-Mikroprozessor-Systems
Das Blockdiagramm enthält die Komponenten:
- Frequenzteiler CLK_F2 (CLK_F2A)
- Taktgenerator CLK_MOD (CLK_MOD_A)
- 16-Bit-RAM-Speicher BLOCKRAM (BLOCKRAM1)
- 16-Bit-Prozessor MPU (MPU16A)

Die Bezeichnungen der Komponenten in Abb. A.6.1 stimmen mit den Komponenten in den VHDL-Modellen des 16-Bit-Entwurfs wieder überein. Der zusätzliche Frequenzteiler CLK_F2 soll die Eingangsfrequenz halbieren. Er ist nur für das Arbeiten mit dem Demo-Board für die Frequenzanpassung notwendig. Der Frequenzteiler wird bereits hier eingeführt, um eine weitere Frequenzanpassung zu vermeiden. Der Taktgenerator CLK_MOD erzeugt die Taktfrequenzen für den Prozessor und den RAM-Speicher.

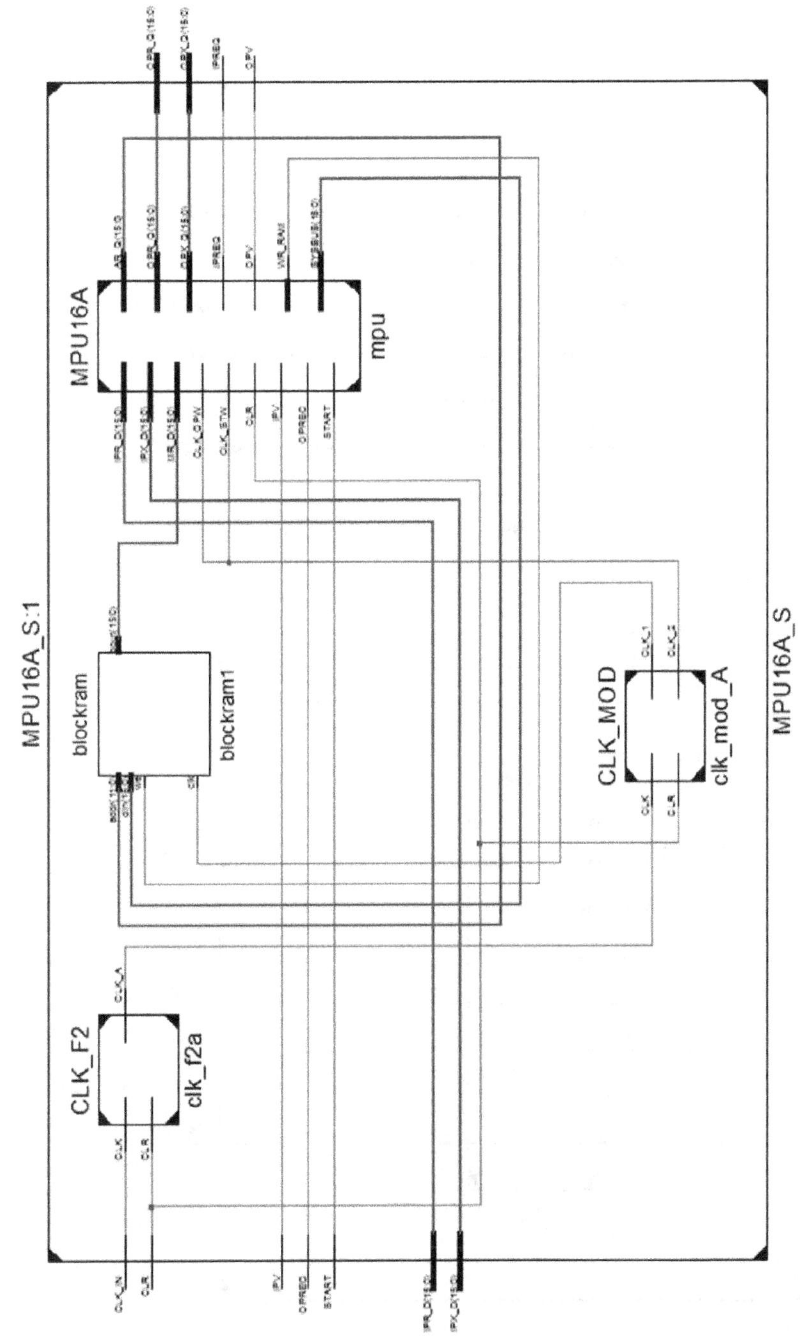

Abb. A.6.1: Blockdiagramm des 16-Bit-Mikroprozessor-Systems (MPU16A_S)

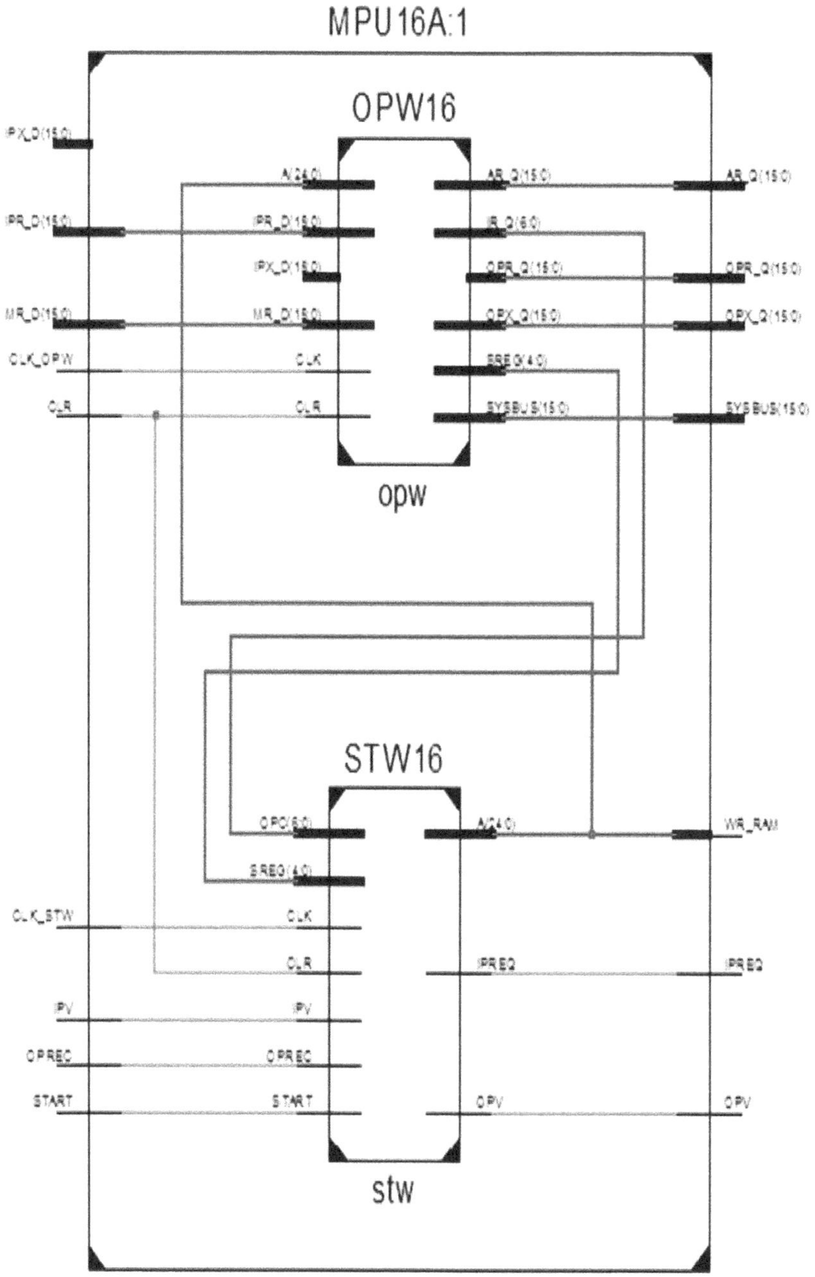

Abb. A.6.2: Blockdiagramm des Prozessors MPU16A

Blockdiagramm der MPU16A

Der Prozessor ist strukturiert in die folgenden Komponenten:

- Operationswerk OPW16 (OPW)
- Steuerwerk STW16 (STW)

Die Komponenten sind in Abb. A.6.2 mit den zugehörigen Verbindungen dargestellt.

Blockdiagramm des Operationswerkes der MPU16A

Die Abb. A.6.3 zeigt die einzelnen Funktionsblöcke des 16-Bit-Operationswerkes. Einzelheiten sind in dem Diagramm nicht zu erkennen, man erkennt aber den Umfang des Entwurfs. Anhand dieser Bilder kann auch die Strukturierung des VHDL-Entwurfs kontrolliert werden. Einzelheiten sind im VHDL-Modell des Operationswerkes zu sehen.

Blockdiagramm der Akkumulator-Einheit der MPU16A

In Abb. A.6.4 ist das Blockdiagramm der Akkumulator-Einheit der MPU16A abgebildet. Die Funktionsblöcke in der Abbildung stimmen mit dem Blockschaltbild im Entwurf der Akkumulator-Einheit überein (siehe Abb. 4.9). Im VHDL-Modell sind die Funktionsblöcke mit den gleichen Bezeichnugen zu finden (siehe VHDL-Code für die 16-Bit-Akkumulator-Einheit).

Blockschaltbild des Steuerwerkes der MPU16A

Abb. A.6.5 zeigt die Schaltung des systhetisierten Steuerwerkes des MPU16A. Man erkennt deutlich die übersichtliche Struktur des Sythese-Ergebnisses. Das Steuerwerk ist das VHDL-Modell, das nach der Behavioral-Methode erstellt wurde.

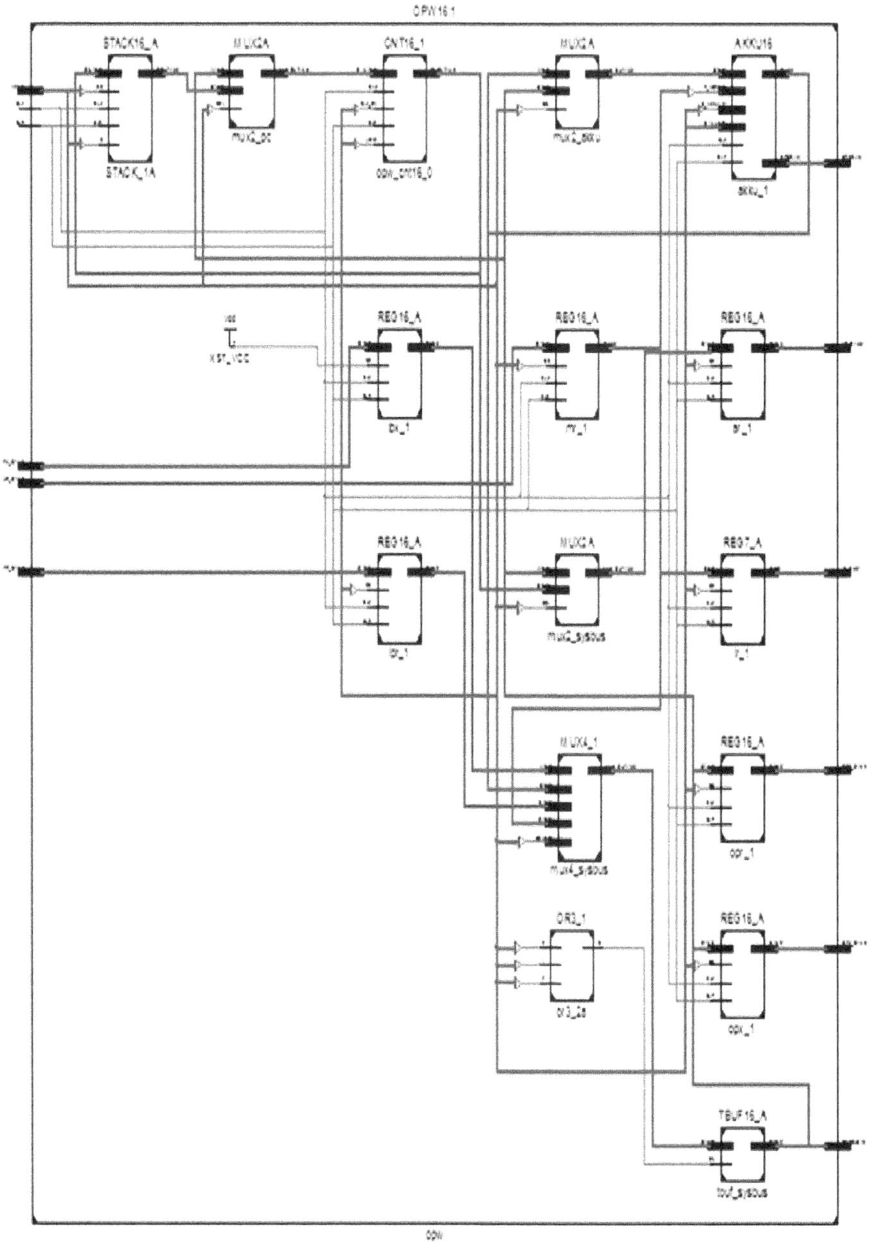

Abb. A.6.3: Blockdiagramm des Operationswerkes der MPU16A

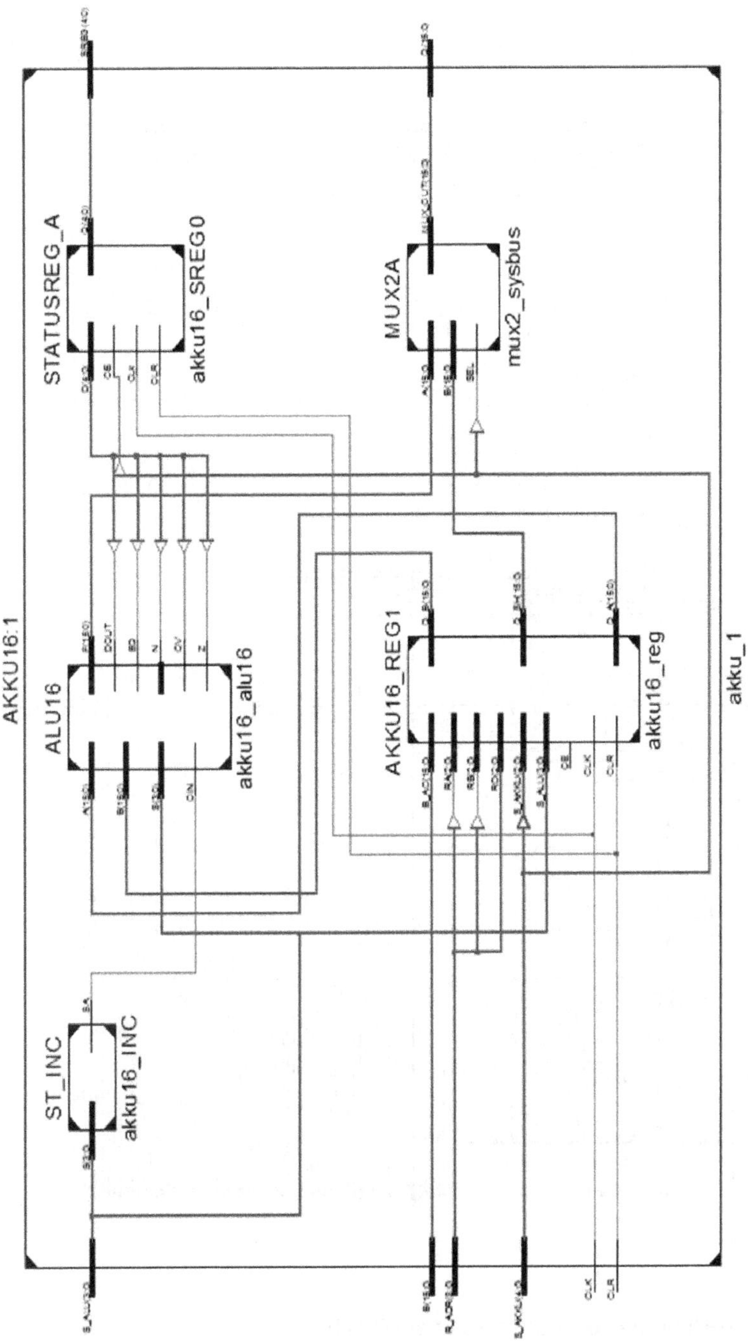

Abb. A.6.4: Blockdiagramm der Akkumulator-Einheit der MPU16A

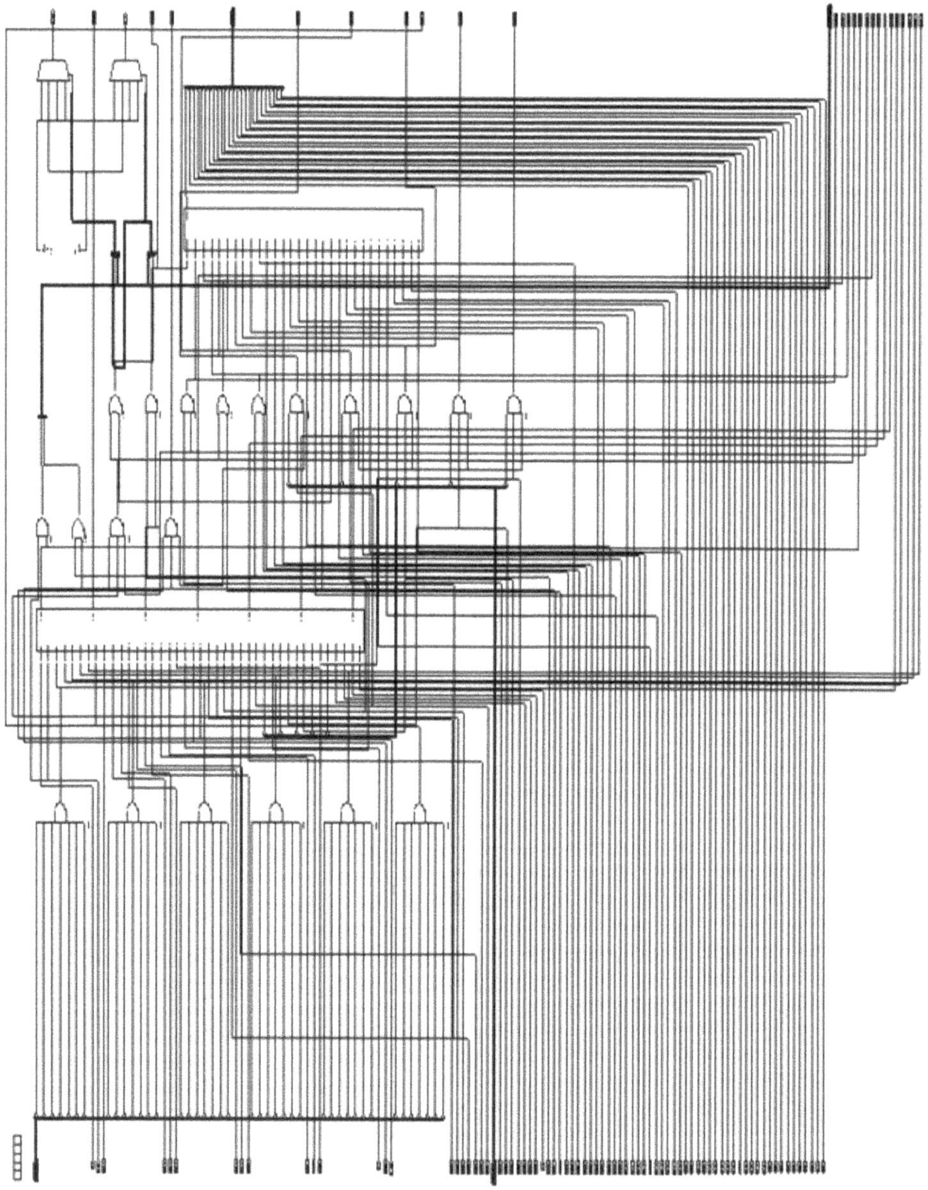

Abb. A.6.5: Darstellung des Steuerwerkes der MPU16A

A.7 Das 16-Bit-Mikroprozessor-System (MPU16P_S)

Das 16-Bit-Projekt wurde wie die 12- und 16-Bit-Vorgängerversionen mit dem ISE Project Navigator von Xilinx erstellt. Das Blockdiagramm des Mikroprozessor-Systems MPU16P_S hat sich gegenüber des Sytems MPU16A_S nicht geändert. Die Strukturierung des Prozessors in Operations- und Steuerwerk ist ebenfalls erhalten geblieben. Innerhalb des Operations- und Steuerwerkes mußten durch das Pipelining jedoch umfangreiche Änderungen gemacht werden. Die folgenden Abbildungen zeigen einige Blockdiagramme des Mikroprozessor-Systems. Sie sollen einen Überblick über den Umfang des Entwurfs geben [25].

Blockdiagramm des 16-Bit-Mikroprozessor-Systems

Das Blockdiagramm enthält die Komponenten:

- Frequenzteiler CLK_F2 (CLK_F2A)
- Taktgenerator CLK_MOD (CLK_MOD_A)
- 24-Bit-RAM-Speicher BLOCKRAM (BLOCKRAM1)
- 16-Bit-Prozessor MPU (MPU16P)

Die Bezeichnungen der Komponenten in Abb. A.7.1 stimmen mit den Komponenten in den VHDL-Modellen des 16-Bit-Entwurfs in Kap. 8 überein. Die Darstellung der Blöcke ist im Entwurf für den Mikroprozessor in Kap.7 zu finden.

Blockdiagramm der MPU16P

Der Prozessor ist strukturiert in die folgenden Komponenten:

- Operationswerk OPW (OPW_P)
- Steuerwerk STW (STW_P)

Die Komponenten sind in Abb. A.7.2 mit den zugehörigen Verbindungen dargestellt. Die Ein- und Ausgänge der Komponenten sind im VHDL-Code für die Modelle definiert und zugeordnet (siehe Realisierung der MPU16P).

Blockdiagramm der Akkumulator-Einheit

Die Akkumulator-Einheit in Abb. A.7.3 besteht im Wesentlichen aus den Komponenten Arithmetisch-Logische-Einheit (ALU), dem Statusregister und der Register-Einheit. Die Akkumulator-Einheit für den MPU16P hat die gleichen Ein- und Ausgangssignale wie bei der 16-Bit-Version MPU16A. In der Register-Einheit waren größere Änderungen gegenüber dem MPU16A notwendig.

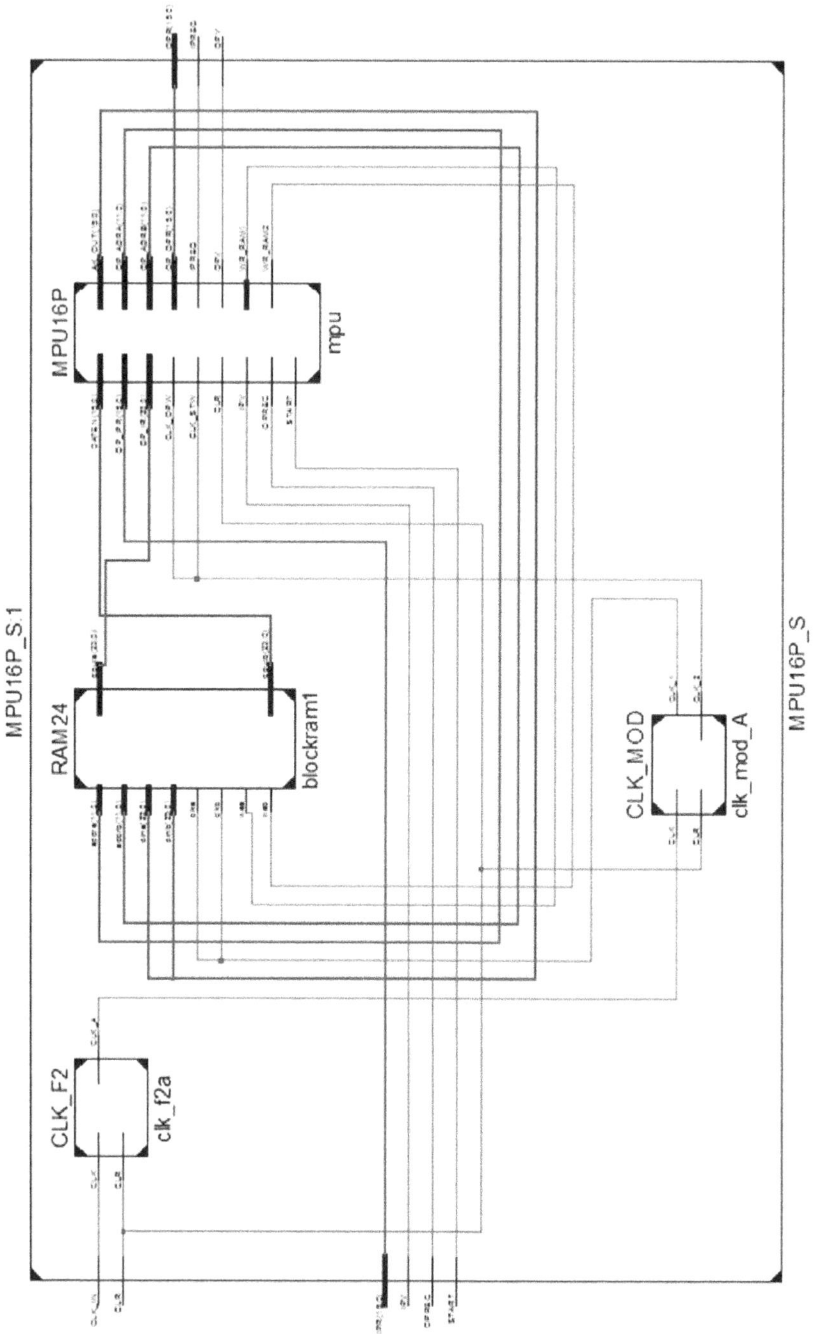

Abb. A.7.1: Blockdiagramm des 16-Bit-Mikroprozessor-Systems (MPU16P_S)

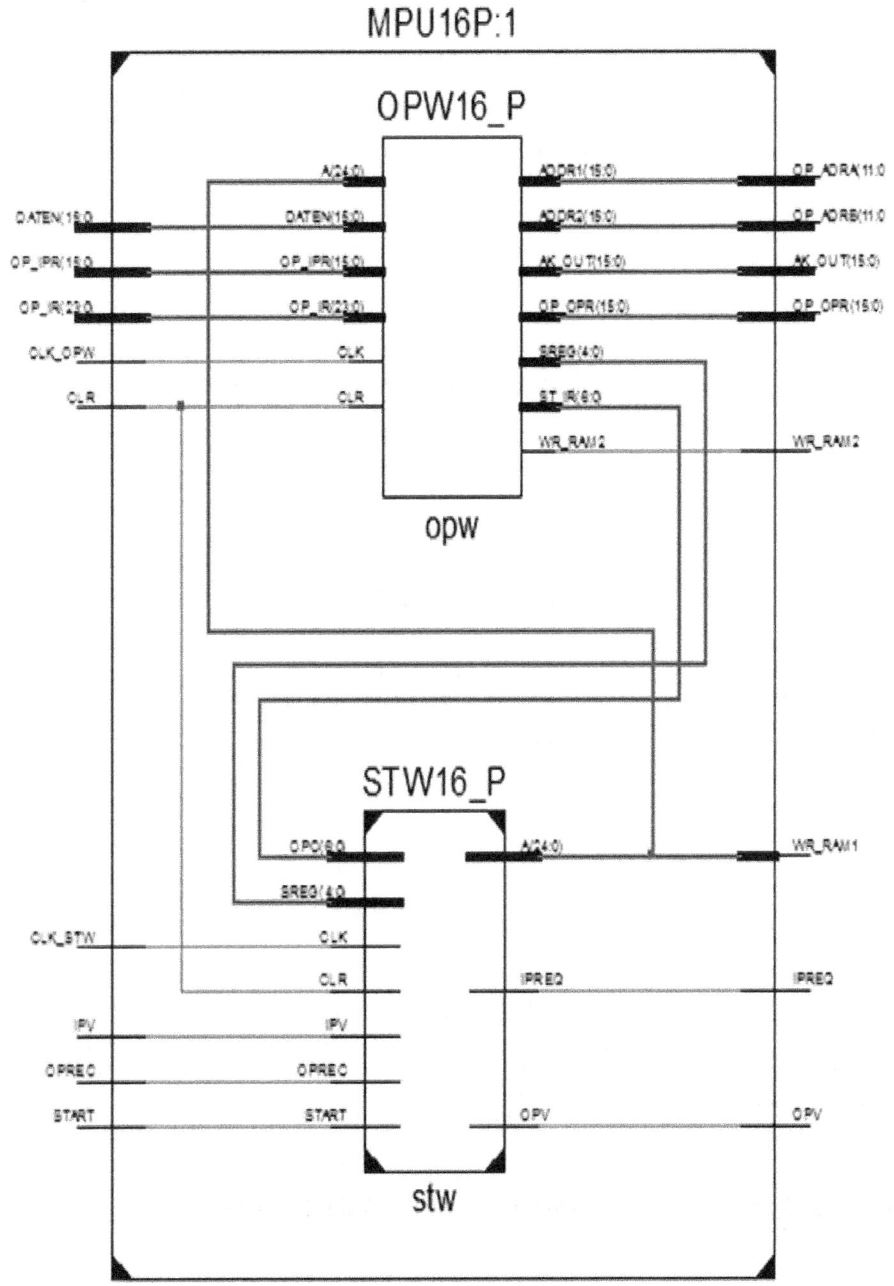

Abb. A.7.2: Blockdiagramm des 16-Bit-Mikroprozessors MPU16P

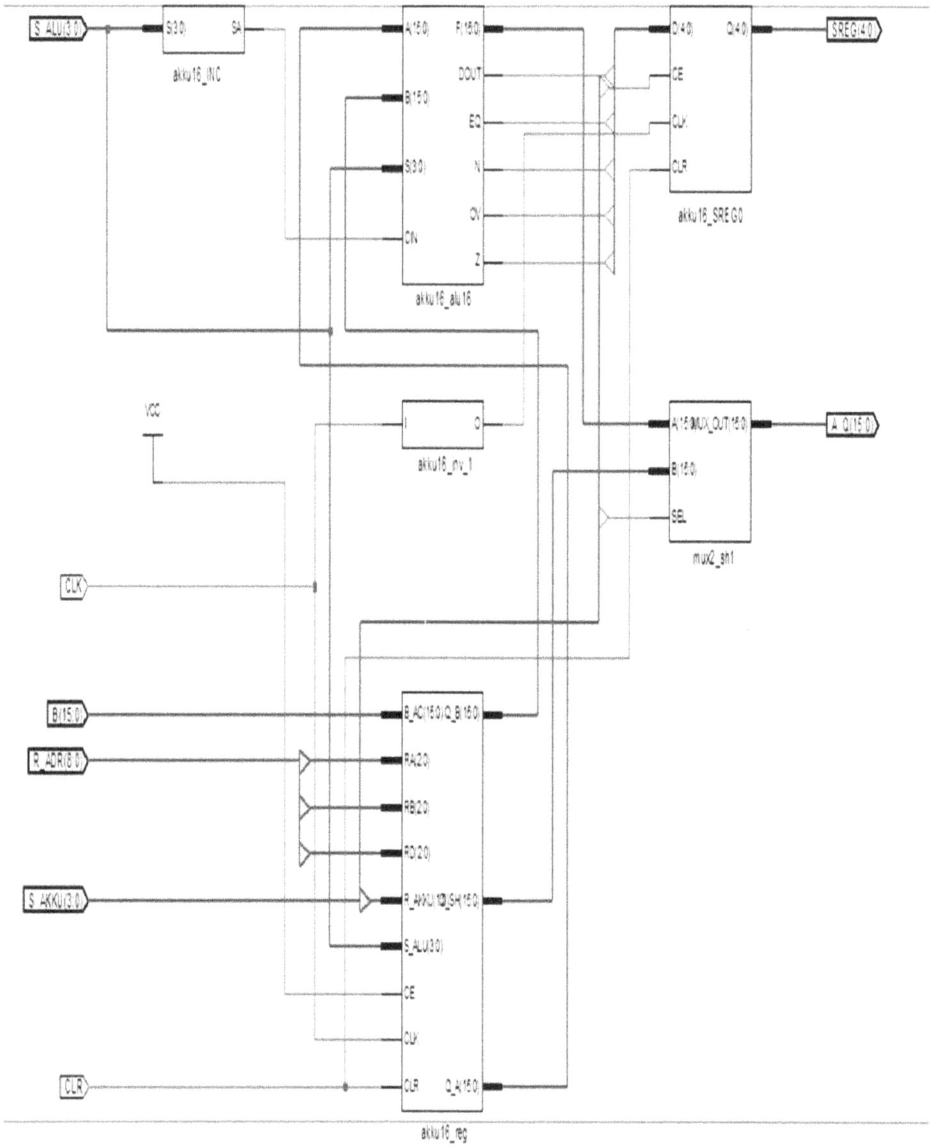

Abb. A.7.3: Blockdiagramm der Akkumulator-Einheit der MPU16P

A.8 Beispiele für Testprogramme

Mikroprozessor-System MPU12_S

Testprogramm test2 mit Testbench
Das Testprogramm soll folgende Aufgabe lösen:

(400/8 – 70) x 2 = 20 (Daten in Hexcode)

VHDL_Code für die Testbench

```
library ieee;
use ieee.std_logic_1164.all;
use ieee.std_logic_unsigned.all;
use ieee.numeric_std.all;
----------------------- Entity Declaration ----------------------
entity MPU12_TB2 is
end MPU12_TB2;
------------------ Architecture Declaration ------------------
architecture MPU_TB_ARCH of MPU12_TB2 is
---- Component Declaration for the Unit Under Test (UUT)
component MPU12_S
port(
        IPR_D   : in std_logic_vector(11 downto 0);
        CLK     : in std_logic;
        CLR     : in std_logic;
        IPV     : in std_logic;
        START   : in std_logic;
        LOAD    : in STD_LOGIC;
        OPREC   : in std_logic;
        OPR_Q   : out std_logic_vector(11 downto 0);
        IPREQ   : out std_logic;
        OPV     : out std_logic);
end component;
--
------- Configuration for Functional Simulation -----------
for uut: MPU12_S use entity WORK.MPU12_S(MPU12_ARCH);
--
------- Configuration for Timing Simulation ----------------
--for uut: MPU12_S use entity WORK.MPU12_S(STRUCTURE);
--
```

```
------------------- Signal Declaration -------------------------
        signal CLK      : std_logic;
        signal CLR      : std_logic;
        signal IPV      : std_logic;
        signal START    : std_logic;
        signal LOAD     : std_logic;
        signal OPREC    : std_logic;
        signal IPR_D    : std_logic_vector(11 downto 0);
        signal OPR_Q    : std_logic_vector(11 downto 0);
        signal IPREQ    : std_logic;
        signal OPV      : std_logic;
begin
------- Instantiate the Unit Under Test (UUT) ------------
uut: MPU12_S port map(
                OPR_Q  => OPR_Q,
                IPR_D  => IPR_D,
                CLK    => CLK,
                CLR    => CLR,
                IPV    => IPV,
                START  => START,
                LOAD   => LOAD,
                OPREC  => OPREC,
                IPREQ  => IPREQ,
                OPV    => OPV);
------------------- Anfangsbedingung -----------------------
   clr_in : process
   begin
        IPV <= '0';
        CLR <= '1';
        wait for 15 ns;
        CLR <= '0';
        wait for 3 ns;
        IPR_D <= "000000110000";             --Startadresse Maschinenprogr.
   wait;                                                     -- wait for ever
   end process clr_in;
------------- Initialisierung des RAM12 --------------------
   ram_load : process
   begin
        LOAD <= '0';
        wait for 20 ns;
```

```
        LOAD <= '1';
        wait for 150 ns;
        LOAD <= '0';
    wait;                                              -- wait for ever
    end process ram_load;
------------------------------
--      Testprogramm test2
--------------- Daten 12-Bit: Startadresse 0H -----------------
--   ADR       Daten(Binär)          (Hex)
--   00        000000000000           000
--   01        000010000000           080
--   02        010000000000           400
--   03        000000000100           004
--   04        000001110000           070
--   05        000000000000           000
--   06        000000000000           000
------------------ Opcode: Startadresse 30H = 48DEZ -------
--   ADR       Opcode(Binär)         (Hex)      Funktion
--   30        111100000010           F02       LOAD A,02
--   31        101000000000           A00       SHIFT R,A
--   32        000100000110           106       STORE 06,A
--   33        110100000001           D01       SBB A,01
--   34        010000110111           437       JUMP Z,37
--   35        111100000110           F06       LOAD A,06
--   36        011100110001           731       JUMP 31
--   37        111100000110           F06       LOAD A,06
--   38        110100000100           D04       SBB A,04
--   39        101100000000           B00       SHIFT L,A
--   3A        000100000111           107       STORE 07,A
--   3B        000000000111           007       OUTPUT O,07
--   3C        001100000000           300       STOP (Programmende)
--------------------------------------------------------------------
----------------- Clockgenerator T = 50 ns ------------------
    clk_gen : process
    begin
        CLK <= '0';
        wait for 25 ns;
        CLK <= '1';
        wait for 25 ns;
    end process clk_gen;
```

```
--------------------- Programmstart ----------------------
  start_in: process
  begin
       START <= '0';
       wait for 260 ns;
       Start <= '1';
       wait for 150 ns;
       START <= '0';
       wait;                                                  -- wait for ever
  end process start_in;
------------ Ausgabe Output-Register OPR ------------
  out_in: process
       begin
       OPREC <= '0';
       wait for 10010 ns;
       OPREC <= '1';
       wait for 100 ns;
       OPREC <= '0';
       wait;                                                  -- wait for ever
       end process out_in;
end MPU_TB_ARCH;
----------------------------
```

VHDL-Code für das Testprogramm test2

```
library ieee;
use ieee.std_logic_1164.all;
use ieee.std_logic_arith.all;
use ieee.std_logic_unsigned.all;
----------------- Entity Declaration ------------------
entity RAM12_2 is
       port(
    ADR    : in std_logic_vector(6 downto 0);
    DO     : out std_logic_vector(11 downto 0);
    DI     : in std_logic_vector(11 downto 0);
    LOAD   : in std_logic;
    WE     : in std_logic;
    CLK    : in std_logic);
end RAM12_2;
------------- Architecture Declaration ---------------
architecture RAM OF RAM12_2 is
```

```
type MEM_DATA is array (127 downto 0) of std_logic_vector(11 downto 0);
begin
---------------- Process Statement -------------------
                process  (LOAD,ADR,CLK,DI)
                variable VD: MEM_DATA;
                begin
   if LOAD = '1' then
--------------- Testprogramm: test2 ------------------
----------- Daten-Bereich : 0 bis 47 (2FH) ----------
--              Binär                        Hex
    VD(0) := "000000000000";                 -- 000
    VD(1) := "000010000000";                 -- 080
    VD(2) := "010000000000";                 -- 400
    VD(3) := "000000000100";                 -- 004
    VD(4) := "000001110000";                 -- 070
    VD(5) := "000000000000";                 -- 000
    VD(6) := "000000000000";                 -- 000
---- Sourcecode-Bereich : 48 bis 127 (7FH) -------
--              Binär                        Hex        Kürzel
   VD(48) := "111100000010";                 -- F02     LOAD A, 02
   VD(49) := "101000000000";                 -- A00     SHIFT R, A
   VD(50) := "000100000110";                 -- 106     STORE 06, A
   VD(51) := "110100000001";                 -- D01     SBB A, 01
   VD(52) := "010000110111";                 -- 437     JUMP Z, 37
   VD(53) := "111100000110";                 -- F06     LOAD A, 06
   VD(54) := "011100110001";                 -- 731     JUMP 31
   VD(55) := "111100000110";                 -- F06     LOAD A, 06
   VD(56) := "110100000100";                 -- D04     SBB A, 04
   VD(57) := "101100000000";                 -- B00     SHIFT L, A
   VD(58) := "000100000111";                 -- 107     STORE 07, A
   VD(59) := "000000000111";                 -- 007     OUTPUT  O, 07
   VD(60) := "001100000000";                 -- 300     STOP
---------------------------------------------------------
        else
                if (CLK'event  and CLK = '1') then
                        if  WE = '1' then
                        VD(conv_integer(ADR)) := DI;            -- in RAM Schreiben
                        end if;
                end if;
        end if;
```

```
    DO <= VD(conv_integer(ADR));                    -- aus RAM lesen
              end process;
end RAM;
-------------
```

Mikroprozessor-System MPU12_S
Testprogramm test2

Es ist das gleiche Programm aus dem obigen Abschnitt. In diesem Fall wird es mit dem IP-Core-Generator von Xilinx bearbeitet. Das Testprogramm wird auf dem Spartan-3 Starter Kit getestet.

Tab. A.8.1: Testprogramm test2 für das Demo-Board

ADR	OPC	Mnemonic/Daten	Bedeutung
00			
01		080	Konstante 80h
02		400	Konstante 400h
03		004	Konstante 4
04		070	Konstante 70h
05		000	
06		000	Zwischenergebnis
07		000	Ergebnis
;30			Startadresse
30	f02	LO 02	LOAD A, 02
31	A00	SHR	SHIFT R, A
32	106	ST 06	STORE 06, A
33	d01	SU 01	SBB A, 01
34	437	JZ 37	JUMP Z, 37
35	f06	LO 06	LOAD A, 06
36	731	JU 31	JUMP 31
37	f06	LO 06	LOAD A, 06
38	d04	SU 04	SBB A, 04
39	b00	SHL	SHIFT L, A
3a	107	ST 07	STORE 07, A
3b	007	OU 07	OUTPUT O, 07
3c	300	SP	STOP

Mit dem IP-Core-Generator wird das Testprogramm in das RAM geladen:

```
---------------- ram12.coe -------------------
MEMORY_INITIALIZATION_RADIX = 16
MEMORY_INITIALIZATION_VECTOR =
00,
80,
400,
4,
70,
......,
;adr30
f02,
a00,
106,
d01,
437,
f06,
731,
f06,
d04,
b00,
107,
007,
300;
------
```

Für die Pinzuordnung des Spartan-3 Boards wird noch eine ucf-Datei benötigt. Die Datei kann mit dem Project Navigator von Xilinx erstellt werden.

```
-------------- mpu12.ucf -------------
#	Spartan-3 Starter Kit Board
# 50 MHZ
NET "CLK_IN" LOC = "T9";
#	switch0
NET "IPR_S<0>" LOC = "F12";
#	switch1
NET "IPR_S<1>" LOC = "G12";
#	switch2
NET "IPR_S<2>" LOC = "H14";
#	switch3
NET "IPR_S<3>" LOC = "H13";
```

```
#       switch4
NET "IPR_S<4>" LOC = "J14";
#       switch5
NET "IPR_S<5>" LOC = "J13";
#       switch6
NET "IPR_S<6>" LOC = "K14";
#       switch7
NET "IPR_S<7>" LOC = "K13";
#       push button 3
NET "CLR_S"     LOC = "L14";
#       push button 2
NET "IPV_S"     LOC = "L13";
#       push button 1
NET "OPREC_S"  LOC = "M14";
#       push button 0
NET "START_S"  LOC = "M13";
# 7-Segment Display1-4
NET "LED<0>" LOC = "E14";
NET "LED<1>" LOC = "G13";
NET "LED<2>" LOC = "N15";
NET "LED<3>" LOC = "P15";
NET "LED<4>" LOC = "R16";
NET "LED<5>" LOC = "F13";
NET "LED<6>" LOC = "N16";
#
NET "A<0>"    LOC = "D14";
NET "A<1>"    LOC = "G14";
NET "A<2>"    LOC = "F14";
NET "A<3>"    LOC = "E13";
#               LED0
NET "OPV_S"  LOC = "K12";
#               LED1
NET "IPREQ_S" LOC = "P14";
#               LED2 :nc
#               LED3 :nc
#               LED5:
NET "OPR_LED5"  LOC = "N12";
#               LED6:
NET "OPR_LED6"  LOC = "P12";
#               LED7:
```

```
NET "OPR_LED7"   LOC = "P11";
#
#PINLOCK_END
NET "CLK_IN" TNM_NET = "CLK_IN";
TIMESPEC "TS_CLK" = PERIOD "CLK_IN" 20 ns LOW 10 ns;
#
#NET "CLK_24" TNM_NET = "CLK_24";
#TIMESPEC "TS_CLK" = PERIOD "CLK_24" 42 ns LOW 21 ns;
```

Mikroprozessor-System MPU16B_S

Testprogramm test_pro4

Erklärungen zu dem Programm befinden sich in Kap. 10.5.

Die ersten beiden Spalten in Tab. A.8.2 haben das notwendige coe-Format und können direkt als coe-Datei verwendet werden. Ein Semikolon am Anfang einer Zeile ist eine Kommentarzeile.

Das Testprogramm wird bei Adresse 10h gestartet.

Tab. A.8.2: Testprogramm test_pro4

ADR	Opcode/Daten	Mnemonic	Bemerkungen
0			
1	0200		M(1) = 0200
;5			Datenadressen
5	0105		M(5) = 0105
6	0250		M(6) = 0250
7	0260		M(7) = 0260
8	0100		M(8) = 0100
;10			Startadresse
10	0dc0	LOAD R7	R7 = 0200
11	0001	ADR	
12	2a38	JUMP (R7)	unbedingter Sprung, indirekt
13	f800	STOP	
;200			Sprungadresse
200	0dc0	LOAD R7	R7 = 0105
201	0005	ADR	
202	1a38	LOAD R0, (R7)	R0 = 3311
203	69c0	INC R7	R7 = 0106
204	1a78	LOAD R1, (R7)	R1 = 1133
205	69c0	INC R7	R7 = 0107

ADR	Opcode/Daten	Mnemonic	Bemerkungen
206	7840	OUTR R1	OPR = 1133
207	1ab8	LOAD R2, (R7)	R2 = 1122
208	d080	OUTX R2	OPX = 1122
209	69c0	INC R7	R7 = 0108
20a	1af8	LOAD R3, (R7)	R3 = 2211
20b	d0c0	OUTX R3	OPX = 2211
20c	0dc0	LOAD R7	R7 = 0250
20d	0006	ADR	
20e	5a38	CALL (R7)	CALL (250)
20f	78c0	OUTR R3	OPR = 3333
210	0dc0	LOAD R7	R7 = 0260
211	0007	ADR	
212	5802	COMP R0, R2	R0 = 1122, R2 = 1122
213	5238	JEQ (R7)	Bedingung erfüllt
214	f800	STOP	
;250			Startadr. Unterprogramm
250	5802	COMP R0, R2	R0 = 3311, R2 = 1122
251	904b	AND R1, R1, R3	R1 = 0011
252	9848	OR R1, R1, R0	R1 = 3311
253	a0da	XOR R3, R3, R2	R3 = 3333
254	0c00	LOAD R0	R0 = 1122
255	0107	ADR	
256	b000	RETURN	
257	f800	STOP	
;260			Sprungadresse
260	7800	OUTR R0	OPR = 1122
261	0dc0	LOAD R7	R7 = 0100
262	0008	ADR	
263	2238	STOREI (R7), R0	M(100) = 1122
264	69c0	INC R7	R7 = 0101
265	2239	STOREI (R7), R1	M(101) = 3311
266	69c0	INC R7	R7 = 0102
267	223a	STOREI (R7), R2	M(102) = 1122
268	69c0	INC R7	R7 = 0103
269	223b	STOREI (R7), R3	M(103) = 3333
26a	5e00	OUTM	OPR = 3333
26b	0100	ADR	

ADR	Opcode/Daten	Mnemonic	Bemerkungen
26c	c840	INX R1	R1 = 0007
26d	8001	ADD R0, R0, R1	R0 = 1129
26e	6800	INC R0	R0 = 112a
26f	4800	SHR R0	R0 = 0895
270	5040	SHL R1	R1 = 000e
271	6080	DEC R2	R2 = 1121
272	d000	OUTX R0	OPX = 0895
273	48c0	SHR R3	R3 = 1999
274	50c0	SHL R3	R3 = 3332
275	6040	DEC R1	R1 = 000d
276	6840	INC R1	R1 = 000e
277	b840	CLR R1	R1 = 0000
278	c040	CPL R1	R1 = ffff
279	8001	ADD R0, R0, R1	R0 = 0894
27a	5040	SHL R1	R1 = fffe
27b	4840	SHR R1	R1 = 7fff
27c	8001	ADD R0, R0, R1	R0 = 8893
27d	4800	SHR R0	R0 = 4449
27e	5600	INM	M(30) = 0010
27f	0030	ADR	
280	5e00	OUTM	OPR = 0010
281	0030	ADR	
282	0dc0	LOAD R7	R7 = 0100
283	0008	ADR	
284	0a38	INMI (R7)	M(100) = 0010
285	69c0	INC R7	R7 = 0101
286	0a38	INMI (R7)	M(101) = 0010
287	1238	OUTMI (R7)	OPR = 0010
288	61c0	DEC (R7)	R7 = 0100
289	1238	OUTMI (R7)	OPR = 0010
28a	7040	INR R1	R1 = 0010
28b	d040	OUTX R1	OPX = 0010
28c	f800	STOP	
;100			Adressen für Daten
100	1111		
101	2222		
102	3333		

ADR	Opcode/Daten	Mnemonic	Bemerkungen
103	4444		
104	5555		
105	3311		
106	1133		
107	1122		
108	2211		
109	0011		
10a	0022		
10b	0033		
10c	0044		
10d	0055		

Mikroprozessor-System MPU16B_S

Testprogramm step12

Für die bereits verwendete Schrittmotor-Steuerung wurde das Testprogramm step12 erstellt. Es ist das alte Testprogramm step11 mit den erweiterten Adressierungsbefehlen der MPU16B. Bearbeitet wird das Testprogramm mit dem IP-Core-Generator von Xilinx. Das Testen wird wieder mit dem Starter Kit Board Spartan-3 durchgeführt. Es sind keine Änderungen auf dem Demo-Board notwendig.

Tab. A.8.3: Testprogramm step12

ADR	Opcode	Mnemonic/Daten	Bemerkungen
0	0000		
1	1000		OPX(12), CE
2	0000		
3	0016		Anzahl der Sollwerte (22 Dec)
4	0009		Adresse vom ersten Sollwert
5	4000		OPX(14), Start
6	ffff		Loop
7	0003		Loop
8	0010		Loop
9	0064	Sollw.1	Sollwert: 0.5 Umdrehung rechts
a	2064	Sollw.2	Sollwert: 0.5 Umdrehung links
b	00c8	Sollw.3	Sollwert: 1 Umdrehung rechts
c	20c8	Sollw.4	Sollwert: 1 Umdrehung links
d	012c	Sollw.5	Sollwert: 1.5 Umdrehung rechts

ADR	Opcode	Mnemonic/Daten	Bemerkungen
e	212c	Sollw.6	Sollwert: 1.5 Umdrehung links
f	0190	Sollw.7	Sollwert: 2 Umdrehungen rechts
10	2190	Sollw.8	Sollwert: 2 Umdrehungen links
11	0320	Sollw.9	Sollwert: 4 Umdrehungen rechts
12	2320	Sollw.10	Sollwert: 4 Umdrehungen links
13	0190	usw.	usw.
14	2190		
15	00c8		
16	20c8		
17	0190		
18	2190		
19	012c		
1a	212c		
1b	2190		
1c	0190		
1d	2190		
1f	012c	Sollwert22 (16H)	
20	212c		
21	2190		
22	212c		
23	2190		
;80			Startadresse
80	0d80	LOAD R6	R6 = 0016, Anzahl der Sollwerte
81	0003	ADR	
82	0dc0	LOAD R7	R7 = 0009
83	0004	ADR	
84	1a38	LOAD R0, (R7)	R0 = 0064, Sollwert1
85	7040	INR R1	Befehl hat nur Start-Funktion
86	1e00	CALL	
87	0100	ADR_U1	ADR Unterprogramm1
88	1e00	CALL	
89	0200	ADR_U2	ADR Unterprogramm2
8a	6180	DEC R3	
8b	3600	JZ	R3 = 0?
8c	0080	ADR	
8d	69c0	INC R7	Inkrement R7
8e	1a38	LOAD R0, (R7)	R0 = 0064, nächster Sollwert

ADR	Opcode	Mnemonic/Daten	Bemerkungen
8f	2600	JUMP	unbedingter Sprung
90	0086	ADR	
91	f800	STOP	
;100			Startadresse Unterprogramm1
100	0c40	LOAD R1	R1 = 1000, CE
101	0001	ADR	
102	8001	ADD R0,R0,R1	
103	d000	OUTX R0	Sollwert und CE ausgeben
104	0cc0	LOAD R3	R3 = FFFF
105	0006	ADR	
106	60c0	DEC R3	Dekrement R3
107	3600	JZ	Bedingter Sprung
108	010c	ADR	
109	2600	JUMP	unbedingter Sprung
10a	0106	ADR	
10b	f800	STOP	
10c	0d00	LOAD R4	R4 = 4000, Start
10d	0005	ADR	
10e	8004	ADD R0, R0, R4	
10f	d000	OUTX R0	Sollwert und Start ausgeben
110	0c80	LOAD R2	R2 = 0010/ 0020
111	0008	ADR	
112	0cc0	LOAD R3	R3 = FFFF
113	0006	ADR	
114	60c0	DEC R3	Dekrement R3
115	3600	JZ	Bedingter Sprung
116	011a	ADR	
117	2600	JUMP	unbedingter Sprung
118	0114	ADR	
119	f800	STOP	
11a	6080	DEC R2	Dekrement R2
11b	3600	JZ	Bedingter Sprung
11c	0120	ADR	
11d	2600	JUMP	unbedingter Sprung
11e	0112	ADR	
11f	f800	STOP	
120	c840	INX R1	Istwert-Status einlesen

ADR	Opcode	Mnemonic/Daten	Bemerkungen
121	0c00	LOAD R0	R0 = 0000
122	0000	ADR	
123	8001	ADD R0, R0, R1	R0 = Istwert
124	4600	JN	Ist MSB = 1 ? (Soll = Ist)
125	0129	ADR	
126	2600	JUMP	unbedingter Sprung
127	0120	ADR	
128	f800	STOP	
129	0c00	LOAD R0	R0 = 0000
12a	0000	ADR	
12b	d000	OUTX R0	OPX löschen
12c	b000	RETURN	
12d	f800	STOP	
;200			Startadresse Unterprogramm2
200	0c80	LOAD R2	R2 = 0003
201	0007	ADR	
202	0cc0	LOAD R3	R3 = FFFF
203	0006	ADR	
204	60c0	DEC R3	Dekrement R3
205	3600	JZ	Bedingter Sprung
206	020a	ADR	
207	2600	JUMP	unbedingter Sprung
208	0204	ADR	
209	f800	STOP	
20a	6080	DEC R2	Dekrement R2
20b	3600	JZ	Bedingter Sprung
20c	0210	ADR	
20d	2600	JUMP	unbedingter Sprung
20e	0202	ADR	
20f	f800	STOP	
210	b000	RETURN	
211	f800	STOP	

Mikroprozessor-System MPU16P_S

Testprogramm test_pipe6

Das folgende Programm wird bei Adresse 10h gestartet.

Tab. A.8.4: Testprogramm test_pipe6

ADR	Opcode	Mnemonic/Daten	Bemerkungen
00		1111	
01		2222	
02		3333	
03		4444	
04		0000	
05		6eef	
;10			Startadresse
10	0c0000	LOAD R0, 000	R0 = 1111
11	0c4001	LOAD R1, 001	R1 = 2222
12	0c8002	LOAD R2, 002	R2 = 3333
13	0cc003	LOAD R3, 003	R3 = 4444
14	818100	ADD R6, R0, R1	R6 = 3333
15	158004	STORE R6, 004	(004) = 3333
16	3e001c	JOV, 01c	OV = 0, Jump nicht ausführen
17	581600	COMP R2, R6	R2 = 3333, R6 = 3333, EQ = 1
18	4e001d	JEQ, 01d	EQ = 1, Jump ausführen
19	f80000	STOP	Fehlerstop1
1a	89c100	SUB R7, R0, R1	R7 = EEEF
1b	460023	JN, 023	N = 1, Jump ausführen
1c	f80000	STOP	Fehlerstop2
1d	000000	NOP	
1e	000000	NOP	
1f	88d800	SUB R3, R3, R0	R3 = 3333
20	88f300	SUB R3, R6, R3	R3 = 0000
21	36001a	JZ, 01a	Z = 1, Jump ausführen
22	f80000	STOP	Fehlerstop3
23	a9c300	MOV R7, R3	R7 = 0000
24	0c4005	LOAD R1, 005	R1 = 6eef
25	800100	ADD R0, R0, R1	R0 = 8000
26	3e0029	JOV, 029	OV = 1 , Jump ausführen
27	000000	NOP	

ADR	Opcode	Mnemonic/Daten	Bemerkungen
28	000000	NOP	
29	c1c000	CPL R7	R7 = 1111
2a	b9c000	CLR R7	R7 = 0000
2b	f80000	STOP	Programmende

Mikroprozessor-System MPU16P_S

Testprogramm test_pipe7

Das folgende Programm wird bei Adresse 10h gestartet.

Tab. A.8.5: Testprogramm test_pipe7

ADR	Opcode	Mnemonic/Daten	Bemerkungen
0			
01		0002	
;10			Startadresse
10	0c0200	LOAD R0, 200	R0 = 3311
11	0c4201	LOAD R1, 201	R1 = 1133
12	784000	OUTR R1	OPR = 1133
13	0cc203	LOAD R3, 203	R3 = 2211
14	0c8202	LOAD R2, 202	R2 = 1122
15	d04000	OUTX R1	OPX = 1133
16	580300	COMP R0, R3	R0 = 3311, R3 = 2211, ungleich
17	4e0060	JEQ, 060	EQ = 0, Jump nicht ausführen
18	1e0050	CALL, 050	Aufruf Unterprogramm
19	78c000	OUTR R3	OPR = 3333
1a	580300	COMP R0, R3	R0 = 3333, R3 = 3333, gleich
1b	4e0060	JEQ, 060	EQ = 1, Jump ausführen
1c	f80000	STOP	Fehlerstop1
;50			Startadresse Unterprogramm
50	580200	COMP R0, R2	R0 = 3311, R2 = 1122, ungleich
51	904b00	AND R1, R1, R3	R1 = 0011
52	984800	OR R1, R1, R0	R1 = 3311
53	a0da00	XOR R3, R3, R2	R3 = 3333
54	0c0204	LOAD R0, 204	R0 = 3333
55	b00000	RETURN	

ADR	Opcode	Mnemonic/Daten	Bemerkungen
56	f80000	STOP	Fehlerstop2
;60			Sprungadresse
60	780000	OUTR R0	OPR = 3333
61	140205	STORE R0, 205	M(0205) = 3333
62	800100	ADD R0, R0, R1	R0 = 6644
63	680000	INC R0	R0 = 6645
64	480000	SHR R0	R0 = 3322
65	504000	SHL R1	R1 = 6622
66	608000	DEC R2	R2 = 1121
67	1e0100	CALL, 100	Aufruf Unterprogramm
68	0cc200	LOAD R3, 200	R3 = 3311
69	48c000	SHR R3	R3 = 1988
6a	50c000	SHL R3	R3 = 3310
6b	704000	INR R1	R1 = 0010, IPR = 0010
6c	80c100	ADD R3, R0, R1	R3 = 3332
6d	C84000	INX R1	R1 = 0007, IPX = 0007
6e	800100	ADD R0, R0, R1	R0 = 3329
6f	80c100	ADD R3, R0, R1	R3 = 3330
70	48c000	SHR R3	R3 = 1998
71	560206	INM, 206	M(206) = 0011, IPR = 0011
72	5e0203	OUTM, 203	M(203) = 2211
73	0c0206	LOAD R0, 206	R0 = 7fff
74	0c4207	LOAD R1, 207	R1 = ffff
75	800100	ADD R0, R0, R1	R0 = 7ffe
76	2e0078	JC, 78	C = 1, Jump ausführen
77	260079	JUMP, 79	Unbedingter Sprung
78	d00000	OUTX, R0	R0 = 7ffe
79	f80000	STOP	Programmende
;100			Startadresse Unterprogramm
100	0cc001	LOAD R3, 001	R3 = 0002
101	60c000	DEC R3	
102	360104	JZ, 104	R3 = 0?
103	260101	JUMP, 101	unbedingter Sprung
104	b00000	RETURN	
105	f80000	STOP	Fehlerstop3
;200			Adressen für Daten
200		3311	

ADR	Opcode	Mnemonic/Daten	Bemerkungen
201		1133	
202		1122	
203		2211	
204		3333	
205		0011	
206		0000	
207		7fff	
208		ffff	

Literaturverzeichnis

[1] Oestereich, B.: Analyse und Design mit UML 2.1
Oldenbourg Wissenschaftsverlag München 2006

[2] Forbrig, P.: Objektorientierte Softwareentwicklung mit UML
Carl Hanser Verlag München Wien 2001

[3] SystemC Community
www.systemc.org

[4] Sikora, A.: Programmierbare Logikbauelemente
Carl Hanser Verlag München Wien 2001

[5] Hertwig, A., Brück, R.: Entwurf digitaler Systeme
Carl Hanser Verlag München Wien 2000

[6] Kesel, F., Bartholomä, R.: Entwurf von digitalen Schaltungen und Systemen mit HDLs und FPGAs
Oldenbourg Wissenschaftsverlag München 2013

[7] Siemers, C.: Hardwaremodellierung
Carl Hanser Verlag München Wien 2001

[8] Oberschelp, W., Vossen, G.: Rechneraufbau und Rechnerstrukturen, 5. Aufl.
Oldenbourg Verlag München Wien 1992

[9] Tanenbaum, A., S.: Structured Computer Organisation, 5. Edition
Prentice Hall Edinburgh 2005

[10] Herve, Y.: VHDL-AMS
Oldenbourg Wissenschaftsverlag München 2006

[11] Reichardt, J., Schwarz, B.: VHDL-Synthese, 6. Auflage
Oldenbourg Wissenschaftsverlag München 2012

[12] Standard 1076-1993
IEEE Standard VHDL Language Ref. Manual
IEEE Standards Department New York 1994

[13] Xilinx: Synthesis and Verification Design Guide
Webpages: www.xilinx.com

[14] Bleck, Goedecke, Huss, Waldschmidt: Praktikum des modernen VLSI-Entwurfs
B. G. Teubner Stuttgart 1996

[15] Siemers, C.: Prozessorbau
Carl Hanser Verlag München Wien 1999

[16] Reichardt, Jürgen.: Lehrbuch Digitaltechnik
Oldenbourg Wissenschaftsverlag München 2013

[17] Borgmeyer, J.: Grundlagen der Digitaltechnik
Carl Hanser Verlag München Wien 1997

[18] Wendt, S.: Nachrichtenverarbeitung, Bd. 3
Springer Verlag Berlin Heidelberg 1982

[19] Lagemann, K.: Rechnerstrukturen
Springer Verlag Berlin Heidelberg 1987

[20] Lehmann, G., Wunder, B., Selz, M.: Schaltungsdesign mit VHDL
Franzis-Verlag Poing 1994

[21] Jorke, G.: Rechnergestützter Entwurf digitaler Schaltungen
Carl Hanser Verlag München Wien 2004

[22] Xilinx: CORE Generator Guide ISE
Webpages: www.xilinx.com

[23] Wannemacher, M.: Das FPGA-Kochbuch
International Thomson Publishing Bonn 1998

[24] Xilinx: Spartan-3 Starter Kit Board User Guide Vers. 1.0 2004
Webpages: www.xilinx.com

[25] Xilinx: Dokumentation (Software Manuals Version 11.1, 14.4)
Webpages: www.xilinx.com

[26] Model Technology: ModelSim Reference Manual
Webpages: www.model.com

Sachwortverzeichnis